SHIJIE ZHUMING PINGMIANJIHE JINGDIAN ZHUZUO GOUCHEN
——JIHE ZUOTU ZHUANTI JUAN (SHANG)

世界著名平面几何经典著作钩沉

——几何作图专题卷

上

刘培杰数学工作室　编

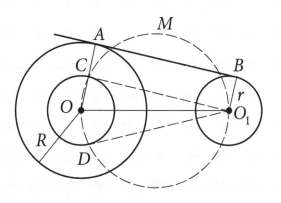

哈尔滨工业大学出版社
HARBIN INSTITUTE OF TECHNOLOGY PRESS

内 容 提 要

本书共分五编,分别为第一编近世几何学初编,第二编几何作图题解法及其原理,第三编初等几何学作图不能问题,第四编几何作图题及数域运算,第五编奇妙的正方形.

本书适合大学生、中学生及平面几何爱好者.

图书在版编目(CIP)数据

世界著名平面几何经典著作钩沉.几何作图专题卷:共三卷/
刘培杰数学工作室编. —哈尔滨:哈尔滨工业大学出版社,2022.1
　　ISBN 978－7－5603－8673－7

　　Ⅰ.世… Ⅱ.刘… Ⅲ.①平面几何②画法几何
Ⅳ.①O123.1 ②O185.2

中国版本图书馆 CIP 数据核字(2020)第 020594 号

策划编辑　刘培杰　张永芹
责任编辑　刘春雷
封面设计　孙茵艾
出版发行　哈尔滨工业大学出版社
社　　址　哈尔滨市南岗区复华四道街 10 号　邮编 150006
传　　真　0451－86414749
网　　址　http://hitpress.hit.edu.cn
印　　刷　辽宁新华印务有限公司
开　　本　787 mm×960 mm　1/16　印张 96　字数 1 673 千字
版　　次　2022 年 1 月第 1 版　2022 年 1 月第 1 次印刷
书　　号　ISBN 978－7－5603－8673－7
定　　价　198.00 元(全三卷)

(如因印装质量问题影响阅读,我社负责调换)

前　言

　　尺规作图问题绝不是初等数学爱好者的袖珍玩具,其中蕴含着人类理性思维的大智慧.社会对其重视程度可以从美国数学家 B.波尔德(Benjamin Bold)在其著作 *Famous Problems of Geometry and How to Solve Them*(有中译本)的序言中窥其一斑.

　　1963 年 6 月,美国政治与社会科学研究院主办了一次关于数学与社会科学的讨论会,会上提交论文的作者之一——奥斯卡·摩利根斯坦(Oscar Morgenstern,1902—?)曾与约翰·冯·诺伊曼(John Von Neumann,1903—1957)一起撰写了《博弈论与经济行为》(*Theory of Games and Economic Behavior*)一书.该书促进了数学在解决经济学问题中的应用,导致了数学"博弈论"的发展.摩利根斯坦博士在此次大会上所发表的论文被称为"数学在经济学中应用的极限".这篇重要论文的第一段是这样的:虽然人类智慧得出的一些深刻见解以否定的形式得以最好的表述,但是以绝对的方式来讨论应用的极限是极其危险的.这些见解包括不可能存在永动机,光速不能被超过,只用直尺与圆规不能化圆为方,不能三等分角,等等.

　　这些命题中的每一个都是大量脑力劳动的成果,所有命题都是基于几百年的研究工作,或者依据大量的经验证据,或者依据新数学的发展,或者二者兼而有之,虽然是以否定的形式表述的,但是这些命题和其他的发现都是真正的成就,并且是对人类知识的巨大贡献,所有这些都涉及数学推理,某些知识实际上属于纯粹数学范围,纯粹数学富有大量禁令性的与不可能的命题.

除古希腊学者外最开始对几何作图感兴趣的是阿拉伯人.如阿拉伯数学家阿布·韦法(Abul-Wefa,940—998)写过一本《技工学校学生必须掌握的几何作图》,他率先研究了用直尺和一支"张口"固定的圆规作图;他作出了与三个相等正方形的面积和相等的正方形的边.

另一位阿拉伯数学家阿尔·比鲁尼(al-Bīrūnī,973—约1050)是第一个向印度学者介绍古希腊数学与天文学著作的人,并把这些著作译成梵文.在《纪念历代先哲》一书中,记述了许多珍贵的数学史料,介绍了三等分任意角,立方倍积及为解三次方程而确定正九边形边长的问题,阿尔·比鲁尼是中亚著名学者,比较知名的著作是《印度记》.

那个时期在世界范围内阿拉伯学者十分活跃,法拉比(al-Fârrâbi,870—950)写出了《问题的源泉》(Fontes quaestionun),《论理智与知性》(De intellecto et intellectu)(拉丁文译).阿拉伯经院学者莫塔卡里姆(Mutakalimun)活动在这一时期,当时还出版了一本由51篇论文组成的百科全书《纯粹的兄弟》(Ichwan as-safâ).

根据现有的资料看,在历史上最先明确提出尺规限制作图的是伊诺皮迪斯(Oenopides,约前465),他生于希俄斯,大概属于毕达哥拉斯学派,根据欧德莫斯的记载,伊诺皮迪斯发现了下面的作图法:在已知直线的已知点上,作一角与已知角相等.如不限工具,则轻而易举.

其他一些涉猎几何作图的数学家有:

康赛(Konsai,1805—1880),日本数学家,他的著述甚丰,有15篇较为著名,其中详细地研究了平面几何作图问题,提出了许多有趣的平面作图题.

马尔法蒂(Malfatti,1731—1807),意大利数学家,毕业于柏伦诺大学,1771年起在斐拉拉大学数学系工作,1803年他提出并成功地解决了著名的马尔法蒂问题:在一个已知三角形内画三个圆,使每个圆与其他两圆及三角形两条边相切.

莫尔(Mohr,1640—1697),丹麦数学家,他于1672年发表了《丹麦的欧几里得》一书,书中指出凡能用直尺和圆规作的图,可以只用一只圆规完成.1673年又发表了著作《奇妙的欧氏纲要》,解决了关于欧几里得作图的有关问题.大约时隔100年之后,马歇罗尼又重新提出并解决了这类问题,于是与之相关的一些论断现在都称为莫尔—马歇罗尼定理.

平面几何作图三大不能问题有多种解法,因为难处是工具的限制,如不限工具或不必遵守作图公设,三大问题是可以解决的.事实上,早在古希腊时代已有各种各样的解法,正因为只有冲破尺规的限制才能解决问题,所以常常使人闯入未知的领域里去有新的发现:门奈赫莫斯为了解倍立方问题而发现圆锥曲线便是最突出的例子,还有蒙蒂克拉(J. E. Montucla,1725—1799)的割圆曲线(quadratrix),尼科米迪斯(Nicomedes,约公元前250)的蚌线(cochoil),埃拉托塞尼方法,狄俄克利斯(Diocles,约公元前190)的蔓叶线(Cissoid)方法可解倍立方问题和三分角问题,德国数学家阿德勒(Adler August,1863—1923)的《几何作图》中专门论及这些方法.

从现代人的眼光看当时的著作难免会产生轻视的倾向,但要放到历史背景中看则会清楚其价值,美国著名天文学家纽康(Simon Newcomb,1835—1909)在《一个天文学家的回忆》中告诉我们,弗吉尼亚大学有个研究生,坚持认为几何学家假定直线没有厚度是错误的,根据此观点,这位老兄发表了一部中学几何课本,得到了纽约一个有影响的学校官员的认可.结果,此书被接受(或几乎被接受)为纽约公立中学的课本.

在近代著名数学家中研究过平面几何作图问题的人更多,如韦达、笛卡尔、费马、斯吕空(R. F. de sluse,1622—1685)、维维阿尼(V. Viviani,1622—1703)、惠更斯、牛顿等都提出过解法.俄罗斯数学家中也有多人研究过平面几何作图问题,如阿列克山德罗夫(Alexandrov,1856—1919),1878年毕业于彼得堡大学,先后在唐波夫、莫斯科工作,著有《解决几何作图问题的方法》;奥勃列伊莫夫(Obreimov,1843—1910),毕业于喀山大学,曾流亡瑞士,著有《三大难题》(1884);奥斯特罗格拉德斯基(Ostrogradskiǐ,1801—1862),俄国彼得堡科学院院士,著有《初等几何教程》,其中用很大篇幅讨论了几何作图问题;切特维鲁欣(Chetveruhin,1891—1974),1915年毕业于莫斯科大学,并留校深造,1918年成为教授,著有《中学几何教程的教学法和几何作图法》(1946).

受西方科学的影响,在洋务运动、"五·四"运动的推动下,像平面几何作图这类无明显实际用途的知识也逐渐开始在中国普及,如下列几位:

吴在渊(1884—1935)是中国一位自学成才的数学家和数学教育家.吴在渊主张:"中国学术,要求自立",并身体力行大力倡导讲演、翻译、编纂、著述的"自立之道",他翻译了大量的外国数学著作,如《几何作图题解法及原理》.

徐建寅(1854—1901),字仲虎,中国清代无锡徐寿之子.他在引进西方科学技术方面做了很多工作,他与英国人傅立雅合译了《运规约指》3卷,此书专讲几何作图问题.

杨作枚,字学山,中国清代无锡人,他是杨定三的孙子,也是梅文鼎学术上的挚友.他为梅文鼎的《弧三角举要》增补了《解割圆之根》1卷,较系统地论述了有关正多边形的证明和作图方法.

近年来,中国数学家中关注尺规作图问题较多的是曾昭安,其为留美博士(哥伦比亚大学),曾任武汉大学教授,著有《直尺与圆规作图不能问题》.及至后来有许纯舫、梁绍鸿等也研究过这一问题,但都没有专门的著作问世.

中国在解放前,数学界对几何作图问题十分关注,从当时流行的几个数学刊物的文章中可见一斑.

北高师(北京高等师范学校)的《数理杂志》(Mathematical and Physical Magazine),创刊较早(创刊于1918年元月),其中刊登数学论文较多,其中涉及几何作图的有四篇文章,如下:

1.三等分任意角之器械的方法,张永荣,三卷二号.

本文共提出三个方法.

2.用曲线三等分任意角之法,倪德基,三卷四号.

文章中首先解释能与不能问题,然后提出了十种作图法,这十种方法,用的工具不是圆规直尺,而是用曲线.

(1)巴普斯(Pappus)所载之法.

(2)笛卡儿(Descartes)之法.

(3)牛顿(Newton)之法.

(4)克来罗(Clairout)之法.

(5)夏尔(Chasles)之法.

(6)希丕斯(Hippias)之法.

(7)聂苛默德(Nicomedes)之法.

(8)用蚌形线之法.

(9)用巴斯开蜗形线(Limacon of Pascal)之法.

(10)用角等分曲线之法.

3.用曲线解"立方倍积问题"之方法,郦禄琦,三卷一号.

本文提出了十一种解法:

(1)用二抛物线之方法.

(2)用抛物线及双曲线之方法.

(3)聂柯米特(Nicomedes)之方法.

(4)狄阿克来司(Diocles)之方法.

(5)笛卡儿(Descartes)之方法.

（6）格里高利（Gregory）之方法．

（7）柏拉顿（Platon）之方法．

（8）阿波罗尼（Apollounius）之方法．

（9）维惠泰之方法．

（10）牛顿（Newton）之方法．

（11）阿基米德（Archimedes）之方法．

4.作平行二直线分圆面积为三等分，余忻文，三卷三号．

这篇文章可分为三段：前段是华蘅芳先生对此题的研究，中段是本题的解法，后段为四条附注．

前段：此为吾国华蘅芳先生所拟之几何学验证题与亘古有名之三等分任意角及立方倍积等题同类均非欧几里得作图法所能解决．至清宣统二年八月为无锡周道章先生应用旋轮线解出．周先生字文甫，为华士之门人．华氏致力于数理，造诣甚深，而仅以自娱，不求闻于世．除幼年有《球面三角学》一小册外，他无著述．先生民国四年卒于北京，曾任北京各高等学校教授十余年，月薪颇丰，而身后萧条，斗室中陈东西文数学书籍数百册外，他无长物．此等积学之士，在晚近学风日趋浮嚣时代，急宜表而出之，以为模范．不佞从先生习教，在宣统初年，颇蒙不弃，许为同党中可造之材．尝闻之先生云，华先生欲将英人 Jaib 氏所著之 *Elementory Treatise on Quateraious* 译出，未竟而卒，卒时将残稿检付道章，嘱为赓续，年来迫于教务，无暇握管，吾子他日当续成之，以竟华先生未竟之志，且可一新吾国数学界之耳目．不佞于数理初涉藩篱，对于此类世著，不敢轻易问津．徒负师言，思之颜汗．仅将先生对于上题之解法，介绍同好，当日系得自先生口授，并无笔录．至此题是否为华先生所创，或前此已有疑而解之者．不佞阅西文书甚少，未能臆断，同志有知之者，祈即录示，甚乐闻也．

中段：图解，推证．

后段：附注1.用蔓叶线可解立方倍积问题，又蚌线可三等分任意角为历史上有名题，正与此同类．

附注2.此题用欧几里得作图法不能解亦须证明，参照日人林鹤一氏之初等几何作图不能问题及 Kiein's《Famous Problems in Elementary Geometry》．

附注3.嵊县裘翰兴氏著《解析几何讲义》，将此题采人，盖裘亦尝受业于周先生者．

附注4.日本三上义夫氏将其国人研究数学之论文，各自杂志中摘出，译为英文，名 *The Mathematical Papers from the Far East*．其用意并非专为谈数，实藉以夸耀其国人之文化，他如远藤利贞氏所著之《日本数学史》以及东京天文台年报亦为英文,均系急于自见之意.周先生造诣似远在彼国长泽、上野氏之上,至华先生则更非彼之所能颉颃,而在我国则湮没无闻,此则我辈之责也.

《科学》杂志是我国早期著名刊物,华罗庚先生"论苏家驹之代数 5 次方程之解法不成立之理由"即刊登于此,由此被熊庆来发现.我们在哈尔滨工业大学图书馆中存有的 1915 年到 1922 年的落满灰尘的旧纸堆中发现了有关几何作图的 4 篇文章,篇名、作者、卷号如下:

1. 等分角曲线,饶立之,五卷八期.

2. 三等分角之又一法,顾世楫,六卷三期.

3. 三等分角之又一法,饶立之,六卷九期.

4. 三等分角之又一法,李蔡三、彭荫宗,七卷四期.

创刊于 1914 年 7 月 20 日的《学生》杂志,每月一刊,到 1922 年 10 月其出版了 100 期.这本杂志中的数学文章,绝大多数是中学生写的,但也有几位是高校学生.

作者说:顷阅美国科学报,载一作法,其所用器械,仅界尺与两侧脚规二物.说颇新颖.兹译述如次.……

另两篇为:

1. 圆内接正多边形之画法与证明,江苏第一工业学校学生,潘承谟,三卷八号、十号、十一号.

有正五角形,正六角形,正七角形,正九角形,正十角形,正十一角形,正十二角形,正十三角形,正十三角形别法,正十四角形,正十四角形别法,正十五角形画法.其中正七、九、十一、十三、十四角形,都是近似作图.

2. 几何分积之三四问题,江苏第一工业学校机械本科生,莫苏,二卷七号.

本文中有四个几何作图题,是等分三角形或四边形面积问题.

(1) 由三角形内一点,引一直线,以二等分此形.

(2) 由三角形内一点,引二直线,以三等分此形.

(3) 由四边形内一点,引一直线,以二等分此形.

(4) 由四边形一边上之定点,引一直线,以二等分此形.

3. 任意角之三等分法,胡学愚,三卷十号.

抗日战争和解放战争时期,我国数学期刊的出版工作处于低潮,但仍有探讨几何作图的文章出现,如广州中国数学会出版的《数学教育》(季刊)在1947 年 3 月~1947 年 6 月间只出版了两期,其中就有一篇专门谈几何作图的摘录,如下:

阿基米德(Archimedes)三等分角法及由其图形所直接推得之三角恒等

式,胡金昌,载于《数学教育》1947年3月第一卷第一期第1～2页.

"用圆规界尺,不能三等分一任意角".此乃定理,故再不必考虑其可能.其不可能之原故,大致如下:直线之方程式为一次,圆之方程式为二次,而特殊者,即其二次项限 x^2+y^2,故其诸轨迹之交点,只能产生二次方根,故作图之可能程度亦此二次方根为限.三等分一任意角,引起三次方程式.故出乎作图可能程度之外.

本书的出版从教育方面说是数学教育多元化及弱化应试教育呼声日益强烈的结果,也是读者阅读口味多样化及数学科普广泛化的结果.回顾一下三大作图问题产生的背景对目前出版环境的理解是有益处的.雅典兴起之时,奴隶占国家人口的大多数,劳动力并不缺乏,这就在有闲阶级中产生了一种强烈欲望,要求有某种形式的文化,作为社会的或政治的帮助.一批职业教师满足了这个要求,这些教师感到执教是光荣的,并且以此为生,他们对"国民"教育产生了广泛兴趣,顺带便普及了数学,在现代数学普及做得好的是波兰.

1992年Jean－Pierre kahane在巴黎的波兰科学院科学中心讲演时说:事实上,波兰数学的成就是其民族自豪感的一个因素.今天,像罗马尼亚或越南这些穷国为他们在国际数学竞赛中所取得的成就自豪.也许在数学上达到最优比在高能物理上容易些,因为后者需花大笔资金建造粒子加速器,数学可以既是普及的,也是精英的.

可是在波兰,数学是以另一种形式成为普及的,那里有高度通俗化的伟大传统.例如,亚尼谢夫斯基(Janiszewski,1888—1920)的《对自学者的建议》以及斯坦因豪斯(Steinhaus,1887—1972)的《数学万花镜》.我回想起1983年在国际数学家大会上,有过一次会议讨论大众数学,一般的想法是,不是要大家什么都懂,而是要没有人对数学园地感到陌生.

数学之普及除了唤起人们对数学的热爱,还会告诉人们什么是已经解决的了,什么是不可解的.

一个没上过学的人费尽心力去三等分任意角,化圆为方,将立方体加倍,证明平行公设,发明永动机或抗引力屏,一点儿也不奇怪.一个当选的政治家想做这些事情,也不奇怪.可是我们一定会奇怪,一所著名大学的校长竟然也做过那些事情.

1931年,匹兹堡迪肯(Duquesne)大学校长卡拉汉神父(Reveraend Jeremiah J. Callahan)发表了三等分角的一个尺规作图法,毫无疑问,它是错误的.

数学史家梁宗巨教授指出:时至今日,三大问题可以说已彻底解决,可是仍然不断有人试图用尺规法解,他们不了解问题的实质和它的历史,白白浪费了许多时间和精力,这是很可惜的.当然很多人不知尺规的限制,用其他办法解决,但那已经不是我们所提到的问题了.直线和圆有自我重合的特性——就是说,直线的每条线段都和其他同样长度的直线段全等,每段圆弧都和其他同样长度的圆弧全等.还有一种曲线也具有这样的性质,即圆螺旋线.德·摩根说过,假如欧几里得允许用这三种曲线来构造几何图形,我们也就不会听说不可能的三等分角、倍立方和化圆为方问题了.

本书是一部世界几何名著的汇集,用美国数学家 Terence Tao 在 *New Series of the AMS*(Vol. 44(2007),No. 4. 623~634 页)上发表的一篇题为《什么是好数学?》中的观点说:好的数学诠释性文章包括关于一个适时数学专题的详细并富于信息的概述或者是一个清晰并极具启发性的论述,文章是如此评价标准,书也亦然,不过这样的书译起来更难,远远超过纯专业书,但此事有意义,值得一干.

据吴大任先生回忆:"文化大革命"中,曾有红卫兵问我:"你将来准备干什么?"我说:"翻译数学书."他们说我要求太低了,我说:"不低.我有一定的数学基础,汉语基础和外语基础,所以有条件做这件事;另外,这是一项有意义的,必要的,也是为人民服务的一种形式."(南开人文库《吴大任教育与科学文选》崔国良选编,南开大学出版社,389 页)

上卷第一编原作者为爱尔兰著名数学家凯西(Casey John,1820 年 5 月 12 日—1891 年 1 月 3 日),生于科克(Cork)郡,卒于都柏林,曾就学于三一学院,获得过都柏林大学、爱尔兰皇家大学(Royal U.)的荣誉学位.1862—1881 年执教于金斯敦(Kingstown)和天主教大学,后执教大学学院,曾受到挪威政府的嘉奖.1875 年成为皇家学会会员,爱尔兰皇家科学院院士.研究三次变换,圆锥曲线,欧几里得问题等.几何地解决了庞斯列(Poncelet)定理,著有多部平面几何、三角学的著作,第一编是其中一本.

上卷第二编原著者为丹麦著名数学家佩忒森(Petersen Julius,1839 年 6 月 16 日—1910 年 8 月 5 日),生于索勒,卒于哥本哈根,17 岁进入哥本哈根工学院,后转入哥本哈根大学学习,1871 年获博士学位,同年任教于哥本哈根工学院,1887 年任哥本哈根大学教授.佩忒森所编写的数学教科书在丹麦影响甚大,他最重要的贡献是正则图(regulargraphs)理论(1891).

上卷第三编原著者是日本著名数学家和数学史专家林鹤一(Hayashi Tsuruichi,1873 年 6 月 13 日—1935 年 10 月 4 日),他生于德岛(Tokuschima),毕业于东京大学,曾任东京高等师范学校教授,东京大学教授,编辑过多种数学教科书.1911 年创办《东北数学杂志》,在和算方面作出了很大贡献,著有《和算研究集录》(1937)等书.

上卷第四编原著者是德国著名数学家库朗(Courant Richard,1888 年 1 月 8 日—1972 年 1 月 27 日)和美国著名数学家罗宾逊(Robbins Herbert,1915~　). 库朗生于波兰的卢布林(Lublin),犹太血统,早年在布雷斯劳(Breslau)和苏黎世学习.1907 年到哥廷根成为希尔伯特的助手.1910 年获博士学位,1920 年被聘为哥廷根大学数学教授,1924 年—1929 年,在他的主持下,筹建了哥廷根数学研究所,该所很快成为德国乃至世界数学研究的中心.

罗宾逊生于宾夕法尼亚州,1935 年获哈佛大学学士学位.1938 年获该校博士学位,1974 年获普渡大学名誉博士学位.他先后在北加利福尼亚大学、哥伦比亚大学任副教授、教授.他是美国国家科学院院士,美国艺术与科学院院士.

下卷第一编原著者为德国著名数学家大卫·希尔伯特(Hilbert David,1862 年 1 月 23 日—1943 年 2 月 14 日).希尔伯特生于普鲁士柯尼斯堡(Königsberg,今俄罗斯的加里宁格勒)的韦洛(Wehluu),卒于哥廷根.1880 年希尔伯特进入柯尼斯堡大学,1885 年,希尔伯特取得博士学位,1892 年任该校副教授,次年升为教授.1900 年 8 月 8 日,希尔伯特应邀出席在巴黎召开的第二届国际数学家大会,发表了著名的"数学问题"(Math Ematische Probleme)的演讲,提出了 23 个尚待解决的数学问题,后被称为"希尔伯特问题".它像是通向未来的窗口,从中可以隐约地看到数学未来的情景,其重要性不言而喻.几何基础的重建是希尔伯特另一重大成就.两千多年前,欧几里得给出世界上第一个几何公理体系,但《几何原本》存在很多缺点,希尔伯特在 1899 年发表了《几何基础》(Grundlagen der Geometrie)才真正给出了完备的欧几里得几何公理系统,为现代公理化研究树立了榜样.

下卷的第二编原著者为德国著名数学家克莱因(Klein Christian Felix,1849 年 4 月 25 日—1925 年 6 月 22 日),他生于德国杜塞尔多夫(Düsseldorf),卒于哥廷根,1865 年进入波恩大学学习,第二年被选为普吕克教授的助手.两年后,普吕克去世,克莱因继续完成他尚未写完的线几何学著作,取得一系列新的成果.1868 年,克莱因获得博士学位,为进一步深造,他到哥廷根、柏林、巴黎等地访学.1871 年初,克莱因取得哥廷根大学的讲师资格.本书所选是克莱因的《几何三大问题》(Three Geometric Problems,商务印书馆,1933 年),在这本书中对古希腊留下的三大作图问题作了严格而又系统的分析.

阅读本书容易,但解其中的题目是要花一点时间的,但这极易成为人们抛弃本书的理由.著名数学家孔涅(Alan Connes,1947—)在接受 Catherine Goldstein George Skandalis 访谈时回忆说:在那时我们一直在做平面几何的练习,我们习惯于花掉整个晚上去为这些题目冥思苦想,可是现在,如果你在考试卷上出了同样的题目,你将被你的学生称为杀手.

爵士乐手通常有两个基本目标:一是创造不落窠臼的音乐,令人无从得知下一步的走向;二是以全新的方式来传承古老的真理,赋予人阐幽探微的乐趣.本书的出版也有两个基本目标:一是给图书市场提供一点新鲜的"旧货",给满足热点的书架增加一个冰点;二是以怀旧的方式勾起当年的年轻读者,忆往昔峥嵘岁月稠.

刘培杰

2020 年 10 月

目录

第一编　近世几何学初编

第二编　几何作图题解法及其原理

第一章　轨迹　// 181

第二章　图形的变易　// 208

第三章　旋转的理论　// 220

附　录　// 233

第三编　初等几何学作图不能问题

第四编　几何作图题及数域运算

第五编 奇妙的正方形

第一编
近世几何学初编

原著　Casey

编译　李　俨

第一章 角、三角形、平行线、平行四边形之理论

定理 1 平行四边形之两对角线互为平分.

命 $ABCD$ 为平行四边形,其两对角线 AC,BD 互为平分.

证明 如图 1,AC 交于平行线 AB,CD.而

$$\angle BAO = \angle DCO$$

同理

$$\angle ABO = \angle CDO$$

又

$$AB = CD$$

所以

$$AO = OC, BO = OD$$

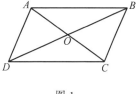

图 1

系 1 四边形被两对角线互相为平分,则此四边形为平行四边形.

系 2 四边形被两对角线分为四面积相等的三角形,则此四边形为平行四边形.

定理 2 通过 $\triangle ABC$ 边 AB 中点之直线与边 BC 平行,必通过第三边 AC 之中点.

证明 如图 2,过 C 作 AB 之平行线 CF 与 DE 之延长线交于点 F.

故 $BCFD$ 为平行四边形,$CF = BD$,然

$$BD = AD$$

所以

$$CF = AD$$

又

$$\angle FCE = \angle DAE$$

$$\angle EFC = \angle ADE$$

所以

$$\triangle ADE \cong \triangle CFE$$

所以

$$AE = EC$$

即 AC 等分于 E.

图 2

系 $DE = \dfrac{1}{2}BC$,因 $DE = \dfrac{1}{2}DF$.

3

定理 3 联结 △ABC 边 AB，AC 中点 D，E 之直线，必平行于底边 BC.

证明 联结 BE，CD(参见图 2)，则

$$S_{\triangle BDE} = S_{\triangle ADE}$$

又

$$S_{\triangle CDE} = S_{\triangle ADE}$$

所以

$$S_{\triangle BDE} = S_{\triangle CDE}$$

即

$$DE \parallel BC$$

系 1 D，E，F 各为 △ABC 三边 AB，BC，AC 之中点，则其所分之四个三角形面积相等.

因 ADFE，DEFB，DECF 各为平行四边形故也.

系 2 通过 D，E 作两平行线，交底边于 M，N 两点，则

$S_{\square DENM} = \dfrac{1}{2} S_{\triangle ABC}$，因 $\square DENM$ 与 $\square DEFB$ 面积相等故也(图 3).

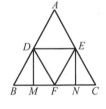

图 3

定义 三个以上之直线，同交于一点，称为共点(concurrent).

定义 三个以上之点，同在一直线上，称为共线(collinear).

定义 四个以上之点，同在一圆周上，称为共圆(concyclic).

定理 4 三角形之三中线为共点线.

证明 如图 4，联结边 AC，AB 之中线 BE，CD 交于 O. 设延长 AO 时，宜平分 BC，则本定理为真.

通过 B 作 BG 平行于 CD，与 AO 之延长交于 G；联结 CG.

因 DO 平分 AB，而平行于 BG，则 AG 亦必平分于 O(定理 2).

又 OE 平分 △AGC 边 AG，AC，故为 GC 之平行线(定理 3)，故 OBGC 为平行四边形，而其对角线互为平分(定理 1)，所以 BC 平分于点 F.

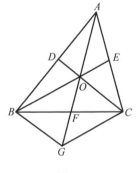

图 4

系 三角形之中线相交于一点，其交线之两段之比为 2∶1.

因 AO = OG，又 OG = 2OF，所以 AO = 2OF.

定理 5 同底边上两三角形 △ABC，△ABD 各边 AC，BC，AD，BD 之中点 E，F，G，H 为平行四边形之顶点，此四边形之面积为两三角形之和或差之半，依于两三角形之方向为异向或同向.

证明 1 设两三角形为异向(图 5).

因 EF, GH 各平行于 AB(定理 3),又各为 AB 之半(定理 2 之系),故 $EFHG$ 为平行四边形.

又命 EG, FH 交 AB 于 M, N 两点,则

$$S_{\square EFNM} = \frac{1}{2} S_{\triangle ABC}$$

又

$$S_{\square GMNH} = \frac{1}{2} S_{\triangle ABD}$$

所以

$$S_{\square EFHG} = \frac{1}{2}(S_{\triangle ABC} + S_{\triangle ABD})$$

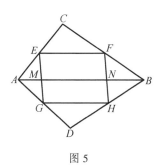

图 5

证明 2 设两三角形为同向,则

$$S_{\square EFHG} = S_{\square EFNM} - S_{\square GHNM} = \frac{1}{2}(S_{\triangle ABC} - S_{\triangle ABD})$$

注意 本定理之证明 2,可从证明 1 而推解,设 $\triangle ABD$ 之面积,自正而负,则此三角形向其对侧而移动.此种移动之方向,近世几何家已认为一种之算法,即任何几何数量,因一定法则,逐渐移动,通过零点,而以代数号分别其正负,此正负号即分别其在零点之反对向也.

定理 6 两面积相等之三角形 $\triangle ABC$, $\triangle ABD$ 同以 AB 为底,而位于反对向.联结顶点 C, D 作直线交于 AB 而为平分.

证明 如图 6,过 A 及 B 作 AE, BE 平行于 BD, AD.联结 EC,则 $AEBD$ 为平行四边形,故

$$S_{\triangle AEB} = S_{\triangle ADB}$$

然

$$S_{\triangle ADB} = S_{\triangle ACB}$$

所以

$$S_{\triangle AEB} = S_{\triangle ACB}$$

所以 CE 为 AB 之平行线.

命 CD, ED 各交于 AB 得 M, N 两点.

因 $AEBD$ 为平行四边形,故 ED 线平分于 N(定理 1).

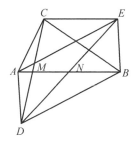

图 6

又因 NM 平行于 EC,故 CD 平分于 M(定理 2).

系 联结同底而反对向之两三角形之顶点直线,交于底边而为平分,则此两三角形面积相等.

定理 7 四边形之相对边 AB, CD 交于点 P.设对角线 AC, BD 之中点为 G, H,则 $\triangle PGH$ 的面积为四边形 $ABCD$ 的面积之 $\frac{1}{4}$.

证明 如图 7,设 Q, R 为 BC, AD 之中点,联结 GH, QG, RG, RH, QH, QP.

因 $QG \parallel AB$(定理 3),延长 QG 必平分 PC.

又因 CP 为同底边而位于反对向两三角形 $\triangle CGQ$,$\triangle PGQ$ 顶点之联结线,延长 GQ 而平分 CP,故

$$S_{\triangle PGQ} = S_{\triangle CGQ}(\text{定理 6 之系}) = \frac{1}{4}S_{\triangle ABC}$$

同理 $\qquad S_{\triangle PHQ} = \frac{1}{4}S_{\triangle BCD}$

又 $S_{\square GQHR} = \frac{1}{2}(S_{\triangle ABD} - S_{\triangle ABC})$(定理 5),所以

$$S_{\triangle QGH} = \frac{1}{4}(S_{\triangle ABD} - S_{\triangle ABC})$$

所以 $\quad S_{\triangle PGH} = \frac{1}{4}(S_{\triangle ABC} + S_{\triangle BCD} + S_{\triangle ABD} - S_{\triangle ABC}) = \frac{1}{4}S_{ABCD}$

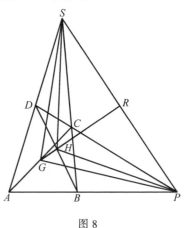

图 7

系 完全四边形三对角线之三中点为共线点.

如图 8,设令 AD,BC 两线交于 S,则 SP 当为第三对角线.

以 S,P 与对角线之中点 G,H 各相联结,则 $\triangle SGH$ 及 $\triangle PGH$ 的面积各与四边形 $ABCD$ 的面积的 $\frac{1}{4}$ 相等,所以

$$S_{\triangle SGH} = S_{\triangle PGH}$$

所以延长 GH 必平分 SP(定理 6).

定义 完全四边形三对角线之三中点所联结之直线,为此完全四边形之牛顿线(Newton's line).

注 本定理之系,称为牛顿定理或高斯(Gauss)定理.

定义 平面上某点,依一定之条件而行动,其所成之直线或曲线,称为此点之轨迹(locus).

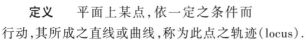

图 8

设一定点 P,向等距离之定点 O 而动,则点 P 之轨迹,为以 O 为心,OP 为半径之圆周.又 A,B 为二定点,又有一动点 P,此动点 P,按一定之规律而动,使 $\triangle ABP$ 之面积,常为一定,则此点之轨迹为平行于 AB 之直线.

定理 8 直线 AB,CD 之位置及其大小均为已知,其间 P 之一点移动,使

△ABP,△CDP 面积之和常为一定,则点 P 之轨迹为一直线.

证明　如图 9,AB,CD 交于 O,次令
$$OE = AB, OF = CD.$$

联结 OP,EP,EF,FP,则
$$S_{\triangle APB} = S_{\triangle OPE}$$
$$S_{\triangle CPD} = S_{\triangle OPF}$$

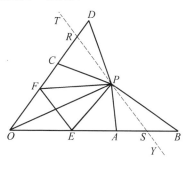

因 △OEP,△OFP 之和为已知,所以四边形
OEPF 之面积为已知,所以 △EFP 之面积及底
边 EF 为已知,所以点 P 之轨迹为平行于 EF
之直线.

图 9

注　以图中之点线,表所求之轨迹,设点 P 与点 R 重合,则 △CDP 之面积
为零,又点 P 向 CD 之他侧而动,则 △CDP 之面积为负.同理 △APB 及直线 AB,
亦为适用此说.参见定理 5 之注意,知三角形之顶点通过底边而为连续的移动,
则在平面上三角形之面积,逐渐而为自正而负之变易.

系 1　m,n 为定倍数,命 OE = mAB 及 OF = nCD,设 $mS_{\triangle ABP} + nS_{\triangle CDP}$ 之
值为已知,则点 P 之轨迹可按本定理知其为一平行于 EF 直线.

系 2　通过点 O,延长直线 AB,作 OE' = mAB,延长直线 CD,作 OF' =
nCD,则 $mS_{\triangle ABP} - nS_{\triangle CDP}$ 之值为已知时点 P 之轨迹为已知.

系 3　无论若干线,设其位置及大小为已知,又定倍数为 m,n,p,q,…,其
间正负相杂,而 m△ABP + n△CDP + p△GHP + … 之值为已知时,点 P 之轨
迹为一直线.

系 4　ABCD 为四边形,P 为定点,因 △ABP,△CDP 面积之和为 ABCD 面积
之半,则点 P 之轨迹为四边形之牛顿线.

作图题 1　求分 AB 直线为二,使其平方差
与定线 CD 之平方相等.

作图　如图 10,作 BE 垂直于 AB,取 CD 与
之相等,联结 AE,作 ∠AEF 与 ∠EAF 相等,则点
F 为所求.

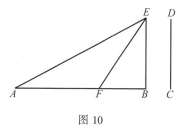

证明　∠AEF = ∠EAF,故 AF = FE,所以
$$AF^2 = FE^2 = FB^2 + BE^2$$
所以
$$AF^2 - FB^2 = BE^2$$
然
$$BE^2 = CD^2$$

图 10

7

所以
$$AF^2 - FB^2 = CD^2$$

注 若 $CD > AB$，$BE > AB$，则 $\angle EAB > \angle AEB$，则作 EF 使 $\angle AEF$，$\angle EAB$ 相等，而直线 EF 当在 EB 之另一边，又点 F 当在 AB 之延长线上，此时点 F 为外分点.

作图题 2 三角形底边之位置与大小为已知，又其二边上两正方形面积之差亦为已知，求此三角形顶点之轨迹.

作图 命 ABC 为三角形，其底边 AB 为已知，作 AB 之垂线 CP，则
$$AC^2 = AP^2 + CP^2$$
$$BC^2 = BP^2 + CP^2$$
故
$$AC^2 - BC^2 = AP^2 - BP^2$$

因 $AC^2 - BC^2$ 为已知，则 $AP^2 - BP^2$ 为已知.

因 AB 分于点 P，其平方差为已知，所以 P 为定点(作图题 1).

又直线 CP 之位置为已知，而点 C 常在 CP 上，则点 C 之轨迹为垂直底边之直线.

系 三角形之三垂线为共点线.

自 A，B 作对边之垂线 AD，BE. 其交点为 O，则(作图题 2)
$$AC^2 - AB^2 = OC^2 - OB^2$$
$$AB^2 - BC^2 = OA^2 - OC^2$$
故
$$AC^2 - BC^2 = OA^2 - OB^2$$

由是直线 CO 之延长垂直于 AB，换言之，即三角形之三垂线为共点线.

定理 9 于三角形底边之两端 A，B 作顶角平分线之垂线，底边之中点 G 与垂足之联结线，各与边 AC，BC 相差之半相等.

证明 如图 11，延长 BF 于 D. 因 $\triangle BCF$，$\triangle DCF$ 有二角及一边相等，故此两三角形为全等，所以
$$CD = CB，FD = FB$$
故 AD 为 AC，BC 之差.

F，G 为 BD，BA 之中点，所以
$$FG = \frac{1}{2}AD = \frac{1}{2}(AC - BC)$$

同理
$$EG = \frac{1}{2}(AC - BC)$$

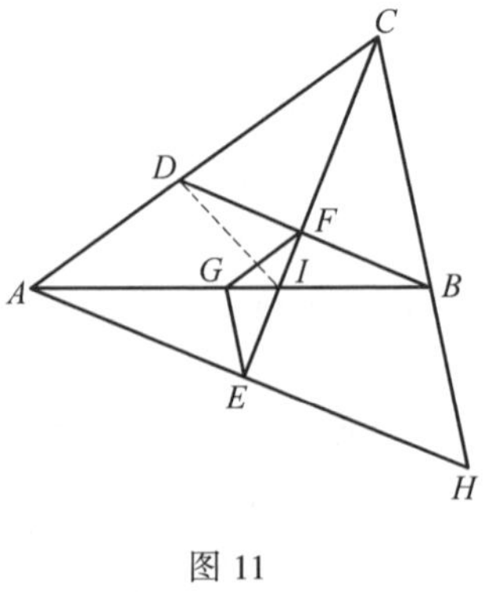

图 11

系 1 依同法可证自三角形底边之两端，作顶角外角平分线之垂线，底边

之中点与垂足之距离,各等于 AC,BC 相和之半.

系 2 $\angle ABD$ = 两底角差之半.

系 3 $\angle CBD$ = 两底角和之半.

系 4 CF 与自 C 至 AB 垂线之夹角 = 两底角差之半.

系 5 $\angle AID$ = 两底角之差.

系 6 已知三角形底边及他二边之差,则底边两端至顶角平分线之垂足之轨迹,为以底边之中点为中心,二边差之半为半径之圆周.

系 7 已知三角形底边及他二边之和,则底边两端至顶角外角平分线之垂足之轨迹,为以底边之中点为中心,二边和之半为半径之圆周.

定理 10 过三角形各边中点之三垂线共点.

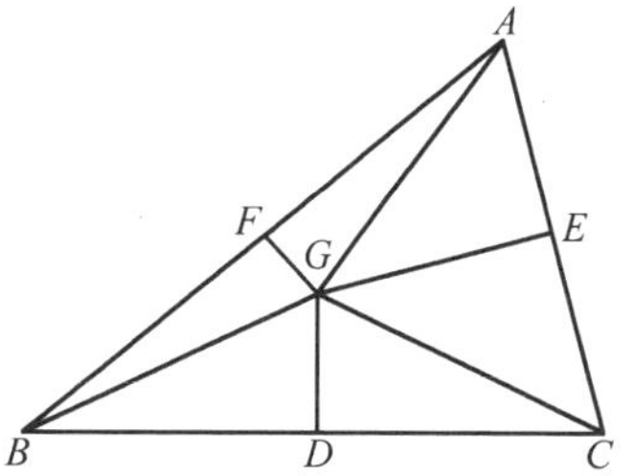

证明 如图 12,命 $\triangle ABC$ 各边之中点为 D,E,F.过 F,E 作 AB,AC 之垂线 FG,EG,其交点为 G,联结 GD.

设 GD 垂直于 BC,则本定理可以证明,联结 AG,BG,CG.

在 $\triangle AFG$,$\triangle BFG$ 中,因 $AF = BF$,FG 为公共,$\angle AFG = \angle BFG$,所以

$$AG = BG$$

同理
$$AG = CG$$

所以
$$BG = CG$$

又在 $\triangle BDG$,$\triangle CDG$ 中,有 $BD = DC$,$BG = GC$,DG 为公共.所以

$$\angle BDG = \angle CDG$$

所以
$$GD \perp BC$$

图 12

系 1 如图 13,过三角形各边中点之三垂线同交于 G.而三中线同交于 H 称为重心.联结 GH 并延长之交于任意顶点向对边所作垂线,假令与自 A 至 BC 之垂线交于 I,则

$$GH = \frac{1}{2}HI$$

因
$$DH = \frac{1}{2}HA$$

系 2 故三角形三垂线交于 I,此为三角

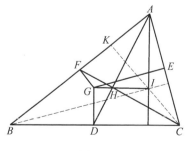

图 13

形垂线共点之别证.

系 3　直线 GD, GE, GF 各与 $\frac{1}{2} IA$, $\frac{1}{2} IB$, $\frac{1}{2} IC$ 相等.

系 4　三角形之外接圆圆心,垂心,重心为共线点.

定理 11　两三角形 $\triangle ABC$, $\triangle ABD$ 同在同底边之一面,其顶点同在 AB 之平行线上,设有平行于底边之直线交 AC, BC 于 E, F;交 AD, BD 于 G, H, 则 $EF = GH$.

证明　如图 14,设为不然,令 $GH >$ EF,作 $EF = GK$,联结 AK, BK, DK, AF,所以

$$S_{\triangle AGK} = S_{\triangle AEF}$$

$$S_{\triangle DGK} = S_{\triangle CEF}$$

$$S_{\triangle ABK} = S_{\triangle ABF}$$

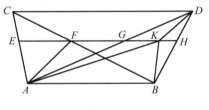

图 14

所以

$$S_{ABKD} = S_{\triangle ABC}$$

但 $S_{\triangle ABC} = S_{\triangle ABD}$, $S_{ABKD} = S_{\triangle ABD}$ 为不合理,所以 EF 可与 GH 相等.

系 1　设有相等底边之两三角形,同在平行线间,则此平行于平行线之直线,割于各三角形与顶点相连各边之截长为相等.

系 2　通过三角形顶点至底边中点之直线,交于平行于底边任何线之中点.

作图题 3　求于三角形中作内接正方形.

作图　如图 15,设 ABC 为三角形,作垂线 CD.取 BE 与 AD 等长.联结 EC. $\angle CDB$ 之平分线 DF 交于 EC 得点 F.过点 F 作 AB 之平行线交 AC, BC 于点 H, G,自 G, H 作 AB 之垂线 GI, HJ,则 $GIJH$ 即为所求正方形.

证明　$\angle EDC$ 为 DF 所平分.而 $\angle K = \angle L = 90°$, DF 为公共,所以

$$FK = FL$$

然

$$FL = GH$$

所以

$$GI = GH$$

即 $GIJH$ 为所求正方形.

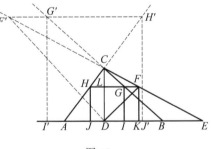

图 15

系　设 $\angle ADC$ 之平分线 DF' 交于 EC 之延长线得交点 F'.通过此点作 AB

之平行线交于直线 BC,AC 之延长线为 G',H'.又从 G' 及 H' 作 AB 之垂线 $G'I'$，$H'J'$,则 $G'H'J'I'$ 为外接正方形.

作图题 4 求于定直线作任意数之等分.

作图 如图16,通过 A 作任意直线 AF.于 AF 上取任意点 C.又截取 CD,DE,EF 等线各与 AC 相等.至所截之数必与 AB 所欲分之数相等为止.设欲令 AB 为四等分,则联结 BF.作 BF 之平行线 CG,DH,EI.由是 AB 为四等分.

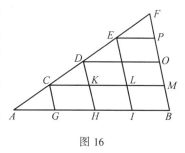

图16

证明 因 ADH 为一三角形,又 AD 等分于 C,而 $CG \parallel DH$,则 AH 平分于 G(定理2),所以
$$AG = GH$$

又过 C 作 AB 之平行线交 DH,EI 于点 K,L.因 $CD = DE$,故 $CK = KL$(定理2).然
$$CK = GH$$
又
$$KL = HI$$
所以
$$GH = HI$$
同理
$$HI = IB$$
即 AB 所分之各部分均相等.

注 本定理又可因次述而得:在三角形之一边作任意数之等分,通过各分点作底边平行之直线,则其第二边亦可得相等之等分.

定理 12 直线 AB 中有 $(m+n)$ 等份,AC 中有 m 等份,而 BC 有 n 等份.自 A,B,C 作直线 l 的垂线 AD,BE,CF,则 $mBE + nAD$ 与 $(m+n)CF$ 相等.

证明 如图17,自 B 作 ED 之平行线 BH.通过 AB 之各分点作想象直线与 BH 相平行.此直线必分 AH 为 $(m+n)$ 等份,又 CG 为 n 等份,所以
$$nAH = (m+n)CG$$
又 DH 与 BE 各等于 GF,故
$$nDH + mBE = (m+n)GF$$
准加法 $\quad nAD + mBE = (m+n)CF$

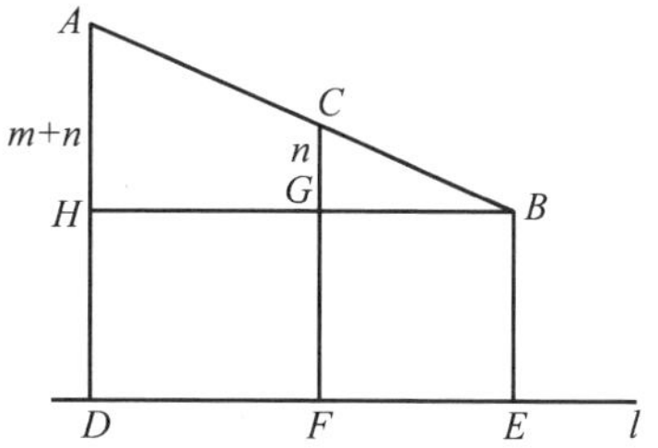

图17

定义 依作图求 $A,B,C,D,\cdots$ 诸点之平均位置中心(centre of mean position)之术如次:等分 A,B 两点之联结线得点 G,次以 G 与第三点 C 相连,分

11

于 H,使 $GH = \dfrac{1}{3}GC$,再以 H 与第四点 D 相连,分于 K,使 $HK = \dfrac{1}{4}HD$,逐次如斯,最后之分点即为诸点之平均位置中心.

定理 13 今有 $A,B,C,D,\cdots$ 之 n 个点,从此诸点作垂线于定直线 L,则各垂线和与自平均位置中心至直线 L 之距离之 n 倍相等.

证明 命各点至 L 之各垂线为 $AL,BL,CL,\cdots$.因 AB 等分于 G,则(定理 12)

$$AL + BL = 2GL$$

又因 GC 在点 H 为 $(1+2)$ 等分,由是 HG 含有其一部,HC 含有其二部,则

$$2GL + CL = 3HL$$

所以
$$AL + BL + CL = 3HL$$

逐次如斯,则本定理可证明.

系 设从一组点各作垂线,通过各点之平均位置中心,则其距离之和为零.由是知其间定有负.其一边各垂线和之值与其相对边之垂线和之值相等.

定理 14 兹更从前定义而扩张之如次:$A,B,C,D,\cdots$ 为一组点.$a,b,c,d,\cdots$ 为各点之相应倍数.联结 AB,等分为 $(a+b)$ 段.使 AG 有 b 段,GB 有 a 段.又以 G 与第三点 C 相连,等分为 $(a+b+c)$ 段,使 GH 有 c 段,HC 有 $(a+b)$ 段,逐次如斯,则此最后之点为此各点平均位置中心,而 $a,b,c,d,\cdots$ 为定倍数.

此定理更可以定理 13 相同之法证之.

设 $AL,BL,CL,\cdots$ 为点 $A,B,C,\cdots$ 至直线 L 上之各垂线,则 $aAL + bBL + cCL + \cdots$ 与此各点平均距离之 $(a+b+c+\cdots)$ 倍相等.

定义 设一定几何量,因一定规律使其位置为连续地变化,而值常为一定,则其值称为常数(constant).设其值常为增大,至某时间而减小,则此时称为极大(maximum).设其值常为减小,至某时间而增大,则此时称为极小(minimum).

从此定义,知极大值较其前后值均大,极小值较其前后值均小.次示关于此类之二、三重要问题.

作图题 5 求通过点 P 作直线交两直线 CA,CB 使所成三角形之面积为极小.

作图 如图 18,过 P 作 $PD \parallel CB$.截取 AD 与 DC 相等,联结 AP 并延长交 BC 于 B,则 AB 即为所求之直线.

证明 设 PQ 为通过点 P 之任意直线.作 AM 平行于 CB.因 $AD = DC$,故 $AP = PB$.在 $\triangle APM,\triangle BPQ$ 中,有

$\angle APM = \angle BPQ, \angle AMP = \angle BQP, AP = PB$

所以　　　　　$\triangle APM \cong \triangle BPQ$

所以　　　　　$S_{\triangle APR} > S_{\triangle PQB}$

两边各加四边形 $CAPQ$，则

$$\triangle CRQ > \triangle ABC$$

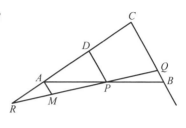

图 18

系 1　过点 P 之直线，交成极小三角形时，此直线必平分于点 P.

系 2　过 $\triangle ABC$ 之边 AB 之中点 P 及其他之任意点 D，作他二边之平行线，则此三角形内有二内接平行四边形 $\square EPFC, \square GDHC$，而 $\square EPFC$ 的面积大于 $\square GDHC$ 的面积.

证明　如图 19，过点 D 作 QR，使等分于 D，则 $\triangle ABC$ 的面积大于 $\triangle CQR$ 的面积.

然各四边形各为各三角形之半，所以

$$S_{\square EPFC} > S_{\square GDHC}$$

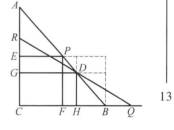

图 19

定理 15　已知三角形之二边，则其夹角为直角时，三角形之面积为极大.

证明　如图 20，设 $\triangle BAC$ 为直角三角形. 以 A 为中心，AC 为半径作一圆. 于圆周上取任意点 D. 设 $\triangle BAC$ 的面积大于 $\triangle BAD$ 的面积，则本定理可以证明.

作 AB 之垂线 DE，则 AD 大于 DE，所以 AC 大于 DE. 而底边 AB 为公共，故 $\triangle ABC$ 的面积大于 $\triangle ABD$ 的面积.

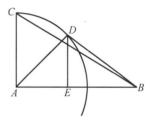

图 20

系　已知四边形之两对角线，则对角线之夹角为直角时其面积为极大.

作图题 6　已知二点 A, B. 于已知直线 L 上求一点 P，使 $AP + BP$ 之值为极小.

作图　如图 21，自 B 作 L 之垂线 BC，延长 BC 至 D，使 $CD = CB$. 联结 AD 交直线 L 于点 P，此点 P 即为所求者.

证明　联结 PB，又于直线 L 上取其任意点 Q，联结 AQ, BQ, DQ，因 $BC = CD$，又 PC 为公共，及在 C 之角为直角，故

$$PD = PB$$

同理　　　　　$$BQ = DQ$$

各加 AP 与 AQ,则

$$AD = AP + PB, AQ + DQ = AQ + BQ$$

但

$$DQ + AQ > AD$$

所以

$$AQ + BQ > AP + PB$$

系 1 设 $AP + PB$ 为极小,则 AP, PB 与直线 L 所成之角相等.

系 2 有一变三角形内接于他三角形,设变三角形之二边与他三角形之边交成等角,则此变三角形之周界为极小.

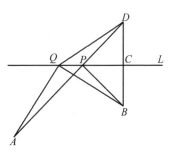

图 21

因变三角形之一边不动,而他二边移动,则其动边为极小.因其动边与定三角形之边交成等角.

系 3 多边形之各顶点在定直线上移动,设其各顶角之外角为各定线所平分,则此多边形之周界为极小.

定理 16 同面积,同底边之三角形,以等腰三角形之周界为极小.

证明 因面积为相等,则各三角形之顶点同在底边之平行线上,而等腰三角形顶角之夹角边必与此平行底边之直线成等角,故周界极小.

系 同面积,同边数之多边形,以等边多边形之周界为极小.

定理 17 于直角 $\triangle ABC$ 各边上作正方形 $ABFG, ACKH, BCED$,则:

(1) AE, BK 交成直角.

(2) $S_{\triangle KCE} = S_{\triangle DBF}$.

(3) $EK^2 + FD^2 = 5BC^2$.

(4) $AQ = AR$.

(5) CF, BK, AL 为共点线.

证明 如图 22,(1) 因在 $\triangle BCK, \triangle ACE$ 中二边相等且其夹角相等,故此二三角形全相等,所以

$$\angle EAC = \angle BKC$$

又

$$\angle AQO = \angle KQC$$

所以

$$\angle AOQ = \angle KCQ = 90°$$

(2) 于 KC 之延长线上作垂线 EN,则

$$\angle ACN = \angle BCE = 90°$$

所以

$$\angle ACB = \angle ECN$$

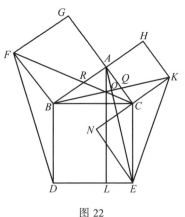

图 22

又	$\angle BAC = \angle ENC = 90°$
而	$BC = CE$
由是	$EN = AB, CN = AC$
然	$AC = CK$
所以	$CN = CK$
又	$S_{\triangle ENC} = S_{\triangle ECK}$
但	$S_{\triangle ENC} = S_{\triangle ABC}$
由是	$S_{\triangle ECK} = S_{\triangle ABC}$
同理	$S_{\triangle DBF} = S_{\triangle ABC}$
所以	$S_{\triangle ECK} = S_{\triangle DBF}$
（3）	$EK^2 = EN^2 + NK^2$
然	$EN = AB$
又	$NK = 2AC$
故	$EK^2 = AB^2 + 4AC^2$
同理	$FD^2 = 4AB^2 + AC^2$
故	$EK^2 + FD^2 = 5(AB^2 + AC^2) = 5BC^2$

（4）及（5）之证明，甚为简单，读者自证之可也.

习　　题

1.等腰三角形顶角之平分线，为底边之中垂线.

2.菱形之对角线互相平分且垂直.

3.三角形顶角之平分线平分底边，则此三角形为等腰三角形.

4.自三角形边上之已知点，作三角形面积之平分线.

5.等腰三角形底边上任意一点至他二边之垂线和与自底角至对边之垂线相等.

6.等腰三角形底边延长线上之任意一点至他二边之垂线差与自底角至对边之垂线相等.应用代数学上正负符号之理，则本题为前题之一特例，试证之.

7.延长 $\triangle ABC$ 之底边 BC 至 D，则 $\angle ABC, \angle ACD$ 平分线间之角等于 $\frac{1}{2}\angle BAC$.

8.三角形内角之平分线共点.

9.三角形一内角及他二外角之平分线共点.

15

10.四边形内角或外角之平分线所作成之四边形之两对角和为两直角.

11.作 △ABC 之底边 BC 之平行线 EF 交边 AB，AC 于 E，F，使

(1) BE + CF = 定线.

(2) BE − CF = 定线.

(3) BE + CF = EF.

(4) BE − CF = EF.

12.二直线各垂直于他二直线，则前二线所交之角与后二线所交之角相等.

13.二直线各平行于他二直线，则前二线所成之角与后二线所成之角相等.

14.△ABC 外角之平分线所成之三角形之各顶点与原三角形相对顶点之联结线为所作之三角形之垂线.

15.求于已知直线之反对向取得二点而使与已知直线上某点之联结线为极小.

16.已知三角之平分线，求作三角形.

17.直接证明作图题 1.

18.已知三中线，求作三角形.

19.从任一点，作三角形三边之垂线，则各边交替线段之平方和，与其余各交替线段之平方和相等.

20.如图 23，在 △ABC 边 CA，CB 上作 □CAQH，□CGPB．延长 QH，PG 交于 R．联结 RC，作 □ABFE，使 AE ⊥ BF ⊥ RC，则 □ABFE 之面积与 □CAQH，□CGPB 面积之和相等.

21.以三角形内接正方形之一边与三角形底高和为边之矩形面积，为三角形面积之 2 倍.

22.以三角形旁切正方形之一边与三角形底高差为边之矩形面积，为三角形面积之 2 倍.

23.已知一边及对角线之差，求作正方形.

24.如图 24，矩形一双相对顶点至平面上任一点之联结线上正方形面积之和，与他一双相对顶点与此点之联结线上正方形面积之和相等.

25.与二直线等距离各点之轨迹为一直

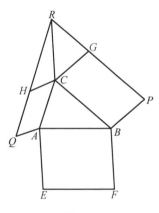

图 23

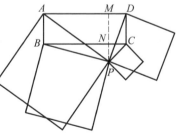

图 24

线.

26.已知与二直线相距之和或差各点之轨迹为一直线.

27.已知周界及高和,求作等边三角形.

28.已知二边及对角线和,求作正方形.

29.从等腰三角形底边之两端至各边作垂线,求证:其垂线所成夹角之半与底角相等.

30.直角三角形之顶点与斜边中点之联结线等于斜边之半.

31.以三角形三垂足为顶点所成三角形,其周界对于内接三角形为极小.

32.如图25,自 $\triangle ABC$ 底边之两端 A,B 作各对边之垂线 AD,BE,求证:$AB^2 = AC \cdot AE + BC \cdot BD$.

33.$A,B,C,D,\cdots$ 为直线上之 n 个点.O 为各点之平均位置中心.P 为此线上之他任意点,则

$$AP + BP + CP + \cdots = nOP$$

34.$A,B,C,\cdots n$ 点及 $A',B',C',\cdots n$ 点之平均位置中心各为 O,O',则

$$nOO' = AA' + BB' + CC' + DD' + \cdots$$

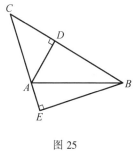

图 25

35.如图26,$\triangle ABC$ 之 $\angle C$ 为直角,而他二角平分线之交点 G 至斜边 AB 之垂线 GD 分斜边为 AD,DB 两段,以 AD,DB 为边之矩形的面积与原三角形之面积相等.

36.如图27,$\triangle ABC$ 边 AB,AC 之中点为 D,E;CD,BE 之交点为 F,则 $\triangle BFC$ 的面积与四边形 $ADFE$ 的面积相等.

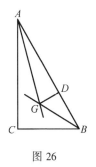

图 26

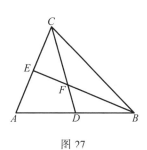

图 27

37.某定点至圆周上各点所引直线中点之轨迹,为一圆周.

38.于任直线形,求引平行线作一三角形,使其面积与之相等.

39. 如图 28, $\square ABCD$ 对边 AB, DC 之中点与 D 及 B 之联结线三等分对角线 AC.

40. 直角三角形斜边上之等边三角形的面积与他二边上两等边三角形的面积之和相等.

41. 如图 29, 三角形各边上向外侧所作正方形相邻顶点所成三个三角形之面积相等.

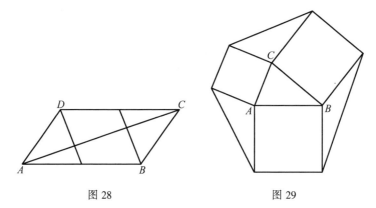

图 28　　　　　　　　　　图 29

42. AB, CD 为平行四边形之对边. P 为同平面上之任意点. $\triangle PBC$ 的面积与 $\triangle CDP$, $\triangle ACP$ 的面积之和或差相等. 依于点 P 在 AC, BD 之外或其中央.

43. 直角三角形斜边之长及其位置为已知. 其夹直角二边所成等边三角形顶点联结线中点之轨迹为一圆周.

44. 如图 30, CD 为直角三角形顶点 C 至斜边 AB 之垂线. E, F 各为 $\triangle ACD$, $\triangle BCD$ 之内心. 过 E, F 作 CD 之平行线 EG, FH 交 AC, BC 于 G, H, 则 $CG = CH$.

45. A, B, C, $\cdots$ 为直线 L 上一组点. O 为 a, b, c, $\cdots$ 倍数各点之平均位置中心. P 为同直线 L 上之他点, 则 $(a + b + c + \cdots)OP = aAP + bBP + cCP + \cdots$.

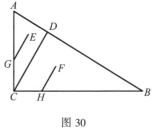

图 30

46. O, O' 为同直线 L 上 A, B, C, $\cdots$ 及 A', B', C', $\cdots$ 二组点之平均位置中心. a, b, c, $\cdots$ 为此二组点之公共倍数, 则 $(a + b + c + \cdots)OO' = aAA' + bBB' + cCC' + \cdots$.

第二章　　矩形之理论

定理 1　△ABC 有 AC,BC 两边相等,从顶点 C 与底边上之任意点 D 相联结,则 $AD \cdot DB$ 与 $BC^2 - CD^2$ 相等.

证明　如图 1,自 C 作 AB 之垂线 CE,则 AB 平分于点 E. D 为 AB 上之他一点.然

$$AD \cdot DB + ED^2 = EB^2$$

各边同加 EC^2,则

$$AD \cdot DB + CD^2 = BC^2$$

所以　　　　$AD \cdot DB = BC^2 - CD^2$

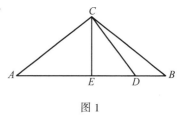

图 1

系　设点 D 在底边 AB 之延长线上,则

$$AD \cdot BD = CD^2 - CB^2$$

当 D 超过 B 后认 DB 符号亦随而改变,则此系可视为前题之一特例.

定理 2　任意 △ABC 之边 AB 之中点为 D,则 $AC^2 + BC^2$ 与 $2AD^2 + 2DC^2$ 相等.

证明　如图 2,自 C 作 AB 之垂线 CE,则

$$AC^2 = AD^2 + DC^2 + 2AD \cdot DE$$
$$BC^2 = BD^2 + DC^2 - 2BD \cdot DE$$

二式相加,因 $AD = BD$,故

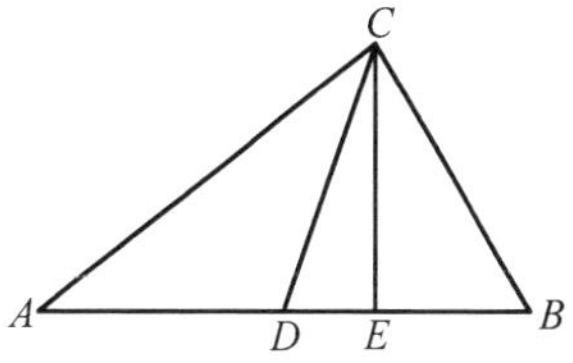

$$AC^2 + BC^2 = 2AD^2 + 2DC^2$$

图 2

上题乃一极普通之问题.在任意组点及倍数之平均位置中心性质中,本章定理 9 及 10 及此题之特例,即 D 在 AB 内或在其延长线上时亦可.

系　设三角形之底边及二边上之正方形之和为已知,则顶点之轨迹为一圆周.

定理 3　平行四边形对角线上正方形面积之和与四边上正方形面积之和相等.

证明　如图 3,设 $ABCD$ 为平行四边形.作 $CE \parallel BD$,与 AD 延长线交于 E. 因为

$$AD = BC, BC = DE$$

所以 $\qquad AD = DE$

故 $\qquad AC^2 + CE^2 = 2AD^2 + 2DC^2$

但 $\qquad CE^2 = BD^2$

所以 $\qquad AC^2 + BD^2 = 2AD^2 + 2DC^2 =$
$$AD^2 + BC^2 + DC^2 + AB^2$$

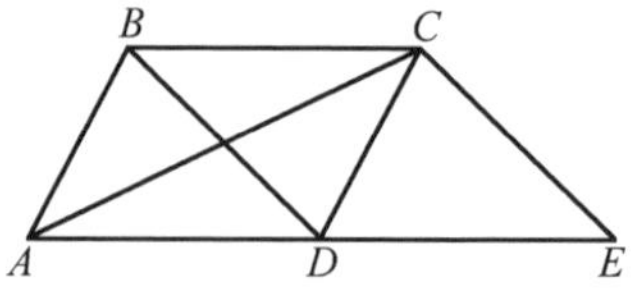

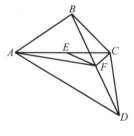

图 3

定理 4 任意四边形各边上正方形面积之和与各对角线上正方形面积及 4 倍两对角线中点之联结线上正方形面积之和相等.

证明 如图 4,命任意四边形 $ABCD$ 对角线之中点为 E,F. 今在 $\triangle ABD$ 中,有(定理 2)
$$AB^2 + AD^2 = 2AF^2 + 2FD^2$$

又在 $\triangle BCD$ 中,有(定理 2)
$$BC^2 + CD^2 = 2CF^2 + 2FB^2$$

所以
$$AB^2 + AD^2 + BC^2 + CD^2 = 2(CF^2 + AF^2) + 4FB^2 =$$
$$4AE^2 + 4EF^2 + 4FB^2 =$$
$$AC^2 + BD^2 + 4EF^2$$

图 4

定理 5 三角形各边上正方形面积之和之 3 倍与各中线上正方形面积之和之 4 倍相等.

证明 D,E,F 为 $\triangle ABC$ 各边之中点,则(定理 2)
$$AB^2 + AC^2 = 2BD^2 + 2DA^2$$

故 $\qquad 2AB^2 + 2AC^2 = 4BD^2 + 4DA^2$

即 $\qquad 2AB^2 + 2AC^2 = BC^2 + 4DA^2$

同理 $\qquad 2BC^2 + 2BA^2 = CA^2 + 4EB^2$

又 $\qquad 2CA^2 + 2CB^2 = AB^2 + 4FC^2$

故 $\qquad 3(AB^2 + BC^2 + CA^2) = 4(AD^2 + BE^2 + CF^2)$

系 三角形三边上之正方形面积之和与各顶点至重心上之正方形面积之和之 3 倍相等.

证明 设 G 为重心,则 $3AG = 2AD$,故
$$9AG^2 = 4AD^2$$

所以 $\qquad 3(AB^2 + BC^2 + CA^2) = 9(AG^2 + BG^2 + CG^2)$

所以 $\qquad AB^2 + BC^2 + CA^2 = 3(AG^2 + BG^2 + CG^2)$

定理 6 以三角形二边之和及差为边之矩形面积与以底边中点至此边之

垂足间之距离及其底边为边之矩形面积之 2 倍相等(参见图 2).

证明 命 CE 为垂线,D 为底边 AB 之中点,则

$$AC^2 = AE^2 + CE^2$$

又

$$BC^2 = BE^2 + CE^2$$

所以

$$AC^2 - BC^2 = AE^2 - BE^2$$

即

$$(AC + BC)(AC - BC) = (AE + BE)(AE - BE)$$

因

$$AE + EB = AB$$

又

$$AE - EB = 2ED$$

故

$$(AC + CB)(AC - CB) = 2AB \cdot ED$$

定理 7 A,B,C,D 为直线上顺序之四点,则

$$AB \cdot CD + BC \cdot AD = AC \cdot BD$$

证明 如图 5,令 $AB = a$,$BC = b$,$CD = c$,则

$$A \qquad B \qquad C \qquad D$$

图 5

$$AB \cdot CD + BC \cdot AD = ac + b(a + b + c) =$$
$$(a + b)(b + c) = AC \cdot BD$$

本定理为欧拉(Euler)所提出.在初等几何学中,甚为重要.兹再应用正负号之理而书之,较为有序.即

$$+ AC = - CA$$

因得

$$AB \cdot CD + BC \cdot AD = - CA \cdot BD$$

或

$$AB \cdot CD + BC \cdot AD + CA \cdot BD = 0$$

注 与前相类者,尚有二、三定理,兹并揭之,如:

1.斯图尔特(Stewart)或欧拉定理.

A,B,C 为共线点,O 为任意点,则

$$OA^2 \cdot BC + OB^2 \cdot CA + OC^2 \cdot AB + BC \cdot CA \cdot AB = 0$$

2.蒙日(Monge) – 麦比乌斯(Möbius)定理.

A,B,C,D,E 为平面上任意之五点,则

$$S_{\triangle ABE} \cdot S_{\triangle CDE} + S_{\triangle BCE} \cdot S_{\triangle ADE} + S_{\triangle CAE} \cdot S_{\triangle BDE} = 0$$

A,B,C,D,E,F 为平面上任意之六点,则

$$S_{\triangle ABC} \cdot S_{\triangle DEF} + S_{\triangle ACD} \cdot S_{\triangle BEF} + S_{\triangle ADB} \cdot S_{\triangle CEF} = S_{\triangle BCD} \cdot S_{\triangle AEF}$$

3.A,B,C,D,E 为平面上之五点,而 A,B,C 为共线点,则

$$S_{\triangle ADE} \cdot BC + S_{\triangle BDE} \cdot CA + S_{\triangle CDE} \cdot AB = 0$$

21

4.设于图5之线外任作一点 O,而
$$AB \cdot CD + BC \cdot AD + CA \cdot BD = 0$$
以三角法书之,得
$$\sin \angle AOB \sin \angle COD + \sin \angle BOC \sin \angle AOD + \sin \angle COA \sin \angle BOD = 0$$

定理 8 从正方形各顶点作任意线之垂线,以其一相对顶点所作之垂线为边的正方形面积和与以他一相对顶点所作之各垂线为边的矩形面积之 2 倍差,等于原正方形之面积.

证明 如图 6,命 $ABCD$ 为正方形,L 为任意直线,而各垂线为 AM,BN,CP,DQ.通过点 A 作 L 之平行线 EF.

因 $\angle BAD$ 为直角,$\angle BAE + \angle DAF = 90°$,又
$$\angle BAE + \angle ABE = 90°$$

故
$$\angle ABE = \angle DAF$$
又
$$\angle E = \angle F = 90°$$
而
$$AB = AD$$
故
$$AE = DF$$

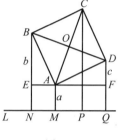

图 6

又令 $AM = a$,$BE = b$,$DF = c$,此四垂线可以 a,b,c 书之,如
$$BN = a + b, \quad DQ = a + c$$
又 O 为 AC,BD 之中点,因之 $BN + QD = AM + CP$ 各与自 O 至直线 L 之垂线之 2 倍相等.因
$$(a + b) + (a + c) = a + CP$$
故
$$CP = a + b + c$$
因之 $BN^2 + DQ^2 - 2AM \cdot CP = (a + b)^2 + (a + c)^2 - 2a(a + b + c) =$
$$b^2 + c^2 = BE^2 + DF^2 =$$
$$BE^2 + EA^2 = BA^2 = 正方形之面积$$

定理 9 分 $\triangle ABC$ 之底边 AB 于点 D,使 $mAD = nBD$,则
$$mAC^2 + nBC^2 = mAD^2 + nBD^2 + (m + n)CD^2$$

证明 如图 7,作 AB 之垂线 CE,则
$$mAC^2 = m(AD^2 + DC^2 + 2AD \cdot DE)$$
$$nBC^2 = n(BD^2 + DC^2 - 2DB \cdot DE)$$
因
$$mAD = nBD$$
故
$$m(2AD \cdot DE) = n(2BD \cdot DE)$$
此二式相加,得

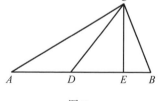

图 7

$$mAC^2 + nBC^2 = mAD^2 + nBD^2 + (m + n)CD^2$$

系 设点 D 在 AB 之延长线上,又 $mAD = nBD$,则

$$mAC^2 - nBC^2 = mAD^2 - nDB^2 + (m - n)CD^2$$

此时假令点 D 通过 DB 变其符号,则与前定理一致.

定理 10 设 O 为 $A,B,C,D,\cdots n$ 个点之平均位置中心,P 为他任意点,则

$$AP^2 + BP^2 + CP^2 + DP^2 + \cdots = AO^2 + BO^2 + CO^2 + DO^2 + \cdots + nOP^2$$

证明 如图 8,假令取 A,B,C,D 四点而证明之.然无论点数若干,本定理皆为真.命 AB 之中点为 M,联结 MC,又分于 N,使 $MN = \dfrac{1}{2}NC$.

联结 ND,又分于 O,使 $NO = \dfrac{1}{3}OD$,则 O 为 A,B,C,D 四点之平均位置中心.应用定理 9,有

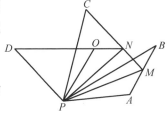

图 8

$$AP^2 + BP^2 = AM^2 + MB^2 + 2MP^2$$

$$2MP^2 + CP^2 = 2MN^2 + NC^2 + 3NP^2$$

$$3NP^2 + DP^2 = 3NO^2 + OD^2 + 4OP^2$$

各边相加消去等项,得

$$AP^2 + BP^2 + CP^2 + DP^2 = AM^2 + MB^2 + 2MN^2 + NC^2 + 3NO^2 + OD^2 + 4OP^2$$

若点 P 与点 O 重合,OP 为零,则

$$AO^2 + BO^2 + CO^2 + DO^2 = AM^2 + MB^2 + 2MN^2 + NC^2 + 3NO^2 + OD^2$$

所以

$$AP^2 + BP^2 + CP^2 + DP^2 = AO^2 + BO^2 + CO^2 + DO^2 + 4OP^2$$

系 O 为三角形各边中线之交点,P 为他任意点,则

$$AP^2 + BP^2 + CP^2 = AO^2 + BO^2 + CO^2 + 3OP^2$$

因三角形中线之交点即 A,B,C 三点之平均位置中心故也.

定理 11 前定理可扩张之如次:$A,B,C,D,\cdots$ 为一组点,$a,b,c,d,\cdots$ 为倍数,O 为各点之平均位置中心,则

$$aAP^2 + bBP^2 + cCP^2 + \cdots = aAO^2 + bBO^2 + cCO^2 + \cdots + (a + b + c + \cdots)OP^2$$

前定理之证明可用于此.次之证明,见陶僧德(Townsend)近世几何学中.

$A,B,C,D,\cdots$ 为各点,从此作直线 OP 之垂线 $AA',BB',CC',DD',\cdots$,则 O

23

为 A', B', C', D', $\cdots$ 之平均位置中心,而 a, b, c, d, $\cdots$ 为倍数.

$$AP^2 = AO^2 + OP^2 + 2A'O \cdot OP$$

$$BP^2 = BO^2 + OP^2 + 2B'O \cdot OP$$

$$CP^2 = CO^2 + OP^2 + 2C'O \cdot OP$$

$$DP^2 = DO^2 + OP^2 + 2D'O \cdot OP$$

以上各式,各以 a, b, c, d, $\cdots$ 乘之相加.再参见第一章定理13,则

$$aA'O + bB'O + cC'O + dD'O + \cdots = 0$$

所以

$$aAP^2 + bBP^2 + cCP^2 + \cdots = aAO^2 + bBO^2 + \cdots + (a + b + c + \cdots)OP^2$$

本定理可包括前定理.

系 1 至某一以 a, b, c, d, $\cdots$ 为倍数之组点之距离平方和各乘以 a, b, c, d, $\cdots$ 常数之点之轨迹为以诸点之平均位置中心为心之圆周.

系 2 点 P 与平均位置中心 O 重合,则 $aAP^2 + bBP^2 + cCP^2$ 为极小.

定理 12 平分一直线,则其二分所成之矩形为极大.其各分上之正方形和为极小.

证明 1 分直线 AB 为二等分,M 为中点,N 为他任意点,则

$$MB^2 = AN \cdot NB + MN^2$$

即

$$AN \cdot NB = MB^2 - MN^2$$

所以 M, N 重合时,$AN \cdot NB$ 为极大.

证明 2 $AB^2 = AN^2 + NB^2 + 2AN \cdot NB$,即

$$AB^2 - 2AN \cdot NB = AN^2 + NB^2$$

故 M, N 重合时,$AN^2 + NB^2$ 为极小.

系 于一直线上作任意之等分,则其各段之连乘积为极大.各段上正方形面积之和为极小.

因其中之两段为不相等,则其连乘积之数减小,而各正方形面积和之数因之增加.

习　题

1.本章定理2及3,乃定理1之特例.

2.因定理2及3,试证定理4.

3.因定理5,证定理6,又因定理9,证定理10.

4. $\triangle ABC$ 之 $\angle C$ 与 $\frac{2}{3}$ 直角相等,则

$$AB^2 = AC^2 + CB^2 - AC \cdot CB$$

5. 准前题,$\angle C$ 与 $\frac{4}{3}$ 直角相等,则

$$AB^2 = AC^2 + CB^2 + AC \cdot CB$$

6. 四边形二相对边上两正方形面积之和及其二对角线上两正方形面积之和,与他二边上正方形面积之和及此二边中点联结线上正方形面积之 4 倍之和相等.

7. 求于直线 AB 上取点 C,使以 BC 与已知直线为边之矩形面积,与 AC 上之正方形面积相等.

8. 已知以二直线为边之矩形之面积,及各直线上正方形面积之差,求作此二直线长.

9. 延长已知直线 AB 至 C,使以 AC,BC 为边之矩形面积与已知正方形面积相等.

10. 于 AB 上取点 C,使 $AB \cdot BC = AC^2$,求证

$$AB^2 + BC^2 = 3AC^2$$

又

$$(AB + BC)^2 = 5AC^2$$

25

11. DE 为等腰 $\triangle ABC$ 底边 DC 之平行线,联结 BE,则

$$BE^2 - CE^2 = BC \cdot BE$$

12. 任意三角形各边上外正方形相邻顶点之联结线上正方形面积之和,与三角形各边上正方形面积之和之 3 倍相等.

13. 已知三角形底边之大小及其位置,与 $mAC^2 - nBC^2$ 之值,求点 C 之轨迹.

14. 从定点 P 作直线 PA,PB 互成直角,交于定圆得 A,B 二点,则 AB 中点之轨迹为一圆周.

15. CD 为半圆直径 AB 之任一平行线,P 为 AB 上之任意点,则

$$CP^2 + PD^2 = AP^2 + PB^2$$

16. O 为 $a,b,c,\cdots$ 倍数中 $A,B,C,\cdots$ 之平均位置中心,L,M 为任意二平行线上之二点,则

$$\sum(a \cdot AL^2) - \sum(a \cdot AM^2) = \sum(a) \cdot (OL^2 - OM^2)$$

第三章　　圆之理论

定理 1　从圆外一点所作此圆之二切线为等长.

证明　如图 1,圆之中心为 O,切线为 PA,PB.联结 OA,OP,OB,则

$$OP^2 = OA^2 + AP^2$$
$$OP^2 = OB^2 + BP^2$$

然

$$OA^2 = OB^2$$

所以

$$AP^2 = BP^2$$

故

$$AP = BP$$

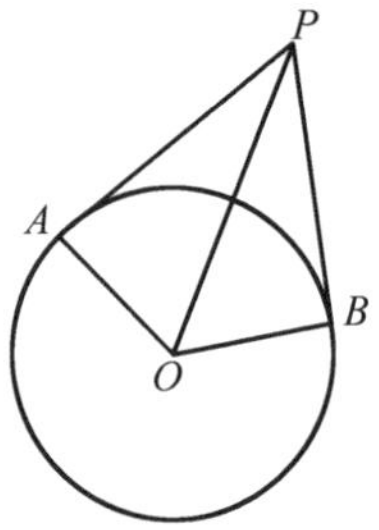

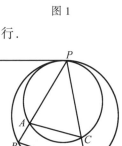

图 1

定理 2　二圆切于点 P,从点 P 作任意二直线 PAB,PCD 交于二圆得 A,B,C,D 四点,则直线 AC,BD 互为平行.

证明　如图 2,通过点 P 作公切线 PE,则

$$\angle EPA = \angle PCA$$
$$\angle EPB = \angle PDB$$

所以

$$\angle PCA = \angle PDB$$

故 AC 与 BD 互为平行.

图 2

系　设 $\angle APC$ 为直角,AC,BD 为直径,则得次之重要定理:二圆之切点与其中一圆直径两端之联结线必通过他一圆直径之两端,而此直径与前者为平行.

定理 3　二圆切于点 P.又任意直线 PAB 交此二圆于 A,B 二点,则 A,B 二点之切线互为平行.

证明　命 A,B 二点之切线交于点 P 之切线得点 E,F.然(定理 1)

$$AE = EP$$

故

$$\angle APE = \angle PAE$$

同理

$$\angle BPF = \angle PBF$$

所以

$$\angle PAE = \angle PBF$$

即 AE,BF 互相平行.

26

于前定理中,设 PAB,PCD 无限接近,则 AC 及 BD 变为切线,亦可解明本定理.

定理4　二圆切于点 P,又任一直线交于二圆得 A,B,C,D,则 $\angle APB = \angle CPD$.

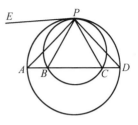

证明　如图3,从点 P 作切线 PE,则

$$\angle EPB = \angle PCB$$
$$\angle EPA = \angle PDA$$

相减　　　　　$\angle APB = \angle CPD$

图3

定理5　设一圆切于半圆周得点 D,切于直径得点 P,则自点 P 所作此直径之垂线 PE 上之正方形面积与以内切圆之半径及半圆之半径为边之矩形面积之2倍相等.

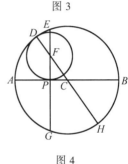

证明　如图4,将半圆补成一全圆,延长 PE 再交圆周于点 G.半圆周及内切圆之心为 C 及 F.联结 CF,延长之交于切点 D.又交外圆周于点 H.因

$$EF \cdot FG = DF \cdot FH$$

图4

又　　　　　　　$PF^2 = DF^2$

相加　　　$EF \cdot FG + PF^2 = DF \cdot FH + DF^2$

因　　　　　$EF = PE - PF , FG = PE + PF$

故　　　$(PE - PF)(PE + PF) + PF^2 = DF(FH + DF)$

所以　　　　　　$PE^2 = DF \cdot DH$

然 DH 为半圆之直径.故如题言.

定理6　设圆 PGD 切圆 ABC 于点 D,又切弦 AB 于点 P.又设 EF 为 AB 中点之垂线而在于圆 PGD 之反对向,则以 EF 与圆 PGD 之直径为边之矩形面积与以 PA 及 PB 为边之矩形面积相等.

证明　如图5,设 PG 垂直于 AB,则 PG 为圆 PGD 之直径.联结弦 GD,PD 并延长之,交圆 ABC 圆周得点 C 及 F,则 CF 为圆 ABC 之直径且平行于 PG(定理2),故 CF 垂直且平分于 AB 于 E.通过点 F 作 FH 平行 AB 与 GP 之延长交于 H.

因 $\angle H$ 及 $\angle D$ 各为直角,故以 GF 为直径之半圆周必通过 D 及点 H,所以

$$HP \cdot PG = FP \cdot PD = AP \cdot PB$$

但　　　　　　　$HP = EF$

所以　　　　　$EF \cdot PG = AP \cdot PB$

本定理及其证明,在两圆为外切时亦真.

27

系 设 AB 为圆 ABC 之直径,则本定理化为前定理.

作图题 1 求作二圆之公切线.

作图 如图 6,命大圆之中心为 P,小圆之中心为 Q.以 P 为中心,二圆之差为半径作圆 IGH.从 Q 作此圆之切线,其切点为 H.联结 P 及 H,延长之交大圆于点 E.作 QF 平行于 PE,联结 EF,即为所求之公切线.

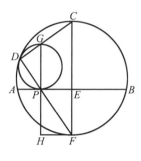

图 5

证明 依作图 HE,QF 二线相等且平行.故 $HEFQ$ 为平行四边形,所以 $\angle PEF = \angle EHQ = 90°$,故 EF 为过点 E 之切线.又 $\angle EFQ = \angle EHQ = 90°$,故 EF 为过点 F 之切线.切线 EF 称为外公切线(direct common tangent).

以 P 为心,二圆半径之和为半径作一圆,又于二圆间作公切线,则此切线称为内公切线(transverse common tangent).

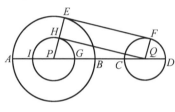

图 6

定理 7 设一直线通过二圆之中心交于圆周得 A,B,C,D 四点,则此二圆外公切线上之正方形面积与以 AC,BD 为边之矩形面积相等.

证明 参见图 6,$AI = CQ$,各加 IC,则得 $AC = IQ$.同理

$$BD = GQ$$

故

$$AC \cdot BD = IQ \cdot GQ = EF^2$$

系 1 二圆相切,则其公切线上之正方形面积与以此二圆直径为边之矩形面积相等.

系 2 内公切线上之正方形面积 $= AD \cdot BC$.

系 3 如图7,设 ABC 为半圆,PE 为自直径 AB 上任意点 P 所作之垂线.CQD 为切于直线 PE 及半圆 ACB 及以 PB 为直径之半圆之圆周.设 QR 为圆 CQD 之直径,则

$$AB \cdot QR = EP^2$$

证明 由系1,有

$$PB \cdot QR = PQ^2$$

由定理6,有

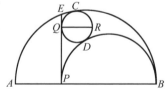

图 7

28

$$AP \cdot QR = EP^2 - PQ^2$$

相加则
$$AB \cdot QR = EP^2$$

定理 8 在互等角两三角形中,以其等角所夹之非对应(non-corresponding)边为边之矩形面积为相等.

证明 如图 8,设互等角之两三角形为 $\triangle ABO$, $\triangle DCO$.命其在 O 之角为相对向,又其非对应边 AO, CO 同在一直线上.则他非对应边 BO, DO 亦必在一直线上.因
$$\angle ABD = \angle ACD$$
则 A, B, C, D 为共圆点,故
$$AO \cdot OC = BO \cdot OD$$

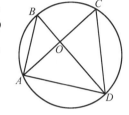

图 8

定理 9 以自圆周上任意点 O 所作 AC, BC 二切线之垂线为边之矩形面积与此点至切弦 AB 之垂线上之正方形面积相等.

证明 如图 9,OD, OE, OF 为各垂线.联结 OA, OB, EF, DF.

因 $\angle ODB$, $\angle OFB$ 为直角,故四边形 $ODBF$ 内接于圆.同理四边形 $OFAE$ 内接于圆.又 BC 为切线,所以
$$\angle DBO = \angle BAO$$
但
$$\angle DBO = \angle DFO$$
又
$$\angle FAO = \angle FEO$$
故
$$\angle DFO = \angle FEO$$
同理 $\angle ODF = \angle EFO$.由是 $\triangle ODF$, $\triangle EFO$ 之角为互等.

故依定理 8,知
$$OD \cdot OE = OF^2$$

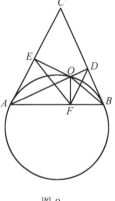

图 9

定理 10 以自圆周上任意点 O 作此圆内接四边形二对边垂线为边之矩形面积与以自向对角线所作垂线为边之矩形面积相等.

证明 如图 10,OE, OF 为相对边 AB, CD 之垂线.OG, OH 为对角线之垂线.联结 EG, FH, OA, OD.

四边形 $AEOG$, $DHOF$ 内接于圆,故
$$\angle OEG = \angle OAG$$
又
$$\angle OHF = \angle ODF$$
又四边形 $AODC$ 内接于圆,故

29

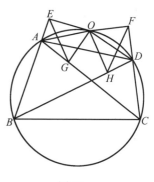

$$\angle OAC + \angle ODC = 180° = \angle ODC + \angle ODF$$

所以　　　　　　　$\angle OAC = \angle ODF$

由是　　　　　　　$\angle OEG = \angle OHF$

同理　　　　　　　$\angle OGE = \angle OFH$

由是 $\triangle OEG$, $\triangle OHF$ 之角互等,故

$$OE \cdot OF = OG \cdot OH$$

系 1　以二相对边垂线为边之矩形面积等于以他二相对边垂线为边之矩形面积.

系 2　设点 A 及点 B,点 C 及点 D 互相接近,则 AB, CD 变为切线而得定理 9.

图 10

定理 11　自圆周上任意点 P 作此圆内接三角形各边之垂线,垂足 D, E, F 为共线点.

证明　如图 11,联结 PA, PB, PF, EF, DF. 四边形 $PBDF$ 内接于圆,故

$$\angle PBD + \angle PFD = 180°$$

$$\angle PBD + \angle PAC = 180°$$

所以　　　　　　　$\angle PFD = \angle PAC$

又四边形 $PFAE$ 内接于圆,故 $\angle EAP = \angle EFP$,故

$$\angle PFD + \angle PFE = \angle PAC + \angle PAE = 180°$$

故 D, E, F 为共线点.

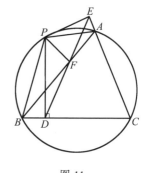

图 11

注　此定理称为西姆森(Simson)定理. 直线 DEF 为 $\triangle ABC$ 点 P 之西姆森线(Simson line).

系 1　设自点 P 作三角形各边之垂线之垂足 D, E, F 为共线点,则点 P 之轨迹为该三角形的外接圆.

系 2　四直线为已知. 设自某点作该四直线之垂线之垂足为共线点,则此点容易求得.

如图 12,命四线为 AB, AC, DB, DF.

此四线交成四三角形.

假令 $\triangle AFE$, $\triangle CDE$ 之二个三角形外接二圆. 此二圆之交点为 P,则自点 P 作该四直线之垂线之垂足为共线点.

系 3　$\triangle ABC$, $\triangle DBF$ 之外接圆通过点 P.

因自点 P 至此三角形各边之垂足为共线点.

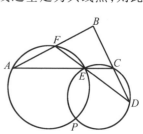

图 12

定理 12 延长三角形之垂线交于此三角形之外接圆得一点,则此点与垂线交点间之部分为底边所平分.

如图 13,命 AD, CF 交于 O,延长 CF 交圆周于点 G,则 $OF = FG$.

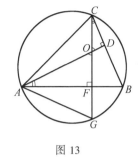

图 13

证明 因为 $\angle AOF = \angle COD$

$\angle AFO = \angle CDO = 90°$

所以 $\angle FAO = \angle OCD$

但 $\angle OCD = \angle GAF$

所以 $\angle FAO = \angle FAG$

而 $\angle AFO = \angle AFG = 90°$

且 AF 为公共,故 $OF = FG$.

定理 13 圆之内接三角形之垂心与圆周上一点 P 所连之直线为点 P 之西姆森线所平分.

如图 14,命 P 为圆周上之一点,PH, PL 为自 P 至圆内接三角形边上之垂线,LH 为点 P 之西姆森线.

命 CF 为自 C 至 AB 之垂线,延长之至 G.作 $OF = FG$,则点 O 为三角形垂线之交点.联结 OP 交 LH 于 I,则 OP 平分于 I.

证明 联结 AP, PG.命 PG 交 HL 于 K,交 AB 于 E.联结 OE,$APLH$ 为圆内接四边形,故

$\angle PHK = \angle PAC = \angle PGC = \angle HPK$

所以 $PK = KH$

由是 $KH = KE$

又 $KP = KE$

又因 $OF = FG$,EF 为公共,所以

$\angle GEF = \angle OEF$

但 $\angle GEF = \angle KEH = \angle KHE$

所以 $\angle OEF = \angle KHE$

所以 $OE \parallel KH$

而 K 为 EP 之中点,故 OP 平分于 I.

系 X, Y, Z, W 为 $\triangle AFE$, $\triangle CDE$, $\triangle ABC$, $\triangle DBF$ 之垂心;则 X, Y, Z, W 为共线点(参见图 12).

31

因 L 为点 P 之西姆森线,联结 PX,PY,PZ,PW.因 L 通过 $\triangle PXY$ 二边之中点,故 $XY \parallel L$.

同理 YZ,ZW 平行于 L.

故 XY,YZ,ZW 为一连续线(continuous line).

注 定理 11 实为 1798 年华莱士(Wallace)所提出,故又称为华氏定理,兹更示其扩张定理之一、二为补题.

1. Catalan 氏之扩张. D,E,F 三点不必为垂足,即为三边之等斜线足亦可.

2. Casey 氏之扩张.

3. Gergonne 氏之扩张.

作图题 2 通过二圆之一交点作直线,使各圆所截二弦和为极大.

解析 如图 15,设二圆交于 P,R 两点,命 APB 为通过点 P 之直线,从二圆心 O,O' 作垂线 $OC,O'D$.又作 $O'E$ 平行于 AB.因

$$AB = 2CD = 2O'E$$

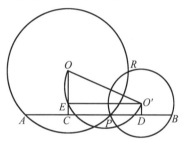

以 OO' 为直径所作之半圆通过点 E,设 AB 为极大,则弦 $O'E$ 与 OO' 重合,故 AB 必平行于两圆心之联结线.

图 15

系 通过 P 作一直线,使 AP,PB 之和等于一定线长,则可以 O' 为心,以定线之半为半径作一圆,则此圆与以 OO' 为直径之圆交于 E.再通过 P 作 $O'E$ 之平行线,求得之.

定义 三角形之三角为已知,则谓此三角形之种类(species)为已知.

作图题 3 求于已知之种类中作一三角形,使通过三定点且面积为极大.

分析 如图 16,设 A,B,C 为三定点.$\triangle DEF$ 为所求三角形.因 $\triangle DEF$ 之 $\angle D,\angle E,\angle F$ 为已知,又直线 AB,BC,CA 为已知.$\triangle ABF,\triangle BCD,\triangle CAE$ 之外接圆为已知,此三圆必同交于一点.

命二圆先交于 O,联结 AO,BO,CO,则

$$\angle AFB + \angle AOB = 180°$$

$$\angle BDC + \angle BOC = 180°$$

所以

$$\angle AFB + \angle BDC + \angle AOB + \angle BOC = 360°$$

又 $\angle AOB + \angle BOC + \angle COA = 360°$

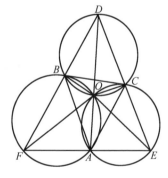

图 16

所以 $\qquad \angle COA = \angle AFB + \angle BDC$

两边同加 $\angle CEA$,则

$$\angle COA + \angle CEA = \triangle DEF \text{ 三内角之和} = 180°$$

所以四边形 $ABCE$ 内接于圆,所以三圆共交于定点 O.

又 $\triangle DEF$ 之面积为极大,故其各边为极大.由是通过点 A 作直线平行于圆 ABF 和圆 CEA 圆心之联结线,即 AO 之垂线,各以两端 E,F 与 C,B 相连,则得所求之三角形.

系　已知三边三角形之求法,可参考前题之系.

作图题 4　于 $\triangle DEF$(参见图 16)中内接一已知种类之三角形,使其面积为极小.

解析　$\triangle ABC$ 为所求三角形,于 $\triangle ABF$、$\triangle BCD$、$\triangle CAE$ 各作外接圆.三圆之交点为 O.兹先证明 O 为已知点,其法如下.因

$$\angle FOE - \angle FDE = \angle DFO + \angle DEO = \angle BAO + \angle CAO$$

故 $\qquad \angle FOE = \angle FDE + \angle BAC$

所以 $\angle FOE$ 为已知.

同理 $\angle EOD$ 为已知,故 O 为二已知圆之交点,故 O 为已知.而 E,F 为已知,故 $\angle OFE$ 为已知,所以 $\angle BOA$ 为已知.同理 $\angle OAB$ 为已知,所以 $\triangle OAB$ 之种类为已知.

因 $\triangle ABC$ 为极小,故边 AB 为极小,所以 OA 为极小.又点 O 为已知,OA 必垂直于 EF,由是此内接三角形容易求得.

系　从本定理因得次之作图题:于已知三角形中求作已知三边之内接三角形.

定理 14　设于 $\triangle ABC$ 作边 AB 之垂线 CD.再于 AB 边取点 E,使 $AE = BD$,则通过点 E 而交于二定直线 AC,BC 之直线,以 AB 为极小.

证明　如图 17,于 $\triangle ABC$ 外接一圆,延长 CD 交圆周于点 L,作 AB 之垂线 KE.联结 AK,BK.通过 E 作他直线 FG.又作 FG 之垂线 KO,延长之交 AB 于 H.通过 H 作 FG 之平行线 JI,联结 JK,IK,CK,KL.因 $AE = BD$,故 $EK = DL$,故 KL 平行于 AB,所以

$$\angle KLC = \angle ADC = 90°$$

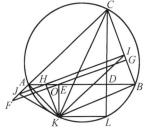

图 17

所以 KC 为圆之直径,所以 $\angle KBC$ 为直角,而 $\angle KHI$ 为直角,所以 $KHIB$ 为圆内

接四边形,所以

$$\angle KIH = \angle KBA$$

同理
$$\angle KJH = \angle KAB$$

所以 $\triangle IJK$,$\triangle BAK$ 之角互等.

而 IK 大于 KB($\angle IBK$ 为直角),故 IJ 大于 AB,然 FG 大于 IJ,故 FG 大于 AB,故 AB 为过点 E 之极小值线.

注意 图17直线 BA 受微小之位置变化,则 B 沿 BC 上,A 沿 AC 上有极小之移动.与 $\triangle AKB$ 绕定点 K 所作之极小回转为相同而一定,则定点 K 称为 AB 之回转之瞬间中心(the centre of instaneous rotation).

别证 通过 A,B 作 AM,BM 平行于 BC,AC,则 ME 必垂直于 AB.作 FG 之垂线 MN.联结 AG,GM.然 $S_{\triangle FMG}$ 明明大于 $S_{\triangle AGM}$,而 $S_{\triangle AGM} = S_{\triangle ABM}$,所以 $S_{\triangle FMG}$ 大于 $S_{\triangle ABM}$,而 $\triangle FMG$ 之垂线 MN 小于 $\triangle ABM$ 之垂线 ME,故其底边 FG 大于底边 AB.

注 AEB 称为 $\angle ACB$ 通过点 E 之丕(Philo)氏线.

定理 15 OC,OD 为二任意直线.AB 为对于点 O 之凹圆弧或为他曲线之弧,则 AB 之各切线之平分于切点者使三角形之面积为极小.

证明 如图18,切线 CD 平分于 P,作 EF 为他切线.通过点 P 作 GH 平行于 EF.因 CD 平分于 P,故 CD 所截取之三角形面积小于 GH 所截取之三角形面积(第一章作图题5).

但 GH 所截取之三角形面积小于 EF 所截取之三角形面积.

故 CD 所截取之三角形面积小于 EF 所截取之三角形面积.

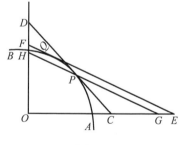

图 18

系 1 已知圆周所作之外切三角形之面积,以等边三角形为极小.

系 2 已知圆周所作之外切定边多角形之面积,以正多角形为极小.

定理 16 PD 为圆 ABC 直径 AB 之垂线.设任意直线 ACP 交圆于点 C,交直线 PD 于点 P,则以 AP,AC 为边之矩形面积为一常数.

证明 如图19,因 AB 为直径,故 $\angle ACB$ 为直角,所以 $\angle BCP$ 为直角.又 $\angle BDP$ 为直角,故四边形 $BDPC$ 内接于圆,故

$$AP \cdot AC = AB \cdot AD = 常数$$

系 1 如图20,PD 交于圆周,则本定理亦真;此时其常数为 AE^2,由是得次之定理:

34

系 2 A 为 EF 弧之中点，AC 为任意弦交直线 EF 于点 P，则

$$AP \cdot AC = AE^2$$

因本题甚为重要，故单独证明如次.

证明 联结 EC，于 △EPC 外接一圆，因 ∠FEA 和 ∠ECA 在 AF，AE 弧上，故 ∠FEA = ∠ECA，故 AE 切于圆 EPC，所以

$$AP \cdot AC = AE^2$$

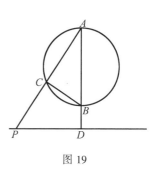

图 19

系 3 设 A 为定点（参见图 19，图 20），PD 为定线，又设定线 PD 上之动点 P 与定点 A 相连，于 AP 上取点 C，使 AP · AC = 常数，假令为 R^2，则因此定理之逆，知点 C 之轨迹为一圆周.

定义 点 C 为点 P 之反演（inverse）. 圆 ABC 圆周称为直线 PD 之反演（inverse），定点 A 为反演心（centre of inversion），常数 R 称为反演半径（radius of inversion）. 关于反演之理论，别详第五章，兹不赘.

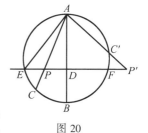

图 20

定理 17 从圆心 C 作任意直线 GD 之垂线 CD. 再从其垂足 D 及 GD 线上之任意点 G 各作此圆之切线 DE，GF，则 $GF^2 = GD^2 + DE^2$.

证明 如图 21，C 为圆心，联结 CG，CE，CF，则

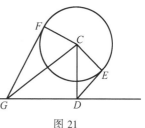

图 21

$$GF^2 = GC^2 - CF^2 = GD^2 + DC^2 - CF^2 =$$
$$GD^2 + DE^2 + EC^2 - CF^2 = GD^2 + DE^2$$

作图题 5 以已知点为心作一圆与已知圆成直交（orthogonally，即成直角）.

作图 如图 22，命 A 为已知点，圆 BDE 为已知圆，从点 A 作圆 BDE 之切线 AB 切于点 B，又以 A 为心，AB 为半径作圆 BFD，则此圆与圆 BDE 成直交.

证明 命 C 为圆 BDE 之心，联结 CB，因 AB 为圆 BDE 之切线，故 CB 与 AB 垂直，所以 CB 切于圆 BDF.

AB，CB 各为圆 BDE，圆 BDF 之切线，因此两线切于两圆，其间相合之距离为极小，盖一线切于圆其两相接点为公共；故此两线交成直角，则

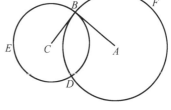

图 22

此两圆亦交成直角,所谓直交是也.

系 1 二圆又在点 D 成直交.

系 2 以直交圆两心距离为边之正方形面积等于二圆半径上之各正方形面积之和.

定理 18 于二圆中心之联结线上取点 D,使此点至两圆之切线 DE,DE' 为相等,通过点 D 作两中心联结线之垂线 DG,则 DG 上任意点 G 所引两圆之切线为相等.

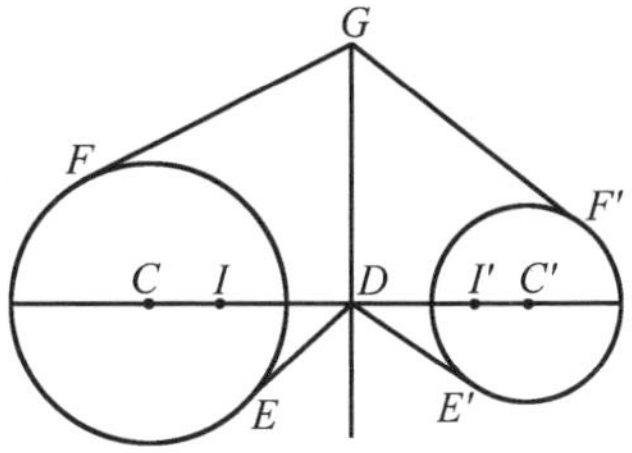

证明 如图 23,GF,GF' 为切线. 准假设 $DE^2 = DE'^2$,两边各加 GD^2,则
$$GD^2 + DE^2 = GD^2 + DE'^2$$
即(定理 17)
$$GF^2 = GF'^2$$
所以
$$GF = GF'$$

图 23

定义 直线 GD 称为两圆之根轴(radical axis),在中心之联结线上取 I,I' 二点,使 $DI = DI' = DE = DE'$,则此二点称为限点(limiting points).

系 1 任意圆之心在根轴上而与他直交圆之一成直交,必通过圆之二限点.

系 2 三圆中两两之根轴必为共点线.

因二根轴之交点作各圆之切线恒为相等,故第三之根轴亦通过此交点.

定义 三根轴之交点称为根心(radical centre).

系 3 某圆之中心为三已知圆之根心,又此圆直交于任一圆,亦必直交于他圆.

定理 19 任意点 P 至两圆所引切线上之正方形面积差,与以此点至根轴垂线及两圆心距为边之矩形面积之 2 倍相等.

证明 如图 24,命 C,C' 为二圆之心,O 为 CC' 之中点,DE 为根轴,又作垂线 PE,PG,则
$$CP^2 - C'P^2 = 2CC' \cdot OG$$
$$CF^2 - C'F'^2 = CD^2 - C'D^2$$
因 DE 为根轴,故
$$CF^2 - C'F'^2 = 2CC' \cdot OD$$
相减
$$PF^2 - PF'^2 = 2CC' \cdot DG = 2CC' \cdot EP$$

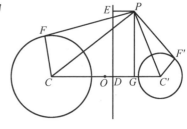

图 24

36

此为根轴圆之基本定理,其详别志于第六章.

定义 设于圆半径及其延长线上各取二点,以此二点与圆心之距离为边之矩形面积与半径上之正方形面积相等.通过任一点作半径之垂线,则此垂线称为他点之极线(polar),又此点称为极线之极(pole).

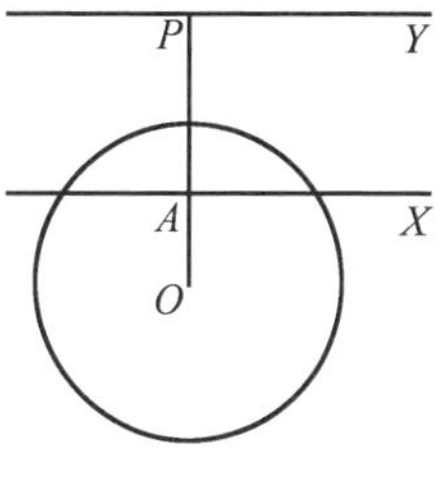

如图 25,设命 O 为心,又 $OA \cdot OP = $(半径)^2. AX, PY 为 OP 之垂线,则 PY 为点 A 之极线,又 A 为 PY 之极.同理 AX 为点 P 之极线,又 P 为 AX 之极.

图 25

定理 20 设 A, B 为两点,而点 A 之极线通过点 B,则点 B 之极线通过点 A.

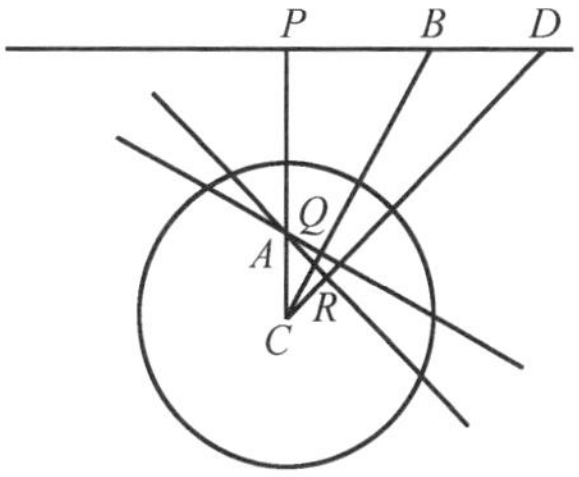

证明 如图 26,设点 A 之极线为 PB,则 PB 垂直于 CP(C 为圆心).联结 CB,作 CB 之垂线 AQ.因 $\angle P$ 及 $\angle Q$ 各为直角,故四边形 $APBQ$ 内接于圆,所以

$$CQ \cdot CB = CA \cdot CP = （半径）^2$$

故 AQ 为点 B 之极线.

图 26

37

系 于 PB 上取他一点 D,联结 CD,作 CD 之垂线 AR,然 AQ 及 AR 为点 B 及点 D 之极线,故 B, D 之联结线为 A 之极线,又 BD 之极为 AQ, AR 之交点.

因得次之重要定理:二点之联结线,为此二点极线交点之极线,又任二直线之交点为此二直线之极所连直线之极.

定义 两点 A 与 B,其任一点之极线通过他一点时,此点称为关于圆之共轭点(conjugate points).又各点之极线称为共轭线(conjugate line).

定理 21 二圆成直交时,任一圆直径之两端为关于他圆之共轭点.

如图 27,命圆 ABF,圆 CED 为直交于 A, B 之两圆, CD 为圆 CED 之任意直径,而 C 及 D 为关于圆 ABF 之共轭点.

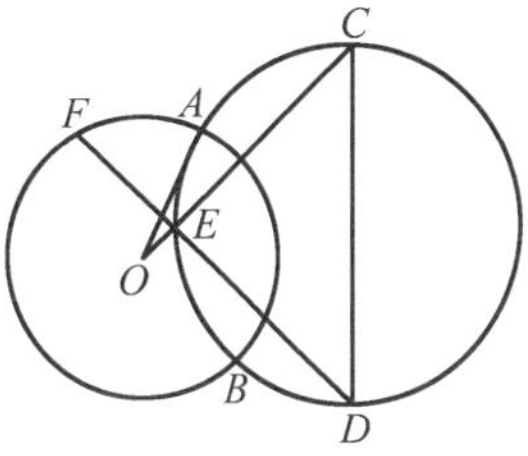

证明 命 O 为圆 ABF 圆心,联结 OC 交圆 CED 于点 E,联结 ED 延长至圆周上点 F.联结 OA,因两圆成直交,故 OA 为圆 CED 之切线,故 $OC \cdot OE = OA^2$,即 $OC \cdot OE = $ 圆 ABF 半径上之正方形面积.

图 27

因 $\angle CED = 90°$,故直线 ED 为 C 之极线,故 C 及 D 为关于圆 ABF 之共轭点.

定理 22 设 A, B 为二点,从点 A 作点 B 极线之垂线 AP,于点 B 作点 A 极线之垂线 BQ.因 C 为圆心,则

$$CA \cdot BQ = CB \cdot AP \text{(Salmon)}$$

证明 如图28,先作直线 CE, CD 之垂线 AY, BX.因 $\angle X$ 及 $\angle Y$ 为直角,故 AB 上作半圆通过 X, Y 二点,故

$$CA \cdot CX = CB \cdot CY$$

又 $$CA \cdot CD = CB \cdot CE$$

因各边 $= (\text{半径})^2$,减之得

$$CA \cdot DX = CB \cdot EY$$

即 $$CA \cdot BQ = CB \cdot AP$$

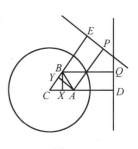

图 28

定理 23 从通过定点 A 之弦之两端所引切线交点之轨迹,为点 A 之极线.

证明 如图29,命 CD 为通过定点 A 之弦,ED, CE 为切线.联结 OA,于其延长线上作垂线 EB,联结 OC,OD.

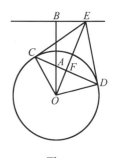

图 29

因 $CE = ED, EO$ 为公共,又 $OC = OD$,所以

$$\angle CEO = \angle DEO$$

又 $CE = DE, EF$ 为公共,而 $\angle CEF = \angle DEF$,所以

$$\angle EFC = \angle EFD = 90°$$

因 $\triangle OCE$ 为以 $\angle C$ 为直角之三角形,又 CF 垂直于 OE 及 $OE \cdot OF = OC^2$.

然四边形 $AFEB$ 之两相对角 $\angle B, \angle F$ 为直角,故此四边形内接于圆,故 $OF \cdot OE = OA \cdot OB$.但

$$OF \cdot OE = OC^2$$

所以 $$OA \cdot OB = OC^2 = (\text{半径})^2$$

所以 BE 为点 A 之极线,即此直线为点 E 之轨迹.

系 1 设从定直线上之各点作圆之切线,其切点之联结线通过定直线之极.

系 2 从任意点作圆之切线,其切点之联结线为此点之极线.

作图题 6 古代几何学者,费许多时日,集合有理之三角形作图解法,而其能解各问题,必具有三独立条件.今姑举数题以为例,余详见第五章.

(1)已知底边顶角及夹角之二边和,求作三角形.

解析 如图30,设 $\triangle ABC$ 为所求三角形,延长 AC 至 D,作 $CD = CB$,则 AD

等于二边和. $\angle ADB = \dfrac{1}{2}\angle ACB$ 为已知.

由是得次之作图.

作图　在边 AB 上作一圆,使其中含有角为顶角之半,以 A 为心,二边和为半径作一圆交前圆于点 D,联结 AD,DB.作 $\angle DBC = \angle ADB$,则 $\triangle ABC$ 为所求三角形.

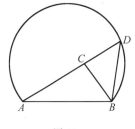

图 30

(2)已知顶角及顶角平分线分于底边所得之二线段,求作三角形.

解析　如图31,设 $\triangle ABC$ 为所求三角形,CD 为顶角 $\angle C$ 之平分线,则 AD,DB 及 $\angle ACB$ 为已知.因 AD,DB 为已知,故 AB 亦为已知.因 AB 及 $\angle ACB$ 为已知,故圆 ACB 亦为已知.因 CD 平分 $\angle ACB$,故 $\overset{\frown}{AE} = \overset{\frown}{EB}$,故 E 为已知点,而点 D 亦为已知,故 ED 之位置及点 C 皆为已知.

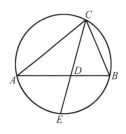

图 31

(3)底边、顶角及以夹角二边为边之矩形面积为已知,求作三角形.

解析　如图32,设 ABC 为所求三角形,作 AB 之垂线 CD,因圆 ABC 为已知,作直径 CE,联结 AE.在 $\triangle CAE$,$\triangle CDB$ 中

$$\angle CAE = \angle CDB, \angle CEA = \angle CBA$$

故此两三角形之角互等,所以(定理8)

$$AC \cdot CB = CE \cdot CD$$

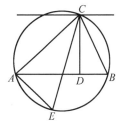

图 32

然 $AC \cdot CB$ 为已知,故 $CE \cdot CD$ 亦为已知.底边及顶角为已知,故圆 ACB 亦为已知,故直径 CE 为已知,故 CD 为已知,故从点 C 平行于 AB 之位置亦为已知,故点 C 之位置为已知,则作图法可不言而喻.

习　　题

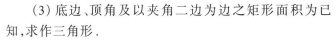

1.二交圆之连心线平分且垂直于其公弦.

2.AB,CD 为一圆之二平行弦,则 AC,BD 两弧为相等.

3.凡二同心圆中内圆切线截于外圆之线段为相等.

4.三角形之二垂线 AD,BE 交于 O,则 $AO \cdot OD = BO \cdot OE$.

5.三角形之垂心为 O,则 $\triangle AOB$,$\triangle BOC$,$\triangle COA$ 之外接圆为全等.

6.三角形各边上所成三等边三角形之外接圆通过一公共点.

7.三角形各边上所成三等边三角形之三顶点与原三角形相对顶点之联结线为共点.

8.以6题之三圆心为顶点,所成之三角形为等边三角形,若等边三角形向内,本定理亦能适合.

9.从前问新得二等边三角形边上正方形面积之和,与原三角形各边上正方形面积之和相等.

10.求从定点所作各弦中点之轨迹.

11.设圆中二弦交为直角,则其四线段上正方形面积之和,与直径上之正方形面积相等.

12.从定点 C 与圆周上任意点 D 作 CD,而 CD 之垂线为 DE 交圆周于点 E,作 CD 之平行线 EF,使其通过一定点.

13.已知底边及顶角之等腰三角形上正方形面积之和为极大或极小,依于其顶角为锐角或钝角.

14.于已知弓形作极大之内接矩形.

15.于圆内之已知点 E 作弦 AEB,使以 AB,AE 为边之矩形面积与 EB 上之正方形面积相等.

16.已知三角形之底边及顶角,求其垂心轨迹及底角平分线交点之轨迹.

17.圆内接各三角形中,等边三角形之面积为极大.

18.圆内接完全四边形第三对角线上之正方形面积与其两端所引切线上正方形面积之和相等.

19.圆内接完全四边形第三对角线为直径之圆与前圆直交.

20.圆周上之任意点与内接等边三角形各顶点三联结线中之一线,与他二线之和为相等.

21.垂足三角形各角为原三角形之垂线所平分.

22.四边形或多边形舍去一边,而其余各边之大小及次序为已知,则其一边为通过各顶点圆周之直径时,其面积为极大.

23.前题无论其次序如何,面积仍为一定.

24.两四边形或多边形之各边为相等,以内接于圆之面积为较大.

25.圆外之一点 P,作一割线割圆于 A,B.设点 C 为点 P 极线之中点,则 $\angle ACP$ 为 P 之极线所平分.

26.任意割线 OPP' 割圆 J 于点 P,P',设通过点 O 之二圆各切圆 J 于 P 及 P',则其二圆直径之差与圆 J 之直径相等.

27.已知底边、底角之差及他二边之和或差,求作三角形.

28.已知底边、顶角及顶角平分线,求作三角形.

29.通过二圆交点之一作一直线,使其弦上正方形面积之和或差为已知.

30.$\overparen{AB}$ 平分于 M,又 I 为弧上另一点,则以弦 AI,BI 为边之矩形面积及弦 IM 上正方形面积之和,与弦 AM 上之正方形面积相等.

31.A,B,C,D 为直线上顺序排列之四点,求于此直线上作一点 O,使以 OA,OD 为边之矩形面积与以 OB,OC 为边之矩形面积相等.

32.从前题设 $\angle APB$ 与 $\angle CPD$ 相等,求点 P 之轨迹.

33.已知二点 A,B 及圆 X,求于圆 X 上取点 C,使 $\angle ACB$ 为极大或极小.

34.圆内接完全四边形第三对角线两端之角之平分线,必互为垂直.

35.设三角形底边及他二边和为已知,以自底边两端所作顶角之外角平分线的垂线为边之矩形面积为已知.

36.圆内接六边形之三交替内角之和与他三角之和为相等.

37.已知 MN 定长之直线在二定直线 OM,ON 间移动,而 MP,NP 与 OM,ON 为垂直时,点 P 之轨迹为一圆周.

41

38.顶角之外角平分线代以内角之平分线,试述 35 题.

39.AB,AC,AD 为四边形之相邻二边及对角线,通过点 A 作圆交三直线于 P,Q,R,则

$$AB \cdot AP + AC \cdot AQ = AD \cdot AR$$

40.作直径 AB 之平行线 CD,使与 AB 上点 P 所成之角为直角.

41.于圆周上取一点,使此点与同圆周上二定点相连之二直线与此圆定弦所截之线段为已知长.

42.于已知圆内作一个三角形,使其通过三定点.

43.通过任意点 O 作三角形各边平行之三直线交于各边,得 A,A',B,B',C,C',则 $AO \cdot OA'$,$BO \cdot OB'$,$CO \cdot OC'$ 之和与以三角形外接圆通过点 O 所引各弦段①为边之矩形面积相等.

44.三角形之各顶点与三角形外接圆心之联结线各与原三角形垂足三角形之边为垂直.

45.如图33,设有一圆切于已知半圆及其直径上二垂线,则自此圆心至半圆直径垂线上之正方形面积与以半圆直径两端之二线段为边之矩形面积相等.

---

① 此弦段为过点 O 且被 O 分为两段的弦.

46. AB 为半圆之直径,AC,BD 二弦交于 O,则 △OCD 之外接圆与半圆直交.

47. 自一动点所引二圆切线之和或差,与此二圆公切线切点间之截长相等,则此点之轨迹为一直线.

48. 三圆具有之六公切线,设其中之三切线为共点,则他三公切线亦为共点.

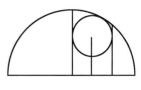

图 33

49. 圆周上任意点至二定半径上垂足之距离与自任一半径之一端至他半径之垂线相等.

第四章　　内接形与外接形

定理 1　设三角形内切于一圆,则各顶点与边上切点之距离与其三边和之半及此顶点对边相减之值相等.

证明　如图 1,命 ABC 为三角形,D,E,F 为切点,圆外一点所引之切线皆相等,故

$$AE = AF$$
$$BD = BF$$
$$CD = CE$$

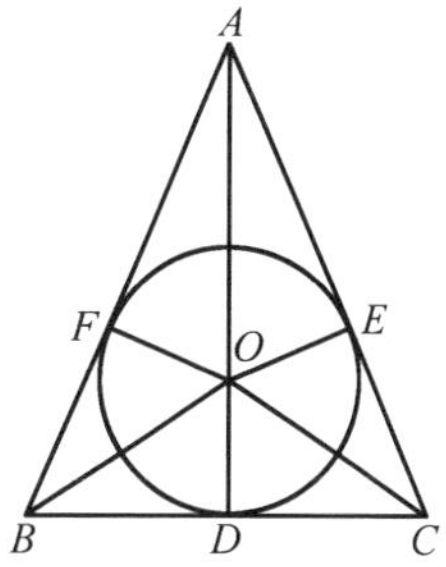

故　　$AE + BC = AB + CE = \dfrac{1}{2}(AB + BC + CA)$

令三边各为 a,b,c,其和之半为 s,则

$$AE + a = s$$

所以　　　　　　　　　　　　　　$AE = s - a$

同理　　　　　　　　　　　　　　$BD = s - b$

$$CE = s - c$$

系 1　设内切圆之半径为 r,则三角形之面积为 rs.

证明　因内切圆圆心为 O,则

$$BC \cdot r = 2S_{\triangle BOC}$$
$$CA \cdot r = 2S_{\triangle COA}$$
$$AB \cdot r = 2S_{\triangle AOB}$$

所以　　　　　　　　　$(BC + CA + AB)r = 2S_{\triangle ABC}$

即　　　　　　　　　　　　　　$2sr = 2S_{\triangle ABC}$

所以　　　　　　　　　　　　　　$sr = S_{\triangle ABC}$　　　　　　①

系 2　如图 2,此圆外切于 BC 及 AB,AC 之延长上,即旁切圆,其切点为 D',E',F',则

$$AE' = AF' = s$$
$$BD' = BF' = s - c$$
$$CD' = CE' = s - b$$

图 1

43

可以同理证明而得.

此定理虽极简单而甚重要.

系 3　设 r' 为旁切圆之半径外切于 BC,则
$$r'(s-a) = S_{\triangle ABC}$$

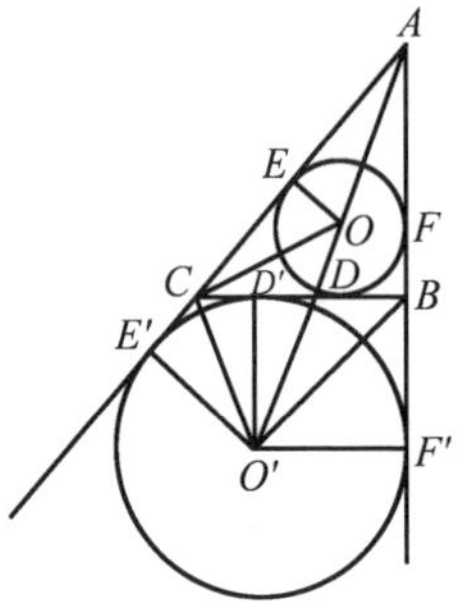

证明　如图 2,有
$$E'O' \cdot AC = 2S_{\triangle AO'C}$$

即　　　　　　　　　　　$r'b = 2S_{\triangle AO'C}$

同理　　　　　　　　　　$r'c = 2S_{\triangle AO'B}$

又　　　　　　　　　　　$r'a = 2S_{\triangle BO'C}$

故　　　　　　　　　$r'(b+c-a) = 2S_{\triangle ABC}$

即　　　　　　　　　　$r'2(s-a) = 2S_{\triangle ABC}$

所以　　　　　　　　　　$r'(s-a) = S_{\triangle ABC}$　　　　　　　②

系 4　　　　　　　　$r \cdot r' = (s-b)(s-c)$

证明　如图 2,CO 平分 $\angle ACB$,CO' 平分 $\angle BCE'$,故 CO 垂直于 CO',所以
$$\angle ECO + \angle E'CO' = 90°$$

又　　　　　　　　　　$\angle ECO + \angle COE = 90°$

所以　　　　　　　　　　$\angle E'CO' = \angle COE$

故 $\triangle E'CO'$,$\triangle EOC$ 之角互等,所以(第三章定理 8)
$$E'O' \cdot EO = E'C \cdot CE$$

所以　　　　　　　　　$rr' = (s-b)(s-c)$　　　　　　　　③

系 5　$\triangle ABC$ 之面积以 S 表之,则
$$S = \sqrt{s(s-a)(s-b)(s-c)}$$

证明　从 ①,② 两式,得
$$rs = S$$

又　　　　　　　　　　$r'(s-a) = S$

两边相乘,以式 ③ 之值代入,得
$$S^2 = s(s-a)(s-b)(s-c)$$

故　　　　　　　$S = \sqrt{s(s-a)(s-b)(s-c)}$

系 6　$S = \sqrt{rr'r''r'''}$,而 r'',r''' 为旁切圆之半径而外切于边 b,c.

系 7　$\triangle ABC$ 之 $\angle C$ 为直角,则
$$r = s-c, \quad r' = s-b, r'' = s-a, \quad r''' = s$$

定理 2　任意之一点,所作 n 边正多边形各边之垂线和,与此多边形内切

图 2

圆半径之 n 倍相等.

证明　如图 3,命正多边形为正五边形 $ABCDE$,又点 P 为已知,从 P 至 $AB,AC,\cdots$ 各边之垂线各以 $P_1,P_2,\cdots$ 表之.设正多边形之一边为 s,则

$$2S_{\triangle APB} = sP_1$$
$$2S_{\triangle BPC} = sP_2$$
$$\cdots$$

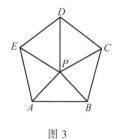

图 3

此各式各边相加,则

$$2S_{ABCDE} = s(P_1 + P_2 + P_3 + P_4 + P_5)$$

命点 O 为内切圆心,又 R 为其半径,故

$$2S_{\triangle AOB} = Rs$$

然　　　　　　　　$$S_{ABCDE} = 5S_{\triangle AOB}$$

即　　　　　　　　$$2S_{ABCDE} = 5Rs$$

故　　　　　$$s(P_1 + P_2 + P_3 + P_4 + P_5) = 5Rs$$

所以　　　　$$P_1 + P_2 + P_3 + P_4 + P_5 = 5R$$

定理 3　圆外切 n 边正多边形各边之切点与此圆任意切线之垂线之和与 nR 相等.

证明　$A,B,C,\cdots$ 为圆外切多边形各边之切点,L 为圆之任意切线,P 为切点,自 $A,B,C,\cdots$ 作切线 L 之垂线与自 P 至 $A,B,C,\cdots$ 切线之各垂线相等.

然自 P 至 $A,B,C,\cdots$ 切点之垂线之和与 nR 相等(定理 2),故点 $A,B,C,\cdots$ 至 L 之各垂线和与 nR 相等.

系 1　圆内接 n 边多边形各顶点至任意直线之垂线之和,与自圆心至同直线上垂线之 n 倍相等.

系 2　正多边形各顶点平均位置中心,为外接圆心.

点 n 至任意直线之垂线和与此各点平均位置中心至同直线之垂线之 n 倍相等(第一章定理 2),故外接圆圆心至任意直线之垂线与此点平均位置中心至直线之垂线相等,因此二点重合为一故也.

系 3　圆内接多边形各顶点至任意直线之垂线和为零,换言之,在直径一边之垂线和,与在他边之垂线和相等.

定理 4　设 R 为 n 边正多边形外接圆之半径,P 为与此圆心相距 R' 之一点,则 P 至各顶点所连之各直线上之正方形面积之和与 $n(R^2 + R'^2)$ 相等.

证明　O 为圆心,则亦为各顶点之平均位置中心,故(第二章定理 10)点 P

至各顶点所引之直线上各正方形面积之和,较自 O 至各顶点所引之直线上各正方形面积之和大 nOP^2 即 nR'^2.但自 O 至各顶点之距离各为外接圆之半径,故此正方形之和为 nR^2,故本题为已证明.

系1   设点 P 在圆周上,则得次定理:圆周上任意点与内接 n 边正多边形各顶点联结线上各正方形面积之和与 $2nR^2$ 相等.

证明   各顶点至过点 P 之切线之垂线,各以 $P_1,P_2,P_3,\cdots$ 表之,则

$$2RP_1 = AP^2$$
$$2RP_2 = BP^2$$
$$2RP_3 = CP^2$$
$$\cdots$$

故 $2R(P_1 + P_2 + P_3 + \cdots) = AP^2 + BP^2 + CP^2 + \cdots$

即 $2R \cdot nR = AP^2 + BP^2 + CP^2 + \cdots$

故点 P 与各顶点联结线上正方形面积之和为 $2nR^2$.

系2   半径为 R 之圆内接 n 边正多边形之各顶点之诸联结线上各正方形面积之和为 n^2R^2.

设点 P 逐次与各顶点相合,以其结果和之,折半即得.因其出现之各直线凡二次,故折半而得之也.

定理5 O 为三角形三垂线 AD,BE,CF 之交点,G,H,I 为各边之中点,K,L,M 为 OA,OB,OC 之中点,则 D,E,F,G,H,I,K,L,M 九点为共圆点.

证明   如图 4,联结 HK,HG,IK,IG.
因 K,H 各为 AO,AC 之中点,故 $HK \parallel CO$.

同理 $HG \parallel AB$,故

$$\angle GHK = \angle AFC = 90°$$

所以以 GK 为直径之圆通过点 H.

同理此圆通过点 I.

因 $\angle KDG$ 为直角,故此圆又通过点 D,所以通过 G,H,I 三点之圆周必通过 D,K 二点.

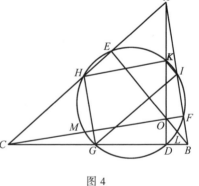

图 4

同理,此圆通过 E,L 及 F,M.

本定理容易求得,即此圆可通过此九点.

定义   如此定理,通过九点之圆周,称为三角形之九点圆(nine-pints circle).

作图题 1　延长三角形之底边,作切于旁切圆之第四公切线.

作图　如图 5,自 $\triangle ABC$ 底边 BC 之一端 B 作顶角 $\angle A$ 之外角平分线 AI 之垂线 BG.延长 BG,AI 交三角形二边 CA,CB 于 H,I.联结 HI,即为第四公切线.

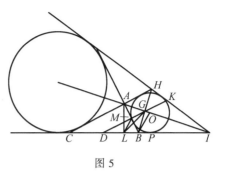

图 5

证明　$\triangle BGA$,$\triangle HGA$ 有 AG 为公共.又此边之相邻角为相等,故 $AH = AB$.

又 $\triangle AHI$,$\triangle ABI$ 有边 AH,AI 及其夹角与 AB,AI 及其夹角相等,故此两三角形为全等,所以

$$\angle HIA = \angle BIA$$

$\angle ABI$ 之平分线 BO 交 AI 于点 O,自 O 至 $ABIH$ 四边形各边之四垂线为相等.

故以 O 为心,以其任一垂线为半径所作之圆,内切于四边形 $ABIH$,故 HI 为外切于 AB 旁切圆之切线.

同理 HI 为外切于 AC 旁切圆之切线,故 HI 为此二旁切圆之第四公切线.

系 1　以 BC 之中点 D 为心,DG 为半径之圆与切于 BC 延长线之两旁切圆直交.

证明　如图 5,因 P 为外切 AB 之旁切圆之切点,则

$$PD = CP - CD = \frac{1}{2}(a + b + c) - \frac{1}{2}a = \frac{1}{2}(b + c)$$

又因 BH 平分于 G,BC 平分于 D,故

$$DG = \frac{1}{2}CH = \frac{1}{2}(AH + AC) = \frac{1}{2}(b + c)$$

故以 D 为心,DG 为半径之圆,必与切于点 P 之圆直交.

系 2　命 DG 交 AB 于点 M,交 HI 于点 K,自 A 作 BC 之垂线 AL,则四边形 $LMKI$ 可内接于圆.

证明　如图 5,因 $\angle ALB$,$\angle AGB$ 为直角,故四边形 $ALBG$ 内接于以 M 为心之圆,所以

$$ML = MB$$

所以
$$\angle MLB = \angle MBL$$

又
$$\angle MKI = \angle AHI = \angle ABI$$

又
$$\angle MKI + \angle MLI = \angle ABI + \angle MBL = 180°$$

47

故 *LMKI* 为内接于圆之四边形.

定理 6　九点圆为关于以底边之中点为心,再与底边外切之二旁切圆直交之圆二旁切圆第四公切线之反形(参见图 5).

证明　　　　　　　　　　　　$\angle DML = 2\angle DGL$

又　　　　　　　　　　　　　　　$\angle HIL = 2\angle AIL$

然 *MKIL* 为圆内接四边形,故

$$\angle DML = \angle HIL$$

所以　　　　　　　　　　　　　　$\angle DGL = \angle GIL$

故外接于 △*GIL* 之圆切于直线 *GD*,所以

$$DL \cdot DI = DG^2$$

故点 *L* 为关于以 *D* 为心, *DG* 为半径圆周上点 *I* 之反演.

又因 *MKIL* 为圆内接四边形,故

$$DM \cdot DK = DL \cdot DI = DG^2$$

故点 *M* 为 *K* 之反形,故通过 *D*, *L*, *M* 之圆,可为直线 *HI* 之反形(第三章定理16),故九点圆为关于以底边中点为心,二边之和折半为半径之圆,第四公切线之反形.

系 1　同理,九点圆为关于以底边中点为心,二边之差折半为半径之圆内切圆及底边外切旁切圆,第四公切线之反形,亦容易证明.

系 2　三角形之九点圆与内切圆及其三旁切圆相切(费(Feuerbach)氏定理).

证明　九点圆为关于以底边之中点为心,再与底边外切之二旁切圆直交之圆,二旁切圆第四公切线之反形.以点 *D* 连此第四公切线之切点再交于各圆之交点,为切点之反形,故此各点为九点圆及旁切圆之公共点,故九点圆与旁切圆在此各点相切.

同理,内切圆之切点与外切圆及底边外侧相切之处可以知矣.

系 3　三角形之九点圆复为此三角形垂心至各顶点所成之三个三角形之九点圆.

因此九点圆宜与此三角形内切圆及旁切圆相切故也.

注　定理 5 所述之九点圆,亦称为费(Feuerbach)氏圆,18 世纪初叶Bevan(1804),Butterworth(1804),Brianchon-Poncelet(1820),Feuerbach(1822)　诸氏之研究为最盛,　而　Hamilton(1860),Schröter(1865),Vigarié(1888),Lemömë(1889),Boubals(1891)诸子更纳之于近世三角形几何学中,前述之定理6 系 2 亦称为费氏定理.Casey,Hart,Mc Dowell,Mc Cay,Schröter,Taylor,

Milne，Lewis，Roberts 诸子复扩为多数之定理，其学说乃大著于世. 故 Lange 君曾作专书而论之，书名 *Geschichte des Feuerbachschen Kreises*. 日人之研此亦多，观于 1909 年东亦物理学校杂志 208 号及 1912,1913 年之日本数学世界，可以知矣.

定理 7　次之定理，详三角形外接圆之关系，其理论至为重要.

（1）垂直于三角形底边之直径之两端与顶点之两联结线，各为顶角及其外角之平分线.

证明　如图 6，设直径 DE 垂直于 BC，联结 AD，AE. 延长 AE 交 CB 于 I.

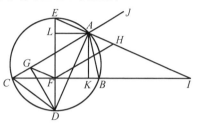

图 6

准作图，$\overset{\frown}{CD} = \overset{\frown}{BD}$，所以

$$\angle CAD = \angle DAB$$

故 AD 为 $\angle CAB$ 内角之平分线. 又 DE 为此圆直径，故 $\angle DAE$ 为直角，所以

$$\angle DAE = \angle DAH$$

各于两边减去相等角 $\angle CAD$，$\angle DAB$，则

$$\angle CAE = \angle BAH$$

所以

$$\angle JAH = \angle BAH$$

故 AH 为 $\angle CAB$ 外角之平分线.

（2）自 D 作边 AC 之垂线 DG，则 AC 线中之 AG，GC 两线段各与边 AB，AC 之和或差折半相等.

证明　如图 6，联结 CD，GF，作 $FH \parallel AC$. 因 $\angle CGD$，$\angle CFD$ 为直角，故四边形 $CGFD$ 内接于圆，故

$$\angle AGF = \angle CDE = \angle CAE$$

故 $GF \parallel AE$，故 $AHFG$ 为平行四边形，所以

$$AG = FH = \frac{1}{2}(AB + AC)$$

又

$$GC = AC - AG = AC - \frac{1}{2}(AB + AC) = \frac{1}{2}(AC - AB)$$

（3）自 E 作边 AC 之垂线 EG'，则 AC 线中之 AG'，CG' 两线段各与边 AB，AC 之和或差折半相等.

此证明与前相同，故略之.

（4）通过 A 作 DE 之垂线 AL，则 $DL \cdot EF$ 与边 AC，AB 和折半上之正方形面积相等.

证明 如图 6,在 △ALD,△EFI 中,有

$$\angle D = \angle I$$

$$\angle L = \angle F = 90°$$

故 △ALD,△EFI 之角互等,故

$$DL \cdot EF = AL \cdot FI = FK \cdot FI = \left[\frac{1}{2}(AB + AC)\right]^2$$

(5) 同理,$EL \cdot FD$ 与边 AC,AB 差折半上之正方形面积相等.

定理 8 a,b,c 为 △ABC 之三边长,则内切圆圆心为 a,b,c 倍数三顶点之平均位置中心.

证明 如图 7,命 O 为内切圆圆心,联结 CO,延长之,作其垂线 AL,BM.在 △ALC,△BCM 中有

$$\angle ACM = \angle BCM$$

又

$$\angle ALC = \angle BMC$$

故 △ALC,△BCM 之角互等,故

$$BC \cdot AL = AC \cdot BM$$

即

$$aAL = bBM \qquad ①$$

今再应用正负号之理,因垂线 AL,BM 在 CL 之反对向,故有反对之符号,故恒等式 ① 表

a 倍自 A 至 CO 之垂线 $+ b$ 倍自 B 至 CO 之垂线 $= 0$

因自 C 至 CO 之垂线 $= 0$,故

a 倍自 A 至 CO 之垂线 $+ b$ 倍自 B 至 CO 之垂线 $+ c$ 倍自 C 至 CO 之垂线 $= 0$

故直线 CO 通过 a,b,c 倍数平均位置中心.

同理 AO 通过平均位置中心.

故 AO,CO 之交点为 a,b,c 倍数三顶点之平均位置中心.

系 O',O'',O''' 为旁切圆心,O 为 $-a,+b,+c$;O'' 为 $+a,-b,+c$;O''' 为 $+a,+b,-c$ 倍数平均位置中心.

习   题

1.圆内接等边三角形一边上之正方形面积与半径上正方形面积之 3 倍相等.

2.圆外切正方形面积为圆内接正方形面积之 2 倍.

3.圆内接六边形面积为圆内接等边三角形面积之 2 倍.

4.求底角为顶角 2 倍之等腰三角形.

作图　于任意直线 AB 上取点 C,使 $AB \cdot BC = AC^2$,以 A 为心,AB 为半径作圆 BDF,此圆之弦 BD 与 AC 相等,故 $\triangle ABD$ 为所求.

证明　设 F 为圆 ACD 与圆 BDE 再交之点,联结 AF,DF,则 $\triangle ADF$ 之底角各倍于顶角.

同理 $\triangle ACF$,$\triangle BCD$ 亦具此性质.

5.圆内接正十边形一边上之正方形面积及正六边形一边上之正方形面积和,与此圆内接正五边形一边上之正方形面积相等.

6.正五边形之任一对角线为相邻对角线所分,则以其一段与全段为边之矩形面积与他一段上之正方形面积相等.

7.五等分等边三角形之一角.

8.求于已知扇形(sector)作一内切圆.

9.已知底边及顶角之三角形内切圆圆心之轨迹为一圆周.

10.内接正多边形之顶点作圆周之切线,必成一同边数之外切正多边形.

11.三角形内、外切圆两心之联结线与任意顶点所对之角等于他二角相差之半. 51

12.求于正方形内接一等边三角形.

13.三角形内切圆及旁切圆心之六联结线为外接圆周所平分.

14.求于正方形作内接正八边形.

15.正多边形之内切圆及外接圆为同心圆.

16.设 O,O',O'',O''' 为三角形内切圆及旁切圆圆心,则 O 为 $(s-a)$,$(s-b)$,$(s-c)$ 倍数,O',O'',O''' 三点之平均位置中心.

17.又 O' 为 s,$(s-b)$,$(s-c)$ 倍数,O,O'',O''' 三点之平均位置中心,同理 O'',O''' 亦然.

18.r 为三角形内切圆之半径,p_1,p_2 为切于外接圆且互切于内切圆圆心二圆之半径,则

$$\frac{2}{r} = \frac{1}{p_1} + \frac{1}{p_2}$$

19.r,r_1,r_2,r_3 为三角形内切圆及旁切圆之半径,R 为外接圆之半径,则 $r_1 + r_2 + r_3 - r = 4R$.

20.同时有 $\dfrac{1}{r} = \dfrac{1}{r_1} + \dfrac{1}{r_2} + \dfrac{1}{r_3}$.

21.求于已知圆内接一个三角形,使其二边通过定点且第三边为极大.

22.于18题,以旁切圆代内切圆,则其关系为如何?

23.自钝角三角形钝角之顶点至底边之一点作直线,使此直线上之正方形面积与以底边上之二线段为边之矩形面积相等.

24.$\triangle ABC$ 顶角 $\angle A$ 之平分线 AD 与底边 BC 交于 D,又与外接圆交于 E,则 CE 为 $\triangle ADC$ 外接圆之切线.

25.自圆内接正多边形各顶点至此圆任意直径上各垂线正方形面积之和,与半径上正方形面积 n 倍之半相等.

26.三角形之底边及顶角为已知,求通过三旁心圆心之轨迹.

27.以 AB 两端 A 及 B 为心,AB 为半径所作两圆之交点为 C,则切于弧 AC,BC 及直线 AB 之圆半径与 AB 之 $\frac{3}{8}$ 相等.

28.已知底边及顶角,求此三角形九点圆圆心之轨迹.

29.自圆周上之任意点,作此圆外接 n 边正多边形各边之垂线,则诸垂线上正方形面积之和与半径上正方形面积之 $\frac{3}{2}n$ 倍相等.

52

30.以 $\triangle ABC$ 各边中点 L,M,N 为顶点所成 $\triangle LMN$ 内角及外角之平分线为 $\triangle ABC$ 内切圆及旁切圆之六根轴.

31.三角形之外接圆,与此三角形内心及旁心联结线所作四个三角形内切圆及旁切圆之16圆相切.

32.如16题有 O,O',求证 $AO \cdot AO' = AB \cdot AC$.

33.已知底边及顶角,求通过三角形内心及任意二旁心圆心之轨迹.

第五章

第一节　　比及比例

定理 1　同底边两三角形之顶点为相异,则两三角形面积之比等于其底边或底边延长线截于顶点联结线线段之比.

如图 1,$\triangle AOB$,$\triangle AOC$ 同以 AO 为底边,联结 BC,延长 OA 交 BC 于 A',则

$$\frac{S_{\triangle AOB}}{S_{\triangle AOC}} = \frac{BA'}{A'C}$$

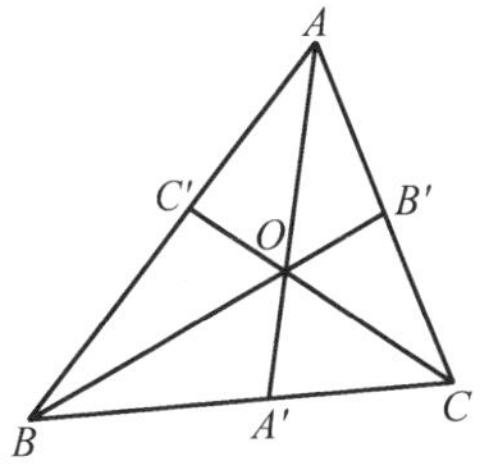

证明
$$\frac{S_{\triangle ABA'}}{S_{\triangle ACA'}} = \frac{BA'}{A'C}$$

$$\frac{S_{\triangle OBA'}}{S_{\triangle OCA'}} = \frac{BA'}{A'C}$$

图 1

故
$$\frac{S_{\triangle ABA'} - S_{\triangle OBA'}}{S_{\triangle ACA'} - S_{\triangle OCA'}} = \frac{BA'}{A'C}$$

即
$$\frac{S_{\triangle AOB}}{S_{\triangle AOC}} = \frac{BA'}{A'C}$$

定理 2　自 $\triangle ABC$ 之各顶点,作三共点线交于对边为 A',B',C',则三比 $\dfrac{BA'}{A'C}$,$\dfrac{CB'}{B'A}$,$\dfrac{AC'}{C'B}$ 之积为 1(塞瓦(Ceva)定理).

证明　如图 1,准前定理
$$\frac{BA'}{A'C} = \frac{S_{\triangle AOB}}{S_{\triangle AOC}}, \quad \frac{CB'}{B'A} = \frac{S_{\triangle BOC}}{S_{\triangle BOA}}, \quad \frac{AC'}{C'B} = \frac{S_{\triangle AOC}}{S_{\triangle BOC}}$$

故此三等式各边相乘,得
$$\frac{BA'}{A'C} \cdot \frac{CB'}{B'A} \cdot \frac{AC'}{C'B} = 1$$

系　上式或依次之书法
$$AB' \cdot BC' \cdot CA' = A'B \cdot B'C \cdot C'A$$

注　塞瓦(Ceva)于 1678 年公布本定理,而 Jahann Bernoulli 及 Jean Victor Poncelet 二氏曾应用之于投影几何学中.

定理 3　二平行线为三共点截线所截,则此平行线上所截之线段互为比例.

如图 2,命平行线为 AB,$A'B'$.

又三截线(transversals)为 CA,CD,CB,则

$$AD : DB = A'D' : D'B'$$

证明　△ADC,△$A'D'C$ 为相似三角形,故

$$\frac{AD}{DC} = \frac{A'D'}{D'C}$$

同理

$$\frac{DC}{DB} = \frac{D'C}{D'B}$$

故准等比之理

$$\frac{AD}{DB} = \frac{A'D'}{D'B'}$$

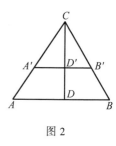

图 2

系　自点 D,D' 作 AC 之垂线 DE,$D'E'$.作 BC 之垂线 DF,$D'F'$,则

$$\frac{DE}{DF} = \frac{D'E'}{D'F'}$$

定理 4　一截线交 △ABC 之各边于 A',B',C',则三比 $\dfrac{AB}{B'C}$,$\dfrac{BC'}{C'A}$,$\dfrac{CA'}{A'B}$ 之积为 1.(梅勒劳斯(Menelaus)定理)

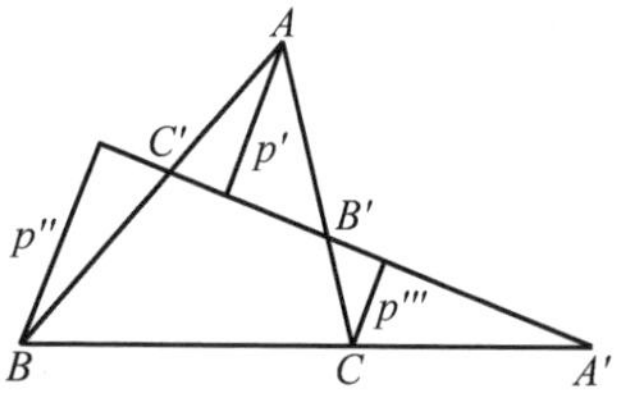

证明　如图 3,自 A,B,C 各顶点作截线之垂线 p',p'',p'''.准相似三角形之理

$$\frac{AB'}{B'C} = \frac{p'}{p'''},\frac{BC'}{C'A} = \frac{p''}{p'},\frac{CA'}{A'B} = \frac{p'''}{p''}$$

图 3

故

$$\frac{AB'}{B'C} \cdot \frac{BC'}{C'A} \cdot \frac{CA'}{A'B} = 1$$

注意　本定理应用正负之符号,则三比之中,必有一比为负.若截线于三边之延长线,则三比悉为负.总之,三比之积常为 -1,即 $AB' \cdot BC' \cdot CA' = -A'B \cdot B'C \cdot C'A$.

系 1　本定理之逆亦真.

证明　直线 $C'B'$ 与 BC 之交点为 D,准本定理

$$\frac{AB'}{B'C} \cdot \frac{BC'}{C'A} \cdot \frac{CD}{DB} = 1$$

54

然准假设
$$\frac{AB'}{B'C} \cdot \frac{BC'}{C'A} \cdot \frac{CA'}{A'B} = 1$$

则
$$\frac{CD}{DB} = \frac{CA'}{A'B}$$

故 A' 与 D 相合.

系 2　三角形各外角之平分线交于对边之三点为共线点.

证明　设其交点为 A', B', C', 则
$$\frac{BA'}{A'C} = \frac{BA}{AC}, \frac{CB'}{B'A} = \frac{CB}{BA}, \frac{AC'}{C'B} = \frac{AC}{CB}$$

故
$$\frac{BA'}{A'C} \cdot \frac{CB'}{B'A} \cdot \frac{AC'}{C'B} = \frac{BA}{AC} \cdot \frac{CB}{BA} \cdot \frac{AC}{CB} = 1$$

注　本定理称为梅勒劳斯(Menelaus)定理,或称为 Ptolemy 定理,时适希腊科学昌明时代,厥后隔二千年至 19 世纪.卡诺(Carnot)著 *Essay on Transversals*(1806),其说始盛行于世.今之所谓综合投影几何学,大率基于梅氏之一定理.

定理 5　以三角形二边为边之矩形面积,与以其第三边之垂线及外接圆之直径为边之矩形面积相等.

如图 4,$\triangle ABC$,AD 为垂线,AE 为外接圆之直径,则
$$AB \cdot AC = AE \cdot AD$$

证明　AE 为直径,故 $\angle ABE$ 为直角,又 $\angle ADC$ 为直角.所以
$$\angle ABE = \angle ADC$$

又
$$\angle AEB = \angle ACD$$

故 $\triangle ABE$, $\triangle ADC$ 为相似三角形,故

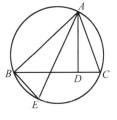

图 4

$$\frac{AB}{AE} = \frac{AD}{AC}$$

所以
$$AB \cdot AC = AE \cdot AD$$

系　三角形之三边以 a, b, c 表之,外接圆之半径以 R 表之,则此三角形之面积 $= \dfrac{abc}{4R}$.

证明　设以 p 表 AD,则(定理 5)
$$2pR = bc$$

故
$$2apR = abc$$

$$\frac{ap}{2} = \frac{abc}{4R}$$

55

即 $$三角形之面积 = \frac{abc}{4R}$$

定理 6 偶数边数之多边形内接于圆.自圆周上任一点所作奇数位各边各垂线之连乘积,与自同点至偶数位各边各垂线之连乘积相等.

证明 设本定理应用于六边形.

如图 5,命 $ABCDEF$ 为圆内接六边形,O 为外接圆上之一点.自 O 作 $AB,BC,\cdots FA$ 之垂线 $\alpha,\beta,\gamma,\delta,\varepsilon,\phi$.圆直径为 d.又六直线 $OA,OB,\cdots,OF$ 各以 l,m,n,p,q,r 表之,则

$$d\alpha = lm, d\gamma = np, d\varepsilon = qr$$

所以 $$d^3\alpha\gamma\varepsilon = lmnpqr$$

同理 $$d^3\beta\delta\phi = lmnpqr$$

所以 $$\alpha\gamma\varepsilon = \beta\delta\phi$$

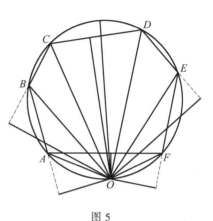

图 5

系 1 A,B,C,D,E,F 六点之次序无论如何,本定理均为真,即于六边形作对角线,于 A,B,C,D,E,F 六点作任意之三直线若 AC,BD,EF 者;则至此各直线上各垂线之连乘积,与至他六点所作三直线上各垂线之连乘积相等.

系 2 设圆内接之多边形为四边形,则第三章定理 10 已详证之,兹不赘.

系 3 设二顶点互相接近,则此二顶点之联结线当为此圆之切线.此时本定理多边形边数为奇数,其理亦真.

系 4 自圆周上之一点,对于此圆内接三角形所作三边各垂线之连乘积,与自同点至切此圆于各顶点之切线上各垂线之连乘积相等.

作图题 1 三角形底边 BC 为已知,又其他二边之比 $\dfrac{BA}{AC}$ 为已知,求顶点 A 之轨迹.

作图 如图 6,顶角及外角之平分线各为 AD,AE.然

$$\frac{BA}{AC} = \frac{BD}{DC}$$

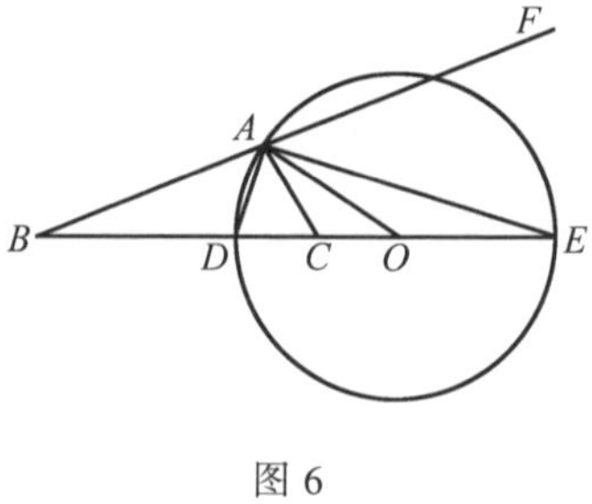

图 6

又 $\dfrac{BA}{AC}$ 为已知,而 $\dfrac{BD}{DC}$ 亦为已知,因而点 D 为已知,同理点 E 亦可为已知.

又 $\angle DAE$ 与 $\angle BAC$,$\angle CAF$ 之和折半相等,故等于直角,故点 A 在以 DE 为

直径之圆上,即点 A 之轨迹为以 DE 为直径之圆.

系 1　△ABC 之外接圆必与圆 DAE 直交.

如图 6,圆 DAE 圆心为 O,联结 AO,则

$$\angle DAO = \angle ADO$$

即

$$\angle DAC + \angle CAO = \angle BAD + \angle ABO$$

但

$$\angle BAD = \angle DAC$$

所以

$$\angle CAO = \angle ABO$$

所以 AO 切于 △ABC 之外切圆,故二圆为直交.

系 2　通过点 B,C 之任意圆,必与圆 DAE 直交.

系 3　三角形之各边逐次视为底边,则其顶点轨迹所成之三圆有二点为公共.

定理 7　通过四边形 $ABCD$ 对角线之交点 O,作边 AB 之平行线 OH 交对边 CD 于点 G,交其第三对角线于点 H,则 OH 平分于点 G.

证明　如图 7,延长 HO 交 AD 于 I,交 BC 于 J.因

$$\frac{IJ}{JH} = \frac{AB}{BF}$$

又

$$\frac{OJ}{JG} = \frac{AB}{BF}$$

故

$$\frac{IO}{GH} = \frac{AB}{BF}$$

但

$$\frac{AB}{BF} = \frac{IO}{OG}$$

所以

$$OG = GH$$

即 OH 平分于 G.

系　GO 为 GI 与 GJ 之比例中项.

定理 8　已知种类之三角形,其顶点为已定,而他一顶点沿直线而动,则第三顶点之轨迹为一直线.

证明　如图 8,已知种类之 △ABC 有定顶点 A,他顶点 B 沿直线 BD 而动,则点 C 之轨迹为一直线.

自 A 作 BD 之垂线 AD,于 AD 上作 △ABC 相似之 △ADE,则 △ADE 之位置为已定,所以 E 为已知.

联结 EC,则 △ADE,△ABC 为相似,所以

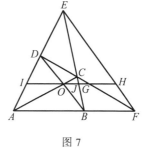

图 7

57

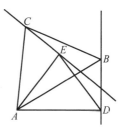

图 8

$$\frac{AD}{AE} = \frac{AB}{AC}$$

$$\frac{AD}{AB} = \frac{AE}{AC}$$

又 $$\angle DAB = \angle EAC$$

所以 △DAB,△EAC 为相似,所以

$$\angle ADB = \angle AEC$$

故 $\angle AEC$ 为直角,故 EC 之直线为已知,所以点 C 之轨迹为直线.

系 因上之证明而得次定理:已知种类之三角形,其顶点为已定,而他一顶点沿圆周而动,则第三顶点之轨迹为一圆周.

定理 9 O 为 △ABC 内切圆圆心,则

$$\frac{AO^2}{AB \cdot AC} = \frac{s-a}{s}$$

证明 如图 9,O' 为 BC 外侧之旁切圆圆心,自 O,O' 作 AB 之垂线 OD,$O'E$,联结 OB,OC,$O'B$,$O'C$,则

$$\angle O'BO = \angle O'CO = 90°$$

所以 $OBO'C$ 为圆内接四边形,有

$$\angle BO'O = \angle BCO = \angle ACO$$

而 $$\angle BAO' = \angle OAC$$

故 △$O'BA$,△COA 为相似,所以

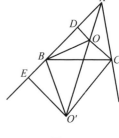

图 9

$$\frac{O'A}{BA} = \frac{AC}{AO}$$

$$O'A \cdot OA = AB \cdot AC$$

故 $$\frac{OA^2}{AB \cdot AC} = \frac{OA^2}{O'A \cdot OA} = \frac{OA}{O'A} = \frac{AD}{AE}$$

然 $$AD = s-a, AE = s$$

故 $$\frac{OA^2}{AB \cdot AC} = \frac{s-a}{s}$$

系 1 $$\frac{OA^2}{bc} + \frac{OB^2}{ca} + \frac{OC^2}{ab} = 1$$

证明 因

$$\frac{OA^2}{bc} = \frac{s-a}{s}, \frac{OB^2}{ca} = \frac{s-b}{s}, \frac{OC^2}{ab} = \frac{s-c}{s}$$

相加 $$\frac{OA^2}{bc} + \frac{OB^2}{ca} + \frac{OC^2}{ab} = 1$$

58

系 2　O', O'', O''' 各为旁切圆心,则

$$\frac{O'B^2}{ca} + \frac{O''C^2}{ab} - \frac{O'''A^2}{bc} = -1 ①$$

定理 10　r, R 为三角形内切圆及外接圆之半径,而两心之距离为 δ,则

$$\frac{r}{R + \delta} + \frac{r}{R - \delta} = 1 \qquad (尚(\text{Chapple}) 定理)$$

证明　如图 10,内切圆及外接圆圆心为 P 及 O,联结 CP,延长之交外接圆于点 D,联结 DO,延长之交外接圆于点 E,联结 EB, OP, PF, PB, BD. P 为内切圆圆心,故 CP 为 $\angle ACB$ 之平分线,所以

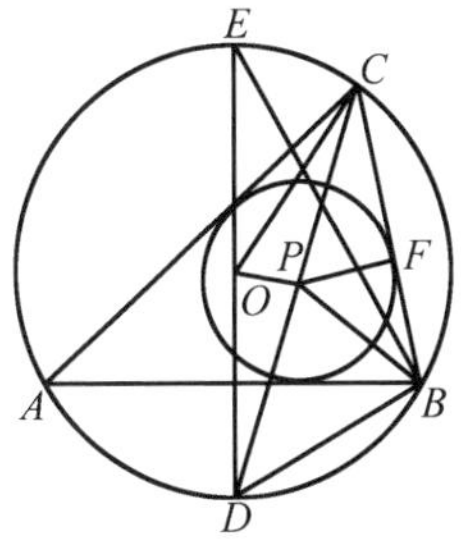

$$\overset{\frown}{AD} = \overset{\frown}{DB}$$

故　　　　　　　　$\angle ABD = \angle DCB$

而 PB 为 $\angle ABC$ 之平分线,故

$$\angle PBA = \angle PBC$$

图 10

所以　　　$\angle PBD = \angle PCB + \angle PBC = \angle DPB$

所以　　　　　　　　$DP = DB$

因为　　　　　　　　$\angle DEB = \angle PCF$

$$\angle DBE = \angle PFC = 90°$$

所以 $\triangle DEB, \triangle PCF$ 为相似,所以

$$\frac{DE}{DB} = \frac{CP}{PF}$$

故　　　　　$DE \cdot PF = DB \cdot PC = DP \cdot PC$

$\triangle OCD$ 为等腰三角形,故(第三章定理 1)

$$DP \cdot PC = OC^2 - OP^2$$

所以　　　　　$DE \cdot PF = OC^2 - OP^2$

即　　　　　　　　$2Rr = R^2 - \delta^2$

所以　　　　　　　$\frac{r}{R + \delta} + \frac{r}{R - \delta} = 1$

系 1　设 r', r'', r''' 为旁切圆之半径. $\delta', \delta'', \delta'''$ 为旁切圆圆心与外接圆圆心之距离,因之与前同理,得

$$\frac{r'}{R + \delta'} + \frac{r'}{R - \delta'} = -1$$

———————————

① 原书为 $\frac{O'B^2}{ca} + \frac{O''C^2}{ab} - \frac{O'A^2}{bc} = -1$,编者认为有误,故进行了修改.

59

系 2 $O'T'$, $O''T''$, $O'''T'''$ 为自 O', O'', O''' 所引外接圆之切线,则
$$2Rr' = O'T'^2, 2Rr'' = O''T''^2, 2Rr''' = O'''T'''^2$$

系 3 通过 O 作一圆,切于外接圆及其直径而通过点 P,则此圆等于内切圆.同理,则通过 O', O'', O''' 各点之圆亦可依法证明.

定理 11 两三角形之相对顶点三联结线共交于一点,则其对应边之交点为共线.

$\triangle ABC$, $\triangle A'B'C'$ 为两三角形,其各相对顶点之联结线交于 O,求证:其对应边之交点 X, Y, Z 为共线.

证明 如图11,自 A, B, C 作 $\triangle A'B'C$ 各边之三对垂线.又自点 O 至 $B'C'$, $C'A'$, $A'B'$ 上之垂线为 p', p'', p''';则准本编定理3之乐,得

$$\frac{AP}{AP'} = \frac{p'''}{p''}, \frac{BQ}{BQ'} = \frac{p'}{p'''}, \frac{CR}{CR'} = \frac{p''}{p'}$$

相乘,得

$$\frac{AP}{AP'} \cdot \frac{BQ}{BQ'} \cdot \frac{CR}{CR'} = 1$$

图 11

兹再考求线段之符号

$$\frac{AZ}{ZB} = \frac{AP}{BQ'}, \frac{BX}{XC} = \frac{BQ}{CR'}, \frac{CY}{AY} = \frac{CR}{AP'}$$

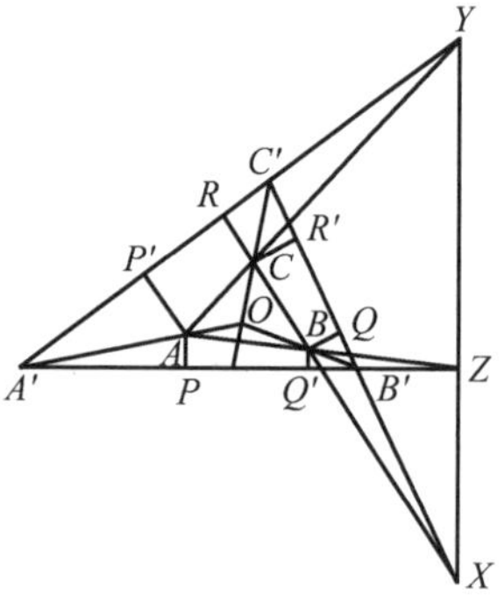

相乘,得

$$\frac{AZ}{ZB} \cdot \frac{BX}{XC} \cdot \frac{CY}{YA} = \frac{AP}{BQ'} \cdot \frac{BQ}{CR'} \cdot \frac{CR}{AP'} = 1$$

准定理4之系,知 X, Y, Z 为共线(德扎格(Desargues)定理).

系 本定理之逆亦真.

注意 相对应各顶点之联结线为共点之三角形,学者命名之一,Salmon 与 Poncelet 二氏并称为对应三角形(homologous triangles),而 O 为对应心(centre of homology),直线 XYZ 为对应轴(axis of homology),而 Townsend 及 Clebsch 二氏则称之为配景三角形(triangles in perspective),又点 O 为配景心(centre of perspective),直线 XYZ 为配景轴(axis of perspective).本书沿用之.

注 德扎格定理,在历史上甚为有名,实开近世综合几何学(modern synthetic geometry)之先河,欧洲大陆以德国研此最盛.Reye 博士之 *Die Geometrie der Lage* 及 Fiedler 氏之 *Darstellende Geometrie* 皆基于此.Hilbert 博士 *Grundlagen der Geometrie*(1903)之著作为最新颖.

定理 12 三个三角形两两互成配景且同配景轴,则其三配景心为共线点.

证明　如图 12,设 △abc,△a'b'c',△a''b''c'' 为三个三角形;则其各对应边之交点 A,B,C 为共线点.

设 △aa'a'',△bb'b'' 为顶点 a,a',a'';b,b',b'' 联结而成.又其对应顶点之联结线 ab,a'b',a''b'' 为共点而交于配景心 C.而三角形对应边交点为共线点.又此三个三角形对应边之交点为 △abc,△a'b'c',△a''b''c'' 之配景心,由是本定理为已证明.

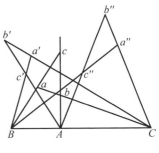

图 12

系　三个三角形 △aa'a'',△bb'b'',△cc'c'' 有同一配景轴,而其配景心为 A,B,C.故三角形三组配景心在 △abc,△a'b'c',△a''b''c'' 一组三角形配景轴上,本系之逆亦真.

定理 13　三个三角形两两互成配景而有同相应心,则其三相应轴为共点.

证明　如图 13,设 △abc,△a'b'c',△a''b''c'' 为三个三角形,有 O 为公共配心.故二组直线 ab,a'b',a''b'' 及 ac,a'c',a''c'' 所成之三角形为配景,而直线 Oaa'a'' 为配景轴.

故对应顶点之联结线同交于一点.

由是本定理可以证明.

系　直线 ab,a'b',a''b'';bc,b'c',b''c'';ca,c'a',c''a'' 所成之一组三角形与 △abc,△a'b'c',△a''b''c'' 组具有相对应之性质;则其任一组之三配景轴与他组之配景心相交.

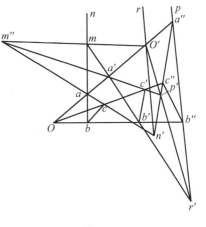

图 13

作图题 2　兹示二、三作图题之解法,以为本节之结束.

(1) 求作已知面积之矩形,其四边各通过四定点.

解析　如图 14,命 ABCD 为所求矩形.E,F,G,H 为四定点.

通过点 E 作 EI 平行于 AD.又通过点 H 作 HJ 平行于 AB.又作 HO 垂直于 EG.又作 JK 垂直于 HO

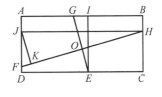

图 14

61

之延长线,则 △EIG,△HKJ 之角为互等,故 EI·JH = EG·HK,但 EI·JH 与已知面积相等,故 EG·HK 为已知.而 EG 之长为已知,所以 HK 为已知,故直线 KJ 为已定,而 ∠FJH 为直角,故以 HF 为直径之半圆必通过点 J,而点 J 之位置为一定,故 FJ 之位置为一定.同时 JH 之位置为一定,则本定理之解法可以知矣.

(2)已知底边、顶点之垂线及他二边和,求作三角形.

解析 如图 15,命 ABC 为所求三角形,CP 为垂线,又 DE 为外接圆之直径而垂直于 AB,作 CH 平行于 AB.

DH·EG 等于二边和折半之平方(第四章定理 7).所以 DH·EG 为已知,而 DG·GE = GB² 为已知.故 $\frac{DH·GE}{DG·GE}$,即 $\frac{DH}{DG}$ 为已知,即 $\frac{GH}{GD}$ 亦为已知.然 GH = CP,故 DG 之长为已知,因而 AB 之位置及点 D 为已知,所以圆 ADB 之位置为已知,又 AB 与 CH 距离之位置为已知,故点 C 之位置为已知,准上之分析,则其作图法可以知矣.

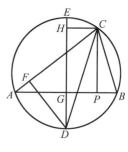

图 15

系 略变上之解析,则次之问题亦可以解:已知底边、顶点垂线及他二边差,求作三角形.

(3)已知底边、顶角及顶角之平分线,求作三角形.

解析 如图 16,设 ABC 为所求三角形.底边 AB 之位置为已知,因 AB 为已知,∠ACB 为已知,则外接圆为已知,命 CD 为顶角之平分线,其延长线交外接圆于点 E.然 E 为定点,则 EB 为已知.因 ED·EC = EB²(第三章定理 16 系 2),所以 ED·EC 为已知.又 CD 为已知(假设),故 ED,EC 各为已知.以 E 为心,EC 为半径之圆为已知,由是点 C 为已知,则作图法因此而得.

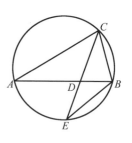

图 16

系 准上之解析,而得次问题之作图法:已知底边、顶角及其外角之平分线,求作三角形.

(4)已知底边、底角之差及他二边差,求作三角形.

解析 如图 17,设 ABC 为所求三角形,则 EF·GD 与二边差折半之平方相等(第四章定理 7),所以 EF·GD 为已知,又 EF·FD = FB² 为已知,故 $\frac{EF·GD}{EF·FD}$,即 $\frac{GD}{FD}$ 亦为定比,∠CED 为两底角差之半,为已知.

而 $\angle DCE$ 为直角,所以 $\triangle DCE$ 之种类为已知.

又 $\triangle CGD$ 与 $\triangle DCE$ 之角互等,所以 $\triangle CGD$ 之种类为已知,所以 $\dfrac{GD}{DC}$ 及 $\dfrac{DC}{DE}$ 为已知.因而 $\dfrac{FD}{DE}$ 为已知,$DF \cdot FE$ 为已知,故 DF 与 FE 各为已知,则本问题可因此而得.

系 以同法可解次之问题:已知底边、底角之差及他二边和,求作三角形.

(5) 求作已知种类之四边形,其四边通过四定点.

解析 如图 18,设 $ABCD$ 为所求四边形,P,Q,R,S 为四定点,E,F 为其第三对角线之两端.

因 $\triangle ADF$ 之种类为已知,又其内接 $\triangle PQR$ 之种类亦为已知.由是 M 为 $\triangle PAQ$,$\triangle QDR$ 外接圆之交点,则 $\triangle MAD$ 之种类亦为已知(参见第三章作图题 4 之证明).

同理,设 N 为 $\triangle PAQ$,$\triangle PBS$ 外接圆之交点,则 $\triangle ABN$ 之种类为已知,故 $\dfrac{AM}{AD}$ 及 $\dfrac{AN}{AB}$ 为已知.然四边形 $ABCD$ 之种类为已知,故 $\dfrac{AB}{AD}$ 为已知.从而 $\dfrac{AM}{AN}$ 为已知.而 M,N 为已知点,故点 A 之轨迹为圆(作图题 1),此圆与圆 PAQ 之交点为已知,故点 A 为已知.

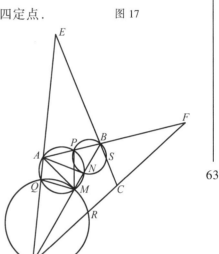

图 17

图 18

63

系 略变前之解法,参以第三章作图题 3,得解次之相似问题:求作已知种类之四边形,其四角点通过已知点.

(6) 已知底边、底角差及以他二边为边之矩形面积,求作三角形.

(7) 已知底边、顶角及他二边和与高之比,求作三角形.

第二节 相似心

定义 于二圆心之联结线,作两圆半径相比之内分段及外分段.其所分之两点,称为二圆之内相似心及外相似心(internal and external centre of similitude).

从上定义,知:二圆相内切,则其切点为二圆之外相似心.又一圆与他圆相外切,则其切点为二圆之内相似心.

因一直线可视为极大圆.其心在直线之垂直方向无穷远处,故一直线与一圆之相似心,为此圆之垂直于此直线之直径之两端.

定理 14 二圆之外公切线,通过此二圆之外相似心.

证明 如图 19,O,O' 为二圆心,P,P' 为公切线之切点,延长 PP' 交 OO' 于点 T.

因 $\triangle TP'O'$,$\triangle TPO$ 为相似三角形,故

$$\frac{OT}{O'T} = \frac{OP}{O'P'}$$

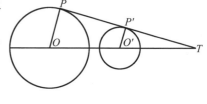

图 19

故 OO' 线外分于 T,而二线段之比如两圆半径之比,即 T 为外相似心.

系 1 同理,二圆之内公切线,通过此二圆之内相似心.

系 2 于二圆平行半径之末端作直线,设此平行半径向同方向而旋转,则此直线必有一时间通过外相似心.又向反对向而旋转,则此直线必有一时间通过内相似心.

系 3 自某相似心作直线,交圆 O 于 S,S',又交圆 O' 于 R,R',则半径 OS,OS' 各与半径 OR,OR' 相平行.

系 4 通过相似心之各直线,交于二圆得等比之截线.

定理 15 通过两圆之相似心作一割线,交于一圆得 R,R',交他圆得相应点 S,S',则 $OR \cdot OS'$,$OR' \cdot OS$ 为一常数而相等.

证明 如图 20,a,b 为二圆之半径.准前定理系 3

$$\frac{a}{b} = \frac{OS}{OR}$$

故

$$\frac{a}{b} = \frac{OS \cdot OS'}{OR \cdot OS'}$$

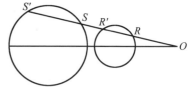

图 20

然 $OS \cdot OS'$ 与自点 O 至半径 a 圆之切线上正方形相等,故因此比例式前三项为一定而第四项亦为一定.

同理,$OR' \cdot OS$ 为 a,b 及 $OS \cdot OS'$ 之第四比例项,所以 $OR' \cdot OS$ 为一常数.

定理 16 三圆之六相似心在四直线上各有三点,则此线称为圆之相似轴(axis of similitude).

证明 如图 21,三圆之半径各以 a,b,c 表之.其心为 A,B,C 外相似心为 A',B',C',内相似心为 A'',B'',C'',准定义

$$\frac{AC'}{C'B} = -\frac{a}{b}, \frac{BA'}{A'C} = -\frac{b}{c}, \frac{CB'}{B'A} = -\frac{c}{a}$$

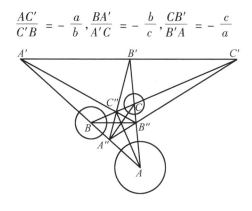

图 21

右边三比之积为 -1，故点 A'，B'，C' 为共线点（前节定理 4 系 1）。

又考诸点 A''，B''，C'，因

$$\frac{AC'}{C'B} = -\frac{a}{b}, \frac{BA''}{A''C} = \frac{b}{c}, \frac{CB''}{B''A} = \frac{c}{a}$$

右边三比之积为 -1，故 A''，B''，C' 为共线点．而依同理之关系，知 A'，B''，C'' 及 A''，B'，C'' 皆为共线点，故一外相似心与二内相似心或其三外相似心皆为共线点．

　　系 1　设一动圆切于二定圆，通过二切点之直线，交于一定点，即此圆之相似心，因切点为相似心故也．

　　系 2　设一动圆切于二定圆，通过相似心所作动圆之切线为一定．

　　定理 17　二圆与他二圆互切，则此二圆之根轴通过他二圆之相似心．

　　证明　如图 22，二圆 W，V 切于二圆 X，Y．圆 W 之切点为 R，R'，圆 V 之切点为 S，S'．今于三圆 X，Y，W 中，知 R，R' 为其内相似心，故直线 RR' 通过 X，Y 之外相似心．

　　同理，SS' 通过相似心，故二直线之交点 O，即为 X，Y 之外相似心，所以（定理 15）

$$OR \cdot OR' = OS \cdot OS'$$

所以自 O 至圆 W 之切线与自 O 至圆 V 之切线相等，故圆 W，圆 V 之根轴通过点 O．

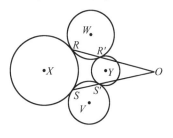

图 22

　　定义　以二圆二相似心之联结线为直径所作之圆，称为二圆之相似圆（circle of similitude）．

65

定理 18 二圆之相似圆为以二圆心之距离为底边其他二边之比如二圆两半径之比之三角形顶点之轨迹.

证明 已知底边及二边之比,则其顶点之轨迹为(第一节作图题1)底边以已知之比之内分及外分二点之距离为直径之圆,即为相似圆云.

系 1 自二圆相似圆之任意点所作二圆心之联结线之比如二圆半径之比.

系 2 自二圆相似圆之任意点所作二圆两切线之夹角互为相等.

此可准系 1 证明得之.

系 3 三已知圆之三相似圆两轴为同轴.

因二相似圆之交点为 P,P'.自此二点中之任一点与三已知圆心之联结线,与各圆之半径成比例,故第三相似圆又通过点 P,P',故此各圆为同轴圆.

系 4 三已知圆两两之相似心为共线点.

第三节　　调和束线之理论

66 　　**定义** 直线 AB 内分于 C 外分于 D,则 $\dfrac{AC}{CB} = -\dfrac{AD}{DB}$.而点 C,D 称为关于点 A,B 之调和共轭点(harmonic conjugates).

如图23,线段 AC,CB 在同一方向,故 $\dfrac{AC}{CB}$ 为

$$A \quad\quad O\ C \quad\quad B \quad\quad\quad D$$

正,而线段 AD,BD 在反对之方向,故 $\dfrac{AD}{DB}$ 为负, 图 23

亦不外示 $\dfrac{AC}{CB} = -\dfrac{AD}{DB}$ 所记之理由,若通常计算则少有用负符号者.

系 二圆之相似心,为关于此二圆心之调和共轭点.

定理 19 C,D 为关于 A,B 之调和共轭点.O 为 AB 之中点,则 OB 为 OC,OD 之等比中项(geometric mean).

证明
$$\frac{AC}{CB} = \frac{AD}{DB}$$

$$\frac{\dfrac{AC-CB}{2}}{\dfrac{AC+CB}{2}} = \frac{\dfrac{AD-DB}{2}}{\dfrac{AD+DB}{2}}$$

即
$$OC:OB = OB:OD$$

故 OB 为 OC,OD 之等比中项.

定理 20 C,D 为关于 A,B 之调和共轭点,则以 AB,CD 为直径之两圆互为直交.

证明　如图24,命二圆交于 P ,平分 AB 于 O ,联结 OP ,准前定理,有

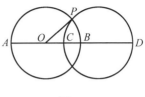

$$OC \cdot OD = OB^2 = OP^2$$

则 OP 为圆 PCD 之切线,故二圆互为直交.

系1　通过点 C 及 D 之任意圆必与以 AB 为直径之圆周互为直交.

图 24

系2　C,D 为关于 AB 为直径圆周之反形.

定义　C,D 为关于 A,B 之调和共轭点,则 AB 称为 AC 与 AD 间之调和中项(harmonic mean).

注意　此定义与代数学中调和中项之定义相合.

因 AC,AB,AD 为三已知量,则

$$\frac{AC}{CB} = \frac{AD}{BD}$$

故

$$\frac{AC}{AD} = \frac{CB}{BD} = \frac{AB - AC}{AD - AB}$$

系　同理,知 DC 为 DA,DB 之调和中项.

定理21　等差中项与等比中项之比,如等比中项与调和中项之比.

证明　如图25,以 AB 为直径作圆,通过点 C 作 AB 之垂线 EF 自 E,F 作此圆之两切线交于 D.因 $\triangle OED$ 为直角三角形,OE 垂直于 ED,又 EC 为 OD 之垂线,故

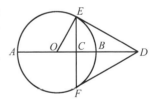

$$OC \cdot OD = OE^2 = OB^2$$

故准本节定理19,知 C,D 为关于 A,B 之调和共轭点,又在同 $\triangle OED$ 中,知

图 25

$$\frac{OD}{DE} = \frac{DE}{DC}$$

但

$$OD = \frac{1}{2}(DA + DB)$$

即 OD 为 DA,DB 间之等差中项,而 DE 为 DA,DB 间之等比中项,又 DC 为调和中项,则本定理之证明可以知矣.

系　DB,DC,DA 各为关于 DE^2 中 DA,DO,DB 之反商,但 DA,DO,DB 为等差极数,而其反商 DB,DC,DA 为调和极数,故等差级数之反商为调和级数.

定理22　通过定点所作圆之割线,为此定点及其极线所调和分.

如图26,命 D 为定点,EF 为其极线,DGH 为交圆于 G,H ,交 D 之极线于 J

67

之直线,则 J,D 为关于 H,G 之调和共轭点.

证明　设圆心为 O,自 O 作 HD 之垂线 OK 因 $\angle K$ 及 $\angle C$ 为直角,故 $OKJC$ 为圆内接四边形,所以

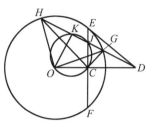

图 26

$$OD \cdot DC = KD \cdot DJ$$

然　　　　　　$$OD \cdot DC = DE^2$$

所以　　　　　$$KD \cdot DJ = DE^2$$

故　　　　　　$$\frac{KD}{DE} = \frac{DE}{DJ}$$

而 KD,DE 各为 DG,DH 间之等差中项及等比中项,则 DJ 可为 DG,DH 之调和中项(定理 21).

次之所述为本定理普通之证明.

如图 26,联结 OH,OG,CH,CG,则

$$OD \cdot DC = DE^2 = DH \cdot DG$$

所以四边形 $HOCG$ 内接于圆,所以

$$\angle OCH = \angle OGH$$

又　　　　　　$$\angle DCG = \angle OHD$$

$$\angle OGH = \angle OHD$$

所以　　　　　$$\angle OCH = \angle DCG$$

故　　　　　　$$\angle HCJ = \angle GCJ$$

故 CJ 及 CD 为 $\triangle GCH$ 之 $\angle GCH$ 之内外角平分线,故 J 及 D 为 H,G 之调和共轭点.

系 1　通过点 D 作直线交定圆于点 G,H,设 DJ 为 DG,DH 之调和中项,则点 J 之轨迹为点 D 之极线.

系 2　同理,设 DK 为 DG,DH 之等差中项,则点 K 之轨迹为圆,即 $\angle OKD$ 为直角,OD 为直径之圆.

定理 23　设通过 $\triangle ABC$ 之顶点 C 作底边 AB 之平行线 CE,通过 AB 中点 D 之任意截线交于 CE,其交点与 D 及此截线交于他二边之两点互为调和共轭点.

证明　如图 27,$\triangle FCE,\triangle FAD$ 为相似三角形,所以

$$\frac{EF}{FD} = \frac{CE}{AD}$$

然　　　　　　$$AD = DB$$

所以　　　　　$$\frac{EF}{FD} = \frac{CE}{DB}$$

68

又 △CEG，△BDG 为相似三角形，所以

$$\frac{CE}{DB} = \frac{EG}{GD}$$

所以

$$\frac{EF}{FD} = \frac{EG}{GD}$$

定义 在图27联结 CD，则 CA，CD，CB，CE 四直线合称为调和束线（harmonic pencil），此四直线各称为射线（ray）. 点 C 为射线之顶点（vertex of pencil）. 交替射线 CD，CE 称为关于射线 CA，CB 之共轭射线（conjugate ray），顶点为 C 各 CF，CD，CG，CE 之束线以（$C \cdot FDGE$）志之.

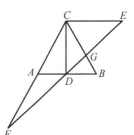

图 27

定理 24 直线 AB 被 C 及 D 调和分，以任意点 O 与 A，B，C，D 各点相连，作调和束线（$O \cdot ABCD$），过点 C 平行 OD 作 OC 之共轭射线各交直线 OA，OB 于 G 及 H，则 GH 平分于 C.

证明 如图28，有

$$\frac{OD}{CH} = \frac{DB}{BC}$$

又

$$\frac{OD}{GC} = \frac{DA}{AC}$$

然

$$\frac{DB}{BC} = \frac{DA}{AC}$$

所以

$$\frac{OD}{CH} = \frac{OD}{GC}$$

故

$$GC = CH$$

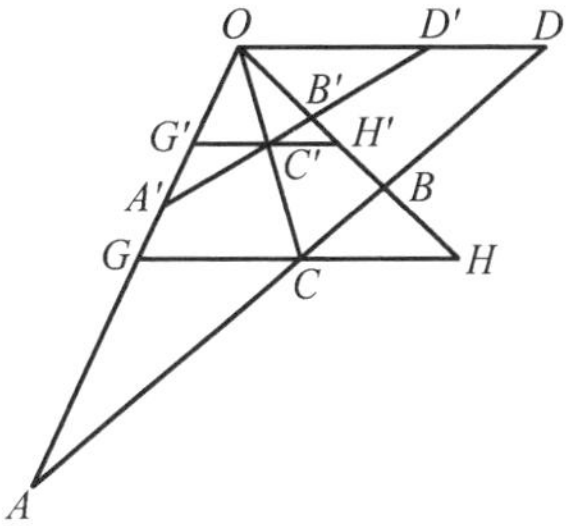

图 28

系 任意截线 $A'B'C'D'$ 截于调和束线成调和分.

因通过 C' 作 GH 之平行线 $G'H'$，准本章第一节定理3，则

$$\frac{G'C'}{C'H'} = \frac{GC}{CH}$$

$$G'C' = C'H'$$

故 $A'B'C'D'$ 为调和分.

定理 25 四边形相对边之交点与对角线之交点所连之直线，与其第三对角线为关于此二边之调和共轭射线.

如图29，四边形 $ABCD$ 之二边 AD，BC 相交于点 F，则 FO 及第三对角线 FE 为关于 FA，FB 之调和共轭射线.

证明 通过 O 作 AD 之平行线 OH，交 BC 及第三对角线于 G，H，则 $GH = OG$（本章第一节定理7），故束线（$F \cdot AOBE$）为调和束线.

69

同理,束线$(E \cdot AODF)$亦为调和束线.

定理 26 设四共线点成调和列点,则关于任意圆之四极线成一调和束线.

证明 如图 30,命 A,B,C,D 为四点,P 为关于圆 X 之四点联结线之极,又 O 为圆 X 圆心,联结 OA,OB,OC,OD.从此各作垂线 PA',PB',PC',PD'.准第三章定理 20,PA',PB',PC',PD' 为 A,B,C,D 点之极线,而在 A',B',C',D' 之角为直角,故以 OP 为直径所作之圆通过此各点,点 A,B,C,D 为调和列点,故束线 $(O \cdot ABCD)$ 为调和束线,然其射线 OA,OB,OC,OD 间之角各与射线 PA',PB',PC',PD' 间之角相等,故束线 $(P \cdot A'B'C'D')$ 为调和束线.

定义 四共圆点与圆周上某定点所连之直线为调和束线,则此四点称为圆周上各点之调和系(harmonic system).

定理 27 自任意点至圆之切线之切点,及自同点至此圆割线之交点成一调和系.

证明 如图 31,自 Q 作切线 QA,QB 及割线 QCD,P 为圆周上之任意点,联结 PA,PB,PC,PD.

因 AB 为 Q 之极线,故 E,Q 为关于 C,D 之调和共轭线,所以束线$(A \cdot QCED)$为调和束线.然

$$束线(P \cdot ACBD) = 束线(A \cdot QCED)$$

因其一束线射线所含之角与他一束线射线所含之角相等,故$(P \cdot ACBD)$为调和束线,故 A,C,B,D 成一点之调和系.

系 1 圆周上四点成一调和系,则任何两共轭点之联结线必通过他两共轭点联结线之极.

系 2 圆内接四边形之顶点成一调和系,则以其两相对边为边之矩形面积,与以他两相对边为边之矩形面积相等.

定理 28 通过任意点 O,作圆之二割线交圆于 A,B 及 D,C,延长 AD,BC 交于 P,联结 AC,BD 交于 Q,则 PQ 为点 O 之极线.

证明 如图 32,联结 OP,则束线 $(P \cdot OAEB)$ 为调和束线(定理 25).

所以 O,E 为关于 A,B 之调和共轭点,故点 O 之极线通过 E(定理 22).

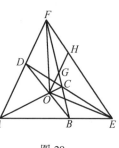

图 29

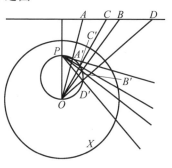

图 30

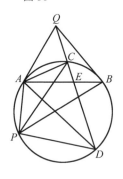

图 31

70

同理,O 之极线通过 F,所以通过 E,F 之 PQ 线为 O 之极线.

系 1　联结 OQ,同理,知 OQ 为 P 之极线.

系 2　因 PQ 为 O 之极线,又 OQ 为 P 之极线,则 OP 为 Q 之极线(第三章作图题 3 系).

定义　本定理之 $\triangle OPQ$,其任一边皆为关于已知圆相对顶点之极线,则此三角形称为圆之自共轭三角形(self-conjugate triangle).又以四点 A,B,C,D 作三对之直线各交于 O,P,Q.依于四边形 $ABCD$ 及 $\triangle OPQ$ 之调和性质,姑以 $\triangle OPQ$ 为四边形之调和三角形(harmonic triangle of quadrilateral) 名之.

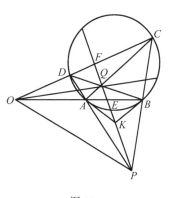

图 32

定理 29　圆内接四边形各顶所引四切线之六交点,皆在此四边形之调和三角形边上而每边上各有二点.

证明　过 A,B 之切线交于 K(参见图 32),而 K 之极线通过 O,即 O 之极线亦通过 K,故点 K 在 PQ 上.

同理,C 及 D 之切线在 PQ 上,故本定理之证明可以知矣.

系 1　过 B 及 C,C 及 D,A 及 D 之各切线各交于 L,M,N,则四边形 $KLMN$ 之对角线为 $KM(PQ)$,$LN(OQ)$,所以 Q 为 $KLMN$ 对角线之交点,因得次之定理:从圆内接四边形之顶点作切线所成之同圆外切四边形,则两四边形之对角线为共点线,且为调和束线.

系 2　过点 B,D 之切线交于 OP 上,又过 A,C 之切线交于 OP 上,故直线 OP 为四边形 $KLMN$ 之第三对角线,而第三对角线两端,各为直线 BD,AC 之极.直线 BD,AC 为关于直线 QP,QO 之调和共轭线,则此四直线之极可成一点调和系,因得次之定理:从内接四边形各顶点作切线所成外切四边形,此两四边形之第三对角线叠合,且其一线之两端,为关于他线之两端之调和共轭点.

第四节　反演之理论

反演理论为几何学中最重要之一科,而为 Stubb 博士及 Ingram(1842—1843) 所提出,Stubb 氏为 Dublin 大学之高徒.其学说见于 1842 年之 *Transaction of the Dublin Philosophical Society*.二氏之后则为 William Thomson 君因电学数理之论究而推求斯理(参见 Clerk Maxwell 君之电学书第一卷第十一章).

71

挽近反演理论之研究,以 Liouville, Möbius, Lie, Darboux, Klein 诸氏为最盛,兹录各氏之名著以为读者之参考.

Klein：*Hohern Geometrie*.

Reye：*Synthetische Geometrie Kugeln*.

Lie-Scheffers：*Geometrie der Berührungs transformation*.

Darboux：*Lecons sur la théorie des surfaces*.

定义　如图33,设 X 为一圆,O 为圆心,P 及 Q 为半径上之任二点.若 $OP \cdot OQ = $(半径)^2,则 P 及 Q 为关于此圆之反演点(inverse points)而圆 X 称为反演圆(circle of inversion).

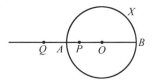

图 33

若二点之一如 Q 作一曲线,假令为圆,则自他点 P 可作其反演之曲线.

本编于第三章定理16述关于直线之反演定理,第四章定理6示其最重要之一应用,反演理论为几何学中最美妙之一科,兹特分节而论之.

定理30　一圆之反演为直线或圆,依于反演心在此圆周上或不在圆周上.

证明　前半句已在第三章定理16详细证明,兹证明后半句如下.如图34,Y 为可反之圆,O 为反演心.于 Y 上取任意点 P,联结 OP,使 $OP \cdot OQ = $ 常数(反演半径之平方),则 Q 为 I 之反点,本定理则求点 Q 之轨迹.

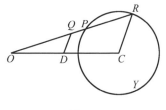

图 34

延长 OP 再交圆 Y 于点 R,则 $OP \cdot OR$ 等于自 O 至圆 Y 切线之平方,所以 $OP \cdot OR = $ 常数,又 $OP \cdot OQ = $ 常数(假设),所以 $\dfrac{OP \cdot OR}{OP \cdot OQ}$ 为常数,因而 $\dfrac{OR}{OQ}$ 为常数.

设 C 为圆 Y 圆心,联结 OC,CR.作 QD 与 RC 平行,因 $\dfrac{OR}{OQ} = \dfrac{CR}{QD}$,所以 $\dfrac{CR}{QD}$ 为常数,CR 为常数,所以 QD 为常数.同理,OD 为常数,所以点 D 为已知,所以点 Q 之轨迹为以已知点 D 为心,QD 为半径之圆.

系1　反圆圆心 O 为原圆 Y 及其反演之相似心.

系2　圆 Y,其反演及反圆为同轴圆.

因圆 Y 交于反圆所得之一点必为 Y 圆之反演反通过.

定理31　二圆或一直线与一圆为互相切,则其反演亦为互相切.

证明　二圆或一直线与一圆为互相切,则此图形有二接近点为公共,即此图形之反演亦有二接近点为公共,故其反演为互相切.

定理 32　二圆或一直线与一圆相交之角与其反演所交之角相等.

证明　如图 35,PQ,PS 相交于点 P,命 O 为反演心,联结 OP,命 Q 及 S 为非常接近于 P 之点,联结 OQ,OS,PQ,PS,命 R,U,V 各为 P,Q,S 之反点.联结 UR,VR.延长 OP 至 X 准作图,U,V 为圆 PQ,PS 反演上之点,而 $OP \cdot OR = OQ \cdot OU$,故四边形 $RPQU$ 内接于圆,所以

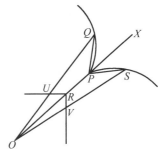

图 35

$$\angle ORU = \angle OQP$$

又 Q 非常接近于 P,则 $\angle OQP = \angle QPX$,故 $\angle ORU$ 可渐等于 $\angle QPX$.同理

$$\angle ORV = \angle SPX$$

而 $\angle URV = \angle QPS$,交 QP,SP 渐近于各圆之切线,所以 $\angle QPS$ 为二圆之交角,交 URV 为其反演之交角,因而本定理为已证明.

注　本定理在函数理论中,占及重要之位置,所谓 conformal geometry 者,即应用斯理而作,参观德人斯瓦兹(H.A.Schwarz)(1845)之著作,可以知矣.

定理 33　任意二圆,可反成其本身.

证明　如图 36,于二圆根轴上取任意点 O,自 O 作二圆之割线 OPP',OQQ' 交各圆于 P,P' 及 Q,Q',则 $OP \cdot OP'$ 及 $OQ \cdot OQ'$ 各与白 O 至各圆切线之平方相等.此即与以 O 为心所作与前二圆直交之圆半径之平方相等,故点 P',Q' 为关于直交圆 P,Q 点之反演.

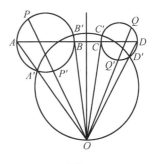

图 36

故 P,Q 沿各圆而动,则其反演之点 P',Q' 亦沿同圆之他部分而动.

系 1　已知圆与自反圆(circle of self-inversion)互为直交.

系 2　任意已知三圆,可反成其本身,其自反圆为直交三圆之圆.

系 3　设二圆反成其本身,此二圆心之联结线 $ABCD$ 之反演,为此二圆之直交圆.

因直线 $ABCD$ 与二圆互为直交故也.

系 4　任意圆直交于二圆,则此圆可视为二圆心之联结直线之反演.

系 5　$ABCD$ 为通过二圆心之直线,$A'B'C'D'$ 为直交二圆之一圆.而 A',

73

B', C', D' 各为 A, B, C, D 点之反演,则直线 AA', BB', CC', DD' 为共点线.

系 6　任意三圆之三反圆心,为共线点.

定理 34　任意二圆之反圆为相等.

证明　如图 37, X, Y 为原圆. r, r' 为二圆之半径. V, W 为其反圆. ρ, ρ' 为反圆之半径. O 为反演心, T, T' 为自 O 至 X, Y 之切线, R 为反演圆之半径.

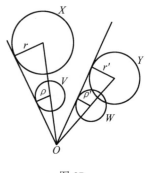

图 37

准定理 30 之证明

$$\frac{r}{\rho} = \frac{T^2}{R^2}, \frac{r'}{\rho'} = \frac{T'^2}{R^2}$$

故因

$$\rho = \rho'$$

则

$$\frac{r}{r'} = \frac{T^2}{T'^2}$$

所以 $\dfrac{T}{T'}$ 为已知.

故知凡自一点至二圆切线之比与此二圆半径平方根之比相等.

74

从次节可知点 O 之轨迹为圆 X 及 Y 之同轴圆.

系 1　任意三圆,可反成三相等圆.

系 2　由前系,可得作一圆与三任意圆相切之法.

系 3　任意二圆为他二圆之反演,则切此四圆中任三圆之圆,亦切第四圆.

系 4　任意二点,为他二点之反演,则此四点为共圆.

定理 35　任意二点 A, B 之反演各为 A', B'. 自反演心 O 作直线 AB, $A'B'$ 之垂线 p, p',则

$$\frac{AB}{A'B'} = \frac{p}{p'}$$

证明　如图 38,因 O 为反演心,故

$$\frac{OA}{OA'} = \frac{OB}{OB'}$$

$$\frac{OA}{OB} = \frac{OB'}{OA'}$$

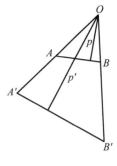

图 38

而 $\angle O$ 在 $\triangle AOB$, $\triangle A'OB'$ 中为公共,故 $\triangle AOB$, $\triangle A'OB'$ 为相似三角形,而本定理可以证明矣.

定理 36　A, B, C, D, $\cdots$, L 为一直线上之各点,则 $AB + BC + CD + \cdots + LA = 0$.

证明　LA 位于反对向,可视为负,则本定理为已知.

今在任意点 O 作直线 AL 之垂线 p，各项以 p 除之，则

$$\frac{AB}{p} + \frac{BC}{p} + \frac{CD}{p} + \cdots + \frac{LA}{p} = 0$$

命全部以 O 为反演．$A, B, C, D, \cdots, L$ 之反演各为 $A', B', C', D', \cdots, L'$．准前定理，得次之普通定理：圆内接多边形 $A'B'C'D'\cdots L'$ 之各边与圆周上任意点至各边上垂线之各商数和为零．

系1　自某点至多边形一边之垂足在于边外，又其他垂足在于边内，前者之符号与后者之符号相反，因得次之定理：多边形某边之垂足在于边外与此垂线之商，等于他边及其他各垂线之各商和．

系2　圆内接三角形各边为 a, b, c．又自圆周上之任意点至三边之垂线各为 α, β, γ，则

$$\frac{a}{\alpha} + \frac{b}{\beta} + \frac{c}{\gamma} = 0（外接圆之方程式）$$

定理 37　A, B, C, D 为直线上之四点，A', B', C', D' 为此各点之反演，则

$$\frac{AC \cdot BD}{AB \cdot CD} = \frac{A'C' \cdot B'D'}{A'B' \cdot C'D'}$$

证明　如图 39，点 O 为反演心，p 为自 O 至 $ABCD$ 直线上之垂线，又自 O 至 $A'B', A'C', B'D', C'D'$ 各直线之垂线为 $\alpha, \beta, \gamma, \delta$．准定理 35 得次之恒等式

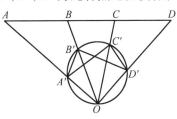

图 39

$$AC = \frac{A'C' \cdot p}{\beta}$$

$$BD = \frac{B'D' \cdot p}{\gamma}$$

$$AB = \frac{A'B' \cdot p}{\alpha}$$

$$CD = \frac{C'D' \cdot p}{\delta}$$

准上式又因

$$\beta\gamma = \alpha\delta$$

故

$$\frac{AC \cdot BD}{AB \cdot CD} = \frac{A'C' \cdot B'D'}{A'B' \cdot C'D'}$$

系1　$(AC \cdot BD):(AB \cdot CD):(AD \cdot BC) =$
$(A'C' \cdot B'D'):(A'B' \cdot C'D'):(A'D' \cdot B'C')$

系2　A, B, C, D 为调和列点，则 A', B', C', D' 成一点之调和系．

系3　设 $AB = BC$，则 A', B', C', O 成一点之调和系．

75

定理38 二圆为他二圆之反演,则原圆公切线之平方与以此二圆直径为边之矩形面积之商,与其反圆公切线之平方及以此二圆直径为边之矩形面积之商相等.

证明 如图40,命 X,Y 为原圆,X',Y' 为反圆,$ABCD$ 为通过圆 X,Y 圆心之直线.

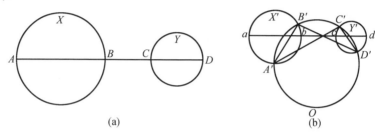

(a)   (b)

图 40

又直线 $ABCD$ 之反演为圆 $A'B'C'D'$.

但直线 $ABCD$ 直交于圆 X,Y,圆 $A'B'C'D'$ 直交于圆 X',Y'.

76

命 $abcd$ 为通过圆 X',Y' 圆心之直线,则 $abcd$ 直交于圆 X',Y'.故圆 $A'B'C'D'$ 为关于圆 X',Y' 自反圆之反演圆直线 $abcd$ 之反演(参见定理33系3).

故依定理37,次之各比 $\dfrac{AC \cdot BD}{AB \cdot CD}$,$\dfrac{ac \cdot bd}{ab \cdot cd}$ 均与 $\dfrac{A'C' \cdot B'D'}{A'B' \cdot C'D'}$ 相等,故 $\dfrac{AC \cdot BD}{AB \cdot CD} = \dfrac{ac \cdot bd}{ab \cdot cd}$.

此分数之分子各与圆 X,Y 及圆 X',Y' 公切线上之正方形相等(参见第三章定理7).

系 设 $C_1,C_2,C_3,\cdots$ 为互相切而切于两平行线间之各圆.设 C_m,C_{m+n} 为 $(n-1)$ 个圆相隔,其外公切线之平方和,等于 n^2 倍以两圆直径为边之矩形面积.故准反演理论及本定理,得次之新定理:设 A 及 B 为互相切之两半圆而内切于一半圆.前述两半圆之直径即在其上,如图41,令 C_1,C_2,C_3 为互切之各圆,则自各圆 C_n 圆心至 AB 上之垂线和,等于各圆 C_n 直径和之 n 倍,而 n 为 $1,2,3,4,\cdots$

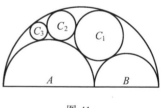

图 41

此定理可先补足半周,其他一方面则按法作 $C_1,C_2,C_3,\cdots$ 而证之.

本定理为 Pappus 所作,参观 Steiner's Oesammelte Werke 卷一第四十七页.

定理39 如图42,四圆同切于一圆,第一圆与第二圆之公切线以 $\overline{12}$ 表之,

余仿此,则

$$\overline{12} \cdot \overline{34} + \overline{14} \cdot \overline{23} = \overline{13} \cdot \overline{24}$$

证明　于一直线上取 A, B, C, D 四点,准第二章定理 7,得

$$AB \cdot CD + BC \cdot AD = AC \cdot BD$$

因任意四圆切此直线于 A, B, C, D 四点,而各圆之直径为 $\delta, \delta', \delta'', \delta'''$,则

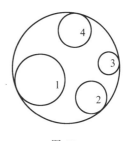

图 42

$$\frac{AB \cdot CD}{\sqrt{\delta\delta'} \ \sqrt{\delta''\delta'''}} + \frac{BC \cdot AD}{\sqrt{\delta'\delta''} \ \sqrt{\delta\delta'''}} = \frac{AC \cdot BD}{\sqrt{\delta\delta''} \ \sqrt{\delta'\delta'''}}$$

准前定理,此式各分数之反演为不变.设反圆之直径以 d, d', d'', d''' 表之.而 $\overline{12}, \overline{23}, \cdots$ 表此各圆之公切线,则

$$\frac{\overline{12} \cdot \overline{34}}{\sqrt{dd'} \ \sqrt{d''d'''}} + \frac{\overline{23} \cdot \overline{14}}{\sqrt{d'd''} \ \sqrt{dd'''}} = \frac{\overline{13} \cdot \overline{24}}{\sqrt{dd''} \ \sqrt{d'd'''}}$$

故

$$\overline{12} \cdot \overline{34} + \overline{23} \cdot \overline{14} = \overline{13} \cdot \overline{24}$$

注　本定理称为 Ptolemy 氏定理,Casey 氏之扩张见于 1866 年之 *Proceeding of the Royal Irish Academy* 及其所著解析几何学第 124, 498 页中,兹录其一定理如次. 　77

$$\begin{vmatrix} 0 & \overline{12}^2 & \overline{13}^2 & \overline{14}^2 \\ \overline{12}^2 & 0 & \overline{23}^2 & \overline{24}^2 \\ \overline{13}^2 & \overline{23}^2 & 0 & \overline{34}^2 \\ \overline{14}^2 & \overline{24}^2 & \overline{34}^2 & 0 \end{vmatrix} = 0$$

系 1　设一已知圆与任意四圆相切之四点成一调和系,则

$$\overline{12} \cdot \overline{34} = \overline{23} \cdot \overline{14}$$

系 2　本定理可改书如次

$$\overline{12} \cdot \overline{34} + \overline{23} \cdot \overline{14} + \overline{31} \cdot \overline{24} = 0$$

从此式则三角形中九点圆之性质可直接证明而得.

命 1, 2, 3, 4 为三角形之内切圆及旁切圆.而此各圆各在一直线之反对向,应用本定理作内公切线.次准第四章定理 1 之结果,得

$$\overline{12} \cdot \overline{34} + \overline{23} \cdot \overline{14} + \overline{31} \cdot \overline{24} = b^2 - c^2 + c^2 - a^2 + a^2 - b^2 = 0$$

故圆 1, 2, 3, 4 各与第五圆相切.

此定理为 Feuerbach 氏提出,Casey 氏之证明,载于 1861 年二月之 Quarterly Journal 中.

"设 △ABC 为平面三角形,则通过此三角形垂足之圆与其内切圆及旁切圆相切."

证明 命内切圆及旁切圆为 O, O', O'', O'''.外接圆为 X,而通过垂足之圆周以 Σ 表之.

设三垂线之交点为 P,延长垂线交圆 X,而 P 及 X 所截之部分 T 以 △ABC 之一边平分之(参见第三章定理12).Σ 通过此平分点,故 P 为 X 及 Σ 之外相似心.DE 为 X 之直径而平分边 BC,联结 PD,PE 平分于 G, H,则 Σ 通过 G 及 H.

因 GH 与 DE 为平行,故 GH 为 Σ 之直径.又因 Σ 通过 BC 之中点 F,故 $\angle GFH$ 为直角(参见第四章定理 5),又自点 D 作 △ABC 各边之三垂线,则此垂足为共线点.又此各点所连之直线垂直于 AD 且平分 PD(参见第章定理13),故 FG 为垂足之联结线而垂直于 AD.

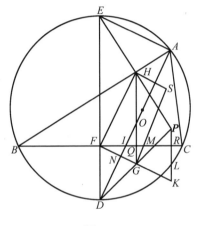

图 43

如图 43,命 M 为圆 O 与 BC 之切点,联结 GM,作垂线 HS.

因 FM 为圆 O 之切线,又自 N 作此圆之他切线,则(第三章定理17)

$$FM^2 = FN^2 + (N \text{ 之切线})^2$$

但
$$FM = \frac{1}{2}(AB - AC)$$

故
$$FM^2 = FR \cdot FI(\text{第四章定理} 7(5)) = FK \cdot FN$$

所以
$$(N \text{ 之切线})^2 = FN \cdot NK$$

又 GT 为自 G 至 O 之切线,则
$$GT^2 = (N \text{ 之切线})^2 + GN^2 = FN \cdot NK + GN^2 = GF^2$$

故以 G 为心,GF 为半径之圆与圆 O 成直交.

故此圆为圆 O 之自反圆,又此圆使 BC 之反演为 Σ,而 BC 切于其反演亦切于圆 O(定理31),由是 Σ 切于圆 O,其切点为 S.

同理,M' 为圆 O' 与 BC 之切点,联结 GM',作 GM' 之垂线 HS',则 S' 为 Σ 与圆 O' 之切点.

系3 以 FR 为直径之圆,与圆 O, O' 直交.

定理40 Hart 博士 Feuerbach 氏定理之扩张.

设平面三角形之三边换为三圆,则各与三角形之三边相切之内切圆及旁切

圆相当之圆,又与他一圆相切.

证明　如图 44,外公切线以 $\overline{12}$ 表之,内公切线以 $\overline{12'}$ 表之,余仿此,又三角形之三边与各圆相当而以 a,b,c 顺序表之,则 a 以 2 为外切,以 1,3,4 为内切,由是准定理 39

$$\overline{12'} \cdot \overline{34} + \overline{23'} \cdot \overline{14} = \overline{24'} \cdot \overline{13} \qquad ①$$

同理,b 以 3 为外切,以 1,2,4 为内切

$$\overline{13'} \cdot \overline{24} + \overline{34'} \cdot \overline{12} = \overline{23'} \cdot \overline{14} \qquad ②$$

同理,c 为 4 为外切,以 1,2,3 为内切

$$\overline{34'} \cdot \overline{12} + \overline{14'} \cdot \overline{23} = \overline{24'} \cdot \overline{13} \qquad ③$$

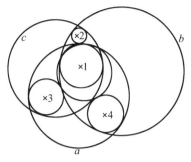

图 44

从 ①,②,③ 三式,得次式

$$\overline{12'} \cdot \overline{34} + \overline{13'} \cdot \overline{24} = \overline{14'} \cdot \overline{23}$$

故 1,2,3,4 可以一圆切之.

此为 Hart 博士 Feuerbach 定理扩张之证明. 而载于作者 1866 年发行之 *The Proceedings of the Royal Irish Academy*.

注　本定理为圆弧三角形(circular triangle)讨论之基本. 再进则应用于函数论,高等代数学,整数论,微分方程式,极微几何学,非欧氏几何学等之种种,其详可参见次之各著作.

Forsyth：*Theory of Functions*.

Cayley：*Elliptic Functions*.

Pierpont：*Theory of Function of Real Variable Vol* Ⅰ & Ⅱ.

Salmon：*Higher Plane Curves*.

定理 41　二圆 X,Y 使三角形外切于 Y,内接于 X,则关于 Y 之 X 反演为,圆 Y 切点为顶点之三角形之九点圆.

证明　如图 45,设 $\triangle ABC$ 内接于圆 X,又外切于圆 Y,而 $\triangle A'B'C'$ 为圆 Y 切点所连之三角形.

命 O,O' 为圆 X 及 Y 之圆心. 联结 $O'A$ 交 $B'C'$ 于 D,则 D 为点 A 关于圆 Y 之反演,而 D 为 $B'C'$ 之中点.

同理,B,C 关于圆 Y 之反演为 $C'A'$ 及 $A'B'$ 之中点,所以关于圆 Y 而通过 $\triangle ABC$ 之圆 X 之反演为通过 $B'C',C'A',A'B'$ 中点所成之圆,即为 $\triangle A'B'C'$ 之

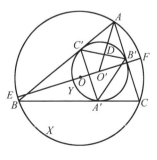

图 45

九点圆.

系 1　设两圆 X,Y.有某三角形内接于 X,外切于以 Y 之切点所成三角形之内切圆而切于一定圆,即为关于圆 Y 之 X 反演.

系 2　同理,自 A,B,C 作圆 X 之切线,可成新 $\triangle A''B''C''$,而此三角形之外接圆切于一定圆.

系 3　联结 OO' 延长之交圆 X 于 E,F 两点,又令其与关于圆 Y 之 X 反演交于 P,Q 二点,则 PQ 为 $\triangle A'B'C'$ 九点圆之直径并等于圆 X 之半径.命圆 X,Y 之半径为 R,r,圆心之距离为 OO' 以 δ 表之.

然 P 为 E 之反演,Q 为 F 之反演,故

$$O'P = \frac{r^2}{R+\delta}, \quad O'Q = \frac{r^2}{R-\delta}$$

然
$$O'P + O'Q = PQ = r$$

所以
$$\frac{r^2}{R+\delta} + \frac{r^2}{R-\delta} = r$$

故
$$\frac{1}{R+\delta} + \frac{1}{R-\delta} = \frac{1}{r}$$

本章第一节定理 10 之证明与此稍异.

定理 42　设某圆之动弦与一定点相对成直角,则此动弦之极之轨迹为一圆周.

证明　如图 46,命 X 为所作圆,AB 为定点 P 相对成直角之动弦,AE,BE 为过 A,B 之切线.E 为 AB 之极,依问题求点 E 之轨迹.

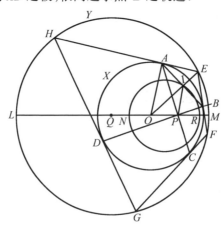

图 46

圆 X 圆心为 O，联结 OE 交 AB 于点 I，而圆 X 之半径以 r 表之.

则
$$OI^2 + AI^2 = r^2$$

然 $\angle APB$ 为直角，故 $AI = IP$，所以
$$OI^2 + IP^2 = r^2$$

所以 $\triangle OIP$ 底边 OP 之位置及大小为已知，又 OI，IP 上之正方形面积和为已知，故 I 之轨迹为一圆周（第二章定理 2 之系）. 此圆为 INR，又 $\angle OAE$ 为直角，又 AI 垂直于 OE，故
$$OI \cdot OE = OA^2 = r^2$$

故点 E 为关于圆 X 点 I 之反演，而 I 之轨迹为圆，故 E 之轨迹亦为圆（参见定理 30）.

定理 43　设有二圆，其半径为 R，r，又其圆心之距离为 δ，而四边形外切于一圆，内接于他圆，则
$$\frac{1}{(R+\delta)^2} + \frac{1}{(R-\delta)^2} = \frac{1}{r^2}$$

证明　延长 AP，BP（参见图 46）交圆 X 于点 C，D，然弦 AD，DC，CB 均与 P 相对成直角，则此弦之极即点 H，G，F 为 E 轨迹上之点. 设此轨迹为圆 Y，而四边形 $EFGH$ 内接于圆 Y，外切于圆 X，命 Q 为圆 Y 圆心，则圆 Y 之半径为 R，又 $OQ = \delta$，N 为 I 轨迹上之一点，故（参见前定理之证明）
$$ON^2 + PN^2 = r^2$$

然
$$PN = OR$$

故
$$ON^2 + OR^2 = r^2$$

又延长 OQ 交圆 Y 于点 L，M，然 L 及 M 为关于圆 X 之 N，R 之反演，由是
$$ON \cdot OL = r^2$$

即
$$ON(R + \delta) = r^2$$

故
$$ON = \frac{r^2}{R + \delta}$$

同理
$$OR = \frac{r^2}{R - \delta}$$

然已知
$$ON^2 + OR^2 = r^2$$

故
$$\frac{r^4}{(R+\delta)^2} + \frac{r^4}{(R-\delta)^2} = r^2$$

即
$$\frac{1}{(R+\delta)^2} + \frac{1}{(R-\delta)^2} = \frac{1}{r^2}$$

注　定理 41 称为 Chapple（1746）或 Euler（1765）之定理，定理 42 称为

81

Euler(1765) 或 Fuss(1794) 之定理，定理 43 在椭圆函数论中至为重要（参见 Durége 氏所著之 *Theorie der Elliptischen Funktionen*）. 此证明至为易晓，其他又有 R.F.Davis 氏之别证，读者欲知其群，可参见 *Educational Times* 重刊第三十二卷之理论.

定理 44 △*ABC* 为平面三角形，*O* 为垂线 *AD*，*BE*，*CF* 之交点，设四圆各以 *A*，*B*，*C*，*O* 为心，则其半径上之正方形面积各与 *AO* · *AD*，*BO* · *BE*，*CO* · *CF*，*OA* · *OD* 相等，且四圆互为直交.

证明 如图 47，有

$$AO \cdot AD + BO \cdot BE = AF \cdot AB + BF \cdot BA = AB^2$$

则以 *A*，*B* 为心之两圆半径上正方形面积之和与 AB^2 相等，故此二圆互为直交.

同理，以 *C*，*A* 为心之两圆亦互为直交.

次就以 *O* 为心之第四圆半径上正方形面积必与 *OA* · *OD* 相等. *OA* 及 *OD* 互在反对向，则其符号亦相反对，故 *OA* · *OD* 之值为负. 圆半径上正方形面积之值亦为负，由是此圆为虚圆，但此圆与他圆直交之条件可以满足，因

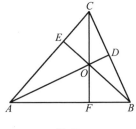

图 47

$$AO \cdot AD + OA \cdot OD = AO \cdot AD - AO \cdot OD = AO^2$$

即以 *A*，*O* 为心之圆半径上正方形面积之和与 OA^2 相等，故各圆相直交.

注意 本定理设三角形为锐角，有一虚圆（imaginary circle）其心在各垂线之交点上，而其他为三实圆（real circle）. 若三角形为钝角，则其一虚圆心在钝角顶上.

定理 45 设互直交之四圆中有一图形为关于各四圆之相续反演，则此第四次之反演与原形必可重合.

证明 如图 48，设四圆心为三角形之顶点 *A*，*B*，*C* 及三垂线交点 *O*. 而其半径上之正方形面积各与 *AB* · *AF*，*BA* · *BF*，*CF* · *CO*，– *CO* · *OF* 相等.

设 *P* 为反转之点，而 *P*′ 为关于 *A* 圆 *P* 之反演. 又 *P*″ 为关于 *B* 圆 *P*′ 之反形，联结 *P*″*O* 及 *CP* 交于点 *P*‴.

P′ 为关于 *A* 圆 *P* 之反演，则其半径上之正方形面积与 *AB* · *AF* 相等，故 *AB* · *AF* = *AP* · *AP*′，故 △*AFP*

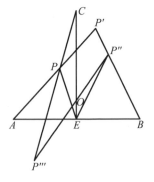

图 48

与 △AP′B 为相似三角形,所以 ∠AFP = ∠AP′B.同理,∠BFP″ = ∠AP′B,所以 △AFP 与 △BP″F 为相似.AF · FB = PF · FP″,又 O 为 △ABC 垂线之交点,故 AF · FB = CF · OF,CF · OF = PF · FP″.而 ∠AEP 与 ∠BFP″ 相等,故 ∠CFP = ∠OFP″,故 △P″FO 与 △CFP 为相似,∠OP″F = ∠PCF,故四点 C,P″,F,P‴ 为共圆点,故 OP″ · OP‴ = OC · OF,故点 P‴ 为关于 O 为圆心半径上正方形与 − OC · OF 相等之圆周点 P″ 之反演.又

$$∠PFO = ∠P″FO = ∠OP‴P$$

所以 O,F,P‴,P 四点为共圆点,所以

$$CP · CP‴ = CO · CF$$

而点 P 为关于 C 为圆心半径上正方形面积与 CF · CO 相等之圆周 P‴ 之反演,故本题得自此证明.

上述之定理在椭圆函数论中,至为重要,通常四次曲线(bicircular quartic)及球面上空间四次曲线(sphero quartic),皆按此定理求椭圆积分(参见 Phil. Trans.,167 卷第二部 *On a New Form of Tangential Equation* 之论文).

次之简法证明,基于一定理(杂题 60),即一圆及两反演点反成为一圆及两反演点.此证明由 W.S.M'Cay 君 F.T.C.D.邮至作者,故附于此.

如图 49,由两圆之交点反四直交圆得一圆(R 为半径)、两矩形直径及一同心虚圆(R √− 1 为半径).关于两圆之相续反转自 P 而 Q(OP = OQ).又两直径之相续流动使 Q 至于 P.

本定理可扩张之如次:设五球互相直交,设任一面为关于各五球之相续反演,则此第五次之反演,与原形必可重合.

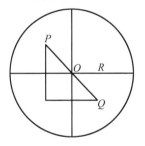

图 49

83

第五节　同轴圆

定理 46 在第三章定理 19 曾证明次之定理:

如图 50,设自任意点 P 作二圆之切线,其切线上正方形面积之差,必与以此点至二圆根轴上之垂线与连心线为边之矩形面积之 2 倍相等.

次述为此定理之特例,亦甚重要.

系 1 设点 P 在圆周上,则得次之定理.

在一圆周上任意点 P 至他圆切线上之正方形面积与以此点至根轴上之垂线及连心线为边之矩形面积之 2 倍相等.

系 2　设切线所引之圆为一限点(limiting point)则:

自一限点至同轴圆任意点所成直线之正方形面积,与自此点至根轴之直线为正比例.

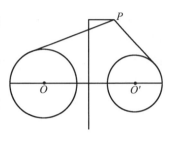

图 50

系 3　X, Y, Z 为三同轴圆,则自 Z 上之任意点至 X 及 Y 上之切线之比为常数.

系 4　自一动点(variable point)P 至二圆 X 及 Y 上切线之比为一定,则点 P 之轨迹为 X 及 Y 之同轴圆.

系 5　两已知圆之相似圆即为此二圆之同轴圆.

系 6　设两已知圆为 X 及 Y,又设此二圆相似圆上之任意点至二圆切线之切点为 A 及 B,则自 A 至 Y 之切线,与自 B 至 X 之切线相等.

作图题 3　已知两圆,求作其一组同轴圆.

作图　设两圆之交点为实点,则通过此交点之圆周即为所求.

设两圆不交于实点,则如次:

如图 51,设 X, Y 为已知圆,P 及 Q 为圆心,作 X, Y 之根轴 AB 交 PQ 于 O.自 O 作 X 及 Y 之切线 OC, OD.因 $OC = OD$,则以 O 为心,OD 为半径之圆周必与 X, Y 直交.

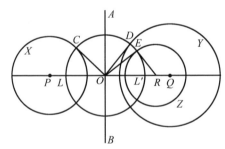

图 51

自此直交圆上取任意点 E.作其切线 ER 交 PQ 于点 R.再以 R 为心 RE 为半径作圆 Z,则 Z 与 X, Y 为同轴,因 RE 为圆 CDE 之切线,$\angle OER$ 为直角,故 OE 为圆 Z 之切线.因 $OD = OE$,故自 O 至 Y, Z 之切线皆相等,即 OA 为 Y, Z 之根轴,所以 X, Y, Z 为同轴圆.

同理,于圆 CDE 上之他任意点作切线,再以求 Z 之法,可得与 X, Y 同轴之他圆.逐次如斯,则与 X, Y 圆同轴之无数圆,每一根轴之一边各有一组.而各组之极小圆当为一点.此点在根轴之各侧,而与 X, Y 之连心线必交于圆 CDE,此各点即为限点,而各限点可视为无穷小之圆.

又两组之无数圆从无穷大至无穷小,可视为一同轴系(coaxial system).而其根轴为无穷大之圆,又其限点为无穷小之圆.

系 1 实限点之各圆心,决不在限点之中间.

系 2 同轴系之圆心为共线点.

系 3 以限点间之距离为直径所作之圆周与同轴系之各圆皆为直交.

系 4 通过二限点之圆周与同轴系之各圆皆为直交.

系 5 限点为关于同轴系各圆之反演.

系 6 关于同轴系各圆中限点之极线通过他限点,必与同轴圆心之联结线为垂直.

近世几何学之研究,以德国为最著.德文算学书中有所谓 Kreisbüschel,Kreisbündel 者,日人译为圆束,圆把.本书所述之同轴圆(coaxial circle)即圆束也.

同轴圆之理论,在纯粹算学中以 Apollonius 之接触问题为最著.其初等之解法,则 Newton(1685),Gergonne(1814),Gaultier(1812),Dupin(1804),Steiner(1826),Petersen(1879),Casey(1881)之名著详于各氏之著作.而 Study(1897),则应用于高等代数学之群论(theory of groups)不变式论(theory of invariants).Weber Well stein,Encyklopädie Ⅱ,则扩张斯义而为二次曲线论非欧氏几何学之基本定理.

函数论极微几何学(Infinitesimal Calculus)应用斯理亦多,次列诸书足为研究圆理论之参考.

Roye:*Kugelgeometrie*.

Fiedler:*Qyklographie*.

Laguerre:*Géométre de Direction*.

Price:*Infinitesimal Calculus*.

Eisenhart:*A Treatise on the Differential Geometry of Curves and Surfaces*.

Klein-Fricke:*Elliptische Modulfunktion*.

Osgood:*Lehrbuch der Funktion*.

Scheffers:*Anwendung*.

同轴圆在物理学上,则以水力学、电气学之应用为最.次书其较著也.

Riemonn-Weber: *Partiellen Differential-gleichungen der Mathematischen Physik*.

Maxwell:*Electricity and Magnetism*.

85

Kirchh off: *Vorlesungen über Mechanik*

同轴圆分三类:

(1) 具有二实限点之同轴圆称为双曲同轴圆.

(2) 具有一实限点之同轴圆称为抛物同轴圆.

(3) 具有二虚限点之同轴圆称为椭圆同轴圆.

双曲同轴圆与椭圆同轴圆相直交成等温线系,如图 52(a). 抛物同轴圆与抛物同轴圆相直交成等温线系,如图 52(b).

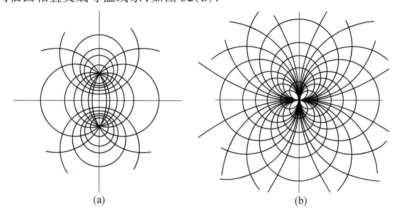

(a)   (b)

图 52

定理 47 设二圆 X, Y 为直交,则 Y 上任意点 A 关于圆 X 之极线必通过原圆之直径与 A 相对之点 B(图 53).

此为第三章定理 1.

次之各系题为重要之推论.

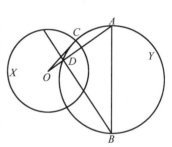

图 53

系 1 关于已知圆 X 以点 A 极线上之任意点 B 与 A 之联结线为直径之圆周必直交于圆 X.

系 2 以关于已知圆之共轭点 A, B 及此圆心为顶点所成三角形之垂心为 AB 之极.

系 3 关于同轴圆任意点 A 之极线为共点线.

今在 A 及二限点作圆周直交于同轴圆(作图题 3 系 4)而关于同轴圆任意点 A 之极线必通过此直交圆与 A 相对之一端.

系 4 关于三圆已知某动点之极线为共点线,此动点之轨迹为直交三圆之圆周.

定理 48 $X_1, X_2, X_3, \cdots$ 为一组之同轴圆. Y 为他任意圆,则 $X_1, Y; X_2, Y;$

$X_3, Y; \cdots$ 之各对根轴为共点线.

证明　第一，第二圆之根轴，与 X_1, X_2 之根轴相交于一点；第二，第三圆之根轴，与 X_2, X_3 之根轴相交于一点，即与 X_1, X_2 之根轴相交于一点，故本定理已证明.

定理 49　二圆各与他二圆为直交，则任一双之根轴必为他二圆之连心线.

证明　如图 54，圆 X, Y 直交于一双圆 W, V.

然 X 直交于 W, V. 自圆 X 圆心作 W 与 V 之切线皆为相等，故 W, V 之根轴必通过圆 X 圆心.

同理，W, V 之根轴通过圆 Y 圆心.

所以 X, Y 之连心线为 W, V 之根轴.

同理，W, V 之连心线为 X, Y 之根轴，亦易证明.

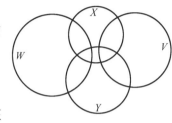

图 54

系 1　设有一双圆如 W, V 者不相交，则他一双圆 X, Y 相交. 因其必通过 W, V 之限点也.

系 2　一组之圆为二圆所直交者，必为同轴圆.

系 3　四圆互直交，圆心之两两连成直线，则其中两两皆成根轴.

定理 50　一组之同心圆，以任意点为反演心，则此各圆之反形成一同轴系.

证明　设 O 为反演心，P 为同心圆心，通过 P 作二任意线，此二直线直交于一组之同心圆. 其反演为必通过点 O 及 P 之反演之二圆. 且此二圆直交于同心圆之各反演，故一组同心圆之反演成一同轴系.

系 1　限点为反演心又为同心圆心之反演.

系 2　设二同心圆切于动圆，必交于二圆之同心圆得一定角.

故准反演定理，设一动圆切于同轴系之二圆，必切于同轴系之各圆得一定角.

系 3　设一动圆切于二定圆，则动圆之半径与此动圆心至二定圆根轴上之垂线之比为常数，因其所交于根轴之角为常数故也.

证明　如图 55，O, O' 为二定圆心. AB 为此二圆之根轴.

又 O'', O''' 为定圆之切圆心. O'', O''' 至 AB 之垂线为 $O''C, O''D$.

AB 与圆之交点为 $E, F; E', F'$. 联结 $O''E$,

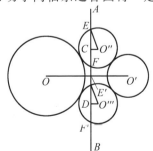

图 55

87

$O'''E'$,设二定圆之根轴 AB 为无穷大之圆,则准前系 AB 与 $O'''O''$ 之交角为常数.

系 4　一组共点线之反演为两同轴圆相交之两实点.

系 5　具有一组实限点之同轴圆.以一限点为反演心,则其反成之各反演圆为同心圆.

系 6　以任意点为心,求任意种类同轴圆之反演必得同种类之同轴圆.

定理 51　二定圆切于一动圆,自动圆心至二定圆根轴上垂线与动圆半径之比为常数.

证明　此与前定理系 3 之说相同,不论动圆根轴与否,其说皆真.本定理甚为重要.特为证明之如下.

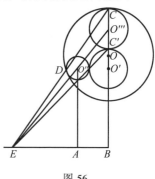

如图 56,定圆心为 O,O',又动圆圆心为 O'',联结 OO',延长之交于定圆得 C,C' 两点.在 CC' 上作一圆其心为 O''.作根轴上之垂线 $O''A$,$O''B$.而 D 为圆 O'' 与圆 O 之切点,则直线 CD,$O''O'''$ 交于圆 O,O''' 之相似心.但此圆心为圆 O,O' 根轴上之一点(定理 17),故点 E 为根轴上之点.

图 56

准相似三角形

$$\frac{O''A}{O'''B} = \frac{O''E}{O'''E} = \frac{圆\ O''\ 之半径}{圆\ O'''\ 之半径}$$

所以
$$\frac{圆\ O''\ 之半径}{O''A} = \frac{圆\ O'''\ 之半径}{O'''B}$$

然此比例式最后之二项为常数,所以 $\dfrac{O''\ 之半径}{O''A}$ 为常数.

定理 52　设一圆弦,为他圆之切线,此弦与其限点相对之角为切点与限点之联结线所平分.

证明　如图 57,设 CF 为弦,K 为切点,E 为限点之一.限点 E 与圆 O,O' 为同轴,准定理 46 系 3

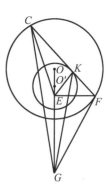

$$\frac{CE}{CK} = \frac{FE}{FK}$$

所以
$$\frac{EC}{FE} = \frac{KC}{KF}$$

故 $\angle CEF$ 为 EK 平分.

同理,G 为他限点,则 $\angle CGF$ 为 GK 所平分.

图 57

系 1　设二圆互为外交,则其平分角各为 $\angle CEF$,

∠*CGF* 之补角.

系 2　二圆公切线之切点与限点之联结线互为垂直.

证明　如图 58,二圆 O'',O 之公切线 CK 与 O'',O 互为同轴圆之圆 O' 交于 A 及 B.限点 E 与 C,A,K,B 相连.设 E 为无穷小之圆周,依定理 46 之系

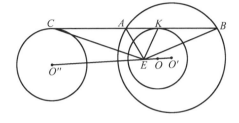

图 58

$$\frac{AC}{AE} = \frac{BC}{BE}$$

即

$$\frac{AC}{BC} = \frac{AE}{BE}$$

所以 CE 为 ∠*AEB* 外角之平分线.又本定理,KE 为 ∠*AEB* 之平分线,故 KE,CE 互为垂直.

系 3　同轴圆三圆中之公切线与第三圆之交点及其切点为调和共轭点.因准前系,EB,EK,EA,EC 为调和束线,故 B,K,A,C 为调和列点.C,K 为关于 A,B 之调和共轭点.

定义　设一直线或一圆,因一定之法则而动,则其所切之点,称为曲线之动线或动圆之包迹(envelope).

系 4　△*CEF* 外接圆之包迹,以 O 为心必与 CF 为弦之圆周为同心之一圆.

证明　如图 59,延长 EK 交 △*CEF* 之外接圆于 D,∠*CEF* 为 ED 所平分,故 D 为 $\overset{\frown}{CDF}$ 之中点,联结二圆心 O,G 必通过点 D,且与 CF 为垂直,所以 $O'K$ 与 OD 为平行,故

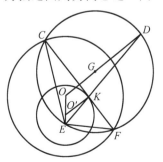

图 59

$$\frac{O'K}{OD} = \frac{EO'}{EO}$$

$\dfrac{O'K}{OD}$ 为已知,而 $O'K$ 为已知,故 OD 又为已知,而其圆心 O 与半径 OD 之位置为已知,又圆 *CEF* 切于 D,本系因以证明.

89

定理 53　一组之同轴圆有二实交点,自此交点所作之任直线截于各圆周之各部分,皆成比例.

如图 60,命 A,B 为同轴圆之公共交点,通过 A 得次二组之点 $C,D,E;C',D',E'$,则

$$\frac{CD}{DE} = \frac{C'D'}{D'E'}$$

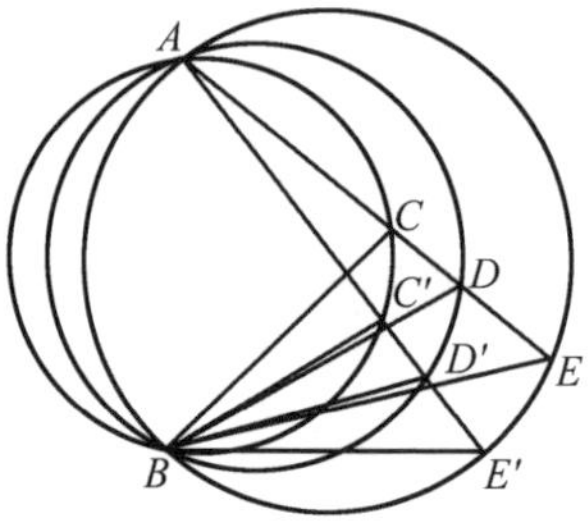

证明　自 B 联结 $C,D,E;C',D',E'$ 各点作直线.因 $\triangle BCD,\triangle BC'D'$ 为相似三角形,$\triangle BDE$,$\triangle BD'E'$ 亦为相似三角形,故

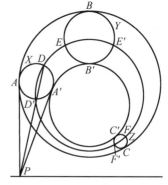

图 60

$$\frac{CD}{DB} = \frac{C'D'}{D'B}, \frac{DB}{DE} = \frac{D'B}{D'E'}$$

故准等比之理

$$\frac{CD}{DE} = \frac{C'D'}{D'E'}$$

系 1　设相交二直线所分之段成比例,则通过二直线之交点及一双对应点之各圆为同轴圆.

系 2　自 B 作各对应点相连各直线上之垂线,则其垂足为共线点.因此各垂足皆在自 B 至 AC,AC' 之垂足联结线上故也.

系 3　任三双对应点之联结线所成之三角形之外接圆通过 B.

系 4　对应点联结线所成各三角形之垂心为共线点.

系 5　任对应点之两联结线与他对应点之联结直线各具相若比例之线段.

作图题 4　求作一圆切于三已知圆(Apollonius 之问题).

解析　如图 61,X,Y,Z 为三已知圆.ABC,$A'B'C'$ 为切于此三圆之圆周.次准本章第四节定理 33 系 2 之理,X,Y,Z 与圆 DEF 为直交.而圆 DEF 又为 $ABC,A'B'C'$ 反转之圆.又 ABC,DEF,$A'B'C'$ 三圆为同轴圆(本章第四节定理 30 系 2).准定理 48,圆 X 与 $ABC,DEF,A'B'C'$ 三圆之根轴为共点线.但其中之二根轴为切于 A,A' 点之切线.而第三线为 X 及直交圆(orthogonal circle)DEF 之公弦.设此三根轴之交点为 P.

又从本章第二节定理 17 之理论,知 X,Y,Z 之相似轴为圆 $ABC,A'B'C'$ 之

图 61

根轴.但 $PA = PA'$ 为圆 X 之切线,故 P 为此根轴上之点,由是 P 为二已知直线即圆 X, Y, Z 之相似轴与 X 及圆 DEF 公弦之交点,所以点 P 为已知.而自 P 至 X 所引切线之切点 A, A' 亦为已知.同理,B, B';C, C' 之位置为已知,因得次之作图法.

作 X, Y, Z 之直交圆.又作此圆与 X, Y, Z 之三公弦.从各弦与 X, Y, Z 三圆各相似轴之交点,于 X, Y, Z 各作两切线.通过此切线之六切点所作之二圆即为 X, Y, Z 之内外切圆.

系 1　X, Y, Z 具有四相似轴,则切于 X, Y, Z 之圆周共有八个.

系 2　设其中之一圆,变为一点,则前题为:求作一圆切于二已知圆并通过一已知定点.

设其中之二圆均成为点,则前题为:求作一圆切于一已知圆并通过二已知定点.

本作图法对于本系之两题必能适合,其前者有四种解法,后者有二种解法.

系 3　设其中之一圆舒长为一直线,则前题为:求作一圆切于二圆及一直线.

设其中之二圆舒长为二直线,则前题为:求作一圆切于二直线及一圆.

上述之作圆法,可任意扩张之,如某圆缩小为一点,舒长为一直线是也,故此作图法除令三圆悉为三点或三直线外均能包括.

别解　如图 62,命 O, O', O'' 为圆 X, Y, Z 圆心.又 AR, BR 为圆 X, Y 及圆 Y, Z 之根轴.又命 O''' 为所求圆 W 圆心.自 O''' 作垂线 $O'''A$,$O''B$,联结 Z 与 W 之切点 C 与 R.延长之与 $O''R$ 平行之直线 $O''D$ 交于 D.因圆 W 切于圆 X, Y,故半径 $O'''C$ 与 $O''A$ 之比为已知(定理 51).同理,$O''C$,$O''B$ 之比为已知,所以 $O'''A$ 与 $O'''B$ 之比为已知.因 $O'''R$ 之位置为已知.又 $O'''R$ 与 $O'''B$ 之比为已知,所以 $\dfrac{O'''C}{O'''R}$ 为已知,因而 $\dfrac{O''D}{O''C}$ 为已知,所以点 D 及 R 为已知,所以直线 RD 之位置为已知,故点 C 可以求得.同理,他切点亦可求得.

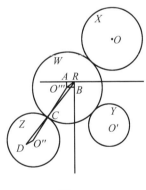

图 62

注意　此法基于同轴圆之理论,而与牛顿第十六补题相似.然牛顿 *Principia* 书中多应用圆锥曲线之理.著者之作图则较为简单也.

著者曾于著述本书之数年前发现此法.而当时学者尚未研及斯说.本章第四节定理 34,第六节作图题 6(5) 皆为本定理之别论,读者可参阅焉.

91

定理54 X, Y 为二圆,$AB, A'B'$ 为圆 X 之二弦而与圆 Y 相切.A, A' 至 X, Y 根轴上之垂线以 p, π 表之.又自 B, B' 之垂线以 p', π' 表之,则

$$\frac{AA'}{BB'} = \frac{\sqrt{p} + \sqrt{\pi}}{\sqrt{p'} + \sqrt{\pi'}}$$

证明 如图63,命 O, O' 为 X, Y 圆心,准定理46系 1之理论

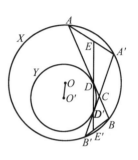

图63

$$AD = \sqrt{2OO' \cdot p}$$

$$A'D' = \sqrt{2OO' \cdot \pi}$$

所以
$$AD + A'D' = \sqrt{2OO'}(\sqrt{p} + \sqrt{\pi})$$

$$AD + A'D' = AC + A'C$$

所以
$$AC + A'C = \sqrt{2OO}(\sqrt{p} + \sqrt{\pi})$$

同理
$$BC + B'C = \sqrt{2OO'}(\sqrt{p'} + \sqrt{\pi'})$$

故
$$\frac{AC + A'C}{BC + B'C} = \frac{\sqrt{p} + \sqrt{\pi}}{\sqrt{p'} + \sqrt{\pi'}}$$

因 $\triangle AA'C, \triangle B'BC$ 之角互等,故

$$\frac{AC + A'C}{BC + B'C} = \frac{AA'}{BB'}$$

所以
$$\frac{AA'}{BB'} = \frac{\sqrt{p} + \sqrt{\pi}}{\sqrt{p'} + \sqrt{\pi'}}$$

此定理除 Poncelet 定理证明之应用外,尚多重要应用.设 $AB, A'B'$ 逐次接近力学上垂直圆内质点运动,椭圆函数之加法定理,及 Jacobi 几何学的解析等(见卷三之 Crelle 杂志中定理11略详其简单应用.参见 *Educational Time vol*. Ⅲ. 42 页),皆与此互有密切之关系.参见 *Tait's Dynamics,Durège's Theorie der Elliptische Funktionen,Greenhill's Application of Elliptic Function* 当知其详.

增系 此定理之逆亦真.

定理55 Poncelet 之定理,一组同轴圆之一圆外接于动多边形.设此多边形除一边外其余各边各切于同轴圆之定圆,则其一边亦可与此圆一同轴圆之一圆为相切.

此定理可就最简之三角形证明之,因知此证明之方法,则其他之多边形亦可类推.

设 ABC 为一个三角形,内接于同轴圆之一圆,其他位置之三角形为 $A'B'C'$.而边 $AB, A'B'$ 为此一组同轴圆中某圆之切线.又 $BC, B'C'$ 为他圆之切线,求证 $CA, C'A'$ 为第三圆之切线.

证明　命自 A，B，C 至根轴上之垂线为 p，p'，p''，自 A'，B'，C' 之垂线为 π，π'，π''，准前定理

$$\frac{AA'}{BB'} = \frac{\sqrt{p} + \sqrt{\pi}}{\sqrt{p'} + \sqrt{\pi'}}$$

$$\frac{BB'}{CC'} = \frac{\sqrt{p'} + \sqrt{\pi'}}{\sqrt{p''} + \sqrt{\pi''}}$$

$$\frac{AA'}{CC'} = \frac{\sqrt{p} + \sqrt{\pi}}{\sqrt{p''} + \sqrt{\pi''}}$$

故准前定理之系，AC，$A'C'$ 切于同轴圆之一圆.

注　上定理之证明，著者曾于 1858 年，以兹事致书于 Rev. R. Townsend，F. T. C. D. 1857 年 Quarterly Journal of Mathematics 有 Hart 博士之证明与此亦相适合，当时著者尚未之知也.

Hart 博士之证明，氏之证明基于次之补题：

四边形 $AA'BB'$（参见图 63）内接于圆 X. 且其对角线 AB，$A'B'$ 与 X 及同轴圆之一圆 Y 相切，而边 AA' 又切于 X，Y 同轴圆之他一圆，则其切点 D，D'；E，E' 为共线点.　93

说明此定理之先，学者当知 $\triangle AED$ 与 $\triangle B'E'D'$，$\triangle EA'D'$，$\triangle E'BD$ 各为相似. 又 $\dfrac{AE}{AD}$，$\dfrac{B'E'}{B'D'}$，$\dfrac{A'E}{A'D'}$，$\dfrac{BE}{BD}$ 为相等.

本定理之初部，可按定理 54 而直接证明之.

兹则证明 Poncelet 之定理：动三角形之二位置为 $\triangle ABC$，$\triangle A'B'C'$，如前命 AB，$A'B'$ 为一组同轴圆一圆之切线. 又 BC，$B'C'$ 为他一圆之切线，则 CA，$C'A'$ 可为此各圆第三圆之切线.

因 AA'，BB'，CC' 相连，则 AB，$A'B'$ 为一组中一圆之切线，故准补题 AA'，BB' 为他一圆之切线. 又 BC，$B'C'$ 为此一组中圆之一切线，故 BB'，CC' 为他一组中一圆之切线，所以 AA'，BB'，CC' 切于一组圆中之一圆. 又 AA'，CC' 切于一圆，故准补题 AC，$A'C'$ 切于一组圆之一圆. 故本题可以证明，而二证明全然相合.

注　本定理关于球面上，则有 Richelet(1829) 之扩张，关于二次曲线，则有 Cayley(1853) 及 Pasch(1864) 之推论. 此外则 Moutard(1862)，Simon(1867)，Gunderfinger(1877) 于此亦多所研究.

第六节　非调和比之理论

定义　一直线上四点 A,B,C,D 互配成六线段.此六线段以四个字母支配而成三对排列式,即

$$AB,CD;BC,AD;CA,BD$$

各对最后之字母,皆为 D.而各对第一线段,皆取 $\triangle ABC$ 各边之顺序,即 AB,BC,CA.今以此三对各线段为边之矩形面积,以其余各段所成之六商数,为 A,B,C,D 四点之六非调和比,即此等六比为

$$\frac{AB\cdot CD}{BC\cdot AD},\frac{BC\cdot AD}{CA\cdot BD},\frac{CA\cdot BD}{AB\cdot CD}$$

及其三反数

$$\frac{BC\cdot AD}{AB\cdot CD},\frac{CA\cdot BD}{BC\cdot AD},\frac{AB\cdot CD}{CA\cdot BD}$$

此六比之任一比称为 A,B,C,D 四点之非调和比.

94

定理 56　$(O\cdot ABCD)$ 为通过 A,B,C,D 四点所成四射线之一束线.设通过其任意点 B 作一线平行于一射线,交他二射线于 M,N 二点,则 A,B,C,D 之六非调和比可以 MB,BN 及 NM 三线段之比表之.

证明　如图 64,$\triangle ABM,\triangle ADO$ 为相似三角形,故

$$\frac{MB}{OD}=\frac{AB}{AD}$$

又 $\triangle BCN,\triangle DCO$ 为相似三角形,故

$$\frac{OD}{BN}=\frac{CD}{BC}$$

故

$$\frac{BM}{BN}=\frac{AB\cdot CD}{BC\cdot AD}$$

又准合比之理

$$\frac{MN}{BN}=\frac{AB\cdot CD+AD\cdot BC}{BC\cdot AD}$$

然准第一章定理 6 之理

$$AB\cdot CD+AD\cdot BC=AC\cdot BD$$

所以

$$\frac{MN}{BN}=\frac{AC\cdot BD}{BC\cdot AD}$$

所以　　$MB:BN:NM=(AB\cdot CD):(BC\cdot AD):(CA\cdot BD)$

定理 57　四射线所成之一束线为 $ABCD$,$A'B'C'D'$ 二截线所截,则(参见图

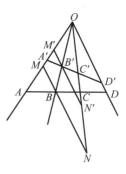

图 64

64）A,B,C,D 点之非调和比与 A',B',C',D' 对应点之非调和比相等.

证明　通过点 B,B' 作 OD 之平行线 $MN,M'N'$.

然准本章第一节定理 3,得

$$\frac{MB}{BN} = \frac{M'B'}{B'N'}$$

故

$$\frac{AB \cdot CD}{BC \cdot AD} = \frac{A'B' \cdot C'D'}{B'C' \cdot A'D'}$$

系 1　通过某顶点所有之束线,在其延长射线上,作任截线,其非调和比之值不变.

定义　四射线 A,B,C,D 所成之束线,为任截线所截,各列点之非调和比称为束线之非调和比（anharmonic ratio of pencil）为常数.

系 2　设非调和比相等而有公顶点之二束线,其中一束线之三射线为他一束线之三射线之延长线,则第四之射线为他束线第四射线之延长线.

系 3　二束线有一公截线,则其非调和比为相等.

系 4　设 A,B,C,D 为一圆周上之四点.E,F 为同圆周上之他二点,则

$$(E \cdot ABCD) = (F \cdot ABCD)$$

95

因此二束线有相等角故也.

注　或因此二束线有一公截线 AB 故也.

系 5　通过一圆任意弦 AB 之中点 O,作他二任意弦 CE,DF.设其末端 DE,CF 相连交 AB 于 G,H 二点,则 $OG = OH$.

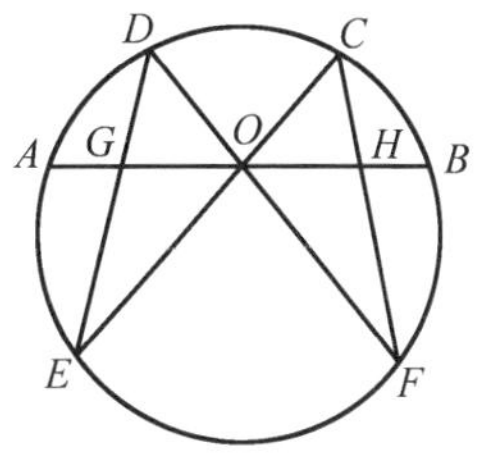

图 65

证明　如图 65,有

$$(E \cdot ABCD) = (F \cdot ADCB)$$

非调和比$(A,G,O,B) = $非调和比$(A,O,H,B)$

而

$$AO = OB$$

故

$$OG = OH$$

定义　顶点在圆周上,束线$(E \cdot ABCD)$ 之非调和比称为四共圆点 A,B,C,D 之非调和比（anharmonic ratio of four cyclic points A,B,C,D）.

定理 58　四共圆点之非调和比,可以此四点所联结之弦表之.

证明　（参见本章第四节图 40）束线$(O \cdot ABCD)$ 之非调和比为 $\dfrac{AC \cdot BD}{AB \cdot CD}$.

准本章第四节定理 38

$$\frac{AC \cdot BD}{AB \cdot CD} = \frac{A'C' \cdot B'D'}{A'B' \cdot C'D'}$$

然 束线$(O \cdot ABCD) =$ 束线$(O \cdot A'B'C'D') = ($点 A', B', C', D' 之非调和比$)$
故本定理可以证明.

系 1 准定义,联结四共圆点所成之六弦之六比,为此四点之六非调和比.

系 2 圆内接二个 $\triangle CAB, \triangle C'A'B'$ 之各一边如 $AB, A'B'$ 者为其余四边相等非调和比分.因束线$(C \cdot A'BAB')$ 及 $(C' \cdot A'BAB')$ 为相等故也(定理 57 系 4).

定理 59 帕斯卡(Pascal)之定理,圆内接六边形之三对边即第一边与第四边,第二边与第五边,第三边与第六边之交点,为共线点.

命 $ABCDEF$ 为六边形. L, M, N 为共线点.

证明 如图 66,联结 EN,则
$$(N \cdot FMCE) = (C \cdot FBDE)$$
因两束线有公截线 EF(定理 57 系 3)故也.同理
$$(A \cdot FBDE) = (N \cdot ALDE)$$

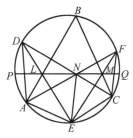

图 66

然(定理 57 系 4)
$$(A \cdot FBDE) = (C \cdot FBDE)$$
故
$$(N \cdot FMCE) = (N \cdot ALDE)$$
故准定理 57 系 2,则 L, M, N 为共线点.

注 线 LMN 称为帕斯卡线(Pascal line).

系 1 圆周上之六点,可作 60 个六边形.

设以 A 为起点,则自 A 与他五点可组成五个六边形.设再选点 B,自此至第三点可得四个六边形.逐次如斯,当共得 $5 \times 4 \times 3 \times 2 \times 1$ 法,即 120 个六边形.但其中重复一次,故以 2 除之即得 60 个六边形.

注 关于帕斯卡线之研究,有所谓 Steiner 点(1828),Kirkmann 点(1849),Cayley-Salmon 线(1849),Salmon 点(1849),Plücker-Steiner 线之各名称.

系 2 帕斯卡定理于此 60 个六边形,皆能适合.

系 3 帕斯卡定理设于二直线上各取三点共成六点时,亦能适合.

证明 如图 67, A, E, C; D, B, F 为二组之点,联结 EN,有
$$(N \cdot ADEL) = (A \cdot FDEB)$$
又 $(N \cdot FCEM) = (C \cdot FDEB)$

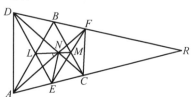

图 67

96

然　　　　　　　　$(A \cdot FDEB) = (C \cdot FDEB)$

故　　　　　　　　$(N \cdot ADEL) = (N \cdot FCEN)$

故准定理 57 系 2,知 L, M, N 为共线点.

定理 60　相等之二束线,有一公射线;则其他三双
对应射线之交点,为共线点.

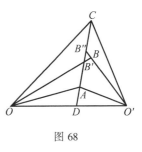

图 68

证明　如图 68,束线 $(O \cdot O'ABC), (O' \cdot OABC)$
有 OO' 为公射线.而 A, C 之联结线与射线 $OB, O'B$ 相
交得相异点 B', B''.因两束线为相等,故点 D, A, B', C
之非调和比与点 D, A, B'', C 之非调和比相等,不合理,
故 A, B, C 三点必为共线点.

系 1　$A, B, C; A', B', C'$ 为在二直线上相交于 O 之二组点.而非调和比
(O, A, B, C) 与非调和比 (O, A', B', C') 为相等;则三直线 AA', BB', CC' 为共
点线.

证明　设令 AA', BB' 交于 D.联结 CD 交 OA' 于 E,准假设

非调和比 $(O, A', B', E) =$ 非调和比 $(O, A, B, C) =$
非调和比 (O, A', B', C')

故点 E 与点 C' 重合,故题言云云.

系 2　二个三角形 $\triangle ABC, \triangle A'B'C'$ 对应顶点之联结线为共点线,则其对
应边之交点为共线.(Desargues 之定理)

如图 69,边 $BC, B'C'$ 之交点 P 与配景心 O 相联结,因束线 $(O \cdot PCA'B)$,
$(A' \cdot PC'AB')$ 各与束线 $(O \cdot PCAB)$ 相等.而此等束线有公射线 AA',因此则对
应射线 $AC, A'C'; AP, A'P; AB, A'B'$ 之交点为共线.

系 3　动 $\triangle ABC$ 之二顶点在定直线 LM、LN 上而动,其三边各通过三共线
点 O, P, Q,则第三顶点之轨迹为直线.

证明　如图 70,命边 AB 通过点 O,边 BC 通过点 Q,边 CA 通过点 P.

又 $\triangle A'B'C'$ 为 $\triangle ABC$ 所动之另一位置

非调和比 $(M, A', A, L) =$ 非调和比 (N, B, B', L)

所以　　　　　　　$(P \cdot MA'AL) = (Q \cdot NBB'L)$

然　　　　　　　　$(Q \cdot MA'AL) = (Q \cdot PCC'L)$

$(Q \cdot NBB'L) = (Q \cdot PCC'L)$

所以　　　　　　　$(P \cdot QCC'L) = (Q \cdot PCC'L)$

故题言云云.

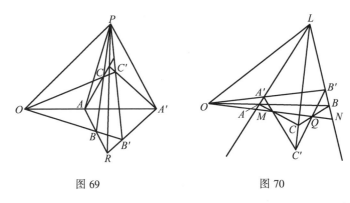

图 69　　　　　　　　　　　　　图 70

定理 61　于直线 OX 上,取三双之点如 A,A';B,B';C,C' 者.而 $OA \cdot OA'$,$OB \cdot OB'$,$OC \cdot OC'$ 各与常数 K^2 相等,则六点中任意四点之非调和比,与其四共轭点之非调和比相等.

证明　如图 71,作 OX 之垂线 OY,使 $OY = K$.

联结 $AY,A'Y$;$BY,B'Y$;$CY,C'Y$.准假设,知

$$OA \cdot OA' = OY^2$$

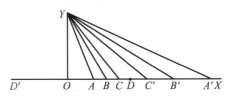

图 71

故 $\triangle AA'Y$ 之外接圆切 OY 于点 Y,所以

$$\angle OYA = \angle OA'Y$$

同理　　　　　　　　　　$$\angle OYB = \angle OB'Y$$

故　　　　　　　　　　$$\angle AYB = \angle A'YB'$$

同理　　　　　　　　　　$$\angle BYC = \angle B'YC'$$

$$\cdots$$

故束线($Y \cdot ABCC'$) 各射线之夹角各与束线($Y \cdot A'B'C'C$) 各射线之夹角相等.

故束线($Y \cdot ABCC'$) 之非调和比与束线($Y \cdot A'B'C'C$) 之非调和比相等.

系 1　设点 A 向 O 之方向而动,则点 A' 必向无穷远之方向而动.

系 2　本定理之证明,无论共轭点之方向在 OX 之左或右,皆能适合.

系 3　设 $A,B,C,\cdots$ 各点在点 O 之右方,而其对应点 $A',B',C',\cdots$ 位于他向即左方是也.此时各三角形 $\triangle AYA',\triangle BYB',\triangle CYC',\cdots$ 为直角三角形,而直

角点在 Y,则本定理亦能适合,即"任意四点之非调和比与其共轭点之非调和比相等".

系 4 一直线上四点之非调和比,与关于圆心在此直线上之任意圆某四点之非调和比相等,而此四点为前四点之反演.

定义 设有两组之点如 $A,B,C;A',B',C'$ 各在同一直线上,今不互成共轭点任意四点之非调和比,与此各点之共轭四点之非调和比为相等,则此六点称为对合(involution).

点 O 与无穷远之一点为共轭,则点 O 称为对合中心(center of involution).又点 O 之两侧取二点 D 与 D',使 $OD^2 = OD'^2 = K^2$,则此二点互成共轭点明矣.

Townsend 氏及 Charsies 氏通称之为对合重点(double points of involution).准上定义,则次之各定理至为明了.

(1) 任意之二对应点如 A,A' 者与重点 D,D' 为调和共轭点.

(2) 三双之点具有公共一双之调和共轭点,必成一组之对合.

(3) 二重点及任意二双之共轭点,必成一组之对合.

(4) 一直线交于三同轴圆,其交点为对合.

定义 一直线上一组之对合列点(point in involution)与直线以外之一点相连,则其六联结线中任意四射线所成束线之非调和比,与此各直线四共轭射线所成束线之非调和比为相等,则此束线称为对合束线(pencil in involution).而通过重点之射线称为对合重射线(double rays of involution).

定理 62 四共线点属于相异三组之对合.

证明 命四共线点为 A,B,C,D.以 AB 及 CD 为直径作二圆,则与二圆同轴之任意圆必交过 A,B,C,D 之直线于 A,B,C,D 各点而成对合.又于 AD,BC 上作圆,准前法作二圆之同轴圆得第二对合.最后于 CA,BD 上作圆,得第三对合,此等对合中心为同轴圆根轴交于过 A,B,C,D 直线上之交点.

定理 63 次之定理为说明对合之普通理论.

(1) 任意截线与四边形之边及对角线之交点为对合.

证明 如图 72,命 $ABCD$ 为四边形,LL' 为交对角线于 N,N' 之截线,则

束线($A \cdot LMNN'$)之非调和比 =
束线($A \cdot DBON'$)之非调和比 =
束线($C \cdot DBON'$)之非调和比 =
束线($C \cdot M'L'ON$)之非调和比 =
束线($C \cdot L'M'N'N$)之非调和比

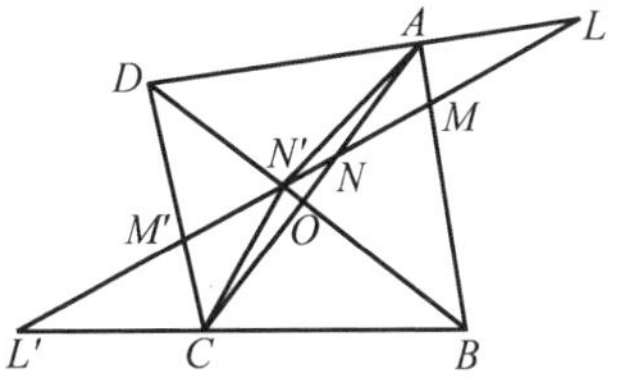

图 72

(2) 一直线交于一圆及内接四边形之各边之交点为对合.

证明　如图 73,联结 AR,AR',CR,CR',则

束线$(A\cdot LRMR')$之非调和比 $=$

束线$(A\cdot DRBR')$之非调和比 $=$

束线$(C\cdot DRBR)$之非调和比 $=$

束线$(C\cdot M'RL'R')$之非调和比 $=$

束线$(C\cdot L'R'M'R)$之非调和比

系　点 N,N' 属于对合.

(3)某圆之三弦为共点,则此等直线与此圆之六交点为对合.

证明　如图 74,命 AA',BB',CC' 为三弦同交于点 O.

联结 AC,AC',AB',CB',延长 AB' 交 OCC' 之延长线于点 D,则

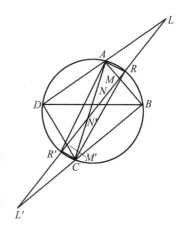

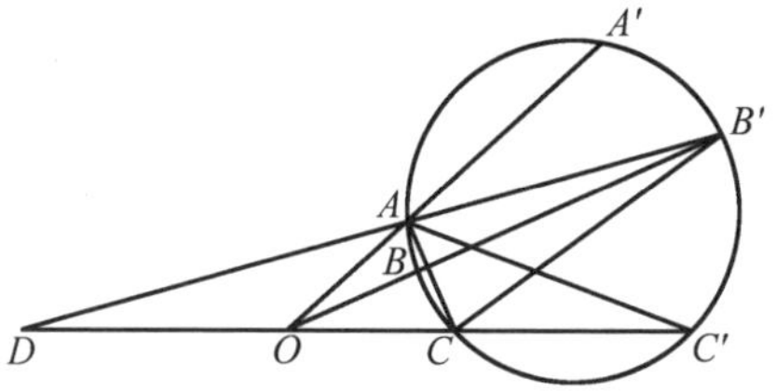

图 73

图 74

束线$(A\cdot CA'B'C')$之非调和比 $=$

束线$(A\cdot CODC')$之非调和比 $=$

束线$(B'\cdot CBAC')$之非调和比 $=$

束线$(B'\cdot C'ABC)$之非调和比

系　三双对应点 $A,A';B,B';C,C'$ 与圆周上任意点相连六直线,为对合束线.

定理64　O,O' 各为二已知直线 $OX,O'X'$ 上之二定点.OX 上取一组之点为 $A,B,C,\cdots$.又 $O'X'$ 上取其对应点 $A',B',C',\cdots$.而 $OA\cdot O'A' = OB\cdot O'B' = OC\cdot O'C' = \cdots$,等于常量如 K^2 者,则 OX 上任意四点之非调和比与 $O'X'$ 上对应四点之非调和比相等.

证明　以 $O'X'$ 叠于 OX 上,则 O' 与 O 重合(定理62),则 OX 上之两列点为对合.由是得本定理之证明.

定义　二直线上具两组之列点,其一直线上任意四点之非调和比与他直线上对应四点之非调和比相等,则此二组之列点为等划(homographic).

100

又此二直线为等划(homographically)分.而点 O,O' 为其中心(the center of the system).

系　OX 上之点 O 与 $O'X'$ 上之无穷远点为对应,又 $O'X'$ 上之点 O' 与 OX 上之无穷远点为对应.

定义　设 $O'X'$ 叠于 OX 上,O' 与 O 不重合.而 OX 上二组列点可为 OX 之等划分且其对应点与之重合,则其所合之点称为等划列点之重点(double points of homographic system).

作图题 5　已知某直线上三双对应点皆为等划分,试求其等划列点之重点.

解析　如图 75,A,A';B,B';C,C' 为三双对应点,O 为所求重点之一.准题意

$$\text{非调和比}(O,A,B,C) = \text{非调和比}(O,A',B',C')$$

$$\overset{O \quad A \;\; B \;\; C \quad A' \;\; B' \;\; C' \quad X}{\bullet\!\!-\!\!\bullet\!\!-\!\!\bullet\!\!-\!\!\bullet\!\!-\!\!\bullet\!\!-\!\!\bullet\!\!-\!\!\bullet\!\!-\!\!\bullet}$$

图 75

故

$$\frac{OA \cdot BC}{OB \cdot AC} = \frac{OA' \cdot B'C'}{OB' \cdot A'C'}$$

因而

$$\frac{OA \cdot OB'}{OA' \cdot OB} = \frac{B'C' \cdot AC}{BC \cdot A'C'} = K^2$$

而 K^2 为常数.

$OA \cdot OB'$,$OA' \cdot OB$ 与自 O 至 AB',$A'B$ 为直径之各圆上切线之平方相等.故此各切线之比为已知.设自动点至二定圆切线之比为已知,则此动点之轨迹为二定圆同轴之一圆周.由是点 O 为 OX 与一定圆各交点之一位置为已知,而其各交点即为等划列点之二重点.

系 1　设三双之点在一圆周上,则此圆与帕斯卡线之交点即为所求之重点.因参见图 66,D,B,F;A,E,C 为二组之点.命帕斯卡线与圆周之交点为 P 及 Q,则束线($A \cdot PDBF$)＝($D \cdot PAEC$)之关系可以明矣.

系 2　设反演圆周成直线,或反演直线成圆周,则其解法均能适合本问题.

作图题 6　兹更应用等划列点之重点,而求二、三作图题之解法,以为本节之结果.

(1)于已知二直线 L,L' 间,求作 OO' 线,使此直线与二定点 P,P' 所对之角各为 Ω,Ω'.

解析　如图 76,设于 L 线上取点 A,联结 PA,$P'A$,作 $\angle APA'$,$\angle APA''$ 各与 Ω,Ω' 相等.设点 A 沿 L 线而动,如 A_1,A_2,$\cdots$,则 A',A'' 于 L 线上当成两等划分.而 L' 直线上三双等画列点 A',A'';A'_1,A''_1;A'_2,A''_2 两重点之一点 O,即为所求.

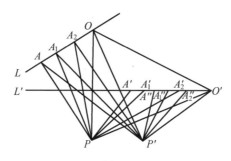

图 76

联结 OP',如 OP' 上作 $\angle\Omega'$ 交 L 线于点 O',则 OO' 为所求之一直线.因

$$(OA''_2A''_1A'') = (O'A_2A_1A)$$

但

$$(OA'_2A'_1A') = (OA''_2A''_1A'')$$

所以

$$(O'A_2A_1A) = (OA'_2A'_1A')$$

所以

$$\angle O'PA = \angle\Omega$$

故题言云云.

102   (2)于 n 边之多边形中,取任点 n.求于此多边形中作一内接之 n 边多边形而其各边各通过各 n 点.

今姑以三角形为例,其法如次:

解析 如图 77,ABC 为所设三角形,P,Q,R 为已知三点,于 AC 上取任意三点如 D_1,D_2,D_3 者.联结 PD_1,PD_2,PD_3 交 AB 于 E_1,E_2,E_3.联结 QE_1,QE_2,QE_3 交 BC 于 F_1,F_2,F_3.最后联结 RF_1,RF_2,RF_3 交 AC 于 D'_1,D'_2,D'_3,则 D,D' 两点为 AC 线上之等划分,且其两重点即为适合本问题两三角形之顶点.

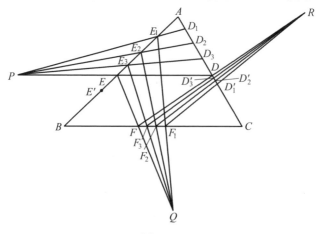

图 77

（3）已知三点 P,Q,R 与二直线 L,L'.求作一个 $\triangle ABC$,其顶点 A,B 在 L, L' 线上,各边通过已知点,而 $\angle C$ 与已知角相等.

解析 如图 78,通过 R 作任意直线与二直线 L,L' 交于 a 及 b.联结 Pb,又自点 Q 作 Qa' 使所成 $\angle C$ 与已知角相等,则 a,a' 于 L 上所成两等划列点之重点即为所求之顶点.

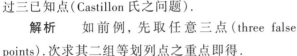

由是准上例,可得两解法,均能适合.

（4）于已知圆周中,作内接三角形,使其各边通过三已知点(Castillon 氏之问题).

解析 如前例,先取任意三点(three false points).次求其二组等划列点之重点即得.

图 78

（5）求作一圆切于三圆.

解析 如图 79,命 A,B,C 为三已知圆心,Z 为所求之切圆.α,β,γ 为切点.而 $\triangle ABC,\triangle\alpha\beta\gamma$ 互为配景.圆 Z 圆心即为配景心.命 A',B',C' 为三相似心.于圆 A 上取任意三点 P,P',P''.此各点与点 B' 相连交圆 C 于点 Q,Q',Q''.此各点又与 A' 相连交圆 B 于 R,R',R''.最后以 R,R',R'' 与 C' 相连交圆 A 于点 π,π',π'',则 a 为非调和比 $(aPP'P'')$ 与非调和比 $(a\pi\pi'\pi'')$ 相等之一定点.由是本题之解法为已知.

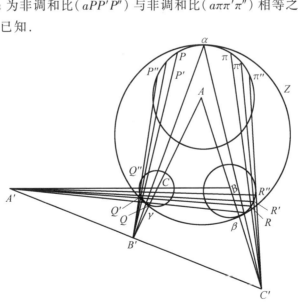

图 79

注 兹所示之定理,于几何学中至为有名.(2)为 Huillier 氏之问题,至 1811 年 Monge 氏之高徒 Servois 氏更推广此定理云.(4)为 Castillon 氏之问题.其先为 Gramer 氏(1742)所提出.1776 年 Castillon 氏得其解法.而 Ottaino 氏(1788)则有 n 边形之推广.Gergonne 氏(1811)及 Poncelet 氏(1818)则有二次曲线之推广,其他尚有 Seydewitz 氏(1844)之研究.

习　题

1. 切于三已知圆之八圆 $X, Y, Z, W; X', Y', Z', W'$ 可分两组.其中甲组各圆为关于直交三圆他一组各圆之反演.

2. 此第一组任意之二圆与第二组之对应二圆有一公切圆.

3. 第一组任意三圆与第二组不对应之三圆亦有一公切圆.

4. 试以 Ptolemy 氏定理之推广(边之中点认为非常小之圆)证明此等之点圆 (point circle)与内切圆或旁切圆皆有一公切圆.

5. 内切圆及旁切圆与九点圆相切四点之非调和比各为

$$\frac{a^2 - b^2}{a^2 - c^2}, \frac{b^2 - c^2}{b^2 - a^2}, \frac{c^2 - a^2}{c^2 - b^2}.$$

104

第七节　极、极线及倒形之理论

定理 65 设四点为共线点,则其非调和比与比四点极线之非调和比相等.

证明 本定理可以本章第三节定理 26 相同之理证明之,即(参见本章第三节图 30)

$$(O \cdot A'B'C'D') = (P \cdot A'B'C'D')$$

然束线 $(O \cdot A'B'C'D')$ 与 A, B, C, D 四点之非调和比相等,而束线 $(P \cdot A'B'C'D')$ 含有四极线,故本定理可以证明.

次之二定理即应用本定理而推解.

(1)设有关于一圆而自共轭之二个三角形.其中任意之二边为其余四边相等之非调和比分,而任意二顶点与其余四顶点相连之二束线之非调和比相等.$\triangle ABC$,$\triangle A'B'C'$ 为二自共轭三角形,求证:$(C \cdot ABA'B') = (C' \cdot ABA'B')$.

证明 如图 80,延长 $A'C'$,$B'C'$ 交于 AB 各得 D, E 二点,联结 $A'C$,$B'C$,AC',BC'.$A'C$ 为 B' 之极线,AB 为 C 之极线,故此二直线之交点 D 为 $B'C$ 之极(参见第三章定理 20 之系).同理,E 为 $A'C$ 之极.故四点 B, A, E, D 为四直线 CA, CB, CA', CB' 之极.故四点 B, A, E, D 之非调和比与束线 $(C \cdot ABA'B')$ 之

非调和比相等.又 B, A, E, D 各点为 AB 与束线$(C'\cdot ABA'B')$之交点,故$(C\cdot ABA'B')=(C'\cdot ABA'B')$.

此为本定理第二部分之证明.其第一部分已定于前定理.

(2) 三角形之三边各为他三角形各顶点之极线,则此二个三角形为配景.

证明　如图81,命 $\triangle ABC$ 之三边为 $\triangle A'B'C'$ 对应顶点之极线.而此两三角形之对应边各交于 X, Y, Z. AB 为 C' 之极线, $B'C'$ 为 A 之极线,故点 D 为 AC' 之极(参见第三章定理20之系).同理,点 X 为 AA' 之极.又从假设知 B', C' 为直线 AC, AB 之极,故 B', C', D, X 之非调和比与束线 $(A\cdot YZC'A')$ 及束线 $(Z\cdot YAC'A)$ 之非调和比相等,又

$$\text{非调和比}(B', C', D, X)=\text{束线}(Z\cdot A'C'AX)=\text{束线}(Z\cdot XAC'A')$$

故

束线$(Z\cdot YAC'A')=$束线$(Z\cdot XAC'A')$
故 $XZ'ZY$ 为一直线,故两三角形为配景.

定理 66　设于已知位置之二直线上之二动点 A, A' 与点 O 所对之角常为一定,则关于以 O 为心之圆 X 直线 AA' 之极之轨迹为一圆周.

证明　如图82, AI, $A'I$ 为已知位置之二直线,命 B, B', Q 各为关于圆 X 直线 AI, $A'I$ 及 AA' 之极;则点 B, B' 为一定,又直线 BQ, $B'Q$ 为 A, A' 之极线,故直线 OA, OA' 各与直线 BQ, $B'Q$ 垂直,故 $\angle BQB'$ 为 $\angle AOA'$ 之补角,故 $\angle BQB'$ 为已知角,而 B, B' 为定点,故点 Q 之轨迹为一圆周.

定理 67　设二直线具有二组之等划列点,则其中各对之对应点常能与某二点相对成等角.

证明　如图83,命 A, A' 为直线 AI, $A'I$ 上之对应点,又 O, O' 为 AI, $A'I$ 上无穷远对应之二点.而(参见本章第六节作图题5) $OA\cdot O'A'$ 为常数,假令为 K^2,联

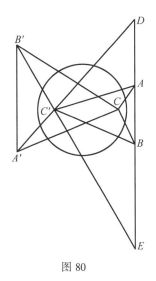

图 80

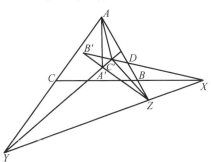

图 81

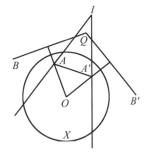

图 82

结 OO',作 $\triangle OEO'$(参见本章第一节作图题 2)使 $OE \cdot O'E$ 与 K^2 相等,且底角之差与 $\triangle OIO'$ 底角之差相等.而此三角形之顶点 E 即为所求之一点,因准作图,知

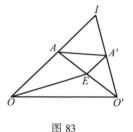

图 83

$$OE \cdot O'E = OA \cdot O'A'$$

又
$$\angle AOE = \angle A'O'E$$

所以 $\triangle AOE, \triangle EO'A'$ 为相似,所以
$$\angle OAE = \angle A'EO'$$

所以设点 A, A' 变其位置,则直线 EA, EA' 在同方向回转,而所转之角为相等,故 $\angle AEA'$ 为定角.

同理,可在 OO' 之他侧求得点 F,使 $\angle AFA'$ 为定角.

系 1   直线 AA' 与 E 相对得定角时,则关于以 E 为心之圆周 AA' 极之轨迹为一圆.

故二直线上等划分对应点联结线之性质,可从圆周上列点之性质推求而得.

系 2   设 A' 向无穷远而动,则 A 与 O 重合. OA 为对应点之一联结线.同理,$O'A'$ 又为对应点之一联结线.此等直线之极在于 AA' 极之轨迹所成之圆周上.

系 3   自 E 至直线 AA' 上垂足之轨迹为一圆,即 AA' 极之轨迹所成圆周之反演.

系 4   设二直线为等划分,其中对应点所连之四直线,与他对应点所连之直线为相等之非调和分,由是知圆周上之任四点与圆周上他一点所连束线相等之调和分常为相等.

定理 68   取关于任意圆 X 之已知图形 A 各点之极线及其各直线之极作一新图形 B,此图形称为关于 X 圆 A 之倒形(reciprocal figure, or reciprocal).

此二图形之几何学的性质皆为相关,即 A 图形中共线点或共点线各与 B 图形中共点线或共线点为对应,又 A 图形中等划分直线一双之分点,与 B 图形中二等划束线为对应.且 A 图形中二点与倒形圆或辅助圆(reciprocating circle, or auxilliary)即 X 圆心所对之角,与 B 图形中二点极线之夹角相等.

故本定理对于 A 图形为真,即对于 B 图形亦为真.

此法通常称为倒形法(reciprocation).有名几何学者 Poncelet 所命名也.

依此方法可以证明一些定理:

(1)一圆之任意二定切线为任意动切线所等划分.

证明   如图 84,命 AT, BT 为切于圆之定点 A 及 B 之二定切线,CD 为切于 P 之动切线.联结 AP, BP.因 AP, BP 各为 C 及 D 之极线.设点 P 取四不同之位

置,则点 C 及 D 亦可再取相异之位置.

今设 P 所取四位置之非调和比与自 A 至 P 之四位置所引各束线之非调和比为相等(参见本节定理 65).

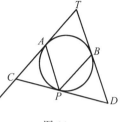

图 84

同理,D 所取四位置之非调和比与自 B 至 P 之四位置所引各束线之非调和比相等,然点 A 之束线与点 B 之束线为相等.

故自 C 所取四位置之非调和比与自 D 所取四位置之非调和比相等.

(2)一定圆之任意四定切线与第五动切线所交四点之四非调和比为常数.

证明 动切线之切点与定切线之切点之联结线,为动切线与定切线交点之极线.但自一动点至圆周上四定点所引之四直线所成束线之非调和比为常数,故此四直线之极,即动切线与定切线交点之非调和比,为常数.

(3)任意动点与四边形四边六交点所引之直线成对合束线.

本定理为本章第六节定理 63(1)之逆定理,次述本定理直接证明之法.

如图 85,命 ABCD 为四边形,其对边延长交于 E 及 F,而 O 为任意点.

自 O 至 A,B,C,D 之束线为对合.

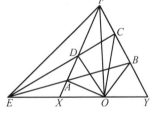

图 85

证明 联结 OE 交 AD,BC 于 X,Y 两点.联结 EF,则
$$(O \cdot XADF) = (E \cdot XADF) = (E \cdot YBCF) =$$
$$(O \cdot YBCF) = (O \cdot XBCF)$$
所以 $$(O \cdot EADF) = (O \cdot EBCF)$$
故束线为对合.

(4)三角形之二顶点在二定直线上而动.而其三边各通过三共线点,则第三顶点之轨迹为一直线.

从此得逆定理:

三角形之二边通过一定点,其三顶点在三共点线上而动,则其第三边必通过一定点.

(5)已知三角形之三顶点在三直线上,求作此三角形外切于圆.

先以三直线之极作圆内接之三角形,次于此内接三角形之各顶点作切线即得.

(6)Brianchon 氏之定理.圆外切一六边形相对各顶点之联结线为共点.

107

此为 Pascal 氏定理之逆.

兹示其证法如次：

如图 86，命 *ABCDEF* 为圆外切六边形，则三对角线 *AD*，*BE*，*CF* 为共点线.因设 *G*，*H*，*I*，*J*，*K*，*L* 为各边之切点，则 *D* 为 *JK* 之极，*A* 为 *GH* 之极.直线 *AD* 为内接六边形相对边 *GH*，*JK* 交点之极线.同理，*BE* 为直线 *HI*，*KL* 交点之极线.又 *CF* 为 *IJ*，*LG* 交点之极线.

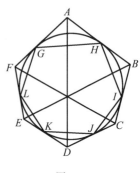

图 86

然内接六边形相对六边即 *GH*，*JK*；*HI*，*KL*；*LG*，*IJ* 之交点，准 Pascal 氏之定理为共线点，故此各极线 *AD*，*BE*，*CF* 为共点线.

（7）二直线为等划分，则其对应点之二联结线各通过一已知点.

若 *AA′* 通过一已知点 *P*（参见图 83）.联结 *EP*，作 *AA′* 之垂线 *EG*，则点 *G* 之轨迹为一圆（定理 67 之系 3）.∠*EGP* 为直角，故以 *EP* 为直径之圆必通过点 *G*.由是 *G* 为二定圆交点之一.而二圆相交于二点，故等划列点之对应点之二联结线各通过点 *P*.

关于 *P* 为圆心之圆上全图形之倒形，点 *A*，*A′* 之倒形为平行线，而二组等划束线有次之定理：二组之等划束线具有互相平行之二双对应射线.

系 二组等划束线所交截线为比例分，可与平行之各对应射线为平行.

（8）定理 67 之逆可得次定理：一定点即相反圆心及二等划束线为已知.可求得二直线，使其交于对应射线之各部分与定点之对角皆为相等.所求之二直线即定理 67 所谓 *E* 及 *F* 之极线.

注 极及极线之理论，以 Euler，Monge，Legendre，Brianchon，Poncelet，Gergonne，Plücker 诸氏之研究为最盛，以下二书论此至详，学者可参阅焉.

Klein：*Höhere Geometrie*.

Lie-Schetters：*Geometrie der Berührungstrons Formation*.

第八节 杂 题

1.三角形之顶点与切于各边任意圆切点之联结线为共线.

2.*X*，*Y*，*Z* 为已知位置之三直线，求于 *X* 上取一点，使自此点至 *Y*，*Z* 之直线和为已知，又与 *Y*，*Z* 所成之角亦为已知.

3.于半圆直径延长上之已知点，作一直线交于半圆，使自交点至直径之两端之联结线之比为已知.

4.三角形顶点内角外角之平分线,与底边之交点为底边两端之调和共轭点.

5.以三角形夹顶角之二边为边之矩形面积,较内角平分线上之正方形面积大一以底边上线段为边之矩形面积.

6.前题设平分外角,试述其大小之差数.

7.三角形之底边及顶角为已知,试求次之轨迹.

(1) 垂心.

(2) 内切圆及旁切圆圆心.

(3) 重心.

8.二定圆切于一动圆,自二定圆限点所引切线之比为常数.

9.自直角三角形直角顶点至斜边之垂线,为内切圆切于斜边所分之二线段之调和中项.

10.设一直线为二圆所交成调和比.自任一圆心至直线之垂足之轨迹为一圆.而此轨迹之圆与轨迹之任他二圆相交为等划分(参见本章第七节定理67系2).

109

11.从一已知点作直线与三角形之三边交于三点,设已知点与三交点之非调和比为已知.

12.自三角形之各边上作正方形,联结各中心所成之新三角形,与已知三角形之面积相较,多各边上正方形面积之和之$\frac{1}{8}$.

13.平分两已知圆圆心之轨迹为一直线.

14.如图87,于已知半圆之直径上作一垂线,分圆周为两段,使其内切圆直径之比为已知.

15.三角形之内接正方形之边为底边及高之调和中项之半.

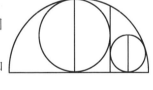

图 87

16.以完全四边形三对角线为直径之三圆为同轴.

17.设 X, X' 为三角形之 $\angle A$ 及其外角之平分线与 BC 之两交点.同理,于 CA, AB 上得点 $Y, Y'; Z, Z'$,则

$$\frac{1}{XX'} + \frac{1}{YY'} + \frac{1}{ZZ'} = 0$$

$$\frac{a^2}{XX'} + \frac{b^2}{YY'} + \frac{c^2}{ZZ'} = 0$$

18.依反演之法,证明 Ptolemy 氏之定理及其逆定理.

19.如图88,有已知定长之直线 AB,在直线 X,Y 上而动,而 A 端在 X 上,B 端在 Y 上,求在 X,Y 上 A,B 处所立之垂线各交点之轨迹,与自 A,B 至 X,Y 上各垂线交点之轨迹.

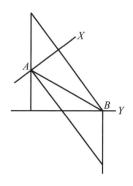

图88

20.如图89,自动点 P 至三角形各边之垂足为顶点之三角形面积为已知,则点 P 之轨迹为一圆周.

21.切于二定圆之一动圆之半径,与自二定圆之一限点至此动圆所引切线上之正方形面积为比例.

22.如图90,两相交圆圆心为 O,O'.联结 OO',延长之交圆 O 于点 A.切于二圆周与 AO 作圆 GDH,此圆切 AO 于点 D,设作 O,O' 二圆之根轴 EE' 交 OO' 于点 C,又作圆 GDH 之直径 DF,联结 EF,则四边形 $CDFE$ 为一正方形.

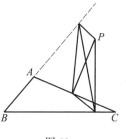

图89

证明 圆 GDH 与 O,O' 二圆之切点为 G,H.其联结线通过 O,O' 之内相似心 C,故 $CG \cdot CH = CE^2$,但 $CD^2 = CG \cdot CH$,故 $CD = CE$.

又 O'' 为圆 GDH 圆心,D' 为 AO 之中点,则以 D' 为心 $D'A$ 为半径之圆切于圆 O,O'.由是(准本章第五节定理 51)自 O' 至 $E'E$ 之垂线:$O''D = CD':D'A$,即 $2:1$,故题言云云.

23.圆外切四边形对角线之中点及内切圆心为共线点.

24.圆内接四边形之一对角线为第二对角线所平分,则第二对角线上之正方形面积与四边上正方形面积之和之半相等.

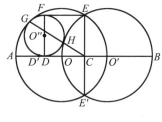

图90

25.已知种类三角形之三顶点在三直线上而动,则各顶点在直线上所经之各线段成比例.

26.通过两相交圆之一交点作一直线.使各圆弦上正方形面积之和或差为已知.

27.如图91,二圆相切于 A,BC 为任一圆之弦而切于他圆.但弦 AB,AC 之和或差各与弦 BC 之比为一定.

二者之区别若何.

28.如图92,△ABC 为圆内接之三角形.通过 AB 之极作 AC 之平行线,与 BC 交于 D,则 $AD = CD$.

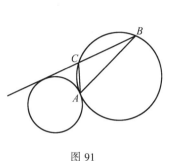

图 91

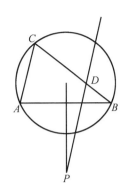

图 92

29. 如图 93,四直线 AC,BE,CF,AE 所成之四个三角形 $\triangle DEF$,$\triangle BCD$,$\triangle ABE$,$\triangle AFC$ 之四外接圆心 1,2,3,4 为共圆点.

30. 求通过定点作二截线,使交于二定线得定长.

31. 设一动直线与四定直线相交各点之非调和比为一定,则此动直线为四定直线之等划分.

32. 如图 94,已知半圆周上之一点 C,作直径 AB 上之垂线 CD.求通过点 A 作一弦,使此弦与 CD 相交于 E 与半圆周相交于 F,而 $CE:FE$ 之比与定比相等.

33. 准前之作图,求作直线 AEF,使四边形 $CEFB$ 为极大.

34. 通过三角形三旁切圆圆心之圆,与此三角形之外接圆之一相似心,必为三角形内切圆圆心.

35. 完全四边形各对角线上之各圆,与三对角线所成三角形之外接圆互相直交.

36. $\triangle ABC$ 之各顶点至 $\triangle A'B'C'$ 各边之三垂线为共点,则 $\triangle A'B'C'$ 之各顶点至 $\triangle ABC$ 各边之三垂线亦为共点.

37. 如图 95,先于某圆之象限弧内作一内切圆.又作第二圆切于第一圆及象限弧并象限弧之半径上.复次,自第二圆心作一线,垂直于第一内切圆心及象限弧心之联结线,则以此垂足 A,象限弧心 B,及第二圆心 C 三点所组成之三角形

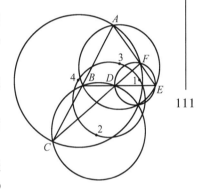

图 93

111

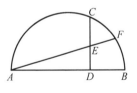

图 94

之三边成等差极数.

38.准前题,自第二圆心至象限二半径上各垂线之比为 1:7.

39.三同轴圆切于三角形三边之三切点为共线点.或此各切点与相对顶点之联结线为共点线,此三圆心与通过三角形顶点三同轴圆心所成之六点为对合.

40.设有二圆,第一圆内切于四边形,第二圆外接于此四边形,则四边形对角线之交点通过一限点.

41.一定点至对合束线二共轭射线之垂足与定点为共线点.

42.Miquel 氏定理,延长任五边形 $ABCDE$ 之五边,于五边形之外周得五个三角形,此三角形各外接圆之五交点为 A'', B'', C'', D'', E'',则此五点为共圆点.

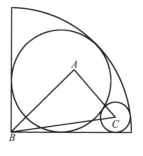

图 95

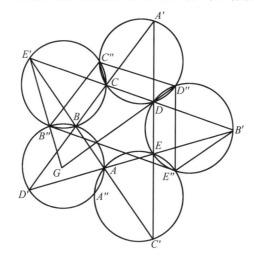

图 96

证明　如图96,联结 $E''B''$, $E''D''$, $D''C''$, $C''B''$, $C''C$, 又联结 $D''D$ 及 $E'B''$ 延长之交于 G.

准第三章定理11系3,$\triangle AB'E'$ 之外接圆通过 E'' 及 B'', 由是 E'', B', E', B'' 四点为共圆点,所以

$$\angle GB''E'' = \angle E'B'E''$$

但　　　　　　　　　　$$\angle E'B'E'' = \angle GD''E''$$

所以　　　　　　　　　$$\angle GB''E'' = \angle GD''E''$$

故通过 B'', D'', E'' 之圆必通过点 G.

又四边形 $CDD''C''$ 内接于圆,所以

$$\angle GDE' = \angle D''C''C$$

又

$$\angle GE'D = \angle B''C''C$$

所以

$$\angle B''C''D'' = \angle GDE' + \angle GE'D$$

两边各加 $\angle E'GD$,但准图形,知 $GD''C''B''$ 内接于圆,由是通过 B'', D'', E'' 点之圆必通过点 C''.

同理,此圆通过点 A'',故五点 A'', B'', C'', D'', E'' 为共圆点.

43.自动点 P 至二定圆所引切线之相乘积,与自此点至二圆同轴之第三圆切线上之正方形面积之比为已知,则点 P 之轨迹为前三圆同轴系之一圆.

44.如图 97,通过任意三角形各顶点作任意之三平行线,又于各顶点上各作一线,使与各顶角之一边所成之夹角,各与上述平行线与各顶角之又一边所成之夹角相等,则此三线为共点线,并求此点之轨迹.

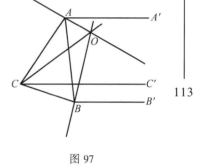

图 97

45.于已知直线上之任意点,作圆 X 之二切线,又作 X 及其二切线之切圆 Y,则关于圆 X, Y 圆心极线之包迹为一圆.

46.已知圆动弦 XY 之两端与定弦 AB 之两端相联结,设 $mAX \cdot AY + nBX \cdot BY$ 为已知,则 XY 之包迹为一圆.

47.设 A, A' 共轭点为对合,又 AQ, $A'Q$ 为定点 P 与 A 及 A' 联结线之垂线,试求点 Q 之轨迹.

48. a, a' ; b, b' ; c, c' 之三双共轭点为对合,则

(1) $ab' \cdot bc' \cdot ca' = - a'b \cdot b'c \cdot c'a$.

(2) $ab' \cdot bc \cdot c'a' = - a'b \cdot b'c' \cdot ca$.

(3) $\dfrac{ab \cdot ab'}{ac \cdot ac'} = \dfrac{a'b \cdot a'b'}{a'c \cdot a'c'}$.

49.已知斜边与底边之和及底边与垂线之和,求作直角三角形.

50.周界之长为已知,而各边成等差极数,求作直角三角形.

51.于三角形边上之一已知点,另作一某已知三角形之相似内接三角形,而其一顶点在前三角形边上之已知点.(Malfatti)

52.如图 98,于 △ABC 底边 AB 之延长线上之已知点 D 作截线 DEF,交他二边于 E, F,使 △EFC 之面积为已知.

53. 求作一个三角形，使其三顶点在已知三圆周上，且其各边通过此等之三相似心.

54. 如图 99，自已知点 O，于已知直线 ABC 上，作三直线 OA，OB，OC. 设 $\triangle OAB$，$\triangle OBC$ 内切圆之半径为已知，则 $\triangle OAC$ 内切圆之半径亦为已知，试证之.

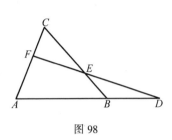

图 98

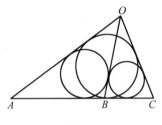

图 99

55. 如图 100，于已知直角 $\angle AOB$ 之边上，任取相等之部分如 OA，OB 者. 联结 A 于定点 C，自 B 作 AC 之垂线，垂足之轨迹为一圆.

56. 已知直线之一线段 AB 为二动点 X，X' 所截，分成非调和比，则 X 之任意四位置之非调和比与 X' 之四对应位置之非调和比相等.

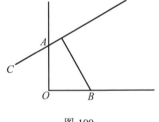

图 100

57. 设一动三角形内接于圆 X，其半径为 R，又其二边切于圆 Y，其半径为 r. 而 X 圆心与 Y 圆心间之距离为 δ，则与 X，Y 为同轴圆之圆心，即三角形第三边之包迹，与 X 圆心间之距离为 $r^2\delta \div \dfrac{(R^2-\delta^2)^2}{4R^2}$.

58. 准前题，第三边包迹之圆半径为 $\dfrac{r^2(R-\rho)-R\rho^2}{\rho^2}$，而 $\rho = \dfrac{R^2-\delta^2}{2R}$.

59. 作一圆之两切线，又作第三切线交两切线于二点，此二点与第三切线之切点及切点联结线之交点成调和共轭点.

注 如图 101，AP，AQ 为两切线. BL 为第三切线，交点 M，N 与切点 L 及 BL，PQ 之交点成调和共轭点.

60. 设两点互为关于任意圆之反演，则其反演亦互为关于此圆反演之反演. 准此则，两图形互为关于任意圆之反演，则其反演亦互为关于此圆反演之反

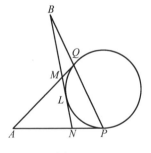

图 101

演.

61.Malfatti 问题,求于三角形内作三互切圆,此各圆又与三角形之二边相切.

解析　如图 102,设 L,M,N 为三圆互切之各点,又各圆皆切于 △ABC 之二边,自切点 L,M,N 作此各圆之公切线 DE,FG,HI.

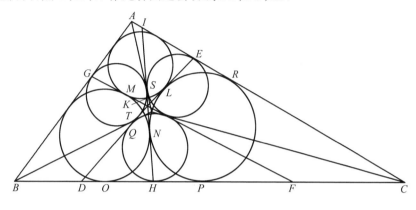

图 102

而此各公切线为三圆中两两圆周之根轴,故为共点线.

假令其交点为 K,因

$$FH - HD = FO - DP = FM - DL = FK - DK$$

故 H 为 △FKD 之内切圆在 FD 上之切点.

同理,E 及 G 为两组直线 IK,KF,AC 及 IK,DK,AB 切圆之切点.又

$$HN = HP = QL$$

及

$$NS = ER = EL$$

所以

$$HS = EQ$$

所以参见本章第五节定理 46 系 6,知 ES,HG 圆上切于 E,H 之直线在二圆之相似圆上相交.

故二圆在点 C 各对相等之角,又圆 HQ,ES,PNR 之公切线如 QL,SN,KF 等为共点线.

故(参见第三章习题 48)C 为同圆所引他三公切线之交点,故圆 HQ,ES 之第二内公切线必通过点 C.而 C 为相似圆上之一点,故此内公切线为 ∠ACB 之平分线.

同理,∠A 及 ∠B 之平分线各为 ES,GT 及圆 HG,GT 之内公切线,因得次之作图法:

命 V 为 $\triangle ABC$ 三角平分线之交点,在 $\triangle VAB,\triangle VBC,\triangle VCA$ 内作内切三圆,VB,VC,VA 为此各圆两两之内公切线,又可得此各圆两两之他三内公切线,此三直线各为 ED,GF,HI. 而三组之直线 $AB,AC,ED;AB,BC,GF;AB,BC,HI$ 之切圆,即为所求.

此作图法为 Steiner 氏所发现,而上述之简单证明为博士 Hart 氏之证明,而载于 *Quaterly Journal* 第一卷 219 页中.

62. 通过定点 O,作截线交于 n 个定直线,得 $A,B,C,D,\cdots$ 各点,而点 P 使 $\dfrac{1}{OP}=\dfrac{1}{OA}+\dfrac{1}{OB}+\dfrac{1}{OC}+\cdots$,则点 P 之轨迹为一直线.

63. 三角形内切圆及旁切圆,每三圆互为直交,则此四圆半径上正方形面积之和与外接圆直径上之正方形面积相等.

64. 求通过二定点 A,B 作一圆,交于定圆弧 CD 得点 E,F,使 C,E,F,D 之非调和比与已知非调和比相等.

65. 交于三定圆得等角之各圆组成同轴圆.

66. 已知五点及一直线,求于定直线上取一点,使此点与五定点之联结线与原直线成对合束线.

67. 圆内接四边形第三对角线为直径之圆,为他对角线为直径之二圆之相似圆.

68. 作任意 $\triangle ABC$ 底边 BC 之平行线 $B'C'$,又 O,O' 为切于 $\angle B$ 及 $\angle C$ 对边 $\triangle ABC$ 之旁切圆,O_1 为 $\triangle AB'C'$ 之内切圆,O'_1 为切于 $\angle A$ 对边 $\triangle AB'C'$ 之旁切圆,则舍 O,O',O_1,O'_1 公切线 AB,AC 外,皆与他二圆相切.

69. 已知两圆为直交,于定点作四切线使成调和束线,则此定点之轨迹为此二圆相似心之极线.

70. 二直线二组点 $a,b,c,\cdots$ 及 $a',b',c',\cdots$ 成等划分,则 $ab',a'b,ac',a'c,ad',a'd,\cdots$ 各交点之轨迹为一直线.

71. 二等划束线为已知,通过对应二射线之交点,作二截线交于二束线得二组点,则对应交点之联结线为共点.

72. 求于已知圆内内切一个三角形,使其二边各通过二已知点,而第三边平行于定直线.

73. 作圆外切二个三角形,使其六顶点之任四点与他二点对成相等之非调和比.

74. A,B,C,D 之四定点在已知直线上,求于此线上作他二点 X,Y,使非调和比 $(ABXY),(CDXY)$ 与已知非调和比相等.

75.具有同对角线之二个四边形边边之八交点中之任四点,与他四点之四联结束线之非调和比为相等.

76.三射线 A,B,C 为已知,通过顶点 O 作他三射线 X,Y,Z,使束线($O\cdot ABXY$),($O\cdot BCYZ$),($O\cdot CAZX$)之非调和比与已知之非调和比相等.

77.以已知三圆心为顶点三角形之相似三角形,其各顶点在三圆周上而动,则其各顶点必为此三圆之等划分.

78.求某圆心之轨迹,已知关于此圆点 A 之极线通过他已知点 B,又关于同圆点 C 之极线通过他已知点 D.

79.某三角形为关于已知圆之自共轭,则此三角形之外接圆与已知圆成直交.

80.四直线所成四个三角形之各自共轭圆,为同轴圆.

81.四边形各边及对角线之平行线成对合束线.

82.设四圆为余直交(co-orthogonal),即具有一公共直交圆,则此四圆之根轴为对合束线.

83.在已知圆内作一内接三角形,使其各边与此圆弧得非调和比分.

117

84.四圆具有一公切点,则其六根轴成对合束线.

85.二圆 X,Y 根轴上之一点 P,作 X,Y 之切线,则圆 X,Y 之相似心 S,S' 与 P 之联结线为对合束线.

86.四边形相对一双之角为直角,则以其相对边为边之矩形面积之平方和与以对角线为边之矩形面积之平方相等(此题为 Bellavitis 氏定理,见于所著 *Méthode des Equipollences*).

87.第三章作图题 4 有二解法,而第一解法之点 O 与第二解法之点 O' 相对应,且为关于 $\triangle DEF$ 外接圆 O 之反演.

88.三角形外接圆心与垂心之联结线,与三角形及垂足三角形配景轴为垂直.

89.一个六边形内接于半径为 R 之圆,外切于半径为 R' 之圆,而此二圆心间之距离为 δ,则

$$\frac{1}{(R^2-\delta^2)^2+4R'^2R\delta}+\frac{1}{(R^2-\delta^2)^2-4R'^2R\delta}=\frac{1}{2R'^2(R^2+\delta^2)-(R^2-\delta^2)^2}$$

90.承前问,改六边形为八边形,则

$$\left[\frac{1}{(R^2-\delta^2)^2+4R'^2R\delta}\right]^2+\left[\frac{1}{(R^2-\delta^2)^2-4R'^2R\delta}\right]^2=$$

$$\left[\frac{1}{2R'^2(R^2+\delta^2)-(R^2-\delta^2)^2}\right]^2$$

91.设一动圆切于二定圆,则关于任定圆之动圆心之极线切于一定圆.

92.一圆 A 切于三圆,则关于三圆中任一圆 A 圆心之极线为他二定圆之切线.

93.作周界极小之内接四边形于一个四边形内,为无定或不能,依于四边形之相对角与二直角相等或否,试证之.

94.设自圆内接四边形 P 对角线之交点,作各边之垂线,以其垂足为顶点之四边形 Q 为 P 内接四边形周界极小之一个四边形,而任意内接四边形各边与 Q 之各边相平行者,其周界必与 Q 之周界相等,试证之.

95.Q 之周界为以四边形 P 两对角线为边之矩形面积及外接圆半径之比值.

96.四直线所成之四个三角形之内切圆及旁切圆之 16 圆心,在同轴圆上各有四点.

注 87,93 ~ 96 为 W.S.M'Cay,F.T.C.D.君所赐.

97.三角形底边之大小与位置,又其面积与他二边上正方形面积之和之比为已知,求顶点之轨迹.

98.一定长之直线在二定直线间而动,其瞬间回转(instaneous rotation)中心之轨迹为一圆周.

99.已知三角形二边之种类与大小,此二边沿二定圆而动,则第三边之包迹为一圆(Bobillier).

100.前题三角形之边长为 a,b,c.又三圆之半径为 α,β,γ,则 $a\alpha \pm b\beta \pm c\gamma$ 等于 2 倍三角形之面积,而其符号之正负依于各圆内切或外切于三角形.

101.五直线所成五个四边形之对角线各中点之联结线为共点线.(H.Fox Talbot)

证明 如图 103,已知五直线为 $AB,CD,$ EF,AE,DF. 三完全四边形 $ACDB,AEFB,$ $CEFD$ 之对角线各中点联结线为 $MM',NN',$ PP'.

M 为 AD 之中点,P' 为 DE 之中点,则 MP' 为 AE 之平行.

同理,$M'N,N'P$ 为 AE 之平行.

故 $MP',M'N,N'P$ 又互相平行,同理,$MN',P'N,M'P$ 互相平行, 今在六边形

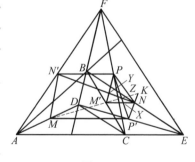

图 103

$MP'NM'PN'$ 中，PP'，$M'N$ 之交点为 X，NN'，PM' 之交点为 Y，NP' 与 MM' 之交点为 K，故

$$\frac{NX}{XM'} = \frac{NP'}{M'P}, \frac{M'Y}{YP} = \frac{M'N}{PN'}, \frac{PZ}{ZN} = \frac{M'P}{NK}$$

故

$$\frac{NX}{XM'} \cdot \frac{M'Y}{YP} \cdot \frac{PZ}{ZN} = \frac{M'N}{PN'} \cdot \frac{NP'}{NK} = \frac{M'N}{PN'} \cdot \frac{MP' - M'N}{M'N} = 1$$

由是，知 MM'，NN'，PP' 为共点线.同理，他完全四边形亦可以同法证明.

102.四边形之各对角线为 D，D'，各边为 a，b，c，d，而相对角为 θ，θ'，则
$$D^2 D'^2 = a^2c^2 + b^2d^2 - 2abcd\cos(\theta + \theta')$$

103.圆内接 $\triangle ABC$ 之各边为一截线交于 a，b，c 各点，设自 a，b，c 所作圆之切线长各为 α，β，γ，则 $\alpha\beta\gamma = Ab \cdot Bc \cdot Ca$.

104.三角形之三边为 a，b，c.又各角之平分线长为 α，β，γ，则
$$\alpha\beta\gamma = \frac{8abc \cdot S}{(a+b)(b+c)(c+a)}$$
而 S 为三角形之面积.

105.如图 104，如 $\triangle ABC$ 为一圆所外接，此圆又外切一个 $\triangle A'B'C'$，而此二个三角形互为配景，次于 $\triangle A'B'C'$ 各顶点，各作其外接圆之切线，与该三角形之对边各交于 D，E，F，此三点为共线点.

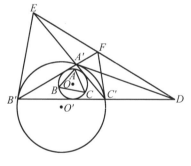

图 104

106.三角形之位置及面积为已知，必可求得二点，使与底边相对得定角.

107.三角形之二边与内切圆之位置为已知，则三角形外接圆之包迹为一圆（Mannbeim）.

108.如图 105，以圆周作奇数等分，其等分点各以 $0,1,2,3,\cdots$ 志之.通过点 0 之直径之他端与 $1,2,4,8,\cdots$ 各点联结弦之积，与圆半径以圆弦数为乘幂之值相等.

109.一直线平分某定周界所成之极大图形之周界，亦必平分其面积，故相等周界之图形，以圆面积为最大.

110.一个三角形之外接圆，九点圆及极圆为同轴圆.

111.延长五边形之各边得五个三角形，此五个三角形之极圆为共有一直交

圆.

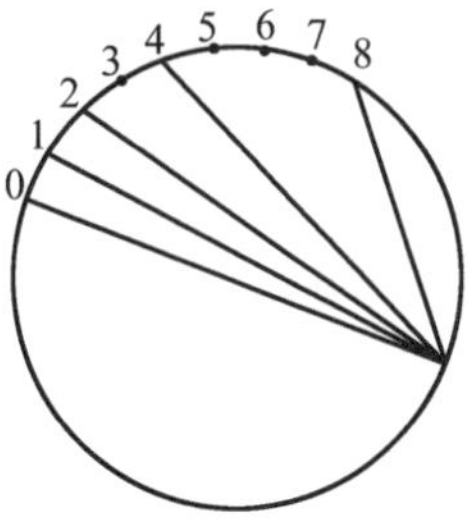

112.四共线点之六非调和比,可以三角函数显之,即 $-\sin^2\phi, -\cos^2\phi, \tan^2\phi, -\csc^2\phi, -\sec^2\phi, \cot^2\phi$.试示 ϕ 之作法.

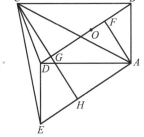

图 105

113.偶数边多边形之边为一截线所截分,则各边之交替线段相乘积与其他各线段之相乘积为相等,设边数为奇数,其乘积亦相等,而符号为反对.(Carnot)

114.自奇数边多边形之各顶点,作共点线,交于对边得二线段,则其交替线段之相乘积与其他各线段之相乘积为相等.(Poncelet)

115.二直线上等划分无穷远点为对应点,则此二直线之分点成比例.

116.已知四边及面积,求作四边形.

解析 如图106,命 $ABCD$ 为所求四边形,四边 AB, CD, BC, DA 之大小为已知,又其面积亦为已知,作 AE 与 BD 平行且相等,联结 ED, EC,作 AF, CG 垂直于 BD,延长 CG 交 AE 于 H,平分 BD 于 O,则

$$BC^2 - CD^2 = 2BD \cdot OG$$

又

$$AD^2 - AB^2 = 2BD \cdot OF$$

故 $BC^2 + AD^2 - AB^2 - CD^2 = 2BD \cdot FG = 2AE \cdot AH$

而四直线 AB, BC, CD, DA 之大小为已知,故 $AE \cdot AH$

图 106

为已知,设 AD 之位置为已知.DE 与 AB 相等,点 E 之轨迹为一圆.而 $AH \cdot AE$ 为已知,故点 H 之轨迹为一圆,即为 E 轨迹之反演.

又直线 AE, AC 各与对角线相等,且其夹角与对角线之夹角相等,故 $\triangle AEC$ 之面积与四边形之面积相等,即 $\triangle AEC$ 之面积为已知.

由是 $AE \cdot CH$ 为已知,又准前证,$AE \cdot AH$ 为已知,故此 $\dfrac{AH}{CH}$ 为定比,故 $\triangle ACH$ 之种类为已知.而 A 为定点,H 在定圆上而动,故 C 在定圆上而动,又因 D 为定点,DC 之大小为已知,则点 C 之轨迹为他圆,故点 C 为已知.

117.准前之解析法,求证 A, B, C, D 为共圆点时,四边形之面积为极大.

118.如前题,求证 A, B, C, D 为共圆点时,对角线间之夹角为极大.

119.圆内接四边形内部二对角线上之正方形面积差与以此二对角线为边之矩形面积2倍之比,如此二对角线中点之联结线与第三对角线之比.

120.已知三对角线,求作圆内接四边形.(参用前问之理)

121.二对角线及四角为已知,求作四边形.

122.设 L 为二圆 O，O' 之一限点. A，B 为二圆周上之点,而动径(radius vector) AL，BL 互成直角,则过 A，B 切线交点之轨迹为 O，O' 之一同轴圆.

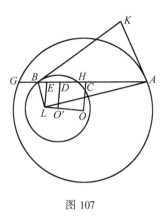

证明 如图 107,联结 AB 交二圆于 G，H.次作 AB 之垂线 OC，$O'D$，LE.因本章第五节定理 46 之系 3

$$\frac{AL^2}{AB \cdot AH} = \frac{OH}{OO'}$$

但 $$AL = AB \cdot AE$$

故 $$\frac{AE}{AH} = \frac{OL}{OO'}$$

同理 $$\frac{GE}{BE} = \frac{OL}{O'L}$$

故 $$\frac{AG}{BH} = \frac{OL}{O'L}$$

图 107

即 $\dfrac{AG}{BH}$ 为已知,故二切线 AK，BK 之比为定比,即 K 之轨迹为与 O，O' 同轴之一圆.

121

此定理为共焦圆锥曲线一定理之逆,本定理之证法及问题 116 之解法,皆为 W.S.M'Cay 君所惠赐.

123.准前问,点 E 之轨迹为与 O，O' 同轴之一圆.

124.O'' 为轨迹之圆心,则 $\angle O''$ 为 $\angle O$，$\angle O'$ 调和中项之半.

125.如图 108,r 为 $\triangle AB'C$ 内切圆半径,ρ 为内切于外接圆且切于 AB，AC 之圆半径,则

$$\rho \cos^2 \frac{1}{2}A = r$$

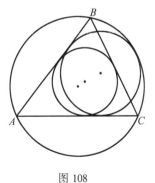

126.准前题,设为外切时,求证:其对应之关系为

$$\rho' \cos^2 \frac{1}{2}A = r'$$

图 108

127.试以反演之法,证明第三章定理 7.

128.AB，CD 为二圆之直径,且为同直线上之线段,他二圆 X，Y 各切于 AB，CD 上之圆,且切于二圆之根轴,如图 109 所示,又切 AD 中点为心之任意圆,试证:X，Y 二圆相等.

129.三点 A ,B ,C 及三倍数 l ,m ,n 为已知,求作一点 O ,使 $lAO + mBO + nCO$ 之值为极小.(Fermat)

130.如图110,设自四点 A ,B ,C ,D 中之任意三点作四圆,则不独 $\overset{\frown}{ABC}$,$\overset{\frown}{ADC}$ 间之 $\angle A$ 与 $\overset{\frown}{CDA}$,$\overset{\frown}{CBA}$ 间之 $\angle C$ 为相等.而 $\overset{\frown}{DAB}$,$\overset{\frown}{DCB}$ 两弧间之 $\angle D$ 又与 $\overset{\frown}{BCD}$,$\overset{\frown}{BAD}$ 间之 $\angle B$ 为相等.(Hamilton)

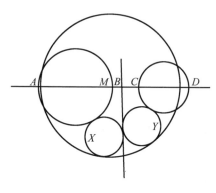

图 109

131.A ,B ,C 为三角形之旁切圆.又 A' ,B' ,C' 三圆各外切于 A ,B ,C 中之二圆又内切于其中之他一圆,则 A' ,B' ,C' 交于公共点 P .又 P 与 A' ,B' ,C' 各圆心之联结线为原三角形各边之垂线.

132.完全四边形之牛顿线,与四个三角形垂心之共点线为垂直.

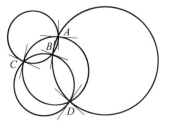

图 110

133.完全四边形之牛顿线,与各边所成各角之正弦,与四个三角形外接圆之直径成比例.

134.r ,ρ 为二同心圆之半径,R 为第三圆(不必为同心)之半径,有一个三角形可外切于半径为 r 圆,又内接于半径为 R 圆.又有一个四边形外切于半径为 ρ 圆,又内接于半径为 R 圆,则 $\dfrac{r}{\rho} + \dfrac{\rho}{R} = \dfrac{\rho}{r}$.

135.如图111,设半径为 r 之圆 C' 在半径为 R 之圆 C 中,设 O_1 ,O_2 ,O_3 ,$\cdots$,O_m 之一组圆切于圆 C ,C' 凡若干 (n) 次,且顺次互相切,而 δ 为此组圆各心之距离,求证

$$(R - r)^2 - 4Rr\tan^2\frac{n\pi}{m} = \delta^2 \quad (\text{Steiner})$$

136.设任四点 A ,B ,C ,D 之三双联结线交于 b ,c ,d 三点,则 $\triangle ABC$,$\triangle ABD$,$\triangle ACD$,$\triangle BCD$ 之各九点圆与 $\triangle bcd$ 之外接圆通过一公共点 P .

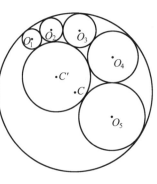

图 111

137.设 A_1 ,B_1 ,C_1 ,D_1 各为三角形 A ,B ,C ,D 之垂心.又 A_1 ,B_1 ,C_1 ,D_1 每双点之联结线之交点为 b_1 ,c_1 ,d_1 ,则 A_1 ,B_1 ,C_1 ,D_1

四个三角形之九点圆及 $\triangle b_1 c_1 d_1$ 之外接圆,皆通过前题之点 P.

138.三角形外接圆任何直径之两端之西姆森线(第三章定理 11)在此三角形之九点圆上相交成直角.

139.圆之外接正方形之各边及外接等腰梯形之各边,皆交此圆之切线成调和比.

140.圆之动弦通过一定点,联结动弦之两端及定点于圆心,求证:其所成三个三角形之外接圆与二定同轴系之一双圆相切.

141.Weill 氏定理:设一 n 边多边形内接于一圆,又外切于一圆,则切点之平均中心为一定点.

142.准前题,任意数 $(n-r)$ 点之平均中心之轨迹为一圆.

Weill 氏定理于 1878 年刊于 *Liouville's Journal* 第三卷第四号第 270 页,前定理著者于 1862 年刊于 *Quar. terly Journal of Pure and Applied Mathematics* 第五卷第 44 页系 2.

139 题,140 题为 Robert Graham 君所赐.

第六章

第一节　等角共轭点、等距共轭点、逆平行、类似中线之理论

定义　两直线 AX, AY 与 $\angle ABC$ 之平分线成等角,则此二线称为关于 $\angle BAC$ 之等角共轭(isogonal conjugate).

定理 1　设自关于 $\angle BAC$ 之等角共轭线 AX, BY 上之点 X, Y 各作边线之垂线 XM, YN, XP, YQ,则:

(1)$XM \cdot YN = XP \cdot YQ$.

(2)M, N, P, Q 为共圆点.

(3)MP, NQ 各垂直于 AY, AX.

证明　(1)如图 1,知

$$\frac{XM}{AX} = \frac{YQ}{AY}$$

又

$$\frac{AX}{XP} = \frac{AY}{YN}$$

由是(Euc. Ⅴ. ⅩⅩⅡ)① 知

$$\frac{XM}{XP} = \frac{YQ}{YN}$$

故

$$XM \cdot YN = XP \cdot YQ$$

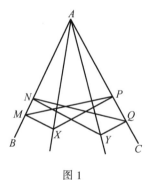

图 1

---

①　本书中 Euc 代表欧几里得之《几何原本》,Ⅴ 代表卷的序号,ⅩⅩⅡ 代表公理的序号.欧几里得(Euclid,约前 330— 前 275),希腊数学家.欧几里得写过不少数学、天文、光学和音乐等方面的著作,其中最重要的是他的巨著《几何原本》.《几何原本》,这部西方世界现存的最古老的数学著作,为两千年来用公理法建立演绎的数学体系树立了最早的典范.《几何原本》原有 13 卷,主要内容如下:卷 Ⅰ 之首立定义、公设和公理,其中第五公设就是著名的“欧几里得平行公设”,然后是48个命题,包括三角形、垂直、平行、直线形的面积等.卷 Ⅱ 是论面积的变换,用几何语言叙述代数恒等式.卷 Ⅲ 是关于圆、弦、切线及与圆有关的图形之性质.卷 Ⅳ 讨论多边形与圆,正多边形的作图法.卷 Ⅴ 是比例论.卷 Ⅵ 是将比例论用于相似形的研究.卷 Ⅶ 是算术(数论).卷 Ⅷ 讲连比例.卷 Ⅸ 也是数论.卷 Ⅹ 为不可通约量理论.卷 ⅩⅠ ~ ⅩⅢ 主要论述三维图形.

（2）同理

$$\frac{AM}{AX} = \frac{AQ}{AY}$$

$$\frac{AX}{AP} = \frac{AY}{AN}$$

由是

$$\frac{AM}{AP} = \frac{AQ}{AN}$$

故

$$AM \cdot AN = AP \cdot AQ$$

即 M, N, P, Q 为共圆点.

（3）因 $\angle AMX, \angle APX$ 为直角,所以 $AMXP$ 为圆内四边形,故

$$\angle MAX = \angle MPX$$

但

$$\angle MAX = \angle YAQ$$

故

$$\angle MPX = \angle YAQ$$

又

$$PX \perp AQ$$

即

$$PM \perp AY$$

同理

$$QN \perp AX$$

125

系 以自二已知点至已知三角形一边上二垂线为边之矩形面积,与以自同点至他边上二垂线为边之矩形面积为相等,则顶点与已知点之两联结线为关于角之等角共轭线.

定理 2 关于 $\triangle ABC$ 三角 AX, BX, CX 三共点线之等角共轭线亦为共点.

如图 2,设 AX, BX 之等角共轭线为 AY, BY,联结 CY.求证: CY 为 CX 之等角共轭线.

证明 准定理 1（1）,以自 X, Y 至 AC, BC 垂线为边之两矩形面积各与以自 X, Y 至 AB 垂线为边之矩形面积相等;则其两矩形面积互相等,又准定理 1 系,直线 CX, CY 为关于 $\angle C$ 之等角共轭线.

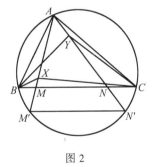

图 2

定义 点 X, Y 为关于 $\triangle ABC$ 之等角共轭点.

系 1 设 X, Y 为关于三角形之等角共轭点,则以自 X, Y 至三角形三边上垂线为边之矩形面积为相等.

系 2 XY 之中点与 X, Y 至三角形三边上之投影为等距离.

定义 如图 3,设直线 AB', AC' 交于 $\triangle ABC$ 边 BC 之距离 BB', CC' 为相等,则 AB', AC' 称为关于 $\triangle ABC$ 边 BC 之等距共轭(isotomic conjugates).

定理 3 设 X, Y 为平面三角形上之二点,而直线 AX, AY 为关于 BC 之等距

共轭.又 BX,BY 为关于 AC 之等距共轭,则 CX,CY 为关于 AB 之等距共轭.

证明   如图4,延长 AX,AY 交 BC 于 A',A''.又 BX,BY 交 AC 于 B',B''.又 CX,CY 交 AB 于 C',C'',则

$$AB' \cdot BC' \cdot CA' = A'B \cdot B'C \cdot C'A$$

又(第五章第一节定理2)

$$AB'' \cdot BC'' \cdot CA'' = A''B \cdot B''C \cdot C''A$$

两方程式相乘而消去等项,得 $BC' \cdot BC'' = C''A \cdot C'A$,所以 $BC'' = C'A$.

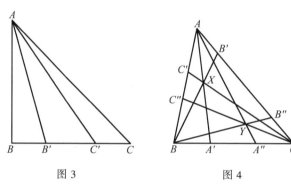

图3   图4

定义   设直线 $AX,AY;BX,BY;CX,CY$ 为关于 BC,CA,AB 各边之等距共轭,则 X,Y 二点称为关于 $\triangle ABC$ 之等距共轭点.

定义   如图5,直线 $BC,B'C'$ 为关于 $\angle A$ 之逆平行(Antiparallel).

因 $\angle ABC$ 等于 $\angle AC'B'$.

三角形之逆平行线共有三组:

(1)关于对角 $\angle A$ 之 BC 逆平行.

(2)关于对角 $\angle B$ 之 CA 逆平行.

(3)关于对角 $\angle C$ 之 AB 逆平行.

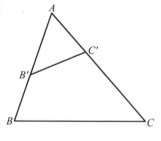

图5

定理4   三角形各边之逆平行与其三角形外接圆各顶点之切线为平行.

证明   设 $\triangle LMN$ 为各切线所成之三角形,而 $\angle MAC$(Euc.Ⅲ.ⅩⅩⅩⅢ)等于 $\angle ABC$,故 $\angle MAC = \angle AC'B'$.

由是 AM 平行于 $C'B'$.

系1 B',C',B,C 为共圆点.

系2   三角形垂足之联结线与各边为逆平行.

定义   三角形中线 AM 之等角共轭线称为类似中线(symmedian).

准定理 2,三角形之三类似中线相交于一点.

而其交点 K 称为三角形之类似重心(symmedian point 或称为 Lemoine point).

定理 5　自 K 至三角形各边之垂线与各边成比例.

证明　设自 M 至 AB,AC 之垂线为 MD,ME.又自 K 至三边之垂线为 x,y,z.准定理 1(1)

$$MD \cdot z = ME \cdot y$$

但

$$MD \cdot AB = ME \cdot AC$$

由是

$$\frac{y}{z} = \frac{AC}{AB}$$

系 1　$\dfrac{x}{a} = \dfrac{y}{b} = \dfrac{z}{c} = \dfrac{2S}{a^2 + b^2 + c^2}$.

系 2　三角形之类似中线为其逆平行之中线.

系 3　类似中线 AS 分 BC 成 $\dfrac{AB^2}{AC^2}$.

系 4　A,B,C 之平均中心为 K,而其倍数为 a^2,b^2,c^2.

系 5　点 K 为三角形重心之等角共轭.

定理 6　类似中线通过关于三角形外接圆三角形各边之极.

证明　如图 6,命 A' 为 BC 之极,作垂线 $A'F$,$A'G$,则

$$\frac{A'F}{A'G} = \frac{\sin\angle A'BF}{\sin\angle A'CG} = \frac{\sin\angle ACB}{\sin\angle ABC}$$

所以　$\dfrac{A'F}{A'G} = \dfrac{AB}{AC} = \dfrac{\text{自 }K\text{ 至 }AB\text{ 之垂线}}{\text{自 }K\text{ 至 }AC\text{ 之垂线}}$

由是 A,K,A' 为共线点.

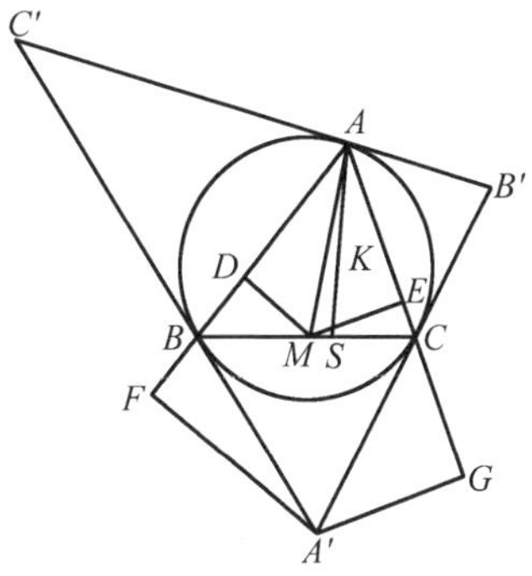

图 6

系 1　K 之极线为关于外接圆 $\triangle ABC$ 及其相反之配景轴.

系 2　三角形外接圆点 A 之切线及其类似中线 AS 为关于 $\triangle ABC$ 边 BA,AC 之调和共轭.

定理 7　自 K 至 $\triangle ABC$ 各边距离之平方和为最小.

证明　命 x,y,z 为自 K 至 $\triangle ABC$ 各边之距离,又 S 为三角形之面积,则得次之恒等式

$$(x^2 + y^2 + z^2)(a^2 + b^2 + c^2) - (ax + by + cz)^2 =$$

127

$$(ay - bx)^2 + (bz - cy)^2 + (cx - az)^2$$

但 $ax + by + cz = 2S$,故 $x^2 + y^2 + z^2$ 之值为最小,必恒等式之右边为零,即 $\dfrac{x}{a} = \dfrac{y}{b} = \dfrac{z}{c}$.

系 K 为自原点至 △ABC 垂足之平均中心.

定义 设令 $\dfrac{x}{a} = \dfrac{1}{2}\tan \omega$,则 ω 称为三角形之 Brocard 角(Brocard angle).

定理 8 $\cot \omega = \cot A + \cot B + \cot C$.

证明 准定理 5 系 1,知

$$\tan \omega = \frac{4S}{a^2 + b^2 + c^2}$$

由是

$$\cot \omega = \frac{a^2 + b^2 + c^2}{4S} = \frac{2bc\cos A + 2ca\cos B + 2ab\cos C}{4S}$$

但

$$\frac{2bc\cos A}{4S} = \cot A, \cdots$$

则

$$\cot \omega = \cot A + \cot B + \cot C$$

系 设三角形之底边及其 Brocard 角为已知,则类似重心之轨迹为平行于底边之一直线.

习　　题

1. 图 2 中 $\angle BXC$,$\angle BYC$ 之和为 $180° + \angle A$.

2. 任二点之联结线,与关于已知三角形等角共轭点之联结线,其对于三角形任顶点之角为相等或为补角.

3. 如图 2,$\dfrac{AM^2}{AN^2} = \dfrac{BM \cdot MC}{BN \cdot NC}$.(Steiner)

4. 如图 2,设延长 AX,AY 交 △ABC 外接圆于 M',N',则 $AB \cdot AC = AM \cdot AN' = AM' \cdot AN$.

5. 如图 2,点 M' 之等角共轭点在 AN' 线上之无穷远.

6. 通过三角形顶点之三直线交于对边之三点为共线,则其等角共轭线亦交于共线点.

7. 设在 △ABC 之各边上作内接或外接之等边三角形 △ABC',△BCA',△CAB';则 △ABC,△$A'B'C'$ 配景心之等角共轭点为 △ABC 之三 Apollonian 圆之一公共点.

8.设在图 1 中,令 MX,QY 相交于 D,又 MP,NQ 相交于 E,则 AD,AE 为关于 $\angle BAC$ 之等角共轭线.

9.设 D,E 为关于 $\angle BAC$ 之等角共轭线交于 $\triangle ABC$ 底边 BC 之交点,又设 B,C 至 AB,AC 之垂线与 D,E 至 BC 之垂线交于 D',E';D'',E'',则

$$\frac{BD' \cdot BE'}{CD'' \cdot CE''} = \frac{AB^4}{AC^4}$$

10.同理,$\dfrac{BD \cdot BE}{CD \cdot CE} = \dfrac{AB^2}{AC^2}$.

11.A,B,C 各点之中心为 X,而其倍数为 α,β,γ,求证:$\dfrac{1}{\alpha}$,$\dfrac{1}{\beta}$,$\dfrac{1}{\gamma}$ 为等距共轭点之倍数.

12.设一直线交三角形之各边于 A',B',C',求证:关于 $\angle A$,$\angle B$,$\angle C$ 之 AA',BB',CC' 等角共轭线及等距共轭线交于三角形三边之各组交点,皆为共线点.

13.K_a,K_b,K_c 为 $\triangle ABC$ 三边与类似中线之交点,则 $\triangle K_a K_b K_c$ 之面积为

$$\frac{12S^3}{(a^2 + b^2 + c^2)^2}.$$

14.设延长 $\triangle ABC$ 之边 BA,使 $AB' = BA$.又自 B' 与 C 作 BA,AC 之垂线交于 I,则 AI 为通过点 A 类似中线之垂线.

15.设 A'' 为关于 A''_a,A''_b,A''_c 之外接圆 BC 线之极.而 A''_a,A''_b,A''_c 为自 A'' 至 $\triangle ABC$ 三边之垂线,则 $\triangle A''_a A''_b A''_c$ 之面积为 $\dfrac{12S^3}{(a^2 + b^2 + c^2)^2}$.

16.同理,求证:四边形 $A''A''_b A''_a A''_c$ 为平行四边形.

第二节   两顺相似形

定义   设已知 A,B,C,D,$\cdots$ 各点与 O 相连.又 A',B',C',D',$\cdots$ 各点因

$$\frac{OA'}{OA} = \frac{OB'}{OB} = \frac{OC'}{OC} = \cdots = K$$

之关系而定,则 A,B,C,D,$\cdots$ 及 A',B',C',D',$\cdots$ 之各点称为同位相似(homothetic).而 O 为同位相似心(homothetic centre).

定理 9   (1)直线之同位相似形为一平行线.

(2)圆周之同位相似形为一圆周.

证明   (1)此仅按定义及 Euc.Ⅵ.Ⅱ 之理.

(2) 准第五章第二节定理 14 系 4,即得.

定理 10 凡两同位相似形:

(1) 两对应直线具有一定比.

(2) 两对应三角形为相似.

本定理至为简单,姑略其证明.

定理 11 已知两同位相似形如 $\triangle ABC,\cdots;\triangle A'B'C',\cdots$ 者.设其中之一形在同位相似心 O 上而转得定角 α,其新位置为 $\triangle A''B''C''\cdots$,则

(1) 任两对应直线 $AB,A''B''$ 所交之角均为 α.

(2) $\triangle OAA''$, $\triangle OBB''$, $\cdots$ 皆互为相似.

证明 如图 7,(1) 准假设 $\angle OAB = \angle OA'B' =$ $\angle OA''B''$.又(Euc. I. X V)

$$\angle OZA'' = \angle OZQ$$

由是(Euc. I. X X X II)

$$\angle A''OZ = \angle ZQA$$

故 $\qquad \angle ZQA = \alpha$

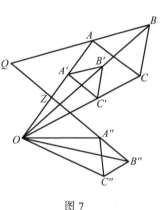

图 7

(2) $\triangle OAB$, $\triangle OA'B'$ 为相似,故 $\triangle OAB$ 与 $\triangle OA''B''$ 为相似,由是

$$\frac{OA}{OB} = \frac{OA''}{OB''}$$

故 $\qquad\qquad \dfrac{OA}{OA''} = \dfrac{OB}{OB''}$

故 $\qquad\qquad \angle AOA'' = \angle BOB''$

故 $\triangle AOA''$, $\triangle BOB''$ 为相似(Euc. VI. VI).

系 1(逆定理) 自定点 O 与多边形 $ABCD\cdots$ 顶点之联结线作相似 $\triangle OAA''$,$\triangle OBB''$,$\triangle OCC''$,$\cdots$ 而 A'',B'',C'',$\cdots$ 各顶点所成之多边形与原多边形为相似.

系 2 设 O 属于第一图形,则第一图形与第二图形为自对应.

定义 点 O 称为两形之重点(a double point of two figures)或相似心(centre of similitude).

作图题 1 已知两顺相似多边形,求其重点.

作图 如图 8,设 AB,$A'B'$ 为两形之对应边,C 为交点.通过两组点 A,A',C; B,B',C 作两圆交于 O,则 O 为所求之重点.

因 $\triangle OAB$, $\triangle OA'B'$ 为相似,又在点 O 上而转,则 AB,$A'B'$ 为平行.

注意 设两形对应之二边为一个三角形之相邻边如 BA,AC 者,则前之作

图当略为更改,即当于直线 BA,AC 上作两圆弧 BOA,AOC 切于 AC,BA 得交点 A,则其两弧之他交点 O,即为所求之重点,而 $\triangle BOA,\triangle BOC$ 为顺相似,如图 9 所示.

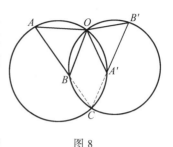

系 1　设延长 AO 交三角形之外接圆周于 D,则 AD 为 O 所平分.

证明　如图 9,延长 BO 交圆周于点 E,联结 ED,因 $\triangle BOA,\triangle AOC$ 为顺相似,则

$$\angle OAC = \angle ABO = \angle ODE$$

同理　　　　　$\angle ACO = \angle DEO$

因　　　　　　$\angle DAC = \angle ADE$

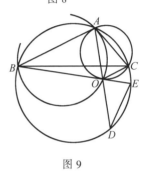

图 9

故　　　　　　$\overset{\frown}{CD} = \overset{\frown}{AE}$

即　　　　　　$\overset{\frown}{DE} = \overset{\frown}{AC}$

所以　　　　　弦 $DE =$ 弦 AC

所以(Euc. Ⅰ . X X Ⅵ)

$$DO = OA$$

系 2　两任对应点 A,A' 与重点之距离为定比,因其距离为对应线.

系 3　重点至两对应线之垂线为定比.

系 4　两对应点之联结线与重点所对之角为一定.

系 5　直线 AO 通过 $\triangle BAC$ 之类似重心,因自类似重心至直线 BA,AC 上之垂线与其各线成比例,即与自点 O 至各线之垂线成比例.

系 6　设联结 BD,则 $\dfrac{AB \cdot BD}{AO^2} = \dfrac{BD}{CO}$.

定理 12　已知 $\triangle ABC$ 与内接相似三角形之相似心为两定点之一点或他一点.

证明　如图 10,设 DFE 为内接三角形,而其各角 $\angle D,\angle F,\angle E$ 与 $\angle B$,$\angle A,\angle C$ 相等,则 BDF,AFE,CED 三圆之公共点当为一定点(第三章作图题 4),设此点为 Ω,则 Ω 为 $\triangle ABC,\triangle DFE$ 之相似心,而 $\triangle DFE$ 之顶点 F 与 A 对应而在 AB 线上.

同理,Ω' 为 $\triangle ABC,\triangle E'F'D'$ 之相似心,而内接 $\triangle E'F'D'$ 之顶点 E' 与 A 对应而在 AC 线上.

定义　Ω,Ω' 称为 $\triangle ABC$ 之 Brocard 氏点(Brocard point).

图 8

131

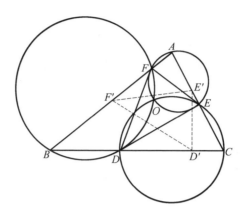

图 10

系 1 △$A\Omega B$ 之外接圆与 BC 相切于 B.

证明 因 Ω 为 △ABC,△DEF 之复点,而 △ΩBD,△ΩFA 为相似,所以 ∠ΩBD = ∠ΩAF,故圆 $A\Omega B$ 与 BC 相切于点 B.同理,△$B\Omega C$,△$C\Omega A$ 之外接圆各切 CA,AB 于 C 及 A.

系 2 △ΩAB,△ΩBC,△ΩCA 之角各相等,而各与三角形之 Brocard 角相等.

证明 各角为相等(Euc.Ⅲ.ⅩⅩⅩⅡ).设其公共值为 ω,则直线 $A\Omega$,$B\Omega$,$C\Omega$ 为共点,次准三角术

$$\sin^3\omega = \sin(A - \omega)\sin(B - \omega)\sin(C - \omega)$$

由是 $$\cot\omega = \cot A + \cot B + \cot C$$

故 ω 为三角形之 Brocard 角(参见定理8).

习   题

1.于已知 △ABC 内作已知矩形之相似形,而其一边在三角形之边 BC 上,A 为所求矩形与边 BC 上相似矩形之同位相似心.

2.于已知三角形内作一个三角形,使其各边与原三角形之三边平行.

3.已知一个 △ABC 与顶点在 △ABC 各边之中点之 △$A'B'C'$ 为同位相似,求证:

(1)△ABC 之中线为共点.

(2)△ABC 之垂心,外切圆心,重心为共线.

4.求证:第五章第一节定理8及其系,为顺相似形理论之应用.

5.设顺相似形外切于一个三角形之垂线,则其重点为垂心至中线之垂足,

试证之.

6.Brocard 点为关于 $\triangle BAC$ 之等角共轭点.

7.A,B,C 之平均中心为 Ω,其各倍数为 $\dfrac{1}{b^2}$,$\dfrac{1}{c^2}$,$\dfrac{1}{a^2}$,则 Ω' 系之各倍数为 $\dfrac{1}{c^2}$,$\dfrac{1}{a^2}$,$\dfrac{1}{b^2}$.

8.设在图 8,令 AB 不动,而 $A'B'$ 在平面上之任一点上而转,则重点 O 之轨迹为一圆周.

9.设在图 9,通过 A 作直线 AF 平行于 BC 交圆 AOC 于点 F,求证:BF 交于圆 AOC 之 Brocard 点.

10.设在图 9,BC 交圆 AOC 于 G,求证:$\triangle ABC$,$\triangle ABG$ 有一公共 Brocard 点.

第三节　Lemoine,Tucker 及 Taylor 圆

定理 13　普通类似重心,三角形三边之平行线交于各边得六共圆点.

证明　如图 11,设 DF',EF',FD' 为三平行线,联结 ED',DF',FE',则 $AFKE'$ 为平行四边形.AK 平分 FE',由是 FE' 为 BC 之逆平行(第一节定理 5 系 2).同理,DF' 为 AC 之逆平行.由是 $\angle AFE'$,$\angle BF'D$ 为相等.因而 FE' 与 $F'D$ 为相等,同理亦与 ED' 相等.

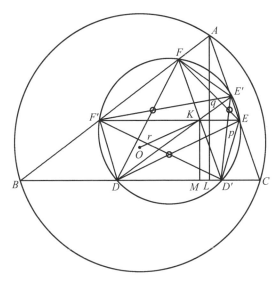

图 11

又设 O 为外接圆心, OA 为 FE' 之垂线, 故 FE' 之中垂线通过 KO 之中点, 由是因 $FE' = ED' = DF'$. KO 之中点与 F, E', E, D', D, F' 六点为相等之距离.

本定理于 1873 年在 *Congress of Lyons*, *Association Francaise pour' avancement des Sciences* 中由 M.Lemoine 君公之于世, 而为近世三角形几何学之基础. 至 1883 年复由 *Tucker* 氏提出, 而刊于 *Quarterly Journal of Pure and Applied Mathematics* 第 340 页中.

作者曾于 1886 年 1 月, 在 *Proceeding of the Royal Irish Academy* 登载一文. 因其定理可作任意边之调和多边形 (harmonic polygons). 读者欲知其详可参见本章第六节之专论.

定义 通过 F, E', E, D', D, F' 六点之圆周称为 Lemoine 圆 (Lemoine's circle). 又此六点所成之六边形称为 Lemoine 六边形 (Lemoine's hexagon).

系 1 三角形之各边为 Lemoine 圆分成对称.

证明 因其中

$$\frac{AF}{FF'} = \frac{\dfrac{F'B}{b^2}}{\dfrac{c^2}{a^2}}$$

$$\frac{BD}{DD'} = \frac{\dfrac{D'C}{c^2}}{\dfrac{a^2}{b^2}}$$

$$\frac{CE}{EE'} = \frac{\dfrac{E'A}{a^2}}{\dfrac{b^2}{c^2}}$$

系 2 DD', EE', FF' 各与 a^3, b^3, c^3 成比例.

证明 如图 11, 作垂线 AL, 则因 $\triangle DKD'$, $\triangle BAC$ 为相似, 则

$$\frac{DD'}{x} = \frac{BC}{AL} = \frac{a^2}{2S}$$

由是

$$DD' = \frac{a^2 x}{2S} = \frac{a^3}{a^2 + b^2 + c^2}$$

同理

$$EE' = \frac{b^3}{a^2 + b^2 + c^2}, \quad FF' = \frac{c^3}{a^2 + b^2 + c^2}$$

因其具有此性质, 故 Tucker 氏复称 Lemoine 圆为三乘比圆 (the triplicate ratio circle).

系 3 自 K 至 Lemoine 六边形各顶点联结线所成之六个三角形各与三角形

ABC 为相似.

系 4 设自 △*ABC* 之各顶点作直线,通过 Brocard 点复交外接圆于 *A'*,*B'*,*C'*,则 *AB'CA'BC'* 为 Lemoine 圆.

定理 14 Lemoine 圆与外接圆之根轴为 Lemoine 六边形之 Pascal 线.

证明 设延长 *FE* 交 *BC* 于 *X*,则因 *FE'* 为 *BC* 之逆平行,*B*,*F*,*E'*,*C* 为共圆点.由是

$$BX \cdot CX = FX \cdot E'X$$

故 Lemoine 圆及外接圆之根轴必通过点 *X*,故题言云云.

系 1 关于 Lemoine 圆类似重心之极线,为 Lemoine 六边形之 Pascal 线.

证明 因 *DFE'D'* 为内接于 Lemoine 圆之四边形,则 *K* 之极线通过点 *X*.同理,通过每双对边之交点.

系 2 设 *DE*,*D'E'* 交于 *p*;*EF*,*E'F'* 交于 *q*;*FD*,*F'D'* 交于 *r*;则 △*pqr* 为 △*ABC* 之配景.

证明 联结 *Aq*,*Cp* 令其交于 *T*.自 *T* 至 △*ABC* 三边之垂线以 α,β,γ 表之,则

$$\frac{\alpha}{\beta} = \frac{\text{自 } p \text{ 至 } BC \text{ 之垂线}}{\text{自 } p \text{ 至 } CA \text{ 之垂线}} = \frac{DD'}{EE'} = \frac{a^3}{b^3}$$

同理

$$\frac{\beta}{\gamma} = \frac{b^3}{c^3}$$

由是

$$\frac{\alpha}{\gamma} = \frac{a^3}{c^3} = \frac{\text{自 } r \text{ 至 } BC \text{ 之垂线}}{\text{自 } r \text{ 至 } AB \text{ 之垂线}}$$

由是 *Br* 线通过点 *T*.

系 3 自 △*ABC*,△*pqr* 之配景心至 △*ABC* 三边之垂线与 a^3,b^3,c^3 成比例.

系 4 逆平行弦 *D'E*,*E'F*,*F'D* 与 Lemoine 平行线 *DE'*,*EF'*,*FD'* 之各交点为共线点,而此线为关于 Lemoine 圆 *T* 之极线.

证明 命各交点为 *P*,*Q*,*R*;则 △*CpP* 成一关于 Lemoine 圆之自共轭三角形.由是 *P* 为 *Cp* 之极.同理,*Q* 为 *Aq* 之极,*R* 为 *Br* 之极,但 *Aq*,*Cp*,*Br* 为共点线,则 *P*,*Q*,*R* 为共线点.

定理 15 设 △αβγ 与 △*ABC* 为同位相似.而其同位相似心为 △*ABC* 之类似重心.设延长 △αβγ 之各边交 △*ABC* 之各边于 *D*,*E'*;*E*,*F'*;*F*,*D'*,则六点为共圆.

证明 如图 12,设 *K* 为类似重心,准假设,则直线 *AK*,*BK*,*CK* 为 *FE'*,*DF'*,*ED'* 之中线,由是此各线为 △*ABC* 各边之逆平行,更准定理 13,知此六点为共圆.

135

系 1 六边形 $DD'EE'FF'$ 之外接圆心平分 $\triangle ABC$,$\triangle \alpha\beta\gamma$ 外接圆心之距离.

系 2 设 $\triangle \alpha\beta\gamma$ 移动其位置,则六边形外接圆心之轨迹为直线 OK.

此定理首由 M.Lemoine 君所研究,于 1873 年在 *Congress of Lyons* 提论斯说,厥后则 Neuberg 氏补充其说.理论多散见于 1881 年 M'Cay 君之 *Methesis vol.* Ⅰ 第 185 至 190 页,及 1883 年之教育时报 Tucker 之论文及 1885 年之数学季报 Vol. ⅩⅩ 第 57 至 59 页.

Neuberg 称之为 Tucker 氏圆(Tucker's circle).

系 3 设 $\triangle \alpha\beta\gamma$ 变为点 K,则 Tucker 氏圆,其圆心为 OK 之中点,必为 Lemoine 圆.

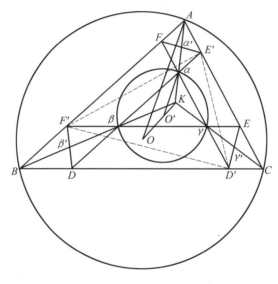

图 12

系 4 通过 Tucker 圆心 K,作垂心三角形各边之平行线,而内接三角形之各边皆垂直于 $\triangle ABC$ 之各边,而圆周截分 $\triangle ABC$ 各边之各截部与各角之余弦成比例,则此圆称为余弦圆(cosine circle).

系 5 $\triangle ABC$ 及 $\triangle FDE$ 之配景心为 Brocard 点 Ω,又 $\triangle ABC$ 及 $\triangle E'F'D'$ 之配景心为 Ω'.

系 6 设 O_1 为 Tucker 圆心,又 R_1 为其半径,则

$$\frac{O\Omega}{O_1\Omega} = \frac{R}{R_1} = \frac{O\Omega'}{O_1\Omega'}$$

定理 16 设 A',B',C' 为 $\triangle ABC$ 之垂心三角形各顶点.又 K,N;K',N';

K''，N'' 为其在各边上之投影，则此投影为共圆.

证明　如图 13，命 H 为垂心，则 $AKA'N$，$AC'HB'$ 为同位相似形，而 A 为同位相似心.由是 KN 平行于 $C'B'$，又 $K'K''$ 逆平行于 $C'B'$，所以 $K'K''$ 逆平行于 KN，即 K，K'，K''，N 为共圆点.同理，K'，K''，K，N'' 为共圆点，故题言云云.

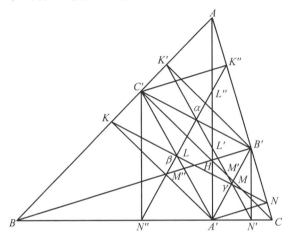

图 13

本圆首由 H.M Taylor 君在英伦公布，而登于 *Proceeding of the London Mathematical Society vol. XV* 第 122 页中，此圆称为三角形之 Taylor 圆，作者则以 T 表之，而 $\triangle BHC$，$\triangle CHA$，$\triangle AHB$ 之 Taylor 圆，则各以 T_1，T_2，T_3 表之.

定理 17　T 之各弦 KN，$K'N'$，$K''N''$ 与 $\triangle BHC$，$\triangle CHA$，$\triangle AHB$ 各边在各三角形及 Taylor 圆之交点而遇.

证明　命 KN 交 BH 于 L，又交 HC 于 M，则点 A' 为 AB，AC，BB'，CC' 四直线所成三角形各外接圆之公共点.由是(第三章定理 11 系 2)知自 A' 至各线之投影为共线，故点 L，M 各为 A' 至 BH 及 HC 上之投影.同理，M' 为 B' 至 HC 上之投影.又 M'' 为 C' 至 BH 上之投影.由是圆 T_1 通过 L，M；M'，N'；M''，N'' 之各点，即通过 KN，$K'N'$，$K''N''$ 与 $\triangle BHC$ 各边之交点，故题言云云.

定理 18　圆 T，T_1，T_2，T_3 之圆心各与 $\triangle ABC$ 之垂心三角形各边中点联结所成三角形之内切圆心(incentre)及外接圆心重合.

证明　直线 KN 为关于 $\triangle BHC'$ 之点 A' 之 Simson 线.而 C' 为 $\triangle BHC'$ 之垂心.由是 $A'C'$ 为 KN 所平分(第三章定理 3).同理，KN 平分 $A'B'$，故 KN 平分 $\triangle A'B'C'$ 之二边.而 $K'N'$ 及 $K''N''$ 亦具相同之性质.

设 α，β，γ 为 $\triangle A'B'C'$ 各边之中点，而 KN，$K'N'$，$K''N''$ 各通过各点中之二

点,又因 $B'C'$ 平分于 $\angle\alpha$,则 $\triangle\alpha N'N''$ 为等腰.又 $\angle\alpha$ 之平分线平分 $N'N''$ 而垂直之,故必通过 T 圆心.同理,$\triangle\alpha\beta\gamma$ 他角之平分线亦通过 T 圆心.

故 T 圆心为 $\triangle\alpha\beta\gamma$ 之内切圆心.同理,$\triangle\alpha\beta\gamma$ 之外接圆心为 T_1,T_2,T_3 之圆心.

系 1　Taylor 圆为 $\triangle ABC$ Tucker 系之一圆.

证明　设 $\triangle KK''N'$ 内接于 $\triangle ABC$.又 $\angle KK''N'$ 等于 $\angle KK'N'$,则点 K,K',K'' 为共圆,但 $\angle KK'N'$ 等于 $\angle C$,因而 $K'N'$ 逆平行于 AC,由是 $\angle KK''N$ 等于 $\angle C$.又因 $\angle N'KK''$ 等于 $\angle N'K'K''$,因 $K'K''$ 平行于 BC,故等于 $\angle K'N'B$,即等于 $\angle A$,故 $\triangle KK''N'$ 与 ABC 为相似.由是 Taylor 圆为 $\triangle ABC$ Tucker 系中之一圆.

系 2　T,T_1,T_2,T_3 各圆两两之根轴为 $\triangle ABC$ 之各边及其高度.

系 3　T,T_1,T_2,T_3 圆心所成之形与 H,A,B,C 各点所成之形为相似而互成配景.

因 H,A,B,C 为 $\triangle A'B'C'$ 之内切圆心及外接圆心,而 $\triangle A'B'C'$ 又与 $\triangle\alpha\beta\gamma$ 为相似而互成配景.

定理 19　Taylor 圆 T 与 $\triangle ABC$ 之垂心三角形三旁切圆相直交,又 T_1,T_2,T_3 各圆与同三角形之一内切圆及二旁切圆相直交.

证明　自 A,B,C 至 $B'C',C'A',A'B'$ 三直线之垂线各以 π_1,π_2,π_3 表之,则 π_1,π_2,π_3 各为 $\triangle A'B'C'$ 三旁切圆之半径,因 $\triangle AB'C',\triangle ABC$ 为相似,故

$$\frac{\pi_1^2}{AA'^2} = \frac{AC'^2}{AC^2}$$

即

$$\frac{\pi_1^2}{AN\cdot AC} = \frac{AC\cdot AK''}{AC^2}$$

但 $AN\cdot AK''$ 等于自 A 至 T 切线之平方,则以 A 为心 π_1 为半径之圆直交圆 T.同理,B,C 为心 π_2,π_3 为半径之圆亦直交圆 T,由是得题证.

定理 20　$\triangle ABC$ 之三边为 α,β,γ,半周为 s,又 $\rho,\rho_1,\rho_2,\rho_3$ 为内切圆及旁切圆之半径,则 Taylor 圆半径之平方各与 $\rho^2+s^2,\rho_1^2+(s-\alpha)^2,\rho_2^2+(s-\beta)^2$,$\rho_3^2+(s-\gamma)^2$ 相等.

证明　直角 $\triangle A'N''C$ 以 $\angle N''$ 为直角,又 $A'C'$ 平分于 $B.N''B$ 等于 $A'B$,即(Euc. I X X X IV)等于 AC.同理,AK'' 等于 BC.由是 $N''K''=2s$.又因圆 T 通过点 N'',K'',而与 $\triangle ABC$ 之内切圆为同心,则 T 半径之平方 $=\rho^2+\dfrac{1}{4}N''K''^2=\rho^2+\sigma^2$.

又联结 $M''C'$,则 $C'M''B'K''$ 为矩形,由是

$$M''K'' = 2AB' = 2BC = 2\alpha$$

但　　　　　　　　　　　　$$N''K'' = 2\sigma$$

所以　　　　　　　　　　$$N''M'' = 2(\sigma - \alpha)$$

又准前说　　　　T_1 半径之平方 $= \rho_1^2 + (\sigma - \alpha)^2$

由是得题证.

系　Taylor 圆各半径之平方和与外接圆直径之平方相等,四圆半径之平方各等于

$$4R^2(\sin^2 A \sin^2 B \sin^2 C + \cos^2 A \cos^2 B \cos^2 C)$$
$$4R^2(\cos^2 A \sin^2 B \sin^2 C + \sin^2 A \cos^2 B \cos^2 C)$$
$$4R^2(\sin^2 A \sin^2 B \cos^2 C + \cos^2 A \cos^2 B \sin^2 C)$$

故其和为 $4R^2$.

习　　题

1. Lemoine 六边形之弦 DE, EF, FD 各交于 $F'D'$, $D'E'$, $E'F'$ 所得之三点成一个三角形与 $\triangle ABC$ 为同位相似形.

2. 延长三交替边(alternate sides)DF', FE', ED' 所成之三角形与垂心三角形为同位相似,又其相似比为 $\dfrac{1}{4\cos A \cos B \cos C}$.

3. Tucker 圆与外接圆之相似圆所成之圆系为同轴.

4. 自 K 至 2 题三角形各边之垂线皆与 a^2, b^2, c^2 成比例.

5. Lemoine 六边形之周界为 $\dfrac{a^3 + b^3 + c^3 + 3abc}{a^2 + b^2 + c^2}$, 其面积为

$$\frac{S(a^4 + b^4 + c^4 + a^2 b^2 + b^2 c^2 + c^2 a^2)}{(a^2 + b^2 + c^2)^2}.$$

6. 设余弦圆交 $\triangle ABC$ 之各边于 D, D', E, E', F, F'; 则 $DD'E'F$, $EE'F'D$, $FF'D'E$ 为矩形. 又其面积与 $\sin 2A$, $\sin 2B$, $\sin 2C$ 成比例.

7. 准前题,各矩形之对角线交于类似重心,以是可得一定理,即:任意边之中点,对应垂线之中点与类似重心为共线.

8. 设 $\triangle \alpha\beta\gamma$ 之各边(参见图 12),延长而交圆周于 A, B, C 之切线,得六共圆点与三共线点.

9. 外接圆心与类似重心间之距离 OK 为 Tucker 圆之一圆分成如 $\dfrac{l}{m}$, 又设 R, R' 为外接圆及余弦圆之半径,则 Tucker 圆之半径为 $\dfrac{\sqrt{l^2 R'^2 + m^2 R^2}}{l + m}$.

10. Lemoine 圆直径之平方为 $R^2 + R'^2$.

11. 设知种类之动 $\triangle\alpha\beta\gamma$ 内接于定 $\triangle ABC$ 内,设 $\triangle\alpha\beta\gamma$ 之顶点沿 $\triangle ABC$ 边上而动,则任两定位置 $\triangle\alpha\beta\gamma$ 之相似心 F 为一定点.(Townsend)

12. 准前题,$\triangle\alpha\beta\gamma$ 之外接圆交 $\triangle ABC$ 之各边于 α',β',γ' 三点,则 $\triangle\alpha'\beta'\gamma'$ 之种类为已知,而任两定位置之相似心 F' 为一定点.(Taylor)

13. F,F' 为关于三角形之等角共轭.

14. 定理 20 中 $\triangle ABC$ 之圆心之轨迹为一直线.

15. 设通过各 Brocard 点及 Tucker 圆中之任一圆心作一圆交 Tucker 圆于 X,Y 两点,求证

$$\Omega X + \Omega' X = \Omega Y + \Omega' Y = 常数$$

16. 关于 Tucker 圆任一 Brocard 点反演之轨迹为一直线.

17. 设 AH,BH,CH 各直线之中点为 A'',B'',C'',又 BC,CA,CB 各直线之中点为 A''',B''',C''',则关于 $\triangle A'B'C'$ 六中点中任一点之 Simson 线通过两 Taylor 圆心.

18. 设 $\triangle AB'C$,$\triangle HB'C'$ 之垂心为 P,Q,则直线 $A'P$,$A'Q$ 为两 Taylor 圆心所平分.

19. 关于 $\triangle A''B''C'''$,$\triangle B''C''A'''$,$\triangle C''A''B'''$,$\triangle A'''B'''C'''$ 四个三角形之 $\triangle A'B'C'$ 任顶点之 Simson 线,各通过 Taylor 圆心.

20. 16 题交于三角形任一边之截部与任 Brocard 点相对之角为直角.

第四节　　三相似形系之普通理论

记法　设 F_1,F_2,F_3 为三顺相似形.a_1,a_2,a_3 为三对应边之长.又 α_1 为 F_2 及 F_3 两对应边相交之角.α_2,α_3 为 F_3 与 F_1 及 F_1 与 F_2 两对应边相交之角,而 S_1 为 F_2 与 F_3 之重点,S_2 为 F_3 与 F_1 之重点,S_3 为 F_1 与 F_2 之重点,自点 O 至直线 AB 之距离以 (O,AB) 表之.

定义　三重点 S_1,S_2,S_3 所成之三角形称为 F_1,F_2,F_3 之相似三角形(triangle of similitude).又其外接圆称为相似圆(circle of similitude).

定理 21　三顺相似形每组中三对应直线所成之三角形与相似三角形为配景,又配景心之轨迹为其相似圆.

证明　如图 14,设三对应线 d_1,d_2,d_3 所成之三角形为 $\triangle D_1D_2D_3$.

准假设

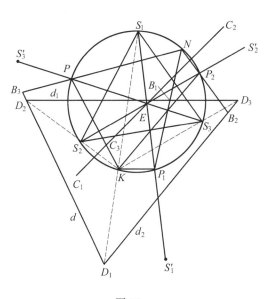

图 14

$$\frac{(S_1, d_2)}{(S_1, d_3)} = \frac{a_2}{a_3}$$

$$\frac{(S_2, d_3)}{(S_2, d_1)} = \frac{a_3}{a_1}$$

$$\frac{(S_3, d_1)}{(S_3, d_2)} = \frac{a_1}{a_3}$$

则 $S_1 D_1, S_2 D_2, S_3 D_3$ 直线共交于点 K，而其与 d_1, d_2, d_3 各直线之距离与 $a_1, a_2,$ a_3 成比例. $\triangle D_1 D_2 D_3$ 之种类为已知，而各角为 $\alpha_1, \alpha_2, \alpha_3$ 之补角，由是 $\angle D_1 K D_2, \angle D_2 K D_3, \angle D_3 K D_1$ 各角为常数，即 $\angle S_1 K S_2, \angle S_2 K S_3, \angle S_3 K S_1$ 各角为常数，因此点 K 在三圆上而复通过 S_1 及 S_2, S_2 及 S_3, S_3 及 S_1，即在 $\triangle S_1 S_2 S_3$ 之外接圆上而动也.

定义　点 K 称为 $\triangle D_1 D_2 D_3$ 之配景心.

定理 22　三相似形每组中，必组成无穷组共点线，各线皆在相似圆之 P_1，P_2, P_3 三定点上而动，而其共点则在圆周上.

证明　设 K 为二对应直线所成 $\triangle D_1 D_2 D_3$ 之配景心，通过 K 作三直线 KP_1, KP_2, KP_3 平行于 $\triangle D_1 D_2 D_3$ 之各边，则此各线为对应，因

$$\frac{(S_1, KP_2)}{(S_1, KP_3)} = \frac{(S_1, d_2)}{(S_1, d_3)} = \frac{a_2}{a_3} = \cdots$$

点 P_1 为定点,因 S_1KP 角等于 KD_1 与 D_2D_3 之俯角而为一定.由是 $\overset{\frown}{SP_1}$ 与 P_1 为已知.同理 P_2,P_3 为已知.

定义 P_1,P_2,P_3 三点称为不变点(invariable points),而 $\triangle P_1P_2P_3$ 称为不变三角形(invariable triangle).

系 1 不变三角形与三对应直线所成三角形为逆相似.

因
$$\angle P_2P_3P_1 = \angle P_2KP_1 = \angle D_1D_3D_2$$
同理,他角亦然.

系 2 不变点可组成一个三对应点之系.

因
$$\angle P_2S_1P_3 = \alpha_1$$

又
$$\frac{S_1P_2}{S_1P_3} = \frac{(S_1,KP_2)}{(S_1,KP_3)} = \frac{\alpha_2}{\alpha_3}$$

系 3 不变点 P_1,P_2,P_3 与任意点如相似圆之点 K 之联结线,可为 F_1,F_2,F_3 各图形之三对应直线.

此各直线通过三对应点 P_1,P_2,P_3,而两两成 α_1,α_2,α_3 之各角.

定理 23 三对应点所成之三角形与不变三角形成配景,又其配景心之轨迹为相似圆.

证明 设 B_1,B_2,B_3 为三对应点,又 P_1B_1,P_2B_2,P_3B_3 为三对应直线,则因其通过不变点,故为共点线,而其交点在相似圆上,因得题证.

定理 24 不变三角形与相似形为配景,又配景心与不变三角形各边之距离与 a_1,a_2,a_3 成反比例.

证明 因
$$\frac{a_2}{a_3} = \frac{S_1P_2}{S_1P_3} = \frac{(S_1,P_1P_2)}{(S_1,P_1P_3)}$$
$$\frac{a_3}{a_1} = \frac{(S_2,P_2P_3)}{(S_2,P_2P_1)},\frac{a_1}{a_2} = \frac{(S_3,P_3P_1)}{(S_3,P_3P_2)}$$
由是 S_1P_1,S_2P_2,S_3P_3 之各直线为共点.

定义 不变三角形及相似三角形之配景心称为 F_1,F_2,F_3 三相似形之指点(director point).

定理 25 命 S'_1 为 F_1 中之一点,而 S_1 在 F_2 及 F_3 中与 F_1 为对应.

命 S'_2 为 F_2 中之一点,而 S_2 在 F_3 及 F_1 中与 F_2 为对应.

命 S'_3 为 F_3 中之一点,而 S_3 在 F_1 及 F_2 中与 F_3 为对应.

$\triangle S'_1S'_2S'_3$ 与不变三角形及相似三角形成配景,且此三个三角形具有公共之配景心.

证明 准假设,S'_1,P_1,S_1 三点为 F_1,F_2,F_3 三形之对应点.由是,直线

142

$S'_1 P_1, S_1 P_2, S_1 P_3$ 为共点,即 S'_1, P_1, S_1 为共线点. 同理, S'_2, P_2, S_2 及 S'_3, P_3, S_3 亦为共线点,由是得题证.

定义 S'_1, S'_2, S'_3 各点称为各形之接点(adjoint point).

定理26 F_1, F_2, F_3 为顺相似形,而其间有无穷之三对应共线点系,而其轨迹为三圆,各通过两重点及相似三角形与不变三角形之配景心 E,又各组之共点线恒通过点 E.

证明 命 C_1, C_2, C_3 为三对应共线点,因 S_2 为 F_3 及 F_1 形之重点,又 $\triangle S_2 C_3 C_1, \triangle S_2 P_3 P_1$ 为相似,则(Euc. Ⅲ. ⅩⅩⅠ)

$$\angle S_2 C_3 C_1 = \angle S_2 P_3 P_1 = \angle S_2 S_1 E$$

同理　　　　　　　　$\angle C_2 C_3 S_1 = \angle S_1 S_2 E$

所以　　　　　　　　$\angle S_2 C_3 S_1 = \angle S_2 E S_1$

由是 C_3 之轨迹为 $\triangle S_1 E S_2$ 之外接圆.

又因 $S_2 C_3 E S_1$ 为圆内四边形,故 $\angle S_2 S_1 E, \angle E C_3 S_2$ 为补角. 由是 $\angle S_2 C_3 C_1, \angle E C_3 C_2$ 为补角,即 C_1, C_3, E 在一直线上,故得题证.

系1 $\triangle S_1 E S_2$ 之外接圆通过 S'_3.

因 S'_3 为 C_3 之特别位置.

系2 直线 $C_1 P_1, C_2 P_2, C_3 P_3$ 为共点,则其交点之轨迹为相似圆.

本节多取材于 *Mathesis vol.* Ⅱ,第73页中,定理21~25为 M. G. Tarry 之作,而定理26则为 Neuberg 之作.

习　　题

1. 于不变三角形内作与相似三角形各角相等之数三角形,而与 S_1 对应之顶点在边 $P_2 P_3$ 上,余仿此,则内接各三角形之相似心为指点.

2. 设 V_1, V_2, V_3 为点 C_1, C_2, C_3 轨迹所成各圆之圆心,又 $\angle P_1, \angle S_1, \angle V_1$ 之和与 $\angle P_2, \angle S_2, \angle V_2$ 之和相等,又与 $\angle P_3, \angle S_3, \angle V_3$ 之和相等,而终为两直角.

3. 不变点之平均中心为指点,而其倍数为 $a_1 \csc \alpha_1, a_2 \csc \alpha_2, a_3 \csc \alpha_3$.

4. 已知指点及相似三角形或不变三角形,皆可以定 F_1, F_2, F_3 图形.

5. 求证: $\triangle S_1 S_2 S'_3, \triangle S_2 S_3 S'_1, \triangle S_3 S_1 S'_2$ 为相似.

6. 设 $S'_1 S_2, S'_2 S_1$ 相交于 S''_3. 求证: $\triangle S_1 S_2 S''_3$ 及其他两相类 $\triangle S_2 S_3 S''_1$, $\triangle S_3 S_1 S''_2$ 为相似.

143

第五节　　圆形理论之应用顺相似

1. Brocard 氏圆.

定义　设 O 为 $\triangle ABC$ 之外接圆心, K 为类似重心, 则以 OK 为直径之圆称为三角形之 Brocard 圆(Brocard circle).

定义　设自 O 作 $\triangle ABC$ 各边之垂线交 Brocard 圆于他三点如 A', B', C', 则其所成之三角形称为 Brocard 第一个三角形(Brocard first triangle).

Brocard 圆之命名, 为 M. H. Brocard, Chef de Bataillon 所定, 其说见 *Nouvelle Correspondance*, *Mathematique*, *tomes* Ⅲ, Ⅳ, Ⅴ, Ⅵ(1876, 1877, 1878, 1879). 又其他两论文发表于 *Association Francaise pour l'avancement des Sciences*, *Congrès d'Alger*, 1881 及 *Congrès de Rouen*, 1883 者, 亦详论斯义. Brocard 之外则有 Neuberg, M'Cay, Tucker 之诸几何学家亦致力于是.

定理 27　Brocard 第一个三角形与 $\triangle ABC$ 为逆相似.

证明　如图 15, 因 OA' 垂直于 BC, 又 OB' 垂直于 AC, 则

$$\angle A'OB' = \angle ACB$$

但(Euc. Ⅲ. ⅩⅪ)

$$\angle A'OB' = \angle A'C'B'$$

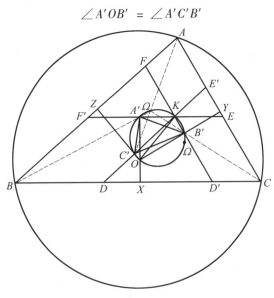

图 15

由是 $\qquad\qquad\qquad\angle A'C'B' = \angle ACB$

同理,他角亦在不同之向而相等,即为逆相似.

系 $A'K,B'K,C'K$ 之延长线与 Lemoine 平行线相重合.

因 $\angle O'AK$ 为直角,故 $A'K$ 平行于 BC.

定理 28 $A'B,B'C,C'A$ 三线为共点,交于 Brocard 圆在 Brocard 点之一.

证明 延长 BA',CB' 交于 Ω,则因自 K 至 $\triangle ABC$ 三边之垂线与各边成比例.而此各边又各与 $A'X,B'Y,C'Z$ 相等,又 $\triangle BA'X,\triangle CB'Y,\triangle A'CZ$ 之各角互相等,所以 $\angle BA'X = \angle CB'Y$ 或 $= \angle \Omega B'O$(Euc. Ⅰ. ⅩⅤ).

由是 A',Ω,B',O 为共圆点,所以 BA',CB' 在 Brocard 圆上而相交.同理,BA',AC' 亦在 Brocard 圆上而相交.由是,直线 $A'B,B'C,C'A$ 为共点.而其交点为 Brocard 点(定理 12).同理,直线 AB',BC',CA' 交于 Brocard 圆上之他一 Brocard 点.

定理 29 直线 AA',BB',CC' 为共点.

证明 因通过点 F' 及 E 之 Lemoine 圆与通过点 A' 及 K 之 Brocard 圆为同心,而其截部 $F'A'$ 等于 KE.由是,AA',AK 为关于 $\angle A$ 之等距共轭线.同理,BB',BK 为关于 $\angle B$ 之等距共轭线.CC',CK 为关于 $\angle C$ 之等距共轭线,故 AA',BB',CC' 为共点线,而其交点为 K 关于 $\triangle ABC$ 之等距共轭.

系 1 Brocard 点恒在 Brocard 圆上.

系 2 $\triangle FDE$ 之各边各平行于 $A\Omega,B\Omega,C\Omega$ 之各直线.

证明 联结 DF,因 $AF = KE'$,但 $KE' = DC'$,所以 $AF = DC'$,由是 DF 平行于 AC(Euc. Ⅰ. ⅩⅩⅩⅣ),即平行于 $A\Omega$ 等之各直线.

系 3 Lemoine 六边形顺序之六边恒与 $\sin(A - \omega),\sin \omega,\sin(B - \omega),\sin \omega,\sin(C - \omega),\sin \omega$ 成比例.

系 4 Ω 及 K 为 $\triangle DEF$ 之 Brocard 点,又 Ω' 及 K 为 $\triangle D'E'F'$ 之 Brocard 点.

系 5 直线 AA',BB',CC' 为 Ap,Bq,Cr 关于 $\triangle ABC$ 三角形之等角共轭线.

定义 $\triangle ABC$ 之 Brocard 圆交于类似中线之三点 A'',B'',C'' 所成之 $\triangle A''B''C''$ 称为 Brocard 第二个三角形(Brocard's second triangle).

定理 30 Brocard 第二个三角形为 $\triangle ABC$ 三边上所作三顺相似三角形之相似三角形.

证明 因 OK 为 Brocard 圆之半径.又 $\angle OA''K$ 为直角,由是 A' 为 AT 之中点,故为 BA,AC 上顺相似形之重点(作图题 1 系 1 及系 5).再按第四节定义,则得本定理之证明.

定理 31 设 $\triangle ABC$ 各边上之各形为顺相似,则三对应边所成三角形之类似中线,通过 Brocard 第二个三角形之各顶点.

证明 设 △bac 为三对应边所成之三角形,则 △bac 之各角与 △BAC 之各角相等.又因 A″ 为 BA,AC 上各形之重点.又 ba,ac 为其对应直线.而直线 A″a 分 ∠bac 所分之部分与 A″A 分 ∠BAC 所分之部分为相等.由是 A″a 为 △bac 之类似中线.同理,C″b,B″c 为同三角形之类似中线.

系1 △bac 之类似重心在 △BAC 之 Brocard 圆上.

证明 如图16,因 △bac 为三对应直线所组成.又 △A″B″C″ 为相似三角形,则准第四节定理21,知其为配景.又其配景心 K′ 在相似圆上,即在 Brocard 圆上.

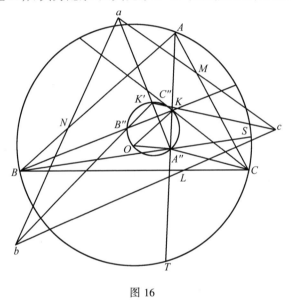

图 16

系2 Brocard 第一个三角形之 A′,B′,C′ 顶点为 △BAC 各边上三顺相似形之不变点.

证明 因 ∠KA′K′ = ∠KA″K″,又 = ∠CLc,即准 △BAC,△bac 相似之性质.但 A′K 平行于 LC,由是 A′K′ 平行于 bc.同理,B′K′,C′K′ 各平行于 ac,ab.因而 A′K′,B′K′,C′K′ 组成三对应线之一系.又 A′,B′,C′ 为其不变点.

系3 △bac,△BAC 之相似心为 Brocard 圆上之一点.

证明 因 K′bac,KBAC 为相似.又 K′a,KA 为两形之对应直线而相交于 A″,准第二节作图题1,其相似心为 △A″aA,△A″KK′ 外接圆相交之一点,而其中之一圆为 Brocard 圆,故题言云云.

系 4　同理,任三顺相似形对应之两组线所成之两形,其相似心为三相似形相似圆上之一点.

系 5　设三对应线为共点,则其交点之轨迹为 Brocard 圆.

此定理为 Brocard 所发现,而为第四节定理 22 系 1 之定理或系 2,3 定理之特例.

2.九点圆.

如图 17,命 ABC 为一个三角形,其高度为 AA',BB',CC'. 又 $\triangle AB'C'$,$\triangle A'BC'$,$\triangle A'B'C$ 与 $\triangle ABC$ 为逆相似.假设各三角形为三相似形 F_1,F_2,F_3 之一部,则得如下三组之对应点.

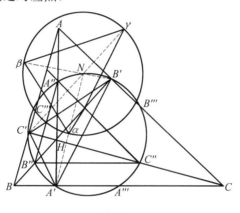

图 17

F_1,F_2,F_3

第一组:A,A',A';

第二组:B',B,B';

第三组:C',C',C.

重点 A',B',C' 为垂足,三对应直线 AB',$A'B$,$A'B'$ 各等于 $AB\cos A$,$AB\cos B$,$AB\cos C$,即其三对应直线与 $\cos A$,$\cos B$,$\cos C$ 成比例.

其三角 α_1,α_2,α_3 为 $\pi - A$,$\pi - B$,$\pi - C$.

第一组之对应线垂直于其对应线 AB',$A'B$,$A'B'$ 之中点.

第二组之对应线垂直于其对应线 $B'C'$,BC',$B'C$ 之中点.

第三组之对应线垂直于其对应线 $C'A$,$C'A'$,$A'C$ 之中点.

各组之交点为 ABC 边之中点 A''',B''',C'''.

各组 F_1 之各直线之交点为 AH 中点 A''.

各组 F_2 之各直线之交点为 BH 中点 B''.

各组 F_3 之各直线之交点为 CH 之中点 C''.

A'',B'',C'' 各点为不变点.

由是九点若 A',B',C'(相似心),A'',B'',C''(不变点),A''',B''',C'''(对应线各组之交点)皆在相似圆上,以是相似圆称为三角形之九点圆.

因得次之各定理:

(1)$\triangle AB'C'$,$\triangle A'BC'$,$\triangle A'B'C$ 三个三角形之三对应直线所成之 $\triangle \alpha\beta\gamma$ 与 $\triangle A'B'C'$ 为配景,而其配景心 N 在 $\triangle ABC$ 之九点圆上,即在 $\triangle \alpha\beta\gamma$ 之外切圆上.

因其至 $\triangle \alpha\beta\gamma$ 各边之距离与 $\cos A$,$\cos B$,$\cos C$ 成比例,而三个三角形之各 Brocard 线具有此性质.

(2)A'',B'',C'' 各点与三对应点 F_1,F_2,F_3 之联结线相交于一点,而其交点在 $\triangle ABC$ 之九点圆上.

(3)设 P,P_1,P_2,P_3 为 $\triangle ABC$,$\triangle AB'C'$,$\triangle A'BC'$,$\triangle A'B'C$ 之对应点,而 $A''P_1$,$B''P_2$,$C''P_3$ 各线交于 $\triangle ABC$ 之九点圆上,在某点,其关于 $\triangle A''B''C''$ 之点 P 与 $\triangle ABC$ 外接圆心联结线上无穷远之一点为等角共轭.

(4)每通过垂心 H 之直线交于 $\triangle AB'C'$,$\triangle A'BC'$,$\triangle A'B'C$ 之外接圆得数对应点.

(5)A'',B'',C'' 各点与 $\triangle AB'C'$,$\triangle A'BC'$,$\triangle A'B'C$ 内接圆心之联结线通过 $\triangle ABC$ 九点圆与其内接圆之切点.

如图 18,设 O 为 $\triangle ABC$ 外接圆圆心.联结 OA,作 $A''E$ 平行于 OA 交 OH 于 E,则 EA' 为九点圆之半径.设 AD 为 $\angle BAC$ 之平分线,则 $\triangle ABC$,$\triangle ABC'$ 之内接圆心在直线 AD 上.设其内接圆心为 I 与 I',联结 $I'A''$,求证:$I'A''$ 通过九点圆与 $\triangle ABC$ 内接圆之切点.

证明 自 I 作 AB 之垂线 IL,联结 LI',则因 $\triangle ILI'$ 为等腰三角形,而 IL 与 LI' 相等.又知 r,R 为 $\triangle ABC$ 内接圆及外接圆之半径,则 $2r^2 = AI \cdot II'$,又 $2Rr = AI \cdot ID$,所以 $\dfrac{r}{R} = \dfrac{II'}{DI}$.

又通过 I 作 IF 平行于 EA'',则因 $\triangle AB'C$ 之二点 I,A'' 与 $\triangle ABC$ 之二点 I,O 为对应,则 $\angle AI'A' = \angle AIO$,由是 $\angle II'F = \angle DIO$.又 $\angle I'IF = \angle IDO$.因其各等于 $\angle DAO$ 也.由是 $\triangle II'F$ 与 $\triangle DIO$ 之各角为相等,故 $\dfrac{II'}{DI} = \dfrac{IF}{DO}$.由是 $\dfrac{IF}{DO} = \dfrac{r}{R}$,故 $IF = r$.因 EA'',IF 为平行,而各为 $\triangle ABC$ 九点圆及内接圆之半径,且直线 FA'' 通过相似心,由是得题证.

148

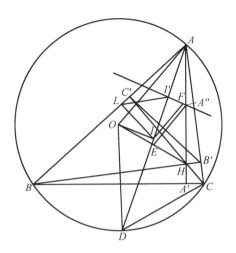

图 18

同理,设 J' 为 $\triangle AB'C'$ 之旁切圆心,而直线 $A''F$ 通过 $\triangle ABC$ 九点圆与其旁切圆之切点.

习　　题

1.设 A_1,B_1,C_1 为关于三角形对边点 A,B,C 之反射影(reflexions),则令 $\triangle A_1BC,\triangle AB_1C,\triangle ABC_1$ 三个三角形为三顺相似形之一部,求证:

(1) A,B,C 为复点.

(2) $\triangle A_1BC,\triangle AB_1C,\triangle ABC_1$ 之垂心为不变点.

(3) A_1,B_1,C_1 为接点.

(4) $\triangle ABC$ 之垂心为指点.

(5) 三对应直线所成三角形之内接圆心为其配景心.

(6) 三对应直线所成三角形与 $\triangle ABC$ 之垂心三角形为相似.

(7) $\triangle A_1BC,\triangle AB_1C,\triangle ABC_1$ 之垂心与其内接圆心之联结线为共点.

2.设通过三角形之垂心作任意线 L 交各边于 A',B',C',则关于三角形各边过 L 反射影 A',B',C' 之各直线为共点.

3.设 $\triangle ABC$ 之各边上作 $\triangle BCA_1,\triangle CAB_1,\triangle ABC_1$,使 A 为 $\triangle BCA_1$ 之外接圆心,B 为 $\triangle CAB_1$ 之外接圆心,C 为 $\triangle ABC_1$ 之外接圆心,求证:

(1) $\triangle BCA_1,\triangle CAB_1,\triangle ABC_1$ 为顺相似.

(2) A,B,C 为重点.

(3) $\triangle A_1BC,\triangle B_1CA,\triangle C_1AB$ 之内接圆圆心为不变点.

(4)A_1,B_1,C_1 为接点.

(5)△ABC 之外接圆心为指点.

(6) 三对应直线所成三角形之配景心为此三角形之垂心.

(7) 三对应直线所成三角形与 △ABC 为逆相似.

(8)△A_1BC,△AB_1C,△ABC_1 内接圆心之联结线为共点.

4.准第三节图 12,求证:△$AE'F$,△DBF',△$D'EC$ 各为顺相似,又

(1) 其不变点为各三角形之形心(centroids).

(2)△ABC 之类似中线与通过不变点之圆交于重点.

(3) 其指点为 △ABC 之类似重心.

(4) 三对应直线所成三角形之配景心为此三角形之形心.

本节除定理(3),(5) 及习题 2,4 外,多源于 Neuberg,而定理(5) 之证明与 M'Cay 君之说大略相同.

第六节　　调和多边形之理论

150

定义　平面上点 K 至圆内多边形各边之垂线,与其各边成比例,则此多边形称为调和多边形(harmonic polygon).

定义　点 K 称为多边形之类似重心(symmedian point).

定义　点 K 与各顶点之联结线称为多边形之类似中线(symmedian lines).

定义　两形具有相同之类似中线,则称为共类似中线形(co-symmedian figures).

定义　设 O 为多边形之外接圆心,则 OK 为直径之圆称为多边形之 Brocard 圆.

定义　设多边形之各边以 a,b,c,d,… 表之.而自 K 至各边之垂线,以 x,y,z,u,… 表之.而因方程式 $x = \dfrac{1}{2} a \tan \omega$,$y = \dfrac{1}{2} b \tan \omega$,… 之 ω 角,则称为多边形之 Brocard 角.

定理 32　关于任意点,任意边之正多边形各顶点之反演组成一等边数之调和多边形之顶点.

证明　设 A,B,C,… 为正多边形之顶点.A',B',C',… 为其反对点(the points diametrically opposite to them).

则关于任意点正多边形外接圆之反演为圆 X,又其直径 AA',BB',CC',… 之反演成 Y,Y_1,Y_2,… 之同轴系,则准第五章第五节定理49,知 X,Y;X,Y_1;X,

Y_2；… 各圆每对之根轴为共点.

由是 A , B , C , $\cdots A'$, B' , C' , $\cdots$ 各系之反演为 α , β , γ , $\cdots$, α' , β' , γ' , $\cdots$, 而直线 $\alpha\alpha'$, $\beta\beta'$, $\gamma\gamma'$, $\cdots$ 为共点.

设其交点为 K , 则 A , B , C , B' 各点成一调和系. 而其反演如 α , β , γ , β' 之各点亦成一调和系. 但直线 $\beta\beta'$ 通过 K , 由是自 K 至 $\alpha\beta$, $\beta\gamma$ 各直线之垂线与其各边成比例, 因得题证.

系 1　设 $1,2,3,\cdots,n$, 为 n 边调和多边形之顶点, 又 K 为其类似重心, 则 $\overline{13},\overline{24},\overline{35},\cdots$ 各弦所成之多边形（re-entrant polygon）为一调和多边形, 而 K 为其类似重心.

证明　本定理当证明自 K 至各弦之垂线与各弦成比例.

设命 A , B , C 为三连续之顶点, p , p' 为自 K 至直线 AB , AC 之垂线, 设延长 AK 交圆周于 A , 则 $\dfrac{p}{AB}:\dfrac{p'}{AC}$ 与非调和比（ $ABCA'$ ）相等, 而为常数. 因准第五章第四节定理 38, 此比与正多边形之对应非调和比相等, 而 $\dfrac{p}{AB}$ 为常数, 故 $\dfrac{p'}{AC}$ 为常数.

151

系 2　同理, $\overline{14},\overline{25},\overline{36},\cdots$ 各弦所成之多边形为调和多边形, 而 K 为类似重心, 余类推.

系 3　任三角形之顶点可视为等边三角形顶点之反演.

系 4　调和四边形为正方形之反演, 而其类似重心为对角线之交点.

系 5　调和四边形为圆周上四点为顶点之图形（第五章第三节定理 27 系 2）.

由是知圆内四边形, 以其一对边为边之矩形面积与以他对边为边之矩形面积相等.

系 6　设 $1,2,3,\cdots,2n$ 为偶数边调和多边形之顶点, 则其交替顶点 $1,3$, $5,\cdots,2n-1$ 所成多边形亦为调和多边形. 而 $2,4,6,\cdots,2n$ 所成多边形亦然. 且此三多边形有一公共类似重心.

作图题 2　求作调和多边形之反演使成一正多边形.

作图　如图 19, 设 AB 为调和多边形之一边, Z 为其外接圆, O 为外接圆心, K 为类似重心, 以 OK 为直径作圆 OKX .

又命 S , S' 为 Z 及 OKX 之限点, 联结 SA , SB 交圆 Z 于 A' , B' , 则 $A'B'$ 为所求正多边形之一边.

证明　命 AB , $A'B'$ 延长交于 P , 又交 OK 于 C , C' , 则 S 之极线必通过 P 及

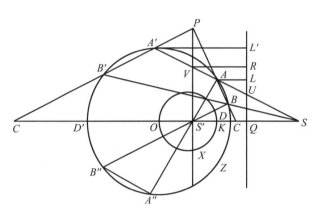

图 19

S',而其束线$(P \cdot SCS'C')$为调和,所以

$$\frac{2}{SS'} = \frac{1}{SC} + \frac{1}{SC'} = \frac{1}{SK} + \frac{1}{SO}$$

由是

$$\frac{SK - SC}{SK \cdot SC} = \frac{SC' - SO}{SC' \cdot SO}$$

所以

$$\frac{\dfrac{KC}{SC}}{\dfrac{OC'}{SC}} = \frac{SK}{SO}$$

或

$$\frac{\dfrac{(K,AB)}{(S,AB)}}{\dfrac{(O,A'B')}{(S,A'B')}} = \frac{SK}{SO}$$

但(第五章第四节定理 35)

$$\frac{(S,AB)}{(S,A'B')} = \frac{AB}{A'B'}$$

由是

$$\frac{\dfrac{(K,AB)}{AB}}{\dfrac{(O,A'B')}{A'B'}} = \frac{SK}{SO}$$

因 AB 为调和多边形之一边,而其类似重心为 K,则 $\dfrac{(K,AB)}{AB}$ 为常数.又因 S,K,O 各点为已知,故 $\dfrac{SK}{SO}$ 为已知.即 $\dfrac{(O,A'B')}{A'B'}$ 为常数,故 $A'B'$ 为常数,由是得题证.

系 1　设联结 A,B 与 S',延长之交圆 Z 于 A'',B'',则 A'',B'' 为关于圆 Z 直径 DD' 之 A 及 B 之反射影.

定义　S, S' 二点称为调和多边形之反演心.

系 2　调和多边形之二反演心与外接圆心及类似重心成调和共轭.

注意　此为定理 32 之新证明,设以 K 代点 O,而与 O 及 K 为共线,次准前之作图法,仅以 K' 代 O,因得一调和多边形,其类似重心为 K,又反演为他形,其类似重心为 K'.

定理 33　设 δ 为类似重心 K 与外接圆心之距离,又 R 为外接圆之半径,则

$$\tan \omega = \sqrt{\frac{1 - S^2}{R^2} \cot \frac{\pi}{n}}.$$

证明　准多边形之 Brocard 角定义,$\dfrac{(K, AB)}{AB} = 2\tan \omega$,因 $A'B'$ 为边之多边形各边相等.故其 n 边 $\dfrac{(O, A'B')}{A'B'} = 2\cot \dfrac{\pi}{n}$.由是 $\dfrac{\tan \omega}{\cot \dfrac{\pi}{n}} = \dfrac{SK}{SO}$ 又 O, K 二点与 S, S' 为调和共轭,且 S, S' 为关于圆 Z 之反演,故

$$\frac{SK}{SO} = \sqrt{\frac{1 - S^2}{R^2}}$$

由是

$$\tan \omega = \sqrt{\frac{1 - S^2}{R^2}} \cdot \cot \frac{\pi}{n}$$

系 1　$\delta^2 = R^2\left(1 - \tan^2 \omega \tan^2 \dfrac{\pi}{n}\right)$.

系 2　m, n 边之两调和多边形有公共外接圆及类似重心,则其两 Brocard 角之正切 $= \dfrac{\cot \dfrac{\pi}{m}}{\cot \dfrac{\pi}{n}}$.

系 3　n 边正多边形之边 $A'B'$ 在圆内之任意位置而成弦,则圆内可内接任意数之 n 边调和多边形,且有一公共类似重心.

系 4　调和多边形四相邻顶点之非调和比为常数.

定理 34　设 $A_0, A_1, \cdots, A_{n-1}$ 为 n 边调和多边形之顶点,则 $A_1 A_{n-1}$, $A_2 A_{n-2} \cdots$ 弦为共点线.

证明　命 K 为类似重心,联结 $A_0 K$ 并延长之交外接圆于 A'_0;则 A_0, A'_0 与 A_1, A_{n-1} 为调和共轭点(见定理 32 之证明),由是直线 $A_1 A_{n-1}$ 通过 $A_0 A'_0$ 之极 α. 同理,$A_2 A_{n-2}$ 通过 α'.类推此,因得题证.

系　顶点 $A_1 A_{n-1}, A_2 A_{n-3}, \cdots$,成一对合列点系,而 A_0, A'_0 为重点,由是调和多边形顶点所成之对合列点系,其数与类似中线数相等.

153

定理 35　设一截线通过类似重心 K,而交多边形之各边于 $R_1, R_2, \cdots, R_n$ 之各点,次取一点 P,使 $\dfrac{1}{KR_1} + \dfrac{1}{KR_2} + \cdots + \dfrac{1}{KR_n} = \dfrac{n}{KP}$,则 P 之轨迹为关于外接圆 K 之极线.

证明　如图 20,设 α 为类似中线弦 $A_0 A'_0$ 之极,联结 $K\alpha$,则 α 为 P 之一位置.

设 n 为偶数,则其各边可相配成双,使 K, α 为某点之调和共轭,而每两边为 $K\alpha$ 线,即在此某点,而相交,由是

$$\frac{1}{KR_1} + \frac{1}{KR_n} = \frac{2}{K\alpha}$$

$$\frac{1}{KR_2} + \frac{1}{KR_{n-1}} = \frac{2}{K\alpha}$$

$$\cdots$$

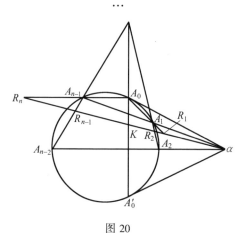

图 20

设 n 为奇数,则其一边在 $K\alpha$ 上之截段与 $K\alpha$ 相等.由是其在 $K\alpha$ 上之各截段反商之和等于 $\dfrac{n}{K\alpha}$,故 α 为点 P 轨迹上之一点,故各类似中线之极皆为轨迹上之一点.即其轨迹通过各类似中线之极,故其轨迹当为一直线(第五章第八节第62 题).而此直线通过各点,由是得题证.

系 1　关于外接圆之点 K 及共极线,为关于多边形之调和极及其极线(参见 Salmon 氏《高等曲线学》第三版第 115 页).

法之几何学家称此调和极及极线为多边形之 Lemoine 点及 Lemoine 线.

系 2　设调和多边形为关于 Lemoine 点之倒形,而 Lemoine 线之极则为多边形倒形顶点之平均中心.

此可按定理 35 反商之理证之.

定理 36　设调和多边形之各边为 $a, b, c, \cdots$，又自 Lemoine 线上之任意点 P 至各边之垂线为 $\alpha, \beta, \gamma, \cdots$，则

$$\frac{\alpha}{a} + \frac{\beta}{b} + \frac{\gamma}{c} + \cdots = 0$$

证明　命 KP 交各边于 $R_1, R_2, \cdots$，则

$$\left(\frac{1}{KR_1} - \frac{1}{KP} \right) + \left(\frac{1}{KR_2} - \frac{1}{KP} \right) + \cdots + \left(\frac{1}{KR_n} - \frac{1}{KP} \right) = 0$$

又

$$\frac{PR_1}{KR_1} + \frac{PR_2}{KR_2} + \cdots + \frac{PR_n}{KR_n} = 0$$

设自 K 至多边形各边之垂线为 $\alpha', \beta', \gamma', \cdots$，则

$$\frac{PR_1}{KR_1} = \frac{\alpha}{\alpha'}, \frac{PR_2}{KR_2} = \frac{\beta}{\beta'}, \cdots$$

由是

$$\frac{\alpha}{\alpha'} + \frac{\beta}{\beta'} + \frac{\gamma}{\gamma'} + \cdots = 0$$

但 $\alpha', \beta', \gamma', \cdots$ 与 $a, b, c, \cdots$ 成比例，故得题证.

定理 37　设自调和多边形各顶点至 Lemoine 线之垂线为 $p_1, p_2, \cdots, p_n$，又自 Lemoine 点至 Lemoine 线之垂线为 π，则 $\sum \left(\dfrac{1}{p} \right) = \dfrac{n}{\pi}$.

证明　命 LL'（参见图 19）为 Lemoine 线，则因 O, S', K, S 各点成调和系. 又 $\dfrac{R^2}{OS'}, \dfrac{R^2}{OK^2}, \dfrac{R^2}{OS}$ 各在 AP 线上，即 OS', OQ, OS 在线 AP 上，因而 $S'S$ 平分于 Q，由是 VS 平分于 U，又因点 A', A 为 V, S 之调和共轭点，而 UA, UV, UA' 在 GP 上（第五章第三节定理 19），故 $AL, VR, A'L'$ 在 GP 上，由是

$$AL \cdot A'L' = VR^2 = S'Q^2 = OQ \cdot KQ$$

即

$$p_1 \cdot A'L' = \pi \cdot OQ$$

故

$$\frac{A'L'}{\pi} = \frac{OQ}{p_1}$$

由是

$$\sum \left(\frac{A'L}{\pi} \right) = OQ \sum \left(\frac{1}{p} \right)$$

但 A' 为正多边形之顶点，而其中心为 O，故

$$\sum (A'L') = n \cdot OQ$$

由是

$$\frac{n}{\pi} = \sum \left(\frac{1}{p} \right)$$

定理 38　设通过类似重心 K 之截线,交 n 边调和多边形之各边于 R_1, $R_2,\cdots,R_n$ 之各点,又交外接圆于点 P,则

$$\frac{1}{R_1P} + \frac{1}{R_2P} + \cdots + \frac{1}{R_nP} = \frac{n}{KP}$$

证明　如图 21,设 $a,b,c,\cdots$ 为各边长,$\alpha,\beta,\gamma,\cdots$ 为自 P 至各边之垂线. 又 $\alpha',\beta',\gamma',\cdots$ 为自 K 至各边之垂线,则(第五章第四节定理 36)

$$\frac{a}{\alpha} + \frac{b}{\beta} + \frac{c}{\gamma} + \cdots = 0$$

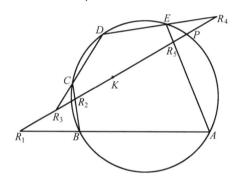

图 21

但 K 为类似重心,$\alpha',\beta',\gamma',\cdots$ 与 $a,b,c,\cdots$ 成比例,由是

$$\frac{\alpha'}{\alpha} + \frac{\beta'}{\beta} + \frac{\gamma'}{\gamma} + \cdots = 0$$

而 $\dfrac{\alpha'}{\alpha} = \dfrac{R_1K}{R_1P} = 1 - \dfrac{KP}{R_1P}$,而与 $\dfrac{\beta'}{\beta},\cdots$ 同值.

由是

$$n - \frac{KP}{R_1P} - \frac{KP}{R_2P} - \cdots - \frac{KP}{R_nP} = 0$$

故

$$\frac{1}{R_1P} + \frac{1}{R_2P} + \cdots + \frac{1}{R_nP} = \frac{n}{KP}$$

定理 39　设通过调和多边形之类似重心作一线,与顶点之切线相平行,则类似重心至此平行线与通过顶点任一边之交点之距离为常数.

证明　如图 22,命 AB 为调和多边形之一边,AT 为切线,KU 为平行线.延长 AK 交圆于点 A'.联结 $A'B$,又命 KX 为自 K 至 AB 之垂线,则

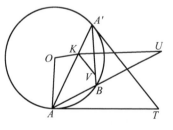

图 22

$$\frac{KX}{KU} = \sin\angle AUK = \sin\angle UAT = \sin\angle AA'B = \frac{\frac{1}{2}AB}{R}$$

由是 $\dfrac{KU}{R} = \dfrac{KX}{\frac{1}{2}AB} = \tan\omega$,而 ω 为多边形之 Brocard 角,由是 $KU = R\tan\omega$.

系 1 设多边形有 n 边,则必有 $2n$ 点与 U 对应,且各点为共圆.

系 2 设 ω' 为调和多边形之 Brocard 角,而 $A'B$ 为其一边,则 $\tan\omega \cdot \tan\omega' = \dfrac{AK \cdot KA'}{R^2}$.

证明 设作 KV 平行于 $A'T$,则知 $\triangle AKU, \triangle VKA$ 各角互相等,由是

$$KU \cdot KV = AK \cdot KA$$

即 $$R^2\tan\omega \cdot \tan\omega' = AK \cdot KA'$$

定理 40 设调和多边形之各类似中线 $KA, KB, \cdots$ 皆因定比而分于 A'', $B'', \cdots$ 之数点.通过此数点作顶点切线之平行线.交于两边而通过其对应顶点.其各交点为共圆.又交互取之,则成两调和多边形之顶点.

证明 如图 23,命 KA 分于 A'',其比为 $\dfrac{l}{m}$,联结 AO, OK,又作 $A''O'$ 平行于 AO 及 $A''U$ 平行于 AT,则

$$O'U^2 = O'A''^2 + A''U^2$$

但 $$O'A'' = \frac{lR}{l+m}$$

又 $$A''U = KU\frac{m}{l+m} = R\tan\omega\frac{m}{l+m}$$

由是 $(l+m)^2 \cdot O'U^2 = R^2(l^2 + m^2 \cdot \tan^2\omega)$

即 $O'U$ 为常数.

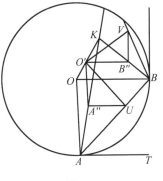

图 23

又设 $B''V$ 与点 B 之切线为平行,则 $\angle O'B'V$ 与 $\angle O'A''U$ 为相等.由是 $\angle UOV$ 与 $\angle AOB$ 相等,故 $U, V, \cdots$ 之各点为一多边形之顶点,而此多边形与 A, $B, \cdots$ 各点所成之多边形为相似.由是知其为调和多边形.准前说,即在 A 之反对向,因得他调和多边形,由是得题证.

系 1 AB 边上圆 O' 之截段为 $\dfrac{2R(l\sin A - m\cos A\tan\omega)}{l+m}$,而 $\angle A$ 为边 AB 与外接圆之交角.

证明 自 O 及 K 至 AB 上之垂线各为 $R\cos A, R\sin A\tan\omega$,又 OK 分于 O',

157

其所得之比为 $\dfrac{m}{l}$. 由是自 O' 至 AB 之垂线为 $\dfrac{R(l\cos A + m\sin A\tan\omega)}{l + m}$.

以圆 O' 半径 $O'U$ 之平方减前式之平方,得 $\dfrac{R^2(l\sin A - m\cos A\tan\omega)^2}{(l + m)^2}$,由是其截段为

$$\frac{2R(l\sin A - m\cos A\tan\omega)}{l + m}$$

系 2 设 $\dfrac{l}{m}$ 以定值代入,则得次之结果.

(1)设 $l = 0$,则其截段与 $\cos A,\cos B,\cos C,\cdots$ 成比例,其圆已见于定理 39,称为多边形之余弦圆.

(2)设 $l = m$,则 OK 平分于 O',又此圆当与 Brocard 圆为同心,此圆称为多边形之 Lemoine 圆,而其直径等于 $R\sec\omega$,又其在边上之截段与 $\sin(A - \omega)$,$\sin(B - \omega),\cdots$ 成比例.

(3)设 $l = m\tan\omega$,则其截段与 $\sin(A - \dfrac{\pi}{4})$,$\sin(B - \dfrac{\pi}{4}),\cdots$ 成比例,又其半径等于 $R\sin\omega\csc(\omega + \dfrac{\pi}{4})$.

(4)设 $l = m\tan^2\omega$,则圆心为 $\Omega\Omega'$ 线之中点,半径等于 $R\tan\omega$,又其截段与 $\cos(A + \omega)$,$\cos(B + \omega),\cdots$ 成比例,且此各段将为 $\Omega\Omega'$ 至多边形各边之投影.

(5)设多边形变为一个三角形,$\dfrac{l}{m}$ 为 $\dfrac{-\cos A\cos B\cos C}{1 + \cos A\cos B\cos C}$,其截段当为 $R\sin 2A\cos(B - C)$,$R\sin 2B\cos(C - A)$,$R\sin 2C\cos(A - B)$,而自其中心至各边上之垂线与 $\cos^2 A,\cos^2 B,\cos^2 C$ 成比例. 其圆为 Taylor 圆. 而 $\dfrac{l}{m}$ 时可以 $\dfrac{\sin(A - \omega) - \sin^3 A}{\sin^3 A}$ 表之.

(6)$\triangle ABC$ 之任 Tucker 圆为具有同一之外接圆及类似重心之他三角形之一 Taylor 圆.

证明 已知 $\triangle ABC$ 之 Tucker 圆,即已知 $\dfrac{l}{m}$,又自 $\dfrac{\sin(A - \omega) - \sin^3 A}{\sin^3 A} = \dfrac{l}{m}$,令 $\tan = x$,则 $x^3 - \cot\omega \cdot x^2 + x + (1 + \dfrac{l}{m})\csc\omega - \cot\omega = 0$. 其三根即所求三角形三角之余切.

定理 41 设 $ABC\cdots$,$A'B'C'\cdots$ 为任意边之两同位相似调和多边形. K 为同位相似心,设延长 $A'B'C'\cdots$ 之每双相邻边交于 $ABC\cdots$ 之每双对应边所得之各

双点 $\alpha\alpha'$，$\beta\beta'$，$\gamma\gamma'$，$\cdots$ 为共圆．

证明　因 $\beta B\beta'B'$ 为平行四边形．BB' 在 B' 为 $\beta\beta'$ 所平分．又因 $\dfrac{KB}{KB'}$ 为已知，

故 $\dfrac{KB}{KB''}$ 为已知．又通过 B'' 之 $\beta\beta'$ 平行于点 B 之切线．故题言云云．

系 1　设定理 40 系 2 之调和多边形为四边形，则其外接圆及八边形 $\alpha\alpha'\beta\beta'\gamma\gamma'\delta\delta'$ 之外接圆为同轴．

证明　如图 24，自 B 至 $\alpha\alpha'\beta\beta'\gamma\gamma'\delta\delta'$ 外接圆切线之平方及自 B 至 $A'B'C'D'$ 外接圆切线之平方之比为 $1:2$ 而自 C，D，A 至同圆之各切线之平方亦然．

系 2　定理 40 系 2 之两调和多边形之边数为偶，而第一形之各边与第二形对应边之 n 交点为共线．

证明　假设两形均为四边形，命 P 为交点，则 $\angle ABE = \angle AC'D'$．由是 $ABC'D'$ 为圆内四边形，故 P 为外接圆根轴上之一点，由是得题证．

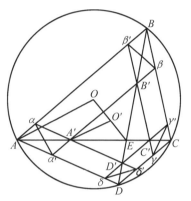

图 24

系 3　$\alpha\alpha'$，$\beta\beta'$，$\gamma\gamma'$ 各直线为多边形之边，而此形与自 A，B，C，$\cdots$ 各顶点上之切线所成之多边形为同位相似．由是知，设其调和多边形 $ABC\cdots$ 之边为偶数，则 $\alpha\alpha'$，$\beta\beta'$，$\gamma\gamma'$ 各线之交点，其相对之两两为共线．

定理 42　自任意 n 边调和多边形之外接圆心作各边之垂线交于 Brocard 圆得 n 点，而与多边形顶点之联结线共点，而得二交点．

此定理可依本章第五节定理 28 之法证之．

定义　设本定理各线之交点为 Ω，Ω'，则称为多边形之 Brocard 点，而各垂线切于 Brocard 圆之 n 点如 L，M，N，$\cdots$，等，则如本章第四节定理 26 系 2 之例而称之为不变点，又其类似弦 AK，BK，CK，$\cdots$ 之中点则为其复点．

系　n 不变点 L，M，N，$\cdots$ 与调和多边形上顺相似形 n 对应点之联结线为共点，而其交点之轨迹为多边形之 Brocard 圆．

定理 43　调和多边形每对相邻边之相似心成一调和多边形之顶点（Tarry）．

证明　如图 25，设 A 为调和多边形之顶点，K 为其调和极，联结 AK 并延长之交 Brocard 圆于点 M，又联结 MS 交 Brocard 圆于点 N，联结 AS 并延长之交外

159

接圆于点 A'.联结 ON,则 S 之极线 PQ 通过 MK,ON 之交点.又因 P,S 点与 A,A' 为调和共轭点.S',S 与 K,O 亦为调和共轭点,则束线$(Q \cdot SKS'O)$,$(Q \cdot SAPA')$ 为相等.而其间有 QS,QA,QP 之三公共射线,由是其第四射线 QO,QA' 相重合,故 Q,O,A 为共线点.

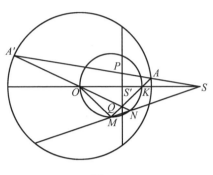

图 25

又 A' 为关于 Z 圆 A 之反演,而 A' 又为圆 Z 内接正多边形之顶点.由是 N 为 Brocard 圆内接正多边形之顶点,而其反演 M 为调和多边形之顶点.而 M 又为通过 A 之类似弦之中点,故 M 为通过点 A 两相邻边之相似心.由是得题证.

定理 44 任意边之调和多边形边上所作之多边形为顺相似,则此各形对应边所成调和多边形之各类似中线通过原形各类似弦之中点.

按此为本章第五节定理 31 之推广,而可以同法证之.

系 1 顺相似多边形对应直线所成调和多边形之类似重心为原多边形 Brocard 圆上之一点.

系 2 原多边形之不变点为各边上顺相似多边形之对应点.

系 3 原多边形及各对应直线所成多边形之相似心,为原多边形 Brocard 圆上之一点.

系 4 多边形各边上顺相似形两组对应直线各为两调和多边形之各边,则此两调和多边形之相似心为原形之 Brocard 圆上之一点.

习　　题

1.通过三角形顶点 A,B,C 之类似中线交外接圆于 A',B',C',则 $\triangle ABC$,$\triangle A'B'C'$ 为共类似中线(co-symmedian)之三角形.

证明 因直线 AA',BB',CC' 为共点,其交于圆上之六点成对合,则非调和比 $(B,A,C,A') = (B',A',C',A)$,但其第一比为调和,故第二比亦为调和,由是 $A'A$ 为 $\triangle A'B'C'$ 之类似中线.同理,$B'B$,$C'C$ 亦为类似中线.

2.调和多边形之反演心为其外接圆及 Brocard 圆之限点,而 Lemoine 线则为其根轴.

3.调和多边形任两交替边之积,与此二线与夹边所成角正弦之积成比例.

证明 设 A,B,C,D 为四相邻点.A',B',C',D' 为正多边形之对应点,则非调和比 $(A,B,C,D) = (A',B',C',D')$,由是

$$\frac{AB \cdot CD}{AC \cdot BD} = \frac{A'B' \cdot C'D'}{A'C' \cdot B'D'} = \frac{\sec^2 \frac{\pi}{4}}{4}$$

但 $$AC = 2R\sin\angle ABC, BD = 2R\sin\angle BCD$$

由是 $$\frac{AB \cdot CD}{\sin\angle ABC \cdot \sin\angle BCD} = R^2 \sec^2 \frac{\pi}{n}$$

4. 参见本节图 19,关于 S 正多边形边 $A'B'$ 之反演,为通过 AB 及 S 之一圆,故通过一调和多边形每边之两端所作之圆通过其反演心,而此圆交于外接圆得定角,为 $\frac{\pi}{n}$.

5. 准前题,各圆同切于他一圆,而其切点为一调和多边形之顶点.

6. 设通过类似重心及调和多边形之任两相邻点所作之圆,交于外接圆得定角.

7. 通过一调和多边形之二反演心及通过其顶点之圆系相交成等角,又与外接圆及 Brocard 圆成直交.

8. 准前题,其交点在 Brocard 圆上,而为一调和多边形之顶点.

9. 求证:定理 39 多边形之交替顶点所成之两多边形,其相似心为原形之类似重心,而其中之一多边形及原形之相似心,则为原形之一 Brocard 点.

10. 求证:5 题之圆通过类似重心及调和多边形之相邻点,而切于 Brocard 圆及其外接圆之一同轴圆,且其切点为一调和多边形之顶点.

11. 设 A, B, C 为一调和多边形之三相邻顶点,而其类似重心为 K,若 K' 为 $\triangle ABC$ 之类似重心,B' 为 KK' 及 AC 之交点,则非调和比 (K, B', K', B) 为常数,试证之.

12. 设通过调和多边形 F 之顶点 $A, B, C, \cdots,$ 于 $AB, BC, \cdots$ 各边上之同方向作等角 ϕ,则此各线所成之多边形 F_2 为调和多边形,而与原形相似,试证之.

13. 关于 F_1 各边 F_2 之等角共轭线所成之 F_3 多边形,求证:F_3 与 F_2 全相等.

14. 设令 F_1, F_2, F_3 为三顺相似形,则其类似重心为不变点,又其重点为 F 之外接圆心及 Brocard 点,试证之.

15. 调和多边形之类似重心,为等角共轭线与多边形各边交点之平均中心.

16. 调和多边形各边之平方与以各边两端至调和极线上垂线为边之矩形面积为相等.

17. 设自调和多边形之顶点,作 Brocard 圆之切线 $t_1, t_2, \cdots, t_n$,求证

$$\sum \left(\frac{1}{t^2}\right) = \frac{n}{R^2 - \delta^2}$$

18.设 $ABCD\cdots$ 为一调和多边形,Ω 为一 Brocard 点,求证:直线 $A\Omega$,$B\Omega$,$\cdots$ 交于外接圆所得之各点为顶点之调和多边形与原形为相等,又 Ω 为其一 Brocard 点.

近世几何学调和四边形之推广,先为 Tucker 君所发现,其论文于 1885 年 1 月 12 号在伦敦算学会发表,是年 Neuberg 君亦研究斯说,而载于算学卷五中,作者于次年 1 月 26 号以三角形调和六边形之论题演讲于爱尔兰皇家学会,而 M. Brocard 君对于作者之说,则有"*parait être le couronnement de ces nouvelles études de géométrie du triangle*"之短评,而 1886 年 3 月 M'Cay 君在 Tucker 论文中则谓 "I believe all these results would hold for a polygon in a circle, if the side were so related that there existed a point whose distances from the sides were proportional to the sides".

第七节　联合图形之理论

162

定义　设圆周上任意点 X 与同圆周上 $I_1,I_2,\cdots,I_n$ 之各点相联结,而联结线上所取 $I_1A_1,I_2A_2,\cdots,I_nA_n$ 之各部成定比 $d_1,d_2,\cdots,d_n$,而各在关于 X 之同方向而度量,则 $I_1A_1,I_2A_2,\cdots,I_nA_n$ 各线上顺相似形系称为联合系(associated system).

定义　$I_1,I_2,\cdots,I_n$ 之各点,称为联合系之不变点(the invariable points of the system).

定理 45　联合系各图形之相似心为共圆.

证明　如图 26,命 $F_1,F_2,\cdots,F_n$ 为各图形,又 I_p,I_q 为任二不变点.A_p,A_q 为 XI_p,XI_q 线上 F_p,F_q 两图形之对应点,则准本章第二节作图题 1 之理,圆 Z 与 $\triangle XA_pA_q$ 外接圆之第二交点为 F_p,F_q 两图形之相似心.由是联合系中每两系之相似心在圆 Z 上,即在通过不变点之圆上.

定义　通过不变点之圆 Z 称为联合系之相似圆.

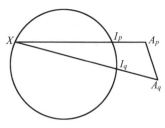

图 26

定理 46　n 对应点所成之图形,与不变点所成之图形为配景.

此可据联合系定义而得.

系 n 对应直线之每系通过不变点,成一集交线之束线(a pencil of concurrent lines).

定理 47 n 图形所成之联合系,其 n 对应直线之交点,与各图形之相似心成配景.

证明 设其对应直线为 $L_1, L_2, \cdots, L_n$. 又通过不变点作线与之平行,则因此各平行线为 $F_1, F_2, \cdots, F_n$ 之对应直线,故为共点,设其交点为 K.

今另设两直线若 L_p, L_q 者,则自 K 至 L_p, L_q 之垂线与自不变点 I_p, I_q 之垂线为相等,而与自 F_p, F_q 两图形相似心 S_{pq} 至此两线之垂线成比例. 由是 L_p, L_q 之交点及 K 与 S_{pq} 点为共线. 即 $L_1, L_2, \cdots, L_n$ 之 $\dfrac{n(n+1)}{2}$ 交点与 K 之联结线各通过 $\dfrac{n(n+1)}{2}$ 之相似心.

定义 K 为 $L_1, L_2, \cdots, L_n$ 各线所成多边形之配景心.

定理 48 在 n 图形之一联合系中,n 对应直线所成之任两多边形 G, G' 之相似心,为相似圆周上之一点.

证明 命 K, K' 为 G, G' 之配景心,则 K, K' 为 G, G' 之对应点. 设 I 为任一不变点,联结 IK, IK',使其联结线交 G, G' 之两对应线于 N, N',则 $KN, K'N'$ 为 G, G' 之对应直线. 由是其相似心为 $\triangle INN'$ 之外接圆与相似圆之第二交点,因得题证.

定理 49 四图形之联合系,其两两之六相似心为对合.

证明 命 L_1, L_2, L_3, L_4 为各图形之四对应直线. 又 K 为各线所成某图形之配景心,则自 K 至六配景心通过 L_1, L_2, L_3, L_4 四边形各边相对交点之三对,即其所成之束线为对合.

定义 设在 n 图形 $F_1, F_2, \cdots, F_n$ 之联合系中,有 $A_1, A_2, \cdots, A_n, A_{n+1}$ 之 $(n+1)$ 点. 使 $A_1A_2, A_2A_3, \cdots, A_nA_{n+1}$ 为各图形之对应直线,则其折线 $A_1A_2\cdots A_nA_{n+1}$ 称为 Tarry 线(Tarry's line). 又设 A_{n+1} 与 A_1 相合,则称为 Tarry 多边形(Tarry's polygon).

本定义即准 M.Gaston Tarry 之联合形而定. 可参见 Mathesis 第六卷第 97,148,196 页,而本节舍定理 48 及 49 以外,皆取材于此书.

定理 50 设 $A_1A_2\cdots A_nA_{n+1}$ 为一 Tarry 线. $I_1, I_2, I_3, \cdots, I_n$ 为不变点,则 $\angle I_1A_1A_2 = \angle I_2A_2A_3 = \cdots = \angle I_nA_nA_{n+1}$ 又 $\angle I_1A_2A_1 = \angle I_2A_3A_2 = \cdots = \angle I_nA_{n+1}A_n$.

证明 准假设,$\triangle I_1A_1A_2, \triangle I_2A_2A_3, \cdots, \triangle I_nA_nA_{n+1}$ 组成一联合系,因其为

相似三角形,故得题证.

定义 $A_1I_1,A_2I_2,\cdots,A_nI_n$ 为通过不变点之对应直线而交于相似圆上.同理,$A_2I_1,A_3I_2,\cdots,A_{n+1}I_n$ 交相似圆上,而其交点称为联合系之 Brocard 点,而以 Ω,Ω' 志之.

定义 相似三角形 $\triangle I_1A_1A_2,\triangle I_2A_2A_3,\cdots$ 之底角称为 Brocard 角,而以 ω,ω' 志之,如 $\triangle I_1A_1A_2$ 之 Brocard 角为 ω,$\triangle I_1A_2A_1$ 为 ω'.

定义 设自 Tarry 线之配景心作各线段上之垂线使与各线段成比例,则此点称为线之类似重心(the symmedian point of line).

作图题 3 已知 Tarry 线之两相邻边 A_1A_2,A_2A_3 及其 Brocard 角,求作 Tarry 线.

作图 如图 27,在 A_1A_2,A_2A_3 上作两三角形,使其底角各等于 ω,ω'.即 $\angle A_2A_1I_1 = \angle A_3A_2I_2 = \omega$,又 $\angle A_1A_2I_1 = \angle A_2A_3I_2 = \omega'$,则 I_1,I_2 顶点为不变点,则直线 A_1I_1,A_2I_2 将交于一 Brocard 点 Ω,而 A_2I_1,A_3I_2 交于他 Brocard 点 Ω',则 I_1,I_2,Ω,Ω' 四点为共圆,而通过此各点之圆 Z 为相似圆.

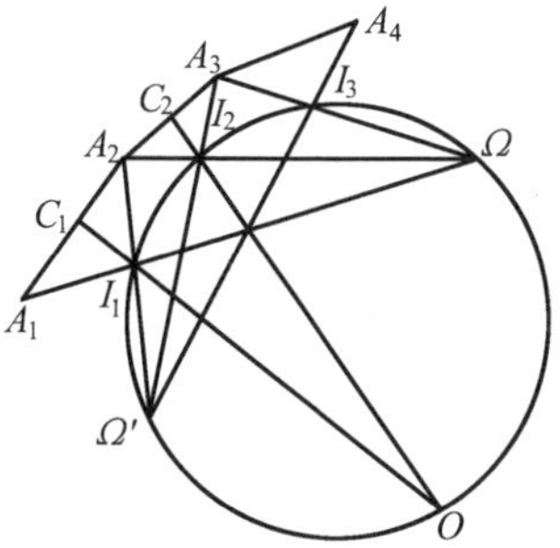

联结 ΩA_3,此联结线当交 Z 于点 I_3,而为 Tarry 线之第二对应边 A_3A_4 之不变点.联结 $\Omega'I_3$ 并延长之交于 A_3A_4 与 ΩA_3 在点 A_4 作 ω 之等角.同理,得 $A_4A_5,A_5A_6,\cdots$,则 Tarry 线可知其相连于反对向 $\angle A_3A_2A_1$.

图 27

系 已知 Tarry 线之一边及其 Brocard 点,求作原线.

定理 51 设 Tarry 线之 Brocard 角 ω,ω' 为相等,则 $A_1,A_2,\cdots,A_n$ 组成调和多边形之顶点.

证明 自 $I_1,I_2,\cdots$ 各不变点作 $A_1A_2,A_2A_3,\cdots$ 线上之垂线 $I_1C_1,I_2C_2,\cdots$.此各线为 F_1,F_2 之对应直线,因而交于圆 Z.设 O 为其交点,则因 $\omega = \omega'$,而 $\triangle I_1A_1A_2$ 为等腰,由是 A_1A_2 平分于 C_1,而 $OA_1 = OA_2$.同理,$OA_2 = OA_3$.余类推.由是 $A_1,A_2,\cdots$ 各点为共圆.又因其所成多边形有一类似重心 K,故为调和多边形.

定理 52 设 Tarry 线之 Brocard 角 ω,ω' 为不相等,则不能成一闭合多边形(close polygon).

证明 设 $\omega' > \omega$,$A_1C_1 > C_1A_2$,由是 $OA_1 > OA_2$.同理,$OA_2 > OA_3$,故 $A_1,A_2,\cdots$ 各点渐近于 O,由是得题证.

系 Tarry 线具有相等之 Brocard 角时,则其类似重心与点 O 各在相似圆直径之反对向.

证明 因 $A_1A_2,A_2A_3,\cdots$ 之平行线通过不变点而相交于 K,因 I_1K,IO 各平行且垂直于 A_1A_2,则 $\angle OI_1K$ 为直角,由是 OK 为圆 Z 之直径.

习　题

1.设各图形之联合系有一公共相似心,则关于此点之各反演亦成一联合系.

2.准前题,关于公共相似心之倒形亦成一联合系.

3.一已知三角形内接之一组相似三角形,共有一相似心.

4.一已知三角形外接之一组相似三角形,共有一相似心.

5.在四顺相似形之联合系中,四对应点之一系,为共线.

6.准前题,四组之指点为共线.

7.在三顺相似形中,其对应圆之组数为无穷,且皆为同轴.

8.准前题,三对应圆之四系可切于一已知线.

9.通过任一点可作此系之三对应圆.

10.三对应圆之八系可切于一已知圆.

11.圆内多边形有一 Brocard 点,则为调和多边形.

12.每多边形对角线(polygonal line)具有一类似重心及一 Brocard 点,或有二 Brocard 点,则为 Tarry 线.

13.在三相似形 F_1,F_2,F_3 之每系中,三对应部分 AA',BC',CC' 之数为无穷,而其诸端为共圆,又通过诸端之 X 圆心之轨迹为 F_1,F_2,F_3 之相似圆.

14.在 A,B,C,A',B',C' 各点圆 X 之切线所成六边形之 Brianchon 点为各部分之类似重心.

15.圆 X 圆心 O 至 Brianchon 六边形对角线上之投影为 F_1,F_2,F_3 之重点.

16.设 K 为各部分之类似重心,又 O 为圆 X 圆心,则自 K 至 OA,OA' 半径上之垂线交 AA' 部分于 a,a'.又同理,于 BB',CC' 上得 $b,b';c,c'$,则此六点为共圆.

17.aa',bb',cc' 三部分之类似重心为圆 X 圆心.

18.设 KA,KA' 分成已知比,又通过分点作 OA,OA' 之垂线交 AA' 于 α,α',又同理,于 BB',CC' 上得 $\beta,\beta';\gamma,\gamma'$,则此六点为共圆.

19.设 A,A' 为圆内接六边形之相对顶点,P 为弦 AA' 之极,L,L' 为 OA,OA' 两半径与六边形 Pascal 线之交点.α,α' 为圆心至 PL,PL' 两直线上之投影,则

165

α，α' 及其他同理所得之两组点为共圆.

20.设 M，M' 为 OA，OA' 半径上之两点，而使非调和比 $(OAML)$，$(OA'M'L')$ 相等，则 O 至 PM，PM' 直线上之投影及其他同理于 BB'，CC' 上所得之两组点为共圆.

21.参见本章图 10，求证：$\triangle ABC$，$\triangle FDE$，$\triangle EF'D'$ 三相似三角形之相似圆，通过 $\triangle ABC$ 之 Brocard 点及 Brocard 圆心.

22.设 a，b，c 为两相等而顺相似且具有相似心 S 两三角形 $\triangle ABC$，$\triangle A'B'C'$ 对应边之交点，则：

(1)设 S 为 $\triangle ABC$ 之外接圆心，则为 $\triangle abc$ 之垂心.

(2)设 S 为 $\triangle ABC$ 之内接圆心，则为 $\triangle abc$ 之外接圆心.

(3)设 S 为 $\triangle ABC$ 之类似重心，则为 $\triangle abc$ 之形心.

(4)设 S 为 $\triangle ABC$ 之一 Brocard 点，则为 $\triangle abc$ 之一 Brocard 点.

23.说明 $\triangle ABC$ 及 $\triangle ABC$，$\triangle A'B'C'$ 对应点联结线所成之三角形所应具之定理.

24.设圆内接偶数多边形 $ABCD\cdots$ 在圆心上而转，使至一 $A'B'C'D'\cdots$ 之新位置，则其对应边交点为顶点多边形对边之每对皆为平行.

25.圆之动弦为等划分，则 Lemoine 点与弦之距与其长成定比，试证之.

26.准前题，求证：其间有二 Brocard 点，一 Brocard 角，一 Brocard 圆，不变点系及两重点.

27.证其圆周可以反转，使其等划分弦线两端之反演为相等弦系之端.

第八节　杂　题

1.设自任三角形之类似重心作各边之垂线，则其垂足之联结线与各中线成直角.

2.设 $\triangle ACB$ 为任意之三角形，CL 为 AB 边上之垂线，求证：AC，BL 为通过类似重心而逆平行于 BC 之直线所分成比例.

3.三角形任意边之中点，与其对应垂线之中点，与类似重心为共线.

4.设 K 为类似重心，G 为 $\triangle ABC$ 之形心，则：

(1)$\triangle AKB$，$\triangle BKC$，$\triangle CKA$ 外接圆之直径与其中线成反比例.

(2)$\triangle AGB$，$\triangle BGC$，$\triangle CGA$ 外接圆之直径与 AK，BK，CK 成反比例.

5.设 BC 为一个三角形之底边，而其 Brocard 角为已知，则其顶点之轨迹为一圆周.(Neuberg)

证明 如图28,命 K 为类似重心,通过 K 作 BC 之平行线 FE 交垂线 AL 于 M. 作 MN 等于 LM 之半. 通过 N 作 QR 平行于 BC,平分 BC 于 I,又作 $\angle OIC$ 成直角,使 $2IO \cdot MN = BI^2$.

因 Brocard 点为已知,通过类似重心平行于底边之 FE 直线为已知,由是 QR 之位置为已知. MN,IO 之大小为已知,故 O 为已知点,又因 FE 通过类似重心

$$\frac{BA^2 + AC^2}{BC^2} = \frac{AM}{NL}$$

由是
$$\frac{BI^2 + IA^2}{BI^2} = \frac{MN + NA}{MN}$$

即
$$\frac{BI^2}{IA^2} = \frac{MN}{NA}$$

故
$$IA^2 = 2IO \cdot NA$$

又因 I,O 为定点,又 QR 为定线,则 A 之轨迹为点 I 及 QR 直线同轴圆之一圆(第五章第五节定理 46).

6. 设在已知直线 BC 上,又在其同方向作已知三角形之六相似三角形,则其顶点为共圆.

7. 自图28之点 I,作 Neuberg 圆之切线,则切点及 I 之截段为 QR 所平分.

8. 具有一公共底边之各三角形顶点之 Neuberg 圆为同轴.

9. 准本章第二节图8,设 $A'B'$ 在 CB' 线上而动,则 O 之轨迹为一直线.

10. 设有共类似中线之二个三角形,则其一之各边与其他之中线成比例.

11. 共类似中线之两三角形之六顶点,为调和六边形之六顶点.

12. 准图28,$\angle BOC$ 等于 $\angle BAC$ 之 Brocard 角之 2 倍.

13. 设两三角形具有公共形心,而顶点之联结线为平行,则其配景轴通过形心.(M'Cay)

14. 设有共类似中线之两三角形,则其一之各 Brocard 点亦为其他之各 Brocard 点.

15. 设 L,M,N,P,Q,R 为共类似中线之两三角形各边之交点,而舍去同在一直线之各点,则其各角与调和六边形各边及 Brocard 点对成之角为相等(11题).

16. 设 F_1,F_2 两顺相似形之两对应点,为关于已知圆 X 之共轭点,则对应点

D，E 之轨迹为一圆周.

证明　命 S 为 F_1，F_2 之复点.又 DE 交圆 X 于 L，M 二点.平分 DE 于 N.联结 SN，则准重点之性质，$\triangle SDE$ 之种类为已知，则 $\dfrac{SN}{ND}$ 为已知.又准假设 E，D 与 L，M 为调和共轭点.又 N 为 ED 之中点.而 ND^2 与 $NM \cdot NL$ 相等，即与自 N 至圆 X 切线之平方为相等，则 SN 与自 N 至圆 X 之切线为已知.由是 N 之轨迹为已知，故 $\triangle SND$ 之种类为已知，故 D 之轨迹为一圆周.

17.设 $\triangle ABC$ 各边之大小及其 Brocard 角为已知，则三对应 Neuberg 圆心所成之三角形与 $\triangle ABC$ 成配景.

18.设在任 $\triangle ABC$ 内作数内接三角形，与其共类似中线之三角形相似，则其内接各三角形之相似心为原三角形之类似重心.

19.于调和六边形之各边上作顺相似之各形，则其类似中线之各中点为各外接形三对之重点.

20.设 F_1，F_2，F_3，F_4 为调和四边形各边上所作之顺相似形.K 为类似重心.K'，K'' 为第三对角线之两端.又设 KK'，KK'' 交 Brocard 圆于 H，I 二点，则 H 为 F_1，F_3 二形之重点，又 I 为 F_2，F_4 之重点.

定义　调和四边形四不变点所成之四边形称为 Brocard 第一个四边形 (Brocard's first quadrilateral).又其对角线之中点及 H，I 两重点所成之四边形称为 Brocard 第二个四边形(Brocard's second quadrilateral).

21.Brocard 第二个四边形为一个调和四边形.

22.设调和四边形 $ABCD$ 之 Brocard 角为 ω，则
$$\csc^2 \omega = \csc^2 A + \csc^2 B = \csc^2 C + \csc^2 D$$

23.调和四边形对角线 AC 之中点 F 与对边 AB，CD 交点 K' 相连，则 $\angle AFK'$ 等于 Brocard 角.(Neuberg)

24.调和四边形任一边之中点与自相邻边交点至各边上垂线中点之联结线，通过类似重心.

25.设 F_1，F_2，F_3，$\cdots$ 为任意边调和多边形 $ABC\cdots$ 各边上所作之各顺相似形.又 α，β，γ，$\cdots$ 为各形之对应边，设 α，β，γ，$\cdots$ 中之三线为共点，则其全数为共点.

26.准前题，$ABC\cdots$ 为偶数边之多边形，则调和多边形 $\alpha\beta\gamma\cdots$ 类似弦之中点与 $ABC\cdots$ 类似弦之中点重合.

27.设 F_1，F_2，F_3 为三顺相似形.B_1，B_2，B_3 为各形之三对应点.又设其所

三角形两边 $\dfrac{B_1 B_2}{B_2 B_3}$ 为已知,则其轨迹为一圆周,设变其比,则各圆成二同轴系.

证明 设 S_1, S_2, S_3 为复点,则 $\triangle S_3 B_1 B_2, \triangle S_1 B_2 B_3$ 之种类为已知.由是

$\dfrac{B_1 B_2}{S_3 B_2}$ 及 $\dfrac{B_2 B_3}{S_1 B_2}$ 为已知,准假设,$\dfrac{B_1 B_2}{B_2 B_3}$ 为已知.由是 $\dfrac{S_3 B_2}{S_1 B_2}$ 为已知,故 B_2 之轨迹为

一圆周.

28.设通过 n 边调和多边形之类似重心 K,作任一边之平行线交相邻边于 X, X',交外接圆于 Y, Y',则

$$4 XK \cdot KX' \sin^2 \frac{\pi}{n} = YK \cdot KY'$$

29.27 题,$\triangle B_1 B_2 B_3$ 之面积为已知,则每点之轨迹为一圆周.

证明 因 $\dfrac{B_1 B_2}{S_3 B_2}$ 及 $\dfrac{B_2 B_3}{S_1 B_2}$ 为已知,故 $\dfrac{B_1 B_2 \cdot B_2 B_3 \cdot \sin\angle B_1 B_2 B_3}{S_3 B_2 \cdot S_1 B_2 \cdot \sin\angle B_1 B_2 B_3}$ 为已知.因

其前项为已知,故 $S_3 B_2 \cdot S_1 B_2 \cdot \sin\angle B_1 B_2 B_3$ 为已知,即 $\angle B_1 B_2 S_3, \angle S_1 B_2 B_3$

为已知,由是 $\angle B_1 B_2 B_3 \pm \angle S_3 B_2 S_1$ 为已知.

命其值为 α,则 $\angle B_1 B_2 B_3 \pm \angle S_3 B_2 S_1$,因其符号之关系,改正原问题如下: 169

设 $\triangle S_3 B_2 S_1$ 底边 $S_3 S_1$ 之大小与位置为已知,又 $S_3 B_2 \cdot S_1 B_2 \cdot \sin(\alpha -$

$\angle S_3 B_2 S_1)$ 之大小为已知,求 B_2 之轨迹.

由是得次之解法:

如图29,于 $S_3 S_1$ 上作一弓形 $S_3 L S_1$,使 $\angle S_3 L S_1 =$
α,联结 $S_1 L$,则 $\angle B_2 S_1 L = \alpha - \angle S_3 B_2 S_1$.由是准假
设,$S_3 B_2 \cdot S_1 B_2 \cdot \sin\angle B_2 S_1 L$ 为已知.但 $S_1 B_2 \cdot$
$\sin\angle B_2 S_1 L = L B_2 \cdot \sin\alpha$,故 $S_3 B_2 \cdot L B_2$ 为已知,由是
知 B_2 之轨迹为一圆周.

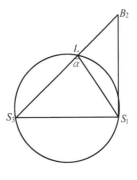

30.设 Q, Q' 为关于外接圆一个三角形 Brocard 点
之反演,则 Q, Q' 之垂足三角形:

(1)互相等.

(2)其一之边垂直于其他之对应边.

图 29

(3)其各形与原形为逆相似.

31.设三顺相似形对应边所成三角形之面积为已知,则其各边之包迹为以
三形个变点为心之圆周.

32.设 n 边调和多边形各边上所成之 n 相似形之 n 对应边所成多边形之面
积为已知,则其各边之包迹为调和多边形不变点为心之各圆.

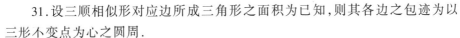

33.调和八边形之四类似中线成调和束线.

34.设 A',C' 为已知三角形之边 BC,AB 上顺相似形 F_2,F_1 之对应点.又 AA',CC' 为平行线,则点 A,C 之轨迹为圆周.

证明 设 S 为两形之重点.又 D 为 F_2 之点,而与 F_1 之 C 为对应.联结 DA',延长 CC' 交 DA' 于 E,则因 S 为 $ABCC'$,$BCDA'$ 之重点,则 $\triangle SCC'$,$\triangle SDA'$ 为相似,即 $\angle SCC' = \angle SDA'$,由是 S,D,E,C 各点为共圆,故 $\angle DEC$ 等于 $\angle DSC$ 之补角,即等于 $\angle ABC$,故 $\angle DA'A$ 等于 $\angle ABC$ 且为已知,由是 A' 之轨迹为一圆周.

35.$\triangle ABC$,$\triangle BCA'$ 之各 Brocard 角为相等.

证明 如图 30,设 $\triangle DA'A$ 之外接圆交 AB 于 F,联结 DF,CF,则(Euc.Ⅲ.ⅩⅩⅡ)

$$\angle DFB = \angle DA'A = \angle BCD$$

由是 $\triangle BCA$,$\triangle BCF$,$\triangle BCD$ 为相似,则已知 BC 底边顶点之轨迹为圆周,又其 Brocard 角等于 $\triangle ABC$ 之 Brocard 角,而通过 A,F,D 三点,且与 A 之轨迹重合.

36.设 C',A',B' 为 $\triangle ABC$ 各边上顺相似形之对应点,又设 AA',BB',CC' 中之二线为平行,则此三线为平行.

37.设 $\triangle ABC$,$\triangle A'B'C'$ 为共类似中线之三角形,则

$$\cot A + \cot A' = \cot B + \cot B' = \cot C + \cot C' = \frac{2}{3}\cot\omega \text{ (Tucker)}$$

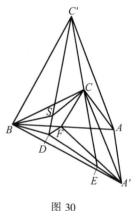

图 30

38.设 Ω 为 $\triangle ABC$ 之 Brocard 点,又 ρ_1,ρ_2,ρ_3 为 $\triangle A\Omega B$,$\triangle B\Omega C$,$\triangle C\Omega A$ 三角形之外接圆半径,则 $\rho_1\rho_2\rho_3 = R^3$.(Tucker)

39.设 Ω 为 n 边调和多边形之一 Brocard 点,$\rho_1,\rho_2,\rho_3,\cdots$ 为 $\triangle A\Omega B$,$\triangle B\Omega C$,$\triangle C\Omega D$,$\cdots$ 各三角形之外接圆半径,则 $\rho_1\rho_2\rho_3\cdots\rho_n = 2^n\cos^n\frac{\pi}{2n}R^n$.

40.设 $\triangle ABC$ 各边上顺相似形 F_1,F_2,F_3 两对应点之联结线通过形心,则其三对应点为共线,又其各点之轨迹为一圆周.

证明 命 D_1,D_2 与形心 G 为共线,而为 F_1,F_2 之对应点,又 AN,BM,CL 为交于 G 之中线.联结 ND_1,MD_2,延长之交于 A',B' 通过点 A,B 之 D_1D_2 线.准作图,$NA' = 3ND_1$.又 $MB' = 3MD$,则因 D_1,D_2 为 F_1,E_2 之对应点.又 A',B' 为对应点.又 AA',BB' 各平行于 D_1D_2 而互相平行.又命 D_3 为 F_3 之一点而与 D_1,

D_2 为对应. 又 C' 与 A', B' 为对应, 则直线 AA', BB', CC' 为平行. 又因 $LD_3 = \frac{1}{3} LC'$, 又 $LG = \frac{1}{3} LC$, 又 $D_3 G$ 平行于 CC', 由是 D_1, D_2, D_3 为共线. 因 A', B', C' 之轨迹亦为圆周, 则 D_1, D_2, D_3 之轨迹亦为圆周, 此各圆称为 M'Cay 圆, 即此圆通过两重点及其形心.

41. 关于 Lemoine 第一圆三角形类似重心之极线, 为此第一圆及外接圆之根轴.

42. $\triangle ABC$, $\triangle pqr$ 之配景心 (第三节定理 14 系 2), 为关于 Brocard 圆 $\Omega\Omega'$ 线之线.

43. Brocard 第一, 第二两三角形之配景轴为关于 Brocard 圆 Brocard 第一个三角形形心之极线.

44. Brocard 第一个三角形与 $\triangle ABC$ 为 3 配景 (triply in perspective).

45. 前题之三配景心所成三角形之形心与 $\triangle ABC$ 之形心重合.

46. 如图 31, $ABCD$ 为调和四边形. E 为类似重心, M, N, P, Q 为不变点, 则:

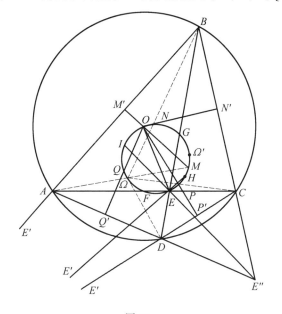

图 31

(1) $\dfrac{PQ}{AC} = \dfrac{NP}{BD} = \dfrac{OE}{2R}$.

(2) NQ, GF, MP 为平行.

(3) $\triangle MNP$, $\triangle FHG$; $\triangle MQP$, $\triangle GHF$; $\triangle NMQ$, $\triangle FIG$; $\triangle NPQ$, $\triangle GIF$ 之两

两成配景,其四配景心为共线,而此线垂直且平分 FG.

(4) AG,CG,BF,DF 各直线切于外接圆同心之一圆.

(5) 设 X,Y,Z,W 为自 E 至 $ABCD$ 各边之垂足,则 E 为 X,Y,Z,W 之平均中心.

(6) $XYZW$ 四边形之各边切于外接圆同心之一圆.

47. 设 R,R' 为 $\triangle ABC$,$\triangle ADC$ 之类似重心,S,S' 为 $\triangle BCD$,$\triangle DAB$ 之类似重心,则:

(1) 四边形 $ABCD$,$S'RSR'$ 共有一调和多边形.

(2) RS,$S'R'$,AD,BC 四线相交于一点.

(3) 设 E' 为 AC 之极,E'' 为 BD 之极,则 A,C;S',S;E,E'' 之三对点成对合,而 E,E'' 为重点.

(4) 设通过 E 作极线之平行线交四共点线 AD,$S'R'$,RS,BC 于 λ,μ,ν,ρ 各点,则其截段 $\lambda\mu$,μE,$E\nu$,$\nu\rho$ 为相等,又 AB,$S'R$,$R'S$,CD 各线与平行线所交之截段亦为相等.

48. 设 F_1,F_2,F_3 三顺相似形之两组对应点所成之两三角形为配景,则其配景心之轨迹为 F_1,F_2,F_3 之相似圆.

49. 延长奇数边调和多边形之类似中线 AK,BK,CK,$\cdots$ 交外接圆于 A',B',C',$\cdots$ 各点.此各点为他调和多边形之顶点,而此两调和多边形为共类似中线,且有同 Brocard 角,Brocard 点,Lemoine 圆,余弦圆,等等.

50. 于 $\triangle ABC$ 各边上作三相似等腰 $\triangle BEA'$,$\triangle CAB'$,$\triangle ABC'$,则 $\triangle ABC$,$\triangle AB'C'$ 之配景轴垂直于配景心及 $\triangle ABC$ 外接圆圆心之联结线.(M'Cay)

51. 如前设,自 A,B,C 作 $B'C'$,$C'A'$,$A'B'$ 之垂线,则其交点与配景心及 $\triangle ABC$ 之外接圆圆心为共线.(Ibid)

52. 设一个三角形之二垂线为三顺相似形之对应直线,则形心与垂心之联结线作直径之圆为其相似圆.

53. 设三角形底边之大小及位置为已知,又通过底边一端之类似中线之位置为已知,则其顶点之轨迹为切于类似中线之一圆.

54. 设通过 Brocard 点 Ω 作三圆,各通过 $\triangle ABC$ 之两顶点,则其三圆心所成之三角形以 $\triangle ABC$ 之外接圆圆心为其一 Brocard 点(图 32).(Dewulf)

55. 设通过任意边调和多边形之 Brocard 点 Ω 作各圆,使各通过多边形之两顶点,则其圆心所成之调和多边形与原形为相似.

56. 如前,更因他 Brocard 点,而得他调和多边形,则此两多边形为相等,而成配景.又其配景心为原形之外接圆心.

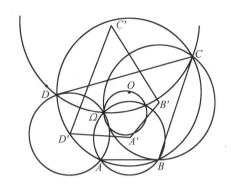

图 32

57.如前题,原多边形之外接圆心为两新多边形之一 Brocard 点.

58.设 ρ 为新多边形之一外接圆半径,则原调和多边形之 Lemoine 第一圆之半径为 $\rho\tan\omega$.

59.设 D_1, D_2, D_3 为 F_1, F_2, F_3 三相似形之对应点,则此各点之轨迹所成之圆,因以下各例而得.

(1)$\triangle D_1 D_2 D_3$ 之一边为已知.

(2)$\triangle D_1 D_2 D_3$ 之一角为已知.

(3)D_1, D_2, D_3 任二点至已知圆所得之切线为定比.

(4)D_1, D_2, D_3 至定点距离之平方和各以某数乘之,其值为已知.

(5)$\triangle D_1 D_2 D_3$ 各边之平方和,各以某数乘之,其值为已知.

(6)$\triangle D_1 D_2 D_3$ 之 Brocard 角为已知.

60.关于对应 M'Cay 圆 $\triangle ABC$ 各边之极,为 Brocard 第一个三角形之顶点.

61.在 52 题各图形中,三对应点之平均中心,而具有 a_2, b_2, c_2 之倍数,则为 $\triangle ABC$ 之类似重心.

62.设自 $\triangle ABC$ 各边之中点作对应 Neuberg 圆之切线,则其切点在通过 ABC 形心之两直线上.

63.三角形之外接圆心,类似重心及垂足三角形之垂心为共线.(Tucker)

64.三角形之垂心,类似重心以及垂足三角形之垂心为共线.(E.Van Aubel)

65.自 $\triangle ABC$ 之顶点至 Brocard 第一个三角形各边之垂线为共点,又其交点(称为 Tarry 点)在 $\triangle ABC$ 之外接圆上.

66.Tarry 点之 Simson 线垂直于 OK.

67.自 A, B, C 各点至 Brocard 第一个三角形之 $B'C'$, $C'A'$, $A'B'$ 或 $C'A'$, $A'B'$, $B'C'$ 或 $A'B'$, $B'C'$, $C'A'$ 之各平行线得 R, R', R'' 三点.(Neuberg.)

68.$\triangle RR'R''$, $\triangle ABC$ 有公共形心.

69.R 为外接圆上之一点,而其 Simson 线平行于 OK.

70.如 65 题,自 Tarry 点作 $\triangle ABC$ 边 BC, CA, AB 之垂线交各边于 α, α_1, α_2; β, β_1, β_2; γ, γ_1, γ_2,则 α, β_1, γ_2 为共线(Simson 线),又 α_1, β_2, γ 及 α_2, β, γ_1 亦为共线系.(Neuberg)

71.M'Cay 圆为关于 $\triangle ABC$ 形心为心之 Brocard 圆第一个三角形各边之反演,而直交于其 Brocard 圆.

72.自 $\triangle ABC$ 至 Brocard 圆之切线,与 a^{-1}, b^{-1}, c^{-1} 成比例.

73.延长 Lemoine 六边形之交替边相交成第二个三角形,则其内切圆半径与原三角形九点圆之半径相等.

74.设 K 为 $\triangle ABC$ 之类似重心,其 $\angle ABK$, $\angle BCK$, $\angle CAK$ 各角以 θ_1, θ_2, θ_3 表之,又 $\angle BAK$, $\angle CBK$, $\angle ACK$ 各角以 ϕ_1, ϕ_2, ϕ_3 表之,则

$$\cot \theta_1 + \cot \theta_2 + \cot \theta_3 = \cot \phi_1 + \cot \phi_2 + \cot \phi_3$$

75.设 A_1, B_1, C_1 为 Brocard 第一个三角形之顶点,则直线 BA_1, AB_1 为 $\Omega\Omega'$ 所分成比例.

76.AB, A_1B_1, $\Omega\Omega'$ 之中点为共线.(Stoll)

77.$\triangle A_1B_1C_1$ 各边中点所成之三角形与 $\triangle ABC$ 为配景.(Ibid)

78.$\triangle ABC$ 之 Brocard 圆交 BC 于 M, M',则 AM, AM' 为关于 $\angle BAC$ 之等角共轭.

79.设 Ω, Ω' 为 n 边调和多边形之 Brocard 点,则

$$\Omega\Omega' = 2R\sin \omega \sqrt{\left(\cos^2 \omega - \sin^2 \omega \cdot \tan^2 \frac{\pi}{n} \right)}$$

80.设关于 $\triangle ABC$ Brocard 圆点 B, C 之极交边 BC 于 L, L' 二点,则 AL, AL' 为关于 $\angle BAC$ 之等角共轭线.

81.关于圆心为 Brocard 点圆周之任意三角形,其倒形为一相似三角形,且其倒形心为其一 Brocard 点.

82.调和多边形各边 AB, BC, CD, $\cdots$, KL 与外接圆上某点所对之角以 α, β, γ, $\cdots$, λ 表之,则自各 Brocard 点至各边之垂线与 $\sin \lambda \csc A$, $\sin \alpha \csc B$, $\sin \beta \csc C$, $\cdots$, $\sin \gamma \csc L$ 成比例,其逆亦真.

83.$\triangle ABC$ 及关于 Brocard 圆之倒形及 $\triangle pqr$(第三节定理 14 系 2),其两两为配景,而有公共配景轴.

84.设任意边调和多边形之 $AB,BC,CD,DE,\cdots$,各边分于 L',M',N',$P',\cdots$ 各点成比例,则 $\triangle L'BM',\triangle M'CN',\triangle N'DP',\triangle P'EQ',\cdots$ 三角形之外接圆有一公共点,而每点皆平分多边形之一类似弦.

85.准前题,公共点之轨迹若 $L',M',N',\cdots$ 为多边形之 Brocard 圆.

86.设 Ω,Ω' 为 n 边调和多边形之 Brocard 点,则

$$A\Omega \cdot B\Omega \cdot C\Omega \cdots = A\Omega' \cdot B\Omega' \cdot C\Omega' \cdots = \left(R\sec\frac{\pi}{n}\sin\omega \right)^n$$

87.设 $ABCDEF$ 为调和六边形. L,M,N,P,Q,R 各点分 $AB,BC,CD,\cdots$ 各边成比例,则通过 $L,R;M,Q;N,P$ 每两点,又通过六边形 Brocard 圆上之任一公共点之各圆,为同轴.

88. 设直线 $A\Omega,B\Omega,C\Omega$ 交对边于 A',B',C',求证:$\dfrac{S_{\triangle ABC}}{S_{\triangle A'B'C'}} = \dfrac{(a^2+b^2)(b^2+c^2)(c^2+a^2)}{2a^2b^2c^2}$.

89.任意边之调和多边形,可因投影而成同边数之正多边形,又调和多边形类似重心之投影为正多边形之外接圆心.

175

90.自调和多边形类似重心至各边垂线之平方和为极小.

91.于 $\triangle ABC$ 上作 $\triangle BA'C,\triangle CB'A,\triangle AC'B$ 三相似等腰三角形,设 $\triangle ABC$ 及 AB',BC',CA' 与 $A'B,B'C,C'A$ 为边之三角形以 F_1,F_2,F_3 表之,则 $\triangle ABC$ 之外接圆心及其两 Brocard 点所成之 $\triangle\Omega O\Omega'$ 为 F_1,F_2,F_3 之相似三角形,又其类似重心即其不变点.(Neuberg)

92.设同轴系中具有任意边调和多边形之外接圆,其 Brocard 圆及其根轴,反转为同心系,则此三反演圆之半径皆在 GP 上.

93.设完全四边形之两两对顶点为关于一个三角形之等角共轭点,则其余之两对顶点亦为等角共轭点.

94.试因同理证其等距共轭.

95.试因本章第六节图19,证

$$\frac{OS}{OS'} = \frac{\cos\left(\omega - \dfrac{\pi}{n}\right)}{\cos\left(\omega + \dfrac{\pi}{n}\right)}$$

96.设 AA',BB',CC' 为圆 X 之定弦,又通过 $A,A';B,B';C,C'$ 各点之圆交于圆 X 得等角,则其根心之轨迹为一直线.(M'Cay)

97.试求平面三角形内一点之轨迹,使其垂足三角形有一已知 Brocard 角.

98.设已知三角形底边两端之位置,又其类似中线通过其一端,则顶点之轨迹为一圆周.

99.设通过调和多边形之两端 $A,B;B,C;C,D;\cdots$ 作圆.使切于 Brocard 圆,而切点之角皆相等,则此各圆切于外接圆得等角,且切于 Brocard 圆及外接圆之同轴圆.

100.调和四边形之余弦圆及外接圆之根轴通过四边形之类似重心.

101.设 A,B 两调和多边形之 Brocard 角为互余,又设 A 之余弦圆为 B 之外接圆,则 B 之余弦圆为 A 之外接圆.

102.如上题,设 B 之余弦圆与 A 之外接圆重合,又 n,n' 为多边形之边数,ω,ω' 为其 Brocard 角,δ 为公共 Brocard 圆之直径,则:

(1)$\tan \omega = \cos \dfrac{\pi}{n} \div \cos \dfrac{\pi}{n'}$.

(2)A 之 Brocard 点与 B 之 Brocard 点重合.

(3)$\delta^2\cos^2 \dfrac{\pi}{n} = R^2\cos\left(\dfrac{\pi}{n} + \dfrac{\pi}{n'}\right)\cos\left(\dfrac{\pi}{n} - \dfrac{\pi}{n'}\right)$.

103.设通过任意边调和多边形之顶点作圆,直交于其外接圆及 Brocard 圆,则其与 Brocard 圆之交点成一调和多边形之顶点,则此新调和多边形之 Brocard 圆与前之 Brocard 圆及外接圆为同轴.

104.设三角形之类似中线 AK,BK,CK 交 BC,CA,AB 各边于点 K_a,K_b,K_c,则 $\triangle ABC$ 及其关于外接圆之倒形与 $\triangle K_aK_bK_c$ 具有公共之配景轴.

105.设 DE 为 $\triangle ABC$ 外接圆之直径,而平分 BC,又 K_a 为类似中线 AK 与 BC 之交点,则 BC 中点与 K 之联结线交于 EK_a,DK_a 在 $\triangle ABC$ 之内平分线及外平分线上.

106.设一个七边形外切于圆,而其切点为调和七边形之顶点,则逐次舍去原多边形一边之七个六边形有一公共 Brianchon 点.

107.求证:$\sum \sin A\cos (A + \omega) = 0$.

108.设 O 为 n 边调和多边形之外接圆心,L 为外接圆及 Brocard 圆之一限点,设 $OL = R\cot \theta$,则

$$\cos 2\theta = \tan \omega\tan \dfrac{\pi}{n}$$

109.设 $ABCD\cdots$ 为一调和多边形,又通过 $A,B;B,C;C,D;\cdots$ 各点作圆切于外接圆及 Brocard 圆之根轴,则其切点为对合.

110.调和多边形之四已知边,交他各边于四点,则其非调和比为常数.

111.调和多边形四边所成之四边形,其 Brocard 点对于对边之角为互余.

112.关于一公共类似重心,共类似中线之二个三角形之倒形为相似.

113.关于一 Brocard 点,共类似中线之二个三角形之倒形亦为共类似中线之三角形.

114.关于任一 Brocard 点,一调和多边形之倒形为一调和多边形,其倒形心为其一 Brocard 点.

115.设 W, W' 两圆与调和多边形之外接圆及 Brocard 圆为同轴,而互为关于外接圆之反演,则关于 W' 圆周上任一点外接圆及圆 W 之反演,各为原多边形反演之外接圆及 Brocard 圆.

116.设 R' 为 n 边调和多边形余弦圆之半径,Δ, δ 为 Lemoine 圆及 Brocard 圆之直径,则

$$\Delta^2 - \delta^2 = R'^2 \sec^2 \frac{\pi}{n}$$

117.设一 n 边调和多边形之各顶点,因关于任意点之反演成他调和多边形之各顶点,则前之反演心之反演,当为后之反演心,试证之.

118.圆内四边形顶点之平均中心,为四边形调和三角形九点圆圆周上之一点.(Russell)

119.本章第六节 13 题,F_2, F_3 两形各外接圆心之轨迹为圆周,试证之.

120.平面三角形上必有二点,其关于已与三角形之垂足三角形为三等边,试证之.

121.设 A', B', C' 为各点,其 Malfatti 圆为互相切,则 $\triangle ABC, \triangle A'B'C'$ 为配景,试证之.

122.求证以下 Steiner 点(67 题)之作图法.

以 $\triangle ABC$ 之顶点为心,其对边为半径作各圆,则在圆周上两两相交得 A_1, B_1, C_1 各点,则 BC 及 $B_1 C_1$ 之交点与 A 之联结线交于半圆,则得所求之点.

123.设 $\triangle ABC$ 之垂线交前题之各圆于点 A', B', C',则:

(1)$S_{\triangle A'B'C'} = 4\cot \omega \cdot S_{\triangle ABC}$.

(2)$A'B', B'C', C'A'$ 之平方和 $= 8 S_{\triangle ABC}(2\cot \omega - 3)$.

(3)$\triangle A'B'C'$ 之 Brocard 角为 ω',则

$$\cot \omega' = \frac{2\cot \omega - 3}{2 - \cot \omega}(\text{Neuberg})$$

124.准前题,设各直线通过顶点,延长之再交各圆于 A'', B'', C'',求证:

(1)$S_{\triangle A'B'C'} + S_{\triangle A''B''C''} = 8 S_{\triangle ABC}$.

(2)$\triangle A'B'C', \triangle A''B''C''$ 各边之平方和 $= 32 S_{\triangle ABC}\cot \omega$.

(3) 各 Brocard 角之余切和 $= 2\dfrac{\cot \omega}{4 - \cot^2 \omega}$(Ibid).

125.52 题之圆周与九点圆及 Brocard 圆为同轴,试证之.

Longchamp 圆,126 ~ 138 一直交于 122 题三圆之直交圆,为 M.Longchamp 君所研究,而发表于 1886 年之 *Journal de Mathematiques Speciales*.其问题虽具特性,而究与近世几何学有密切之关系,故作者为插入此问题,其意义至为单简,而学者对此反可增其兴味,兹以 L 表 Longchamp 圆,又此圆与外接圆之根轴以 λ 表之,则在钝角三角形之场合,此圆之值方为实数.

126. L 圆心为关于外接圆 ABC 垂心之对称.

127. L 之半径为 △ABC 极圆之直径.

128. L 圆与 △ABC 各边之中点为心,其对应中线为半径之圆周相直交.

129.设 I,I' 为 △ABC 边 BC 上之两等距点,则 I 为圆心,AI' 为半径之圆属于同轴系.

130.直线 λ 为关于圆 L△ABC 形心之极线.

131. λ 为关于 △ABC 边 Lemoine 线之等距共轭.

132. λ 与 △ABC 点 Brocard 等距共轭点之联结线成平行.

133. λ 关于 △ABC 之三线极(trilinear pole)为 △ABC 及 Brocard 三角形之一配景心.

134. L 交于外接圆在关于三角形之等距共轭点.

135.以垂心为圆心,外接圆之直径为半径之圆周,与 L 及外接圆为同轴.

136.圆 L,外接圆及通过 △ABC 顶点而平行于底边之垂直所成之 △$A''B''C''$ 之外接圆成同轴系.

137.△ABC 之垂心为 L 及极圆之一相似心.

138.△ABC 之外接圆及其极圆之根轴平行于 λ,则 △ABC 之形心分两者之距离若 2 与 1 之比.

第二编
几何作图题解法及其原理

原著　佩忒森

英译　哈根生

重译　余介石

校订　周家树　张鸿基

第一章　轨　　迹

第一节　点的轨迹

定理 1　凡距已知点等远的一切点,所成轨迹为圆,其中心即为该已知点,半径为此已知长.

应用 1　一已知圆上等长切线的端点,所成轨迹为一圆,与此圆同心.

应用 2　一已知圆上含已知角二切线的交点,所成轨迹为一圆,与此圆同心.

应用 3　半径为已知长而与一已知圆相切的诸圆,其心所成轨迹为与该已知圆同心的二圆.

定理 2　凡距一已知线等远的一切点,所成轨迹为二直线,与已知线平行,相隔距离,即为该等远的长.

应用　三角形有已知底同等积者,其顶点所成轨迹为与底平行的直线,因这种三角形的高,必为一定也.

定理 3　凡距二已知点等远的一切点,所成轨迹为连二点线段的垂直平分线.

定理 4　凡距二已知线①等远的一切点,所成轨迹为二直线,互相垂直,而各平分二已知线所成的角.

定理 5　自一已知线段两端至另一点,连成二线段,如交角为已知量,则此点的轨迹为一圆弧,而以已知线段为弦,这弧称为容有该已知角,并谓从弧上一切点,依已知角下视该弦.

如弧上一点能合于这已知条件,则其上一切点,都应当能合,因为一切的角,皆是立于同弧上的圆周角.因为对这线段的角,等于已知角,所以此题的作法可如下:在弦的一端,作出那已知角,则其　　边应为切线,过切点而与这边垂直的线必含所求弧的圆心,但这圆心又应在弦线的垂直平分线上.

①　此二已知线设为相交的,如为平行线,则此种轨迹为距此二线等远的一平行线.

181

如已知角为直角,则所得弧为一半圆.

注 若是不指示所求点在已知线段的哪一边,则可作二圆弧,各在线段一侧,均含那已知角,这二圆上所余二弧,含有已知角的补角.

假使角的定义,依下述的说法,则全圆均是顶点的轨迹,设二已知点为 A 及 B,我们不说过这二点的二线间夹角,而说从过点 A 的线到过点 B 的线所成的角,意即过点 A 的线,依已知方向旋转所经过的角,如此则任在圆上取一点 C,从 AC 到 BC 的角,均等于从在点 A 切线到 AB 的角.

应用 1 过一已知点的一切弦,其上中点的轨迹为一圆,因从中点到定点的线,与到圆心的线,其夹角为直角也.

应用 2 在一圆内,作有公共底 AB 的一切内接 △ABC,更在这些三角形内,作内切圆,则诸圆心的轨迹,为立于 AB 上的一弧,其心为弧 AB 的中点,含此弧的圆的他一部分,是和 AB 以及 BC 同 AC 二者延长线相切的圆①心轨迹.因为从所求各圆心,下视 AB 的角,各为 $90° + \frac{1}{2}\angle C$ 和 $90° - \frac{1}{2}\angle C$,而从弧 AB 中点下视 AB 的角为 $180° - \angle C$.

定理 6 凡一切点,距二定点的距离成定比($m:n$),其所成轨迹为一圆.

证明 如图 1,设 A,B 为定点,P 为所求点
之一,作 PC 和 PC_1 平分 $\angle APB$ 及其补邻角,则

$$\frac{AC}{CB} = \frac{AC_1}{BC_1} = \frac{m}{n}$$

$$\angle CPC_1 = 90°$$

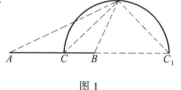

图 1

故 C,C_1 二点分线段 AB 为已知的定比,且对于任一点 P,都是如此,今从点 P 下视线段 CC_1 所成的角为一直角,故按定理 5 可知 P 的轨迹为一圆,而以 CC_1 为直径.

C 和 C_1 二点谓为依定比 $m:n$ 调分(divide harmonically)线段 AB,故问题变为:

按一已知比,作调分线段.

其作法如图 2 所示,AD 与 BE 为平行的二线,且

$$\frac{AD}{BE} = \frac{m}{n}$$

作 $BF = BE$,联结 DF 及 DE 二线,与 AB 相交的点,即为所求者.

---

① 即对 $\angle ACB$ 的旁切圆.

定理 3 为定理 6 的特例,即 $m = n$ 时的情形.

定理 7 凡一切点,距二定线①的距离成定比$(m : n)$,则所成轨迹为过定线交点的二直线.

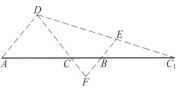

图 2

证明 如图 3,设二已知线为 OA 及 OB,如一点 P,有题设的性质,则在 OP 上一切点,都有这性质,因

$$\frac{OP_1}{OP} = \frac{A_1P_1}{AP} = \frac{B_1P_1}{BP}$$

或

$$\frac{A_1P_1}{B_1P_1} = \frac{AP}{BP}$$

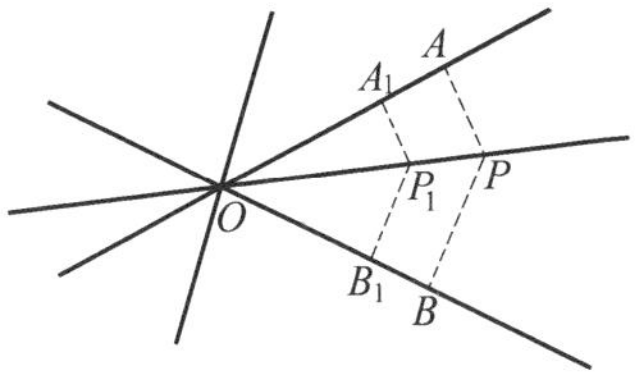

故也.

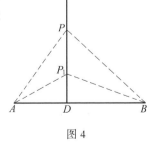

图 3

所以如果知道这线上一点,这线便能求得,设与二距离,其比值合于题设者,即可按定理 2 求得该点.

同法又可作 $\angle AOB$ 的邻角内一线,如此四条过点 O 的线,称为调和束线(harmonical rays). 任何直线与这种线束相交的四点,必为四调和列点(harmonical points).

定理 4 和定理 7 的特例,此时 $m = n$.

应用 已知 AB 同 CD 二线段,又一点 P,使 $\triangle PAB$ 与 $\triangle PCD$ 面积的比为一定,则 P 的轨迹和定理 7 相同,因其二高的比为一常数也.

定理 8 凡一切点,距二定点的距离平方差为一定值 a^2,则所成轨迹为一直线,与连二已知点的线垂直.

证明 如图 4,设 A,B 为已知点,P 为所求点之一,则在 AB 的垂线 PD 上任何点,必适合于题设的关系,例如取 P_1,便得

$$AP_1^2 = AD^2 + P_1D^2$$

$$BP_1^2 = BD^2 + P_1D^2$$

是以

$$P_1B^2 - P_1A^2 = BD^2 - AD^2$$

又按同理

$$PB^2 - PA^2 = BD^2 - AD^2$$

图 4

① 此二定线段为相交的,如为平行线,则此种轨迹为一平行线,其隔二定线距离的比等于已知比.

如作一直角三角形,以 a 为其一腰,再各以 B,A 为中心,此三角形的斜边同他一腰为半径,而作二圆,则所求直线,必过二圆的交点.这直角三角形的他一腰,应取其长至相当程度,使二圆能相交,此处所论的情形,设从 P 到 A 的距离较近.

应用 1 凡一切点,从此所作到二圆上切线有等长的,其轨迹为一直线,与二圆连心线垂直,而称为二圆的等幂轴(radical axis),作此图时,即易见从此等点到圆心距离的平方差,等于二半径的平方差.如二圆相交,则等幂轴,必经过交点,三圆的三等幂轴①共过一点,称为其等幂心(radical center).如二圆不相交,可另作一圆与这二者都相交,则易定其等幂轴.

应用 2 凡一切圆,与二已知圆相交,交点各在直径上者,其中心的轨迹,为与连心线垂直的直线,其隔一圆心的距离,与等幂轴隔他一圆心的距离相等.

应用 3 凡一切圆,与二已知圆直交者(即在交点的二切线互相垂直),其中心的轨迹为这二圆的等幂轴.

定理 9 凡一切点,距二定点的距离平方和为一定值 a^2,则所成轨迹为一圆,其心为连二已知点线段的中点.

184

证明 如图5,设 A,B 为二已知点,P 为所求点之一.作中线 PC,则

$$AP^2 + BP^2 = 2PC^2 + \frac{1}{2}AB^2$$

或

$$PC^2 = \frac{1}{2}a^2 - \frac{1}{4}AB^2$$

故所求点隔 C 的距离为一定,欲求这圆经过 AB 上的点,可作 $\angle BAD = 45°$,以 B 为心,a 为半径,作一圆,与 AD 交于 D 及 D_1.从这二点,作至 AB 上的垂线,其交点 E,E_1 即系所求的点,因

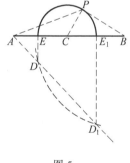

图 5

$$a^2 = DE^2 + EB^2$$

且

$$a^2 = D_1E_1^2 + E_1B^2$$

但

$$DE = AE$$

而

$$D_1E_1 = AE_1$$

定理 10 凡一切点,距二已知线②的距离,其和或差为一定,则所成轨迹为

---

① 每二圆有一等幂轴.
② 此二已知线,设为相交者,如系平行,则当已知的和或差等于二已知线距离时,问题为不定;不等时,问题为不能.

一组四直线.

证明　如图 6,设已知直线为 AB 及 AC,P 为所求点之一,$PC + PE$ 等于 a. 延长 CP 至 D,使 $PD = PE$,则点 D 的轨迹应为与 AC 平行的二直线,而与 AC 相隔的距离为 a. 这二线便是 BD 和 B_1D_1. 所求的点,既然距 AE 和这二线之一等远,所以这些点必在过其交点而平分其所成角的四直线上. 以距离的差为 a 所成问题的解,也是如此解决,考验图 6,易见 BF,FB_1,B_1F_1 同 F_1B 四条有限线段是对于和为 a 一问题的轨迹,其余无限长各部分,是对于差为 a 一问题的轨迹.

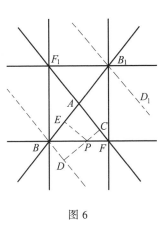

图 6

注　如将 CP 值,依点 P 在已知直线 AF 的异侧,而定为一正一负,并将点 P,依在对于 AB 的异侧,分 EP 的正负,则可得全直线皆为一轨迹,因对于此四线,各有

$$CP + EP = a, \qquad CP - EP = a,$$
$$-CP + EP = a, \qquad -CP - EP = a.$$

由上述各轨迹,甚易解决习题中的 1 ~ 55 题,可将所求点应适合的二条件,分别去看,则可得这点的二轨迹.

在习题 1 ~ 55 题中,都是能直接应用的,或是直接去求一点,或是决定这种点后,便可使问题解决,如果不合于这种情形,便须应用下述的各法则:

图中① 必须将已知的各元素补入,例如二线段的和为已知,则图中不但要作出所求的线段,并且必须补入这已知的和,一般情形的作法,是将其端点落在一已知点上.

再细察这图,以求题中未设为已知的线或角,总要使其易于由已知元素求出.

最后,乃求由已知元素所定的图形中某部分,这等部分求出后,即可从此入手,进而去定图形的其他部分,要是有几部分可供我们选择,则常宜取一种,可借以定所求图形中最多部分的,一般的原则,是求由三已知元素合成的三角形.

要补入一三角形的三边,或诸边的和,差,则常用与各边相切的四圆②. 如此则每边上有二顶点,及四切点,而此六点中每二点间的距离,可用边长去简单

---

① 解一作图题时,常设所求图已作出,而加以解析,此处所说,即指假设已作出的图.

② 内切圆和三旁切圆.

表出,设以 s 表周界的一半,则有特宜注意的结果如下:

(1)内切圆分诸边所成各部分的长,为 $s-a$,$s-b$,同 $s-c$.

(2)从 A 到边 b 或 c 上与半径为 r_a 的圆的切点,其距离为 s.从这等切点到内切圆切点的距离为 a.

(3)内切圆同一旁切圆①在边 a 上的二切点,其一隔点 B 的距离等于他一隔点 C 的距离,这二切点间的距离,则为 $b-c$ 或 $c-b$.

1.曲线倍乘法.

自一点 P 作一直线到已知曲线 K 上一点 A,再取此线上一点 a,使分成两段的比,合于 $Pa:PA=m:n$,则 a 的轨迹成一曲线 k,与已知曲线相似(图7).

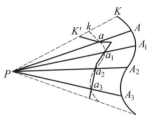

图7

这二条曲线,称为在相似位置(similarly situated).点 P 叫做相似心(center of similitude).过相似心的直线上,与这等曲线的交点,称为位似点(similarly situated points),连位似点的直线,称为位似线(similarly situated lines).这种观念,尚可推广,将曲线所在平面上的点,一部分属于一系内,则其位似点属于他系,如将相似心视为属于一系,则与其在他系中的位似点必相叠合,相似的理在一般的几何教本,都曾论及,在此只需举出下列各点即足.

直线的相似形是直线,圆的相似形是圆.

处相似位置的直线必平行.

处相似位置的角必相等.

处相似位置的线段,依比值 $m:n$ 成比例,这图形可说是依比值 $m:n$ 而相似.

如果在 PA 上向 P 后延长到 Pa,则上述的各理,依然成立,此种系统称为反处的相似位置(inversely similarly situated).

任何二圆都可视为顺处(directly)及反处于相似位置,两种相似心,各称为外同内相似心(external and internal centers of similitude).

有一应用很广的问题,可借上理解决,这题如下:过一点 P,求作一直线,与 K,K' 二曲线各相交于 A 及 a,而使 PA 与 Pa 成定比 $m:n$.

使点 P 为相似中心而作一曲线 k,依比值 $m:n$ 与 K 相似,这曲线与 K' 的交点,即是所求的点.解答的数,和 K' 与 k 的交点数相同.如已知诸曲线系由直

① 即对 $\angle A$ 的旁切圆.

线同圆弧合成,则本题可借直尺和圆规解决.

如 A 和 a 二点位置在已知点的同侧($m:n$ 为正值),作出的曲线 k 对 K 顺处于相似位置;如在异侧,则 k 对 K 反处于相似位置.

对于一已知曲线,依比值 $m:n$,作一相似且处于相似位置的曲线,可称为据相似心用 $\pm\dfrac{m}{n}$ 乘这曲线,号的为正或为负,看相似位置的为顺或为反而定.

欲乘一直线,只需乘其一点即足,因所得线的方向和原线相同①.

欲乘一圆,只需乘其圆心和半径,或圆心和圆上一点.

2.相似法.

倍乘曲线法,可用一较广的方法来包括,即相似法是也,当移去已知条件之一,而可得一组相似(且处于相似位置)形时,即可用这法,在以前,我们所求为图形中已完全确定的各部分,今则求图形中已知形状②的各部分.

其最重要的各款如下:

(1)已知一长度,余则为角及比值,在此可暂不顾定长,而试作一有已知角及比值的图形,其图中的一线,长可任意选定.所成图形和所求的相似,再引入已知线段便得.

187

(2)在习题146～153中,所求图形是不论位置的,如按某条件,图形对某已知线或点,有一定位置,则我们应略去一条件,使结果为一组处相似位置的图形.这图形中一切点的轨迹,各为过相似心的直线,故作任一图形,再作一处相似位置且合于移去条件的图,即为所求者.在一般情形,可移去的条件,多为有定长线段,或应在一已知线上的点,或过一定点的直线.

3.反图.

设一线依一定点 P(称为反图心(center of inversion))旋转,其上可移动的点 A,总在一已知曲线 K 上,在这线上,定另一点 A_1,使 $PA\cdot PA_1 = \mathrm{I}$,其中 I(称为反图幂(power of inversion))为一常数(正或负),则 A_1 作一曲线 K_1. K 同 K_1 二曲线,互称为反图(inverse figures)(或曰依倒径(reciprocal)变易),A 与 A_1 互称为相应点.

一直线的反图是一经过反图心的圆.

证明　如图8,设 PB 与 AB 垂直而 B_1 为 B 的相应点,又 A 与 A_1 为另一对相应点,则因

$$PA \cdot PA_1 = PB \cdot PB_1$$

---

① 即二直线平行.
② 所谓已知形状的意思,即是和已知图形相似的一组图形.

故 $\triangle BPA$,$\triangle A_1PB_1$ 相似,因是 $\angle PA_1B_1 = 90°$,所以点 A_1 的轨迹是一以 PB_1 为直径的圆.

如已知直线经过反图心,则这线和反图相合.

过点 A_1 作这圆时,A 作这直线;所以一过反图心的圆,其反图是一直线.

一不过反图心的圆,其反图为另一圆,其反图心为二圆相似心之一.

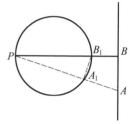

图 8

证明 如图 9,设 B 同 B_1 为二相应点,而 D 为 PB 与这圆相交的另一点,$PB \cdot PB_1$ 同 $PB \cdot PD$ 都是常数,故比值 $PB_1 : PD$ 也是一定.用 P 为相似心,乘 D 的轨迹(即已知圆),便得 B_1 的轨迹,故这轨迹为一圆,依 P 为相似心,而与已知圆处于相似位置,如反图幂即 P 对于已知圆的幂,则这圆为其本身的反图.

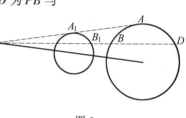

图 9

我们已知证明 B 与 B_1 同时各作一圆,但须注意这二点并不同时作相似弧,但 B_1 同 D 则作相似且处相似位置的二弧.

现在我们便可解下题.

过一定点 P,求作一直线,使其被二已知曲线 K 同 K' 截取的 PX 同 PY 二线段,乘积为一定.

移去曲线 K',则 Y 的轨迹为以 P 为反图心,以已知积为反图幂,所成 K 的反图,故 Y 为这曲线同 K_1 的交点.如已知曲线,都是由直线和圆弧合成,则这题可用直尺和圆规解决.

反图常比已知图要简单些,所以用反图法往往甚为便利,在此宜注意下述的反图间关系.

(1)如二曲线在点 A 相交或相切,则二者的反图,必于 A 的相应点 A_1 相交或相切.

因如 A 同时在二曲线上,则 A_1 必同时在二反图上,又如二交点合而为一点 A①,则二相应点也必合而为一点 A_1.

如果 A 与反图心相合,则上述定理不能成立,因为反图心的相应形,往往是无穷远处直线②,而非一点.

---

① 如二曲线相交的二邻点合为一点,则称二曲线为相切.
② 我们假设每一直线上,有一无穷远点,即依一定方位诸线的公共交点,平面上的一切无穷远点,所成轨迹是一直线,叫做无穷远处直线.

（2）如二曲线相交于 A，而成一角（即其二切线所成的角）其反图相交于 A_1，成相同的角（如果这角是依一曲线至他曲线的方向去度量，则二角同值异号）．

如这二曲线，其一为圆，一为过反图心的直线，则上述定理的成立很易证明．对于任意二圆，这定理也成立，因为从 A 到反图心的直线，必过点 A_1 也．再推到任何二曲线亦无不真，因为在点 A 二曲线间的角，同在点 A 与各曲线相切的二圆间所成角相等．

4．一般的轨迹．

除上面所述各轨迹以外，还有许多其他的轨迹也是常常用得着，但如要将这等轨迹一一举出，未免过占篇幅，故在上述轨迹有不能应用的时候，便应求图中某某点，所成的直线或圆等轨迹．先作正确的图，实际很有帮助，虽然这种方法，是不甚科学的．

如需将一图，画在一定位置，则移去一条件时，往往可将图在任何位置上作出，再由平行移动，或依某一点旋转，使其移到所应在的位置上，这图形上的点就是平行直线或同心圆了．

189

习　题

1．求一点距三已知点等远（用定理3）．

2．求一点距三已知线等远（用定理4）．

3．已知一三角形的三边，求作这形（用定理1）．

求作一已知半径的圆，且适合于下条件．

4．过二定点（用定理1）．

5．过一定点，且与一定线相切（用定理1和定理2）．

6．过一定点，且与一定圆相切（用定理1）．

7．与二定线相切（用定理2）．

8．与一定线及一定圆相切（用定理1和定理2）．

9．与二定圆相切（用定理1）．

10．已知一三角形的 a，h_a 及 m_a，求作此三角形（用定理1和定理2）．

11．在已知圆上作一条切线，使自切点到这切线与他一已知线交点的距离为一定（用定理1的应用1）．

12．作一圆过一定点，且在另一定点与一定线或一定圆相切（用定理3）．

13．在已知圆上求距一已知直线为一定距离的点（用定理2）．

14．在一已知直线上，求距二已知点等远的点（用定理3）．

15．作一圆与二平行线相切，且过一定点(用定理 4 和定理 1)．

16．自一已知点，作至一圆的切线(用定理 5)．

17．已知一三角形中的 $\angle A$，a 和 h_a，求作这三角形(用定理 5 和定理 2)．

18．已知一三角形中的 $\angle A$，a 和 m_a，求作这三角形(用定理 5 和定理 1)．

19．求定一点，使从此下视二已知线段的角，各为一定(波泰诺(Pothenot)问题)(用定理 5)．

20．已知一可内接于圆的四边形中一角，一邻边和二对角线，求作此形(用定理 5 和定理 1)．

21．求作一点，使其隔三已知线的距离，两两成定比(用定理 7)．

22．求在一三角形中一点，使其隔三顶点的距离，两两成定比(用定理 6)．

23．求过一已知点，作一直线与一定圆相交，使自二交点到一定线距离的和为一定．

宜先定这弦的中点(用定理 5 的应用 1 同定理 2)．

24．求定一点，使自这点到二已知圆的切线各有定长(用定理 1 的应用 1)．

25．求定一点，使自这点下视二定圆的角①，各为一定(用定理 1 的应用 2)．

26．在一已知三角形中，作一内接等腰三角形，使有定高，并且它的底和已知三角形的一边平行(用定理 2 和定理 3)．

27．求作一圆，使圆心在一已知线上，而圆周隔二已知线的距离②各为一定(用定理 10)．

28．已知一三角形中的 $\angle A$，v_A 同 r③，求作这三角形(用定理 4，定理 2 同 16 题)．

29．已知一可内接于圆的四边形中 AB，BC，AC 三边同二对角线的夹角，求作此形(用 3 题同 1 题)．

30．求定一点，使自此点到三已知圆的切线有等长(用定理 8 的应用 1)．

31．已知一三角形中的 $\angle A$，a 同 $b^2 + c^2$，求作此三角形(用定理 5 和定理 9)．

32．在一已知三角形中求定一点，使此点与三顶点的连线，三等分这三角形的面积．

设已知三角形为 $\triangle ABC$，所求点为 O，由 $S_{\triangle AOB} = S_{\triangle AOC}$ 的条件，定出点 O 的轨迹，是过 A 的一直线，因中线平分三角形面积为二，故 BC 的中点，必在那

---

① 即自这点所作二切线间所含的角．
② 即自圆心到直线上距离，与圆半径的差．
③ v_A 为 $\angle A$ 的角分线．

轨迹上,可见这轨迹,便是这中线,故所求点,即三中线的交点.

33.在一已知三角形中,作一内接三角形,使一顶点为一定,且二边有定长(用定理1).

34.求作一圆,含三等圆,并且和这些圆相切(用1题).

35.已知一三角形的 a,h_b 同 h_c,求作这三角形(用定理5和定理1).

36.求定一点,使其隔已知角顶点的距离为一定,且隔这角二边的距离成定比(用定理1和定理7).

37.已知一三角形的 a,$\angle A$ 同 $b^2 - c^2$,求作这三角形(用定理5和定理8).

38.已知一三角形的 a,h_a 同 $b^2 + c^2$,求作这三角形(用定理2和定理9).

39.已知一直角三角形斜边上二点,他二腰上各一点,同斜边上的高,求作这形(用定理2和定理5).

40.求作一等边三角形的外接正方形,其一顶点和三角形的相合.

宜先求这正方形中那顶点的对顶点(用定理5同定理3).

41.已知一三角形的 a,A 和 r,求作这三角形(用定理5的应用2).

42.分一已知线段为二部分,而以另一已知线段为比例中项(用定理5和定理2).

43.已知一直角三角形,求作一圆与斜边相切,又经过对顶点,且其心在他一腰上(用定理4).

44.已知二平行线,其一上的一点 A,及在二线外的一点 O,求过点 O 作一线,与含 A 的线交于 X,他一平行线交于 Y,且 $AX = AY$.

宜先求 XY 的中点.

45.求作一点,使自这点下视一直线上 AB,BC 同 CD 三段的角都相等(用定理6).

46.求作三角形内一点,使自这点见其三边,似有等长(即下视的角相等)(用定理5).

47.求作一点,使自这点所见三圆,似有相等大小①.

自此点到各圆心的距离,必与诸半径各成等比,故由定理6便可定出.

48.已知一三角形中的 a,h_a 同 $b:c$,求作这三角形(用定理2和定理6).

49.在已知四边形中一点,使自这点到二对边距离的和为一定,又到他二对边距离的比,亦为一定(用定理7和定理10).

50.在定圆上求一点,使自这点到二已知线距离的和为最小(用定理10).

---

① 即自这点所作到各圆的二切线,所成角相等.

191

51.求作一圆,与三已知圆直交(用定理 8 的应用 3).

52.求作一圆,与三已知圆相交,使交点都各在直径两端(用定理 8 的应用 2).

53.在已知圆内,求作一直角三角形,使其二腰各过一已知点(用定理 5).

54.在一已知圆中,求作一内接直角三角形,使一锐角为一定,且一腰过一定点(用定理 5).

55.在圆形弹子台上,二弹子安置于一直径上,问如何击动一弹子,使至撞台边反射后,撞着他一弹子?(用定理 6)

56.已知四边形 $ABCD$ 中的 AB,BC,CA,BD 同 $\angle D$,求作此形.

宜先作 $\triangle ABC$,再定点 D(用定理 1 和定理 4).

57.已知一可内接于圆的四边形 $ABCD$ 中 $\angle A$,$\angle ABD$,AC 同 BD,求作此形.

宜先作 $\triangle ABD$,由此即可定外接圆,再用定理 1 即得 C.

58.已知一平行四边形中的 AB,AC 同 AD,求作此形.

59.已知一三角形的 $\angle A$,h_a 同 v_A,求作这三角形.

宜先作以 h_a 同 v_A 为二边的三角形.

60.已知一三角形的 h_a,m_a 同 R,求作这三角形.

宜先作以 h_a 同 m_a 为边的三角形,再用定理 1 同定理 3 去求外接圆的心.

61.已知一三角形的 a,R 同 h_b,求作这三角形.

宜先作以 a 同 h_b 为边的三角形,再用定理 1 去求外接圆的心.

62.已知一三角形的 $\angle B$,a 同 r,求作这三角形.

63.已知一三角形的 a,$b + c$ 同 h_b,求作这三角形.

64.已知一平行四边形的一边和二对角线,求作此形.

65.已知一三角形的 h_a 同 m_a,且 $a = 2b$,求作这三角形.

66.已知一四边形中的 AC,$\angle CAB$,$\angle ACD$,CD 和 DB,求作此形.

宜先作 $\triangle ADC$,再定点 B.

67.过一已知点,求作一直线,使其与一三角形二边交点同第三边的两端,共在一圆上.

68.已知一三角形的 a,h_a 同 m_a,求作这三角形.

69.已知一三角形的 h_a,m_a 同定理 2,求作这三角形.

70.已知一三角形的 h_a,h_b 同 $\angle B$,求作这三角形.

71.已知一三角形的 h_a,m_a 同 $a : b$,求作这三角形.

72.已知一三角形的 h_a,$\angle B$ 同 $\angle C$,求作这三角形.

73.已知一三角形的 a,$\angle A$ 同 $b+c$,求作这三角形.

宜延长 AC 过 A 到点 D,使 $AD=c$,再联结 BD,如此以补入 $b+c$,由此易见可作 $\triangle CDB$,其中 $\angle D$ 等于 $\dfrac{1}{2}\angle A$,用定理 3 可以求 A.

据上理,显见如 BC 为一已知弦,而延长弦 BA 到点 D,使 $AD=DC$,则 D 的轨迹是一以 $\overset{\frown}{BC}$ 中点为心的圆.

74.已知一三角形的 $\angle A$,b 同 $a-c$,求作这三角形.

宜延长 c 过 A,使延长部分的长为 $a-c$.

75.求分一弧为二部分,使上面的二弦和为最大.

76.已知一三角形的 $\angle A$,$b+c$,同 h_b+DC,D 为 h_b 的他一端,求作这三角形.

77.已知一三角形的 a,$b+c$ 同 $\angle B-\angle C$,求作此形.

78.已知一三角形的 a,$\angle A$ 同 $b-c$,求作此形.

79.求在一已知正方形上,外接他一已知正方形(用 73 题).

80.求在一已知的正 n 角形上,外接他一已知的正 n 角形.

81.已知一四边形中的 AB,BC,BD,$\angle A$ 同 $\angle B$,求作此形.

82.已知一四边形中的 AB,AC,$\angle A$,$\angle D$ 同 $\angle C$,求作此形.

83.已知一可内接于圆的四边形中 AC,BD,$AB\pm BC$,同外接圆半径 R,求作此形.

宜先作这圆,再作 AC,然后求 B(用 73 题),再求 D.

84.已知一可内接于圆的四边形中 AB,BC,AC 同 $CD\pm DA$,求作这形.

85.已知一四边形的 AB,CD,AC,$\angle BAC$ 同 $\angle ABD$,求作这形.

86.已知一可内接于圆的四边形中 $AB\pm BC$,DA,BD 同 $\angle A$,求作此形.

87.已知一三角形的 a,$b-c$ 同 $\angle B-\angle C$,求作此形.

宜作 BD,使 $AD=AB$,则 $DC=b-c$,由此易见 $\angle DBC=\dfrac{1}{2}(\angle B-\angle C)$,如此则定出 $\triangle BDC$,再用定理 3 求 A.

88.已知一三角形的 c,v_A 同 $\angle B-\angle C$,求作此三角形.

宜作以 c,v_A 为边的三角形,而 $\angle(v_A,a)^{①}=90°-\dfrac{1}{2}(\angle B-\angle C)$.

89.已知一梯形的二对角线,　平行边及　角,求作此形.

90.已知一直线,线上一点 A,同线外一点 P,求这线上的一点 X,使 $AX+$

---

① $\angle(v_A,a)$ 表示 v_A 与 a 的交角.

XP 等于已知线段 m.（AX 是连着正负号①一同算的）.

宜将 m 放在已知线上，使一端和 A 相合，即可用定理 3 求 X.

91.已知 A,B 二点同过 B 的一直线，在这线上，求 X,Y 两点，使距 B 等远，且自 A 下视 XY 的角为一定.宜延长 AB 到 C 使 $BC = AB$.

92.已知二平行直线，一直线上一点 A，他一直线上一点 B，及二直线间一点 O，求过 O 作一直线，使 AX 同 BY（连二者的正负号②一同计算）的和为一定.

所求线平分 AC，而 YC 等于 AX.

93.已知一三角形中 a，$\angle A$，$CD \cdot b$，D 为 h_b 的一端，求作此三角形.

h_a 和 a 的交点，是很容易求定的.

94.已知一三角形中 $\angle B$，$c - a$ 和 b 被 h_b 所分成二部分的差，求作此三角形.

宜将已知长 AD 同 AE③各置于 AB 同 AC 上，又 $\angle AED$ 可求知.

95.已知 A,B,C 三点，同过 A 的一直线，求作一圆过 A,B 二点，而与直线在另一点 D 相交，使 CD 为这圆在点 D 的切线.

194 因 $\angle BDC = \angle BAD$，故易求 D.

96.已知一三角形的 R，h_a 同 $\angle B - \angle C$，求作这三角形.

过 A 的半径与 h_a 可用已知量表出.

97.在 $\triangle ABC$ 中求作一直线 XY 平行于 BC④，使 $XY = XB + YC$.
所求线经过内切圆心.

98.已知一三角形的 $\angle B - \angle C$，v_A 同 $\dfrac{b + c}{a}$，求作这三角形.

99.在平行四边形 $ABCD$ 中作直线 AX，过 CD 上的一点 X，而使 $AX = AB + XD$.

AX 上的一点 E，使 $AE = AB$ 的，也是 BD 上的一点.

100.已知 $\triangle ABC$ 中边 AB 的长短和位置，$\angle A$ 和过点 C 的外接圆直径与 AB 的交点 D，求作其外接圆.

从所求圆心下视 BD 的角，可以求出.

101.在一三角形中，AD 平分 $\angle A$，已知 AD，$AB - BD$ 同 $AC - CD$，求作这三角形.

---

① 如 $m > AP$，则取 AX 与 XP 同号；如 $m < AP$，则取 AX 与 XP 异号.
② 即 AX，BY 同方向时为同号，异方向时为异号，如不论号而取绝对值，则所求线平分 AC，或与 AC 平行.
③ $AD = c - a$，AE 等于 b 被 h_b 分成二部分的差.
④ 英译本用 ≠ 为平行的记号，甚奇.

将 BA 同 CA 都放置 BC 上,使 DA_1 同 DA_2 各表已知差,过 A,A_1,A_2 的圆与这三角形的内切圆同心,而其直径亦可求知.

102.已知一四边形中,自二对角线交点所作到四边上垂线与边的交点,求作这形.

到二对边的二垂线所成角,可以求知.

103.已知一直角一边上的 A,B 二点,求在他边上定一点 X,使 $\angle AXB = 2\angle ABX$.

宜求 XY 的中点,Y 是 XB 上一点,使 $AX = AY$ 的.

104.求过一定点,作一直线,使其截一定角所成的三角形周界为一定.

宜先作其一旁切圆.

105.已知一三角形中 $\angle A$,v_A 和 $a + b + c$,求作这三角形.

106.已知一三角形中 $\angle A$,r 和 $a + b + c$,求作这三角形.

107.已知一三角形中 $\angle A$,R 和 $a + b + c$,求作这三角形.

a 可求知,则问题可归于 73 或 137 题.

108.已知一三角形中 r,r_a 和 v_A,求作这三角形.

由 r 和 r_a 可定 h_a.

109.已知一三角形中 r,r_a 和 $b - c$,求作这三角形.

$b - c$ 是二切点间的距离.

110.已知一三角形中 a,r 和 $b + c$,求作这三角形.

甚易求定 s 同 a,而可定二切点及一顶点.

111.已知一三角形中 a,r 和 $b - c$,求作这三角形.

112.已知一三角形中 h_a,r 和 $a + b + c$,求作这三角形.

a 可以求知.

113.已知一三角形中 a,r_b 和 r_c,求作这三角形.

二切点间的距离可以求出.

114.已知一三角形的 r_a,r_b 和 $a + b$,求作这三角形.

二切点间的距离可以求知.

115.已知一三角形中 r_b,r_c 同 $\angle B - \angle C$,求作这三角形.

BC 和这二圆连心线的夹角,可以求知.

116.已知一三角形中 a,$b + c$ 同 v_A,求作这三角形.

内接圆心,旁切圆心,和这二圆公切线的交点,四者成调和列点,所以在 AB 上射影仍然是如此,这四点中,有三点为已知,故可求出第四点.

这问题有一较简的解法,即作 v_A,并知自 B,C 二点至 v_A 末端的距离,比值

是 $\dfrac{b+c}{a}$,便可定 B,C.

117.过一已知点 O,求作一直线,与二已知直线相交,使交点隔 O 的距离,成比值 $m:n$.

以 O 为相似心,将一已知直线乘 $\pm\dfrac{m}{n}$,作出这直线以求交点.

118.过圆内一点 O,作一弦线,使其被点 O 成分比值 $m:n$.

以 O 为相似心,将一已知直线,乘 $-\dfrac{m}{n}$,所求线必经过新圆与已知圆的交点,如已知点在圆外,宜乘 $\dfrac{m}{n}$ 或 $\dfrac{n}{m}$.

如用弦和圆外部分的比值为 $\dfrac{m}{n}$,宜乘 $\dfrac{m}{m+n}$ 或 $\dfrac{m+n}{m}$.

119.过二圆的一交点 O 作一直线,使在二圆内所截的弦相等.

用 O 为相似心,以 -1 乘一圆.

120.在一已知四边形内,求作一内接平行四边形,且使其心①为定点.

196

121.已知一三角形中 a,b 和 m_c,求作这三角形.

作 $CE=m_c$,以 C 为心,a,b 为半径,各作一圆,再用 E 为相似心,以 -1 乘一圆.

如先作一已知边,则可乘一弧为 $\dfrac{1}{2}$,或他弧为 2 倍,便可得解.后法比较易作,但需占较多的篇幅.

122.已知一三角形中 a,$\angle A$ 和 m_b,求作这三角形.

在 a 上作一容有 $\angle A$ 的弧,以 B 为心,m_b 为半径,作另一弧;而用 C 为相似心,以 2 乘这弧,或 $\dfrac{1}{2}$ 乘第一弧.

123.过圆上一已知点作一弦,使其被另一已知弦平分.

用已知点为相似心,用 2 乘已知弦,或 $\dfrac{1}{2}$ 乘这圆.

124.在二同心圆内,作一线,使在小者内的弦为在大者内弦的一半.

125.已知一三角形内的 a,$\dfrac{b}{c}$ 和 m_c,求作这三角形.

126.已知一三角形中一角同二中线,求作这三角形.

127.已知一三角形中三中线,求作这三角形.

三中线被其交点分成 $1:2$,故本题可归于 121 题.

---

① 即对称心,为平行四边形二对角线的交点.

128.已知一三角形的重心(即三中线的交点),一顶点同他二顶点所在的二曲线(设其为直线或圆),求作这三角形.

129.已知一三角形的 a,m_b 同 $\angle(m_a,b)$,求作这形.

130.已知一三角形的 b,m_b 同 $\angle(m_a,a)$,求作这形.

131.已知一可内接四边形中的 $\angle ADB$,$\angle ACB$ 同 AC 所分成二部分的比①,求作这四边形.

132.已知一平行四边形的二对顶点,又他二顶点在一已知圆上,求作这形.

133.在一三角形中,求自 A 作一线 AD 到 BC 上,使其为 BD 同 DC 的比例中项.

宜用其外接圆.

134.已知一三角形中 a,b 和 v_c,求作这三角形.

135.已知一三角形中 $\angle A$,b 和 $\angle(m_a,a)$,求作这形.

136.在一已知三角形中,求作一线过点 A,使自 B,C 作至这线上的垂线为 BX,CY,而 AX,AY 成定比.

137.求作二已知圆的公切线.

二圆可视做相似形,而有二相似心,这二相似心,在连心线上,而二平行半径端点的连线,依平行向的异同,经过外或内相似心,自相似心到一圆的切线,必为他一圆的切线.

138.已知一点 O 和二圆,求作二圆的平行切线,使自 O 至二圆的距离,成一定比.

用 O 为相似心去乘一圆,本题便变为 137 题.

139.已知一三角形的 $\angle A$,m_b 和 $\angle(a,m_c)$,求作这形.

140.A,B 为一圆上的二已知点,求圆上的另一点 X,使 XA,XB 各交一已知直径于 Y,Z 二点,而这二点隔圆心的距离成一定比.

用圆心为相似心去乘 AX,则 Y 合于 Z,而 A 落于一可求知的点 A_1 上,又 $\angle A_1ZB$ 亦可求知.

141.已知一三角形各边上一点,且分三边所成的比,求作这三角形.

设 ABC 为已知的三角形,D,E,F 为已知点而 $BD:DA=m:n$,$AF:FC=p:q$,$CE:EB=r:s$,用 D 为相似心,以 $-\dfrac{n}{m}$ 乘 BD,D 的位置不变,而 B 则与未知点 A 相合,再用 F 为相似心,以 $-\dfrac{q}{p}$ 乘 DA,则 A 当与 C 相合,而 D

---

① 即 AC 被他一对角线 BD 分成的比.

197

则落于一可求知点 D_1 上,又用 E 为相似心,以 $-\dfrac{s}{r}$ 乘 D_1C,则 C 当与 B 相合,而 D_1 与一新可求知点 D_2 相合.

一直线的方位,不因相乘而变,故必有 BD_2 与 BD_1 平行,是以 DD_2 和 AB 线相合,欲作 BC 线,可从点 E 起,依相同的手续而逆施,即可求得.

对于任何多角形,作法也是一样.

在特例,如已知各边中点,而边数又为偶数的时候,则问题为不可能,或为不定.

142. 已知四同心圆,求作一直线,与诸圆各交于 A,B,C,D 四点,而使 $AB = CD$.

设以 (AB) 表圆 A 上一点对于圆 B 的幂①(power),又所求线与诸圆的另一组交点,各为 A_1,B_1,C_1 与 D_1,则必有

$$(AD) = AD \cdot AD_1, \quad (BC) = BC \cdot BC_1$$

但 AD_1 与 BC_1 相等,故有

$$AD : BC = (AD) : (BC)$$

这比值是很易求的,只需作二线,使一线介于 A,D 二圆间的部分,和他一线介于 B,C 二圆间的部分相等便得,进则可求知比值 $AB : AC$,如此便可得所求线,至于点 A 可任意取定.

143. 在一四边形中,已知 AB,BC,CD 同 AC,且第一线段位置亦定,问下列各轨迹如何?

(1)顶点 D 的轨迹,

(2)对角线 BD 中点的轨迹,

(3)连二对角线中点所成线段的中点轨迹.

144. 在一以 O 为心的圆内,作一定直径 AOB 同一弦 BC,且延长到 D,使 $CD = BC$,求 OD 同 AC 交点的轨迹.

145. 已知一定点 A,又依另一定点 B 旋转的一直线,求对于这旋转线,而与 A 成对称的点,所成的轨迹.

146. 已知一三角形的二角和一线段(中线,高,周界等),求作这三角形.

宜先作一含二已知角的任意三角形,再作一形与他相似,而使含已知线段.

147. 已知一三角形的 $\angle A, a$ 同 $b : c$,求作这三角形.

含 $\angle A$,而夹角成已知比的三角形,必和所求的图形相似.

---

① 即自圆 A(指所求线与其交点为 A 的圆,下同)上一点所作到圆 B 上切线的平方,或所作割线与圆 B 二交点到圆 A 上那点二距离的积.

148. 已知一正方形中对角线与一边的差,求作这正方形.

149. 已知一三角形中 $\angle A$, b 同 $a : c$,求作这三角形.

150. 已知一圆的中心角 $\angle ACB$,求作一切线,使其被这角二边所截的一段,被切点分为一定比.

先作一任意线段为切线,次求圆心,所成的图,形状合于题设,再以圆心为相似心,即易作出所求的图.

151. 已知一三角形中 $\angle A$, h_a,同 h_a 分 a 所成两部分的比,求作这三角形.

152. 已知一三角形的三高,求作这三角形.

三边所成的比,可以求知自一圆外一点作三割线,使在圆外的部分,各等于已知高,则各割线①同所求三角形的边成比例.

153. 在一半圆中,作一四边形,与一已知者相似,且二顶点在直径二端,他二点则在半圆上.

在已知四边形外作一半圆,如题述情形,便得一与求作图形相似的图形.

154. 在一已知 $\triangle ABC$ 中,求作一内接 $\triangle abc$,并使其诸边各与已知线平行.

移去点 a 应落于边 BC 上一条件,则其余各条件,对于一组以 A 为相似心而处于相似位置的三角形,均能适合.作如此的一个 $\triangle a_1 b_1 c_1$,则 Aa_1 可与 BC 交于 a.

155. 在一已知三角形,扇形或弓形中,求作一内接正方形.

156. 在一已知三角形中,求作一内接平行四边形,与另一已知平行四边形相似.

157. 求作一线过一已知点,而与二已知线成等角.

158. 已知相交于一点的三直线,求作一直线,过一已知点,而使其被三已知线所截的二段成定比.

宜在一已知线上取任一点,以代已知点(再用 117 题).

159. 求作一线过已知点,而截一已知角二边所成的部分成定比.

160. 求作一直线,与一三角形的一边平行,且在形内一段,与他边被这线所分成二段之一,二者成定比.

161. 求作一直线,有一定方位,且使其被二已知角截取部分成定比.

设已知角为 $\angle BAC$ 同 $\angle DEF$, X 为所求线与 EF 的交点,如移去点 X 在 EF 线上的条件,则 X 轨迹为一直线,其与过 A 且有定方位的直线相交的点,必在 DE 上面.

199

---

① 即自圆外点到圆上第二交点的长.

162.已知一等腰三角形等边上的高同一中线,求作这三角形.

用已知线段为边的三角形,立即可作出,由此则以中线为一边,原设等腰三角形顶点为顶点的三角形,可求知其形状.

163.已知圆上一点 A,同一弦线 BC,求作一弦 AD,与 BC 相交于 E,使 DE：DC 为定值.

△CED 的形状易于求知,再以 C 为相似心,而作另一形,与其相似.

164.已知一圆同其中二半径,求作一弦被这二半径分为三等分.

165.在一已知四边形中,求作一菱形,使其边和那四边形的对角线平行.

166.在一已知三角形中,求作一内接 △XYZ,使 YZ 有定方位,且 X 落在边 BC 上的位置,和比值 XY：XZ 为已知.

移去 BC（但过 A 而至 BC 上已知点的直线,仍设为已知）,而取 A 为相似心.

167.求作一直线,使有定方位,而分一四边形的一对对边,成比例部分（用 154 题）.

168.在一三角形内,求作一线,与一边平行,并使在他二边间的部分,为其分他一边所成二部分的比例中项.

169.已知一点 B,同二平行线,其一过一定点 A,求作另二平行线,过 A 及 B,并与已知二平行线,成菱形,已知周界的平行四边形,使二边成定比的平行四边形.

170.在一三角形中,求作一内接菱形,使其一顶点同三角形的一顶点相合.

171.在一圆内,求作一内接等腰三角形,使其底同高有定和.

设 △ABC 为所求的三角形,我们宜延长已知高 BD 到 E,以引入定长,则必有 DE = 2AD,由此便可求知 △ADE 的形状,再用 E 为相似中心,即本题可解.

172.在一三角形中,求作一内接长方形,使其周界为一定.

宜在图中,引入此定周界的一半.

173.在一三角形中,求作一内接三角形,使其一顶点 A 在前者的一边上,且 ∠A 为已知,而其对边与定直线平行.

174.在一已知三角形中,求作一内接平行四边形,使其二边成定比,且一边落于 BC 上,这边的一端落于 BC 的一点上.

175.在一已知三角形一边上,求作一点,使自这点各依一定方位所作到他一边上的二线段,其长有定和.

176.已知一点 B 同二平行线 AX 及 CY,求过 B 作一直线与二平行线交于 X,Y 二点,使 AX,AY 二线段有定比.

移去点 B,在 AX 上任意取一点 X₁ 以代 X,而定在 AY 上与 Y 相当点 Y₁.

177.已知一角同一点,求过这点作一直线 XY,与已知角的二边交于 X,Y,使自该角顶点到 XY 的距离,与线段 XZ 成定比,Z 为该角他边上一点,而 XZ 有定方位.

移去 P,而任在 AX 上取一点 X_1 以代 X.

178.在一三角形中,求作一线,使其有一定方位,且与 AB 交于 X,与 BC 交于 Y,而 AX,CY 有定比.

$AXYC$ 的形状可求知,再用 A 为相似心,而令点 B 代点 X.

179.在一 $\triangle ABC$ 中求作一线段 XY,X 为 AB 上一点,Y 为 AC 上一点,而 $BX = XY = YC$.

$BXYC$ 的形状,可以求知.

已知一三角形的 $\angle A$,$a + b$,$a + c$,而求作这三角形的作图法,可化为 179 题.

180.在一 $\triangle ABC$ 中,求作一线段 XY,与 BC 平行,且合于含 XY,XB,YC 的一齐次关系式(例如,$XY^2 = XB \cdot YC$;$XY^2 = XB^2 + YC^2$ 等).

181.求作一圆,使过一定点,而与相交于点 O 的二直线相切.

201

与二直线相切的任何圆,都以 O 为相似心,而处于相似位置,直线 OA 与所作圆的交点,为所求圆中点 A 的相似点.由这二交点,定出二解,由 A 作一线,与所作圆中过交点的半径平行,即易定得所求圆心.

182.在一已知线上,求定一点,使其距一定点和一定线等远(即求一直线与一抛物线①(parabola) 的交点).

移去定点,而用已知二线的交点为相似心,事实上,这题与上题相同.

183.在已知线上,求定一点,使其距一定点和一定线的距离,成一定比(即求一直线与一锥线②的交点,锥线的一焦点(focus),一导线(directrix) 及离心率(excentricity) 设为已知).

如将题中自所求点到定线的距离,改为与定线成定角的一线段,这题的解法,大体无甚变动.

184.求作一圆,使过一定点,心在一已知线上,而被另一定线所截的弧所对的圆心角为一定.

185.求作一圆,过二已知点,且与一已知线相切.

186.在 $\triangle ABC$ 中,求依一定方位作一直线,与 AB 交于 X,与 BC 交于 Y,

---

① 距一定点和一定线等远点的轨迹为一抛物线.

② 距定点和定线二距离成定比的点,轨迹成锥线,这定点称为焦点,定线称为导线,定比称为离心率.

使 $XY + YA$ 的长为一定.

187.已知一三角形中 $a,\angle B$ 同 $b - h_a$,求作这三角形.

宜将 h_a 延长过 a,使长为已知长 $b - h_a$(用 182 题).

188.已知一三角形中 $\angle A,a - c$ 同 $h_b + CD,D$ 为 h_b 的他端,求作这三角形.

延长 CD 到 E,使 $ED = h_b$,延长 BA 到 F,使 $AF = a - c$,作 $CE,\angle CEB = $ 45° 同过 F 而与 CE 平行的直线,再用 183 题,即可定点 B.

189.已知一三角形中 $a,\angle A$ 同 $b + nc,n$ 为一已知数,求作这三角形.

190.已知一三角形中 $\angle A,b + c$ 同 $a + c$,求作这形.

延长 b 过 A 到 D,使长为 c,又延长 c 过 B,使长为 a,作 CD,DB,可定点 B.

191.在一已知 $\triangle ABC$ 中,求作一内切半圆,使与边 BC 在一已知点 P 相切,而直径的两端,各落在他二边上.

用 P 为相似心,以 -1 乘 AB 或 AC,则问题归于 173 题.

192.从一已知点 P 求作一直线,截一已知角的二边于 A,B,使 $PA \cdot PB = a^2,a$ 为一已知线段.

193.已知一圆,其一直径同一点 P,求作一直线,过 P 而与圆交于 X,直径交于 Y,使 $PX \cdot PY = a^2$.

194.过二圆的交点,求作一直线,使其被二圆所截的弧,乘积为一定.

195.已知 $\triangle ABC$ 中内接正方形的边,$\angle A$ 同 AB 被正方形顶点分成二部分的积,这正方形有二顶点在 BC 上,求作这三角形.

196.已知三角形中 a,A 同 $BD \times BA,D$ 为 h_c 的一端,求作这三角形.

197.求作一圆,经过一定点 P 而与二定圆相切.

用 P 为反图心而作反图,则本题变为求作二已知圆公切线,并宜选适当反图幂,使一已知圆不变.

198.过二圆交点的任一圆,与一组和二定圆相切的圆(包括这二圆的公切线),相交于定角,试加证明.

将下述的定理,化为反图,即得所求的结论:过一组处相似位置诸圆相似心的直线与这些圆都交于定角.

199.求作一圆与同过一点的三已知圆相切.

200.在一已知圆中,求作一内接四边形,使每边各过一定点.

设四边为 AB,BC,CD 同 DA,各过一点 a,b,c 同 d,用这些点为反图心,各点对已知圆的幂为反图幂,如此依 a,b,c,d 四点,相继作反图,则点 A 仍旧归到同点 A 相合,设 P 为一点,经依 a,b,c 三点作反图,和点 d 相合的,这样一点,可将 d 依 c,b,a 作反图而得,而点 P 的任何圆或直线,依 a,b,c 继续作反图,则

为过 c 的一圆,再依 d 作反图,便得一直线 PA,依如此的四次反图,变为直线 P_1A,P_1 为将 a 依 b,c,d 继续作反图的结果.PA 和这圆的交角,不因这四次反图变其大小或符号,且这圆又不变动,所以 PA,P_1A 必是一条直线.

故得解法如下:将点 a 依 b,c,d 作反图得 P_1,将点 d 依 c,b,a 作反图得 P,则直线 P_1P 必与这圆交于 A.

这种解法对于边数为偶数的图形,都能合用.

201.在一已知圆中,求作一内接三角形,使每边各过三定点 a,b 及 c 中之一.

仍如 200 题作法,但只需作反图三次,不作四次.结果则 PA,P_1A 不能合为一直线,因这二线与圆交角为同值异号.将 Pa 与圆的一交点,依 a,b 及 c 作反图,令结果为 Q,aP,PA 二直线,因诸反图,各变为 QP_1,P_1A,所以这二线所成角,必和前二线交角相等.这些角的符号也相同(其理由可于作诸反图时见之;直线虽成对的相应,但其交点不相应),故此四线成一可内接于圆的四边形,所以由过 P,P_1 以及 aP,P_1Q 交点三者的圆,便可决定点 A.

这种解法,可推到边数为奇数的多角形.

202.求作一圆,使有一已知半径,其心在一已知线上,且在他一已知直线上截取一定长的弦.

任取一位置,作题设的圆,使在已知线上截取定弦,再使圆心在与这已知线平行的一直线上移动以达到所求位置.

203.求作一圆,使有一已知半径,其心在一已知圆上,又与他一已知圆截取的弧,立于一定长的弦上.

204.求作一圆,使有一已知半径,且过一定点,又在一已知线上截取一定长的弦.

205.求作一三角形与一已知三角形全等,且一边在一已知直线上,这边的对顶点又在另一已知直线上.

206.在一已知弓形内,求作一内接三角形,使与一已知三角形全等.

207.求作一已知半径的圆,使其在二已知直线上各截取定长线段,或在二已知圆上截取的弧各立于定长的弦上.

208.求作一切线到一已知线,使其被二平行线或二同心圆所截取的一段有定长.

209.过一定点求作一线,使其被二同心圆截取的线段,自圆心下视的角为一定.

210.已知二圆,求定一点,使自这点到二圆上各作一切线,所成角为一已定,且一切线有定长.

先在圆上任取一点,作有定长的切线,在切线的端点作已知角,将第二已知圆依第一圆圆心旋转,以至于和这角的边相切,然后再将圆连着切线一同旋转回到原来的位置.

211.求作一圆,与二平行线相切,且过一定点.

212.求作一线,过一定点,且使其被二组平行线,所截的部分相等.

所求线必定要同这二组平行线所成平行四边形的对角线平行.

213.求作二圆,各有一已知半径,一圆在一已知直线上截取定长的弦,他圆在又一已知直线上截取另一定长的弦,这二圆并要相切,而切线有一定的方位.

214.在一已知圆中,求作一内接三角形,使其一边同这边上的中线为已知长,且这中线须过一已知点.

215.在一已知圆中,求作一内接三角形,使其一边和他一边的中线为已知,又三中线相交的点,在一定直径上.

216.在一已知圆中,求作一定长的弦,使其被一定直径分成定比.

217.在一已知四边形中,求作一平行四边形使其边各有定方位.

移去已知四边形的一边,则那平行四边形中,不固定一顶点的轨迹为一直线.

218.过一定点,求作一直线,使与已知三直线相交的点,同已知点成调和列点.

移去一已知直线,则那不定的点,轨迹为过他二已知线交点的一直线.

219.已知一三角形中 v_A,$\angle B$ 同自 C 到 v_A 的距离,求作这三角形.

先作 v_A 和 v_A 的一垂线.这问题就可以变为上题,但须以含 $\angle B$ 的弧代一已知直线.

第二节　　直线的轨迹

直线也和点一样,是由二条件决定的,又好像只合一条件的点一样,往往有一曲线或他曲线,使适合一条件的一切直线,都与它相切.因为这种类似的关系,这曲线可称为线的轨迹①.在特别情形,这种曲线,可为一点,即合于条件的一切直线,都经过这点,除这类情形以外,我们在此所论的曲线只有圆.

如能定一直线的二轨迹,则问题变为下列之一:

---

① 此种轨迹,又称包线(envelope).

（1）求作一直线经过二已知点.

（2）求作一过已知点而至一圆的切线（上节习题中的 16 题）.

（3）求作二已知圆的公切线（上节习题中的 137 题）.

我们且论几条最重要的直线轨迹.

定理 11　在同圆中等长弦线的轨迹是一圆，与这已知圆同心，且和一等长弦线相切.

定理 12　凡一切直线，距二定点的距离成定比，则其轨迹为一点，分那连二定点线段成同一的定比，此处所说距离是连着符号①讲的.

定理 13　凡一切直线，距二定点的距离，和为定长，则其轨迹为一圆，其心为连二定点线段的中点.

如已知的为这二距离的差，则轨迹为二无穷远点，故诸直线是二组平行线. 欲求这二组平行线的方法，可取一定点为心，定差为半径作圆，而自他一已知点作到这圆上的二切线便是.

注　所论距离是连着符号讲的，如取定某一距离为被减数，则轨迹只是一无穷远点.

205

定理 14　在一圆中，作立于同弧上的圆周角，并作直线，分诸角各成二同角，则诸直线的轨迹为那弧上的一点，这点可由依题述方法分任意一角而得.

定理 15　作过二定点，且与一定圆相交（或相切）的诸圆，则其诸公弦的轨迹，为连二已知点的直线上一点.

证明　如图 10，设二已知点为 A 及 B，又过这二定点的一圆与已知圆相交于 C，D 二点. 直线 CD 将与 AB 相交于一点 O，即为所求的点. 因如作任一圆过 A，B 二点，而

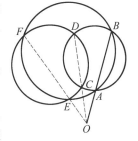

图 10

与已知圆交于 E，F，则 FE，DC 同 AB 诸直线，为这三圆的等幂轴，更因三等幂轴必交于一点，所以 FE 必过点 O.

习　题

1.求过一已知点，作一直线，使被一已知圆截取一定长的弦.

用定理 11 则本题归于上节习题中的 16 题.

2.求作一直线，使被二已知圆截取的弦，各有定长.

3.求作一直线，使与一已知直线交于 X，与一已知圆相交于 Y 及 Z，而 YX

---

①　如二点同在直线一侧，则二距离为同号，如在异侧，则二距离异号.

同 YZ 各有定长.

用定理 11 则本题归于上节习题中的 11 题.

4.在一已知圆中,求作一三角形,使与一已知三角形相似,且使其一边过一定点.

5.在一已知圆中,求作一弦,使有定长及定方位.

6.在一已知圆中,求作一内接三角形,使其一边与一定线段等长且同方位,又这边对角的平分线经过一定点.

一边可由定理 11 求得,由此便可知对角平分线上的二点.

7.在一已知圆中,求作一三角形,使其一边有定方位,这边的对角平分线有定长,且过一定点.

由这边的已知方位,可定立于其上的弦的中点,如此便可求得平分对角的线.

8.求作一直线,过一定点,且使距一定点的距离与距二定点距离的和相等.

9.已知一定圆上 A,B 二定点,求过一定点 P 作一直线,使与圆交于 X,Y 二点,而 AX,BY 成定角(用上节习题中的 220 题).

10.求分一圆上定弧为二部分,使所张的二弦成定比.

求定二弦所成角的平分线,分已知弧上弦成题设的定比,且过圆周所余部分的中点.

11.过一定点求作一线,使其延长时,能过延长未相交二线所得的交点.

所求线分二平行线被已知二线所截的二段成等比,故宜作一平行线经过定点.

12.已知一三角形中线 AD 分 $\angle A$ 同 a 所成的二部分,求作这三角形.

宜作其外接圆,及一等于 a 的弦,由此即可知 AD 上的二点(用定理 14).

13.已知一三角形的 h_a,v_a 同 m_a,求作这三角形.

已知三线,可立作出,如此便可定点 A 和 a 的位置,由其外接圆的作图,可定 B 与 C.如延长 v_A,并自 a 的中点,作 a 的垂直线,这二线的交点,便是立于 a 上弧的中点,此点一定,便容易作出那圆.

14.求作一切线至一定圆,使自二定点到这切线距离的和为一定.

15.已知一四边形 $ABCD$,求作一直线,距 A 与 C 等远,又距 B 与 D 等远.(等距离是异号的)

16.在一已知圆中,求作一内接四边形 $ABCD$,使对角线 AC 与二对角线所成角为一定,并且要这四边形,能有一内切圆.

作对角线 AC,由此可知 BD 的方位,以及立于 BD 上二弧的二中点.如此便

可作 ∠A 同 ∠C 的平分线,这二线必在四边形的内切圆圆心相交.平分 ∠B 和 ∠D 的线必同过这点,且各过立于 AC 上二弧的中点,这些线可作,而 B,D 可定.

17.求作一正方形,使每边各过一定点 A,B,C 或 D.

以 AB 同 CD 为直径,各作一圆,这二圆便各为所求正方形一顶点的轨迹,又因对角线平分正方形的角,所以必经过二半圆的中点,故这对角线立可作出.由此可定二顶点,他二顶点便不难求了.

18.求作一四边形,与一已知者相似,且每边各过一已知点.

这题的解法与17题相类,这四边形各角被对角线所成的部分是已知的.

19.求作一圆过二定点,且与一定圆相切.

先作一圆,过定点 A 同 B,而与定圆相交.这二圆公弦与 AB 交于一点,是所求圆和定圆在公切点的切线所必经过的.如此便得二圆的公切点,而圆心就不难求出.

这作图题又可改写下题:已知一圆及 A,B 二点,在圆上求定一点 X,使 AX,BX 与这圆的他二交点,连成的线与 AB 平行.

20.求作一圆,使过二已知点,且与一已知圆相交的弧,立于一定长的弦上.

21.已知一可内接于圆的四边形中 CB,BD,∠A 和 ∠ACB,求作这四边形.

宜先作 DB,而用定理5和定理14去定点 A.

22.求作一圆,过二定点,且使与一定圆相交所得的公弦与他一定圆相切.

23.求作一圆,过二定点,且使与一定圆相交所得的公弦,距这二定点的距离成定比.

24.求作一三角形,与一已知的全等,并使二边各过一定点,且平分这二边夹角的线,同一定圆相切.

25.已知二平行线,其一上一点 A 及另一线上的一点 B,求过一定点 P 求作一线,使与二平行线各交于 X,Y,而 AX,BY 成定比.

26.已知一圆同 A,B,C 三点,求过点 A 作一直线,与这圆交于 X 和 Z,又过点 B 作一直线,与这圆交于 Y 和 V,使 XY,VZ 二直线经过点 C.

第二章　　图形的变易

要应用上章所讲的方法,必需图中已知的元素,连接到相当程度,使在这种情形下,能立即作出图形的大部分,而问题便变为求定一点或一直线了.如果不合这种情形,轨迹往往不能直接应用,但由以前的研究,可指示我们应遵循的途径,这也就是下文将讨论的基本要点.我们应就求作图形去推得他一图形,使已知部分在那图形中相集合,而作图易于解决.这样的图形作出后,往往易于反推到所求的原图,欲作如此的图形变易,有三种方法可用:平移(parallel translation),转置(replacing),旋转(revolution).

第一节　　平　　移

运用这法的目标,是将图形中直线移到新位置,与原位置平行,以使已知部分集合.在二线及所成角为已知时,这法常可应用.平移一线,直至其端与他线端点相合,能得一三角形,而立即可以作出.在任意多角形的情形,每可将各边平移,每边上一端集于一点,由此使各部分集合.诸线作出的方位,宜使所成各角与多角形各外角相等,这些外角的和是 360°,再将各线他一端点,用直线依次联结,所成的多角形,常较原形为易于作图.下举的特例,可以说明这种情形.

1. 三角形.

如图 1,平移 △ABC 各部分而得 △CDE,使 AE 等于 AB,且 DB = AC.集于点 A 的各线,即为原三角形各边,而绕点 A 的各角,为三角形各外角.又因 DC = 2CO,所以新三角形诸边各为原三角形诸中线的 2 倍,而 A 即是新三角形的重心(三中线的交点).B 和 D 二点,距 AC 等远,所以绕角点的诸三角形中,有高和原三角形的高相等,且角的大小,不因平移而变,所以在新图形内,我们可得原三角中各边所成的角,各高和各中线.△DAC 和 △ABC 等积,故 △DEC 的面积是 △ABC 面积的 3 倍.

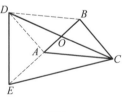

图 1

如 △DEC(或绕 ∠A 的诸三角形之一) 能作出,则其易反推得出原三角形.

2.四边形.

如图 2,在四边形 ABCD 中,可将 AB,AD 各平移到 CB_1,CD_1,如此得一平行四边形 BDD_1B_1,在这形中含有原四边形各部分,而合于简单的关系,如:

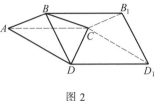

图 2

集于点 C 的各线,是原四边形的各边.

绕点 C 的各角,是原四边形的各角.

这平行四边形的边是原四边形的对角线,平行四边形的角,是原四边形对角线的夹角.

这平行四边形的面积是原四边形的 2 倍.

这平行四边形的对角线,是原四边形对边中点连线的 2 倍,以那四边形中点为顶点,作平行四边形,便可证明.

由此可见一四边形中常论及的各部分,都已含于这平行四边形内.

如二对角线和其夹角为已知,则这种平移法,更为有用,在此情形下,这平行四边形立即可以作出,而问题只在求定点 C,如在上述各部分中,有二件为已知,或已确定几条部分间的关系(例如,二边的比或平方和差),则可得点 C 的二轨迹.可以如此解决的问题,范围还可推广,只要注意在一四边形中二对边可当做对角线,而将对角线当做对边便是了,所以不必知二对角线和夹角,只要二对边和所成角确定,问题也就易于解出.

用平移法,我们可解一常见的普通问题如下:

置一线段,使两端各在一已知曲线上,而这线段有定长和定方位.

依所设定方位,平移一曲线,使经过的距离为定长,则由这曲线与他曲线的交点,可作所求线,如这种曲线为一组直线或圆,则问题常可用直尺同圆规解决.

有一种方法,也可当做平移,对于圆和圆相切或和直线相切的问题,颇有效用,这法便是将一圆的半径减缩到零,而成一点,对于他圆或直线,也随着变动,对于直线不改方位,对于圆不移圆心.如此可将一点代一圆,问题常可化简,其他的诸条件,则仍不改动.

习　　题

1.已知一三角形的三中线,求作这三角形.

先作 △DEC,再求 A 同 B.

2.已知一三角形中 m_c,h_a 同 h_b,求作这三角形.

先作 $\triangle DOC$(第一章第一节习题中的 35 题),再作 $OB = OA$.

3.已知一三角形中 h_a,m_a 同 m_b,求作这三角形.

4.已知一三角形中 h_a,m_b 同 h_c,求作这三角形.

5.已知一三角形中 h_a,m_b 同 m_c,求作这三角形.

6.已知一三角形中 $\angle A,h_a$ 同 m_a,求作这三角形.

7.已知一三角形中 h_a,m_a 同 $h_c:b$,求作这三角形.

8.已知一三角形中 $\angle A,h_a$ 同 m_b,求作这三角形.

9.已知一三角形中 m_a,h_c 同 $\angle(m_b,a)$,求作这三角形.

10.已知一三角形中 m_a,h_a 同 h_b,求作这三角形.

11.已知一三角形中 h_a,h_b 同 $\angle(m_a,b)$,求作这三角形.

12.已知一三角形中 h_a,a 同 $\angle(m_b,c)$,求作这三角形.

13.已知一三角形中 $h_a,b+c$ 同 $h_b:h_c$,求作这三角形.

14.已知一梯形的四边,求作这梯形.

将不平行的一边平移,使一端合于他一不平行边上,如此便得一三角形,因其三边都为已知.

210

15.在一圆中,有 AB,CD 二弦,求于圆上定一点 X,使 XA,XB 在弦 CD 上截取的线段 FG 有定长.

设想将 FG 平移,使 F 与 A 相合,则点 G 落于一点 H,那点立可定出,又因 $\angle G = \angle X = \frac{1}{2}\overparen{AB}$,所以点 G 可用第一章定理 5 求出.

16.已知四边形 $ABCD$ 的各边,且 AB,CD 二线中点连线 EF 有定长,求作这四边形.

将 BC,AD 各平移到 EC_1,ED_1,以集合各部分.因 $\triangle C_1CF$ 与 $\triangle D_1DF$ 相似,故 C_1F 同 D_1 三点在一直线上.这时便可作 $\triangle C_1ED_1$(用第一章第一节习题中的 121 题),而 C 同 D 二点可定,由此作图法,可见二对边所成角与他二边的长无关.

17.过二圆一交点,求作一直线,使其被二圆截取的弦,差为定长.(弦值的正负,视其在这交点的某侧或他侧而定)

连心线在所求线上的射影,等于定差的一半,故如将这射影平移,使一端至于一圆心时,则得一可作出的直角三角形.求定的线,与这三角形的一边平行.

如系二弦和为定长,则可用这交点为相似心,以 -1 去乘一圆,再以新圆代这圆,如上法进行.

18.求作一四边形,使一边有定长,且每边各过四定点之一(用 17 题).

19.在一已知 △ABC 中,求作一线段,一端 X 在 AB 上,一端 Y 在 BC 上,使 XY 有定长,且 AX : CY = p : q.

平移 XY 到 AY₁,因我们可知自 Y₁ 到点 A 的距离,同 △Y₁YC 的形状,故 Y₁ 可定.

20.求依一定方位作一直线,使其被二已知圆截取的弦有定和或定差.

依题设定方位平移一圆使其与他圆的一交点,在求作的直线上,在这位置时的圆心不难定出.

21.过一定点,求作一直线,使其被二已知圆截取等长的弦.

平移一圆,使二等长的弦相合.在这位置时的圆心不难定出,因为由这圆心下视连心线,为一直角,又自定点到这圆的切线,和到另一已知圆的等长,所以自这圆心到定点的距离,也不难求知.

22.已知二圆,中心各为 A 同 B,求各作一半径 AX 同 BY,使二者平行,且自一已知点 P 下视二者的角也相等.

沿着连心线平移 △AXP,使经过距离等于联心线的长,再依半径所成比,伸缩这三角形,使 AX 和 BY 二线段完全相合.这时 P 所在的新位置 P₁ 甚易求定,因我们知其长与 BP₁ 的方位也.且 ∠YP₁B = ∠XPA₁ 故 P,P₁,B,Y 四点在一圆上,而 Y 由此可定.

23.已知一平行四边形中各边及对角线所成角,求作这平行四边形.

平移一对角线,使一端点与他对角线端点相合,则以这二对角线为边的三角形可以求作(用第一章第一节习题中的 18 题).

24.已知一梯形中二对角线,不平行二边中点连线,和一角,求作这梯形.

照 23 题进行,则本题可由第一章第一节习题中的 3 题解决.

25.在何种情形下,用普通平移四边形的方法,可使点 C 落在平行四边形一对角线上.

26.求置一线段二端各在一已知圆上,此线段是有定长且与定直线平行.

27.求在一三角形内,作一截线,使有定长,且与一边平行.

28.在一圆中,求作一弦,使有定长,且与一定直线平行.

29.自一船视二已知点有定角,此船依一定方位航行一定距离,再视这二已知点,成另一定角,求这船的位置.

先作过二定点而各含一定角的二弧,本题便归于 26 题.

30.求作二圆的公切线.

将小圆缩成一点,而使切线随着平移,他一圆既然仍要和二切线相切,所以半径必当为二已知半径的和或差,如论内公切线,则取其和,论外公切线,则取

211

其差.这问题便变为第一章第一节习题中的 16 题.

31.求作一圆与二已知直线与一已知圆相切.

将已知圆缩为一点,则本题变为第一章第一节习题中的 181 题,所求圆与已知圆相切有二法,因此二已知直线,可依二种相反方向作平移.

32.求作一圆,与一定直线在一定点相切,且切于另一定圆.

33.求作一圆,与二已知圆相切,但切其一于一定点.

34.已知一四边形的四边同二对边的所成角,求作这四边形.

35.已知一四边形二对角线的长和夹角,又二个对角,求作这四边形.

36.已知一梯形二对角线的长和夹角,又二邻边的和或差,求作这梯形.

37.已知一三角形中 m_a,$\angle(m_b,m_c)$ 同面积,求作这形.

38.在 $\triangle ABC$ 中,$\angle B = 90°$,求作一定长线段 XY,使 $AX^2 + XY^2 + YC^2$ 等于一已知平方.

Y_1 一点可由第一章定理 1 决定(见 19 题).

39.求作一可内接于圆的四边形,使其二对角线,所夹角,和一对角线与一边所成角,各为一定.

40.已知一四边形的二对角线,其夹角,二邻边的比,同他一组二边的夹角,求作这四边形.

41.在一已知三角形外,求作一外接等边三角形,而有最大面积的.

42.已知一四边形的二对角,其面积同二组对边中点的二连线,求作这四边形.

已知二线的夹角,可由这二线同题设面积决定,然后可用普通平移四边形的方法.

43.已知四边形 $ABCD$ 中的 AB,CD,$\angle BAC$,$\angle ACD$ 同 $\angle BDA$,求作这四边形.

44.已知四边形的二对边及各角,求作这四边形.

45.已知梯形的二对角线,所夹角同一边,求作这梯形.

46.已知一四边形的三边,及在第四边上的二角,求作这四边形.

47.已知四边形 $ABCD$ 中的 AB,CD,AC,$\angle ABD$ 同 $\angle BDC$,求作这形.

48.已知四边形中 $\angle BCA$,$\angle CAD$ 同二对角线及夹角,求作这四边形.

49.已知二平行线 L 同 M,另一直线 N 及一点 P,求过点 P 作一直线,与已知三线,各交于 A,B 及 C,而使 AB,CP 成定比.

设 M 同 N 的交点为 Q,平移 AB,CP 各至 A_1Q,QP_1,而定 P_1.

50.在一 △*ABC*,求依定方位,作一线段 *XY*,使 *X* 在 *AB* 上,*Y* 在 *BC* 上,而 *AX* 同 *YC* 的和为一定.

51.已知梯形的二对角线同不平行二边,求作这形(用第一章第一节习题中的 142 题).

52.设 *A* 为任意点,求解第一章第一节习题中的 169 题.

53.已知一四边形二对角线,二对边及其所成角,求作这四边形.

54.已知一四边形内一组对边中点连线,二对角线,一组对边所成比,及他组对边平方和,求作这四边形.

常用的平行四边形,在此易于作出,因我们已知其各边同一对角线也.

55.已知一四边形的四边,及二对角线中点的连线,求作这四边形.

这题和 54 题或 16 题相仿.

56.已知一三角形的二中线,及第三中线与所在边的夹角,求作这三角形.

57.已知梯形的二平行边同二对角线,求作此形.

58.求在已知圆中,作一内接梯形,使其二平行边的差同高,都为一定.

59.已知一四边形中一组对边,分他一组对边成定比的线段,又这二边所成角及其比,求作这四边形.

此题和 16 题相仿.

60.已知一梯形中二对角线,二对角线中点连线,及一组对边中点连线,求作这梯形.

61.求在一圆中,作一内接梯形,使其二平行边的和同高,各有定长.

可将梯形排置,使对于一直径成对称,则不平行一边的中点,必在一与这直径平行的一直线上,由此便可定自不平行边一端所作高的他一端点.(用 26 题)

62.求在一定长线段 *AB* 上,叠置另一定长线段 *CD*,使 *C* 与 *D* 二点调分 *AB*.

先任作一以 *AB* 为弦的圆,设想本题已解,自 *C* 与 *D* 作 *CE*,*DF* 二线,各至立于 *AB* 上二弦的中点,这二线必互相垂直,而在这圆上相交,将 *CD* 依原线平行移到 *EG*,则自 *D* 下视 *FG* 的角为直角.

又设 *M* 为 *AB* 中点,则 *MC* 同 *MD* 的积同差,都易求知,由此也可得一简易解法(用第一章第二节习题中的 1 题).

63.已知 *A*,*B* 二点,同在其间的二平行线,求依一定方位,作介于二平行线间的一线段 *MN*,使 *AMNB* 的长为最短.

64.求过一已知点 *P*,作一直线,使自二定点 *A*,*B* 到这线的距离 *AX*,*BY*,乘积为一定.

平移 *YB* 到 *Y₁A*,则 *Y₁* 的轨迹为一直线,而 *X* 的轨迹为一以 *AP* 为直径的圆.

213

再将这直线①平移经过距离 AB，则点 Y 由一直线同一圆二轨迹确定.

65.自已知点 P，作一线 PA 到已知曲线上的一已知点 A，且从另一已知点 L 作 LB 与 PA 平行，如 $LB:PA=m:n$，问 B 的轨迹是什么？

第二节 转 置

应用这法的功效，仍和平移相同，即将已知部分，安排在适宜的位置上，以便于作图，依此法以置图形中一部分于新位置，可达下述的各目标.

(1) 使已知各部分集合.

(2) 将已知部分，补入图中.

(3) 使等长线段或等角相叠合，当相等部分未知的时候，这时最通用，而可将这样的部分消去.又二线的比例为一定时，也可用一类似的方法，欲求其一与其他，完全叠合，则于转置时，还要依定比伸缩图形的那一部分.

(4) 可得一对称形，且其对称轴过一所求点.

(5) 将图形一部分移于某一位置，使二未知点相叠合，而过这重合点的二线成一已知角，且二线各含一已知点.

习 题

1.在一已知圆中，求作一内接四边形 $ABCD$，使其一组对边 AB，CD 有定长，他一组对边有定比.

转置 $\triangle ABC$，使 A 合于 C，C 合于 A；B 仍是圆上的一点.这时的已知部分，处于一较便利的位置，因二邻边有定长，他二邻边有定比也，前二已知边，立可作出，即可再定第四顶点.(用第一章第二节习题中的 10 题)

上述图形作出后，再转置 $\triangle ABC$ 于原位置，即完成本题的作图.

2.求作一能容内切圆的四边形 $ABCD$，使 AD，AB，$\angle D$ 同 $\angle B$，各为一定.

将 $\triangle ADC$ 依 $\angle A$ 的平分线翻过来，设 D 与 C 的新位置，各为 D_1 与 C_1，则 D_1C_1 仍是一切线.以 BD_1 为一边的三角形，如此就可作出，因我们已知其一边同在二端的各角也，由是题中的内切圆便能作，因其与这三角形的三边相切也.

3.已知一三角形的 a，b 同 $\angle A-\angle B$，求作这三角形.

转置这三角形，使 A 与 B 相合，B 与 A 相合，则以 a，b 为边，$\angle A-\angle B$ 为夹角的三角形，可以作出.

---

① 即 Y_1 的轨迹又其平移所经距离，是依 AB 的方位计的.

4.已知一三角形的 a,h_a,同 $\angle B - \angle C$,求作这三角形.

转置这三角形,使 B 与 C 相合,C 与 B 相合,而 A 合于一点 A_1,则以 AA_1 为一对角线,B 为第三顶点的平行四边形,易于作出,因自 A 下视过点 B 的对角线于定角也.

5.已知一三角形中 $b \cdot c$,m_a 同 $\angle B - \angle C$,求作这三角形.

转置这三角形于位置 BA_1C 上,则 $\triangle A_1BA$ 面积可求知,而以 m_a 为等边的二等边三角形,与他等积.

6.求作一可内接于圆的四边形 $ABCD$,使每边各有定长.

将 $\triangle ABC$ 旋转到位置 ADC_1,并且先用 $AD : AB$ 乘过各边,则 DC_1 与 CD 合成一直线.如此便可作 $\triangle CAC_1$,因 CD,DC_1,DA 同比值 $CA : C_1A$ 都为已知也.

7.求在一圆中作一内接三角形,使每二顶点间弧的中点为定点.

设所求三角形为 $\triangle ABC$,γ 为 AB 弧中点,β 为 AC 弧中点,α 为 BC 弧中点.先依 γ,再依 α 同 β,继续将 A 翻转,则最后重到原位,但圆上一点,与 A 相隔某一距离者,在这时应落在 A 的异侧一点上,但二点距离,仍和以前相同,所以在 $\gamma\beta$ 弧上任意取一点,依 γ,α,β 继续翻转,而取先后二位置的中点,便可定 A.这问题可推广到 n 边多角形的情形,如 n 为偶数,则问题为不定或不能,如 n 为奇数,则问题常为确定.

8.已知一直线及线上一点 A,从一已知圆的心 O,求作一直线,与圆交于 Y,与已知线交于 X,而使 XY 同 XA 成定比.

如将 XY(伸缩后)与 XA 叠合,则点 O 落于一可求知的点 O_1 上,而 AY 与 O_1O 平行.

9.已知四边形 $ABCD$ 中 AB,AD,$\angle B$,$\angle D$ 同比值 $BC : CD$,求作这四边形.

仿 6 题法进行.

10.在一已知直线中,求定一点,使距这线一定点同距另一定线等远.

过这定点作一垂线,再平分这垂线与后一定线所成角.

11.求作一圆,与一定线切于定点,又与一定圆交于定角.

转置已知圆,使与定线在定点交于定角,则这二圆的对称轴①必含所求圆的心.

12.已知二圆及其上 A,B 二点,在这圆取一点 X,并设想作 AX,BX 二直线.令 M,N 各为 AX,BX 与他一已知圆的交点,求定 X,使弦 MN 有定长.

设 O 为他一已知圆的心,则 $\angle MON$ 易于求知.依点 O 绕 MA 过这角,则 M

---

① 指使已知圆先后二位置成对称的轴(非连心线).

合于 N ,而 A 合于一点 A_1 ,而这点可求知.因 MA , NB 成已知角,又 $\angle A_1 NB$ 也可求知,故点 N 可定.

13.在一已知圆中,求作一内接四边形,使其一组对边为一定,且知他一组对边的和.

14.已知一三角形中 $\angle A$, h_a 同 m_a ,求作这三角形.

转置这三角形,使 B 合于 C , C 合于 B , A 落 BC 对侧的一点 A_1 ,如此则 AA_1 可作出,而可定点 B .

15.求作一圆的外切三角形,使过圆心的三直线各含其一顶点.

可仿 7 题法求解.

16.求作一菱形,使二边落于二已知的平行线上,他二边各含一定点 A 同 B .

翻转这菱形,使他二边落于二平行线上,则 AB 得一新位置,我们可知其方位,由这直线和 AB 所成角①,便可求出菱形的一角.

17.求作一三角形,使其一顶点在一定线上,且其底为定长,底上二角的差为定角.

仿 3 题的解法来转置这三角形,再用相似法去解.

18.在一三角形中,已自顶点作一线到底上一已知点,在这线上求定一点,使自这点下视底的二部分于等角.

19.在一 $\triangle ABC$ 中, AC 已分成 AD , DC 二部分,求在 AB 上定一点 X ,使自这点下视 AD , DC 于等角.

在 AB 上依 DX 为对称轴而与 C 成对称的点可求出.

20.过一三角形的顶点 B ,作一直线,又过他二顶点作这线的垂线 AP , CQ ,求定这线,使 $\triangle ABP$, $\triangle CBQ$ 面积成定比.

转置 $\triangle ABP$,并伸缩大小,成 $\triangle CBP_1$,以 BC 为直径作圆,则 $P_1 Q$ 的长以及其被 BC 所分成的比,都可求知.

21.已知一三角形的 m_a , $b^2 - c^2$ 同 $\angle(a, m_a)$,求作这形.

22.求作一四边形,使四边各有定长,且其一对角线平分一角.

23.已知以 A , B 为心的二圆,求作一圆过 A , B ,而与二圆各交于 X , Y (在 AB 异侧的二交点),使 $\angle ABY$, $\angle BAX$ 的和为一定.

转置 $\triangle ABY$ 至 $\triangle BAY_1$ 的位置,使 $\angle XAY_1$ 等于这定角.

24.已知一三角形中 $\angle A$, r ,同 $c - b$,求作这三角形.

① 即 AB 先后二位置的直线所成角.

设其内切圆心为 K, 则可知 $\triangle BKC$ 中三元素, 即 $\angle K$, 高 KF 同自 F 到 BC 中点的距离.

25. 已知一三角形中 r, $c - b$ 同 $\angle C - \angle B$, 求作这形.

如 24 题法, 作同样的三角形.

轴旋转(revolution around an axis)只是转置的一特例, 但是因为这法应用很广, 故特别提出讨论. 我们为求达上述各种便利起见, 所以将图中一部分依一直线旋转, 下述一题, 是常常遇着的, 由此法解决甚易:

26. 求作一直线到一已知直线, 使其被二已知曲线截取等长.

将一曲线依定直线为轴旋转, 则必与他一曲线在所求点相交.

27. 排置一正方形, 使其一组对顶点在一已知直线上, 而他二对顶点, 各在一已知圆上.(用 26 题)

28. 在一已知直线下, 求定一点 X, 使从这点连到 A, B 二已知点(在已知线同侧的)的二线, 与已知线成等角.

将一已知点 A 依已知线旋转到 A_1, 则 BXA_1 为一直线.

注意 这题在自然现象中是常有的, 例如, 一弹性体击一平面, 一光线遇镜面等时, 其反射角总与入射角相等. 这时 A 可说是一发光点, 而直线为镜面的剖痕. 本题即为求从 A 发出一光线的途径, 使反射后达到点 B, 这光线所行距离, 便等于直线 BA_1, 除了 X 外, 其他点都使结果为二点间折线, 所以这时所经距离是极小.

如这光线所遇为 X 以外一点, 则反射时, 好像仍自 A_1 发出, 在这类问题只需以 A_1 代 A, 而设想移去这线.

29. 置 M, N 二弹子于一 n 边多角形的边上, 求击 M, 使射至边 AB, 再依次反射遇各边, 最后与 N 相撞.

依 AB 旋转 M 到 M_1, 设想移去 AB, 而以 M_1 代 M. 照此继续进行, 直至这问题变为 28 题为止, 在最后一边上的所求点, 便可首先求出, 自这点起不难渐次反推到其他各点. 如所求各点中, 有一点在他边延长线上, 则这问题不能解.

30. 求在一已知多角形中作一内接多角形, 使其周界为最短.

所求多角形的二邻边, 必各与已知多角形中含其交点的一边成等角, 因假若有一点不如此, 则移这点使合上述条件, 则得一较小的周界, 故这题与前题很有关系, 而可用类似的方法解决.

我们可从任一边的所求点起首, 但因不知这点的位置, 所以必须将求作多角形各边, 全部的依已知多角形一切诸边继续旋转, 如此则所求多角形诸边伸成一直线, 其中首末二段, 即交于起首一边上的二边. 又因其一边继续旋转时,

217

都依边同转,故与边所成的角不变,所以这题可改为下题:

有二等长线段,求作一线段,使二端各在其一上,而成等角,且在这二线段上,各自某一端起,到被求作线段所分点的距离等长.

若取二错角相等,则当二线段平行时,问题不定,不平行时,问题不能,如已知多角形边数是偶数,则有这种情形,如边数为奇数,只需当求作多角形顶点,在已知多角形边的延长线上时,还算做内接,则本题常可解.

31.已知一多角形各边上垂直平分线的位置,求作这多角形.

设所求一顶点为 A,并任取另一点 B,依各垂线,继续旋转线段 AB,则 A 重回到原处,B 得一新位置 B_1,如此移动时,线段 AB 的长短不变,故必有 $AB = AB_1$,所以任取一点 B 起首,照法定 B_1,便可解本题,A 的轨迹是 BB_1 的垂直平分线.又取另一位置的点 B,再依法旋转,即可定 A,这题的讨论与 30 题相类.

32.已知一多角形各角平分线的位置,求作这形.

解法与 31 题相类.

33.已知二圆,求各作一切线,使这二切线在一已知线上相交,且成等角.

与 28 题相类,本题可归于第一章第一节习题中的 137 题.

34.在一已知线上,求定一点 X,使自二已知点 A,B 到这点的距离,和为一定.

延长 AX 到 B_1,而 $XB_1 = BX$,如此以补出定长.过点 B 的圆而与以 A 为心 AB_1 为半径的圆相切者,其心即为 X.因所求圆也经过对于已知线为轴,而与 B 对称的点,故可将这题,化为第一章第二节习题中的 19 题.

35.在一已知线上,求定一点,使其距二定点距离的差为一定.

与 34 题相类.

注意 后二题又可述明如下:

求一定直线与已知焦轴(focal axis)及二焦点①的锥线,相交的点.这题总可用直尺和圆规解决.如以一圆代直线,则在一般情形,不能如此解出.

36.直线 AD 平分一 $\triangle ABC$ 中的 $\angle A$,自 AD 上一点 M,作直线 MB,MC,求定 M,使 $\angle DMC$,$\angle DMB$ 的差为最小.

将 AB 依 AD 线旋转,则本题归于第一章第一节习题中的 185 题.

37.已知二圆,一过点 A,一过点 B,求在二圆的等幂轴上定一点 P,使 QR 线(Q 与 R 为 PA,PB 二线与二圆交点)与等幂轴垂直.

---

① 锥线中椭圆同双曲线各有二有限焦点,椭圆上点到二焦点的距离,和为一定,双曲线上点,则差为一定.过二焦点直线被这曲线所截取的一段,叫做焦轴,实即那定和或定差的长.

将过 A 的圆依等幂轴旋转,设 A_1 为 A 的新位置,Q_1 为 Q 的新位置,则可见 $QABR$,Q_1A_1BR 二四边形,都是可内接于圆的,所以 AA_1B 一圆必过点 P.

38.已知在一定线 PQ 同侧的 A,B 二定点,求在这线上定一点 X,使 $\angle BXQ = 2\angle AXP$.

将 AX 依 PQ 旋转到 A_1X 而定点 B 在 A_1X 上的射影.

第三章　　旋转的理论

(1)如图1,从一已知点 O,作到一已知曲线 k 上各点的线,将诸线依 O 旋转,过一定角 v,同时依一定比 f 伸缩这些线段,则其端点成一新曲线 K.这曲线必与 k 相似,因为我们可设想上述的手续,分为二步,即旋转曲线,以移位置,再以 O 为相似心,去乘曲线.对于曲线 k 上的一点 a,在 K 上可定一点 A[①].a 和 A 称为位似点,连位似点所成线,叫做位似线,位似线所成角,叫做位似角.点 O 称 为 枢 点(pivot point),v 称 为 旋 转 角(angle of

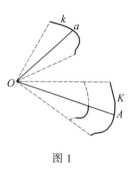

图1

revolution),f 称为旋转率(ratio of revolution).任取二相似点 A 同 a,则 $\triangle AOa$ 的形状为一定,$\angle aOA$ 等于 v,而 $\frac{AO}{aO} = f$ 为一常数.我们也可说一 $\triangle AOa$ 依一顶点 O 旋转,使他一顶点 a 总在一已知曲线 k 上,且这三角形的形状不变,则点 A 作出曲线 K.以 v 为旋转角,f 为旋转率,而依点 O 旋转一曲线,也可称为以 O 为枢,用 f_v 乘这曲线.

(2)平面上任何点都视为属于一系,而其位似点属于他系,照此种看法,枢点便成其本身的位似点,因为这种缘故,可叫做这二组中的公共点.当平面上一点作一已知曲线时,我们也可将全平面,视为依 O 旋转,如这组点的全体,在旋转时,保持原有形状,则组中一切诸点,都各作一曲线,和那已知曲线相似.

(3)已知枢点,旋转角同旋转率,任何一组直线或圆,都可用直尺与圆规,作其旋转图形.一点 a 依 O 旋转时,可作 $\angle aOA = v$,$OA = f \cdot Oa$.欲旋转一直线,只需旋转其上一点,且使自这点到枢点连线与那直线所成角不改变,旋转一圆的心和圆上一点,就是旋转这圆.

(4)由上述的理,可解下一常见的问题:

位置一三角形,使与一已知三角形相似,一顶点合于一已知点,他二顶点,各在一已知曲线上.

---

① 第一章内所说的曲线倍乘法,为旋转的一特例,即 $v = 0$ 的情形也.本章内所说的旋转,都是指包含这二步手续的,并非普通所谓单移位置的旋转.

依已知点 O 做枢点,用这三角形中 O 为顶点的角为旋转角,夹这角二边的比为旋转率,以旋转一曲线,则这曲线旋转后,与他一曲线交点,即为这三角形的第二顶点,再就点 O 作已知角即得第三顶点.

如不知曲线的形状,但知以已知点为顶点的角,同夹这角二边的积,则问题可依类似的方法解决,在此只需将已知曲线的反图,代其相似图,如法旋转便得.

(5) 对于二相似形,我们总可求得一枢点,使依这点二形能旋转而至相合,但在此假设形中各部分,皆依一旋转向(以后论相似形时,皆设为这种情形),旋转率即二位似线段的比,旋转角即这二线所成角,都是我们知道的.欲求枢点,须利用自这点到二位似点距离所成定比,但还有一较简易作图法.如图 2,设 A,a 与 B,b 为二对位似点,则位似线 AB,ab 所成角为旋转角,将一对位似点各与枢点相连,这二线的夹角,也与旋转角相同,所以过二位似点交点和在这线上的一对位似点的圆,必含有枢点.

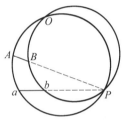

二相似形中,二相似线的枢点,即为这二形的枢点,因如旋转一线与他线相合,则二形全部也必相合.

图 2

221

将二无限长直线,当做相似形,则其枢点不定,如取二点,各在一直线上,视为位似,则其枢点轨迹为一圆,如取二点以上,配为各组位似点①,或再定旋转率,则枢点确定,这枢点只有一个,因诸圆的他一交点,为原二直线的交点也.

对于二圆,其枢点为不定,因任取二点,各在一圆上,都可视为位似点,但枢点到二圆心距离的比,必等于二半径的比,所以其轨迹是一圆,依这比以调分连心线(这圆的心在二已知圆的连心线上而过二相似心).在二圆上取二点,配为位似,则枢点确定.二圆心既然必为位似点,故由二位似半径,便可极易求出枢点.

(6) 一四边形中,二对边的枢点,必定也是他二边的枢点.

设 O 为 BA,CD 的枢点,则有 $\triangle AOB \backsim \triangle DOC$,因此更有 $\triangle AOD \backsim \triangle BOC$,所以 O 必是 AD,BC 的枢点.在第一种情形下,B 与 C 位似,A 与 D 位似,在第二种情形下,B 与 A 位似,C 与 D 位似.

同理可见 AB,CD 的枢点,必是 AC,BD 的枢点.

如将对边延长以至相交,则定枢点所用各圆,必外接于图中各二角形上,在

---

① 取四点配为二组.

图中任取不于端点相交的二部分①，欲定枢点，必取同一组诸圆，故有下定理：

依次移去四边形一边，得四个三角形，其各外接圆有一公共点，这点即不于端点相交的任意二部分的枢点.

(7) 在二相似曲线上，位似点的各连线，如分为比例部分，则诸分点，成一曲线，与原来已知曲线相似，且此等曲线中，任取其二，都与原来的有同一的枢点.

设 A，a 为二位似点，而将 Aa 依定比分于 P. 如 O 为枢点，则 $\triangle AOa$ 的形状必为一定，对于 $\triangle AOP$ 也是如此，故这三角形依 O 旋转时，点 P 所作曲线与原已知形相似.

应用 分一四边形中二组对边成比例部分的线，必彼此互分为比例部分.

(8) 设有 A，B，C 三相似系，而 O 为 A，B 的枢点，又是 B，C 的枢点，则 O 必为 A，C 的枢点，所以 O 就是这三系的公共枢点，还可推广到任意几系.

将三系中的相似点 a，b，c，各与枢点相连，则这数线段的比同所成的角，各为一定；由此可知 $\triangle abc$ 的形式为一定，我们称它为基本三角形(fundamental triangle).同理可见如有多数的相似形有一公共枢点的，则有一个形式一定的相当基本多角形，如这形依枢点旋转，一顶点作诸形之一，则其余诸顶点，各作其他诸形；平面上的任何他点，视为属于基本多角形时，所作图形，也和这些图形相似.这些图形的枢点，也就是基本多角形在运动时的枢点.

(9) 我们已知如在二直线上定二位似点，则这二直线的枢点必在一圆，那圆经过这二位似点同这二线的交点，如在三直线上，取三位似点，则其枢点必是如此二圆的交点，而第三圆必定也经过这点.连这三点，成为基本三角形，我们可在诸线上，任意取这三点，所以这三角形有任意形状，但对于不同的基本三角形，各有不同的枢点与其相当.已知这基本三角形，则枢点易定，我们可将一和已知形相似的三角形诸顶点各放在一直线上(例如，用第一章第一节习题中的 154 题)，如此便可定三位似点.

若是这三直线过一点 O，则这点必为任何基本三角形的枢点，如此则与一已知基本三角形相似的一切三角形，必处于相似位置，而以 O 为相似心.在一特例的情形，极点可为不定，即如 A，B 二顶点，各作直线 AO 同 BO 而 $\angle C = \angle AOB$ 时，点 C 也作一直线经过点 O.

(10) 按(5)可知二圆的枢点不定，对于三圆则可定一公共枢点，因为这点是由二圆相交而得(见(6))，故有二解，即距圆心的距离与半径所成比相等的二

---

① 即二对边.

点也.

在这二点中定一点为诸圆枢点,则诸旋转角都易定,因从诸圆心到枢点的各连线为位似线也,以诸圆心为顶点的三角形为基本三角形,而任连三位似点的三角形,必与他相似.

(11) 如一多角形,与一已知的相似,当其移动时,有三顶点,各作一直线(这三直线不共过一点),则这形的任何点,都必作一直线.

连这三点所成三角形有定形,如以它为基本三角形,则诸点在上移动的三直线,其枢点可定.按(8),可知不论在何位置取基本三角形,这点都是枢点,所以对于这三角形所属的多角形任何位置,也是如此;这多角形的运动,即依一定枢点的旋转,可见这多角形上一切点,都应作相似曲线,在此处就是直线.在一种情形下这定理可不必成立,即三线交于一点的时候(见(9)).

在(11)中,用有一公共枢点的三相似曲线,来代三直线,则定理可以推广,而包括上述情形为一特例.这三点移动时,总和曲线上的位似点相合,所以这些点所定的三角形,必是诸曲线的基本三角形,既是这种情形,则由上述的定理,可见这多角形的任何点,必也作一曲线,与已知曲线相似.确定这运动所需要的条件,显见不要上述的那么多,所以我们宜试除去多出的条件;今所论的以三曲线都是圆一情形为限,因为在此只有这一类问题,关系重要.我们特别要研究的:基本三角形顶点在三曲线上转移,是不是只依着位似点而动?我们已知在三直线时,是这样情形的.

在上已述,对于三圆有二公共枢点,无论取那一个为枢点,基本三角形是一样的,因为二个圆心,便是位似点,连起成即得基本三角形.对于一圆上点 A 来说,以一点为枢点,他圆上的位似点为 B,C,如另用一枢点则为 b,c,所以有一公共顶点 A,基本三角形有 $\triangle ABC,\triangle Abc$ 二位置,并且容易证明此外便没有了.一般来说,如我们解决这问题,按前述各规则将这基本三角形一顶点放在 A 上,他二顶点在二圆上,则可得二解,而必与用他种方法求得的相同.

所以基本三角形顶点在三圆上,只能依着位似点而动,但有二种方法可行.

(12) 如一与已知形相似的多角形旋转时,其中三直线(不在一点相交的)各过一定点,则属于这形的任何直线必都过一定点.

证明　如图3,设三已知线为 AB,BC 同 CD,所过的定点各为 M,N 同 P.我们要证明任意的第四线 DA 必含一定点.我们首可看出多角形的任何位置,必有一公共枢点.对于 $ABCD$,$A_1B_1C_1D_1$ 二位置,欲求枢点,可作一圆过 B,B_1 二位似点,同二位似线的交点 M(见(5)),这圆又必经过点 N,因其既过 M,N 二定点,而含 $\angle B$,所以立即可作出.枢点 O 即为这圆与他一圆的交点,他一圆是依

223

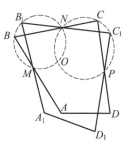

同法作出而过 N,P 二点的,如此枢点便定.过 O,P,D 三点的圆,必经过 D_1,又经过位似线 AD,A_1D_1 的交点,而不论后一线是在如何位置,所以这交点是固定的.

这条定理,可以很易推广,我们且用另一方法去证.

(13)将一与已知形相似的多角形,依一定枢点旋转时,以前所论,都设想这些多角形中一点随着某一曲线而动.今则设多角形中任何线,运动时常和一与已知形相似的曲线相切.设 AB 与一曲线相切而动,其位置陆续为 A_1B_1,A_2B_2 等,而 BC 线的相当位置为 B_1C_1,B_2C_2 等,则以这样二线间的角为旋转角,二线距枢点距离的比为旋转率,而依这枢点旋转,便可使二系相合.由这二系中线所成图形,所以成为相似,且因其与位置的多寡无关,故可对于无限位置适合,在这情形,图形是与动线相切的曲线.

图 3

在此这已知点显为诸相切曲线的公共枢点,动直线间的角为旋转角,而这等线到枢点距离的比为旋转率.各边必与所生曲线切于位似点,故为诸曲线中的位似线,故在诸曲线中任意一组位似线,成一多角形,与已知的相似,这多角形可叫做次基本多角形(secondary fundamental polygon).在这二种基本多角形中,有种密切关系:第一基本多角形必可内接于次基本多角形中且当依一定点旋转时,如内接多角形一顶点总在外接多角形的一边上,则第一基本多角形,依旧内接于次基本多角形中.

上面述及的运动,尚可有他种的方法去定,在此所论,只是这多角形三边在相似曲线上滚动的一种情形,欲使这种运动与上述的相同,必须这三曲线有一公共枢点,而这三边常与曲线在位似点相切,由此便足确定这运动,使与上述的相同,所以就是将多角形依诸曲线枢点旋转,多角形中诸直线,各同一曲线相切,这等曲线是都与已知形相似的.在已知曲线上滚的三边,所成三角形,就是这些曲线的次基本三角形.如各曲线都化为点,则(12)中的定理是一特例.

(14)已定二圆的枢点,又取 A,a 为二位似点,则在这些点处的切线成一定角,且当 A,a 各作相当弧时,这角大小不变.反过来说,如已知这角,我们也可定一对位似点同相当枢点.任意二切线,交成这已知角的,必与圆切于位似点(有二解).

(15)绕一已知点的旋转,可用绕一任意点的旋转同一平移来代替,旋转率同旋转角不变,而平移则依这些元素同先后二枢点的位置而定.

用此新旋转后,因旋转率未改,故图形大小合于所求,又旋转角不变,故图中诸线,各落在所求的方位上.将曲线上任意一点,经这两种旋转后的位置,连成直线,便可由这线去定平行移动的大小同方位.

设 O 为已知的枢点,O_1 为新枢点.设想 O_1 属于已知曲线,由依 O 的旋转,落于一新点 O_2 上,如依 O_1 旋转,则位置不改.直线 O_1O_2 便可定这平行移动.将新枢点依已知枢点旋转,其所作直线,即可定这平行移动.

反过来说,对于一平行移动同一旋转,可以用一依新点的旋转来代替,由上述的定理,不难求出.

(16)继续二次旋转,可因加入一平行移动,而使其次序颠倒.

不论我们用那一种次序,这系中的每一直线都旋过一角,就是二已知旋转角的和,并且要用二旋转率的积来乘.如此所得二图形,必有同样的大小,并且它们的位似直线有相同的方位,所以用一平行移动,便可使它们相合.

设二枢点为 A,B,依 A 而旋转,则 A 不改位置,依 B 而旋转,则 A 落于一点 C.假若反过来,先将 A 依 B 旋转,落于点 C,再由依点 A 的旋转,落于一点 D. CD 或是 DC 便可表这平行移动,这就是使二旋转次序颠倒所需加入的.

(17)二旋转可合成一个.

设二枢点为 A,B.在能代这二旋转的旋转中,只有枢点 C 为未知.点 A 依 A 而旋转,不改位置,依点 B 而旋转,则落于一点 A_1.求定的点 C,必须使 $\angle ACA_1$ 等于二已知旋转角的和,而比值 $CA_1:CA$ 需等于二已知旋转率的积.已知的二旋转角和二旋转率又可定以三枢点为顶点所成三角形的各角,同各边的比.若这三枢点中有二点相合,则三点必都相合,已述明如前,若二已知旋转角为 0,则三枢点在一直线上.在这种情形下,各枢点就是各图形的诸相似心,两两取之,则处于相似位置,这里又可用他法证明如后.

(18)前面已说过,如何用旋转同反图去研究几组含点的系,一系的某点同他系中的一点相当,一系中的任何圆,在他系中,都有一相当圆(圆的名词包括直线在内),我们并且已曾知道这种变形法对于初等几何学的意义,也依着以前所述的关系确定,所以我们理当去研究是否此外还有他种变形法,能使点与点相当,圆与圆相当,这时平面上一切各点,都作为含在这几系内.

设 A,B,C 为一系中三点,a,b,c 为他系中的相当点.在第一系中,取一不在圆周 ABC 上的点 M.他系中与 ABM,BCM 二圆相当的圆,设各为 abm,bcm,则 m 必与 M 相当.可见二系的相关情形,只需由三对相当点,便可完全确定.今在圆 ABC 中,作一内接 $\triangle a_1b_1c_1$ 使与 $\triangle abc$ 相似,且 Aa_1,Bb_1,Cc_1 相交于一点 O.这问题甚易解,因我们可求出在点 O 的各角也.如此则可见用一反图法,便将 ABC 系变为一与 abc 相似的系,再由一旋转(必要时须依轴旋转)可将那系变为 abc 系.

225

由上已证明点与点相当,圆与圆相当的二系,总可用旋转及反图二法,将其一变为其他.

(19)用近世几何,更可从旋转理论中所论诸定理,推得新颖而更普遍的定理.但本编中并不欲述其应用,故在此只举一例:在(11)中,我们已证明,若一线运动时,其上被三定线截取的二部分,如 ab,bc,所成的比为常数,则这线必依一定枢点旋转,所以线上任何点,由这点分 ab 的一类比值确定的,也必作一直线.

如计及这动直线同无穷点直线交点,则所说的比,可表为叉比①(anharmonic ratio).照这种说法,定理便成一种投影性质(projective properly),即:

如一动直线与四定直线相交的点,成一定义比,则这线上任何点(由一义比决定的)②也成一直线.

设这四直线之二,各经过一任何圆上的二虚无穷远点③,则可推得下定理:如一已知 $\angle BAC$④有定顶点 A,而 B 与 C 各作一定直线,则线 BC 上的任何点 D(由 $\angle BAD$ 决定的)也成一直线⑤.

226

习　　题

1.求位置一等边三角形,使三顶点各在一直线上,而这三直线是平行的.

在一平行线上任取一点为一顶点,便可作为枢点,又 $v = 60°$,$f = 1$.

2.求位置一等边三角形,使三顶点各在一圆上,而这三圆为同心的.

3.求在一平行四边形中,内接一等腰三角形,使其角为一定,且一顶点与平行四边形一顶点相合.

4.求在一已知三角形中,作一内接三角形,使与他一已知三角形相似,且其一顶点落于一边上的一定点.

---

① 如下图,设 a,b,c,d 为在一直线上四点,则 $\dfrac{\frac{ac}{cb}}{\frac{ad}{db}}$ 等形的比,称为叉比,而以 (ac,bd) 表之,如 d 趋于无穷远点,则 $(ac,bd) = \dfrac{ac}{cb}$.

$$\begin{array}{ccccc} \bullet & \bullet & \bullet & & \bullet \\ a & c & b & & d \end{array}$$

② 即这点与另三交点所成叉比为一定的意思.
③ 凡圆皆经过二虚无穷远点,这里习过近世几何,方能明白.
④ 英译本作 ABC 似系笔误.
⑤ 这定理须用拉盖尔(Laguerre)氏角的定义,方能说明.欲明这层,须习近世几何.

5.在一已知弓形中,求作一内接三角形,使与一已知三角形相似,且其一顶点落于弦上的一定点.

6.在一已知圆中,求作一弦,使其长与自二端至一定点的二距离,所成比值,各为一定.

7.在一平行四边形中,求作一内接长方形,使其二对角线成定角.

这二图形的心相同.

8.在一平行四边形中,求作一内接菱形,使其二对角线成定比.

9.求在一正方形中,作一内接等边三角形①.

10.已知一圆同 A,B 二点,作一切线至圆,又自 B 作这切线的垂线,求定这切线,使自点 A 到切线同垂线的二距离成定比.

依 A 作旋转,使 B 落在这切线上.

11.在一平行四边形中,求作一内接菱形,使其面积为一定.

12.已知 A,B 二点同相交于 C 的二已知直线,求过 A,B,各作一直线,使交成定角,又与那二已知直线,各交 X,Y,而使 AX,BY 成定比.

平移 AX,BY 到平行位置 A_1C,B_1C.

227

13.已知一三角形中 h_a,$\angle B - \angle C$ 同 $b \cdot c$,求作这形.

14.求作二圆,交于一定点 A 而成定角 v,并使二半径的比为定值 f,而每圆各切于一已知直线.

依 A 为枢,以 f_v 乘一已知线,则本题归于第一章第一节习题中的 181 题.

15.已知二直线,同其上各一点 A 与 B,又另一点 P,求过点 P 作一直线,与二已知线,各交于 X,Y,使 AX 与 BY 成已知比.

设 A 与 B 及 X 与 Y 是二组位似点,而定这二已知线的枢点 O,已知比即是旋转率,因 $\triangle OXY \backsim \triangle OAB$,故从 X 下视 OP 的角可以求知,而点 X 易于定出.

注 这问题源于阿波罗尼奥斯,在所著的 *de sectione rationis* 一书中述及,这书原本已经散失,幸有哈雷(Halley)从阿拉伯文译本中,将这书重新译出.

16.过一已知点求作一直线,使与二相似曲线交于二位似点,这题就是上题的推广,而可用同法解决.

17.已知二直线及其上各一点 A 与 B,又另一点 P,求过点 P 作一直线,与二已知直线各交于 X,Y,而使 AX,BY 有定和.

在一已知线上取 BD 等于定和,则必有 $AX = YD$,而这题可归于 15 题.

---

① 本题的意义尚欠完备,还可加一条件,如 ① 边有定长,② 一顶点与正方形顶点相合,③ 与正方形边上一点相合,前二者甚易作,末题可应用旋转法求解.

18.求过一已知点 P 作一直线,使与二已知直线所成的三角形有一定的面积.

设 A 为已知直线的交点,作一三角形,使有题设的定面积,一边为 AP,而他一边落于一已知线上,如此则求作线,必须使加增的面积等于减去的面积.今此等面积是三角形,且其高为已知,即自点 P 到二线的距离,所以我们从此可知这二三角形的底,而本题遂归于 15 题.

注 这问题也是源于阿波罗尼奥斯,论及这题的书为 *de sectione spatii*,今已散失,仅有一部分因哈雷而得保留.

19.已知二圆,一过点 A,一过点 B,求在二圆上定二点 X 与 Y,使 AX,BY 二弧相似①,而 XY 有定长.

以 A,B 为位似点,而求二圆的枢点,如此则 X,Y 亦成位似点,而 $\triangle ABO$,$\triangle XYO$ 成为相似.

这题包括第二章第一节习题中 17 题,那二圆的第二交点便是枢点.

20.求作一长方形,使每边各含一已知点,且对角线为定长.

先作二对顶点轨迹的二圆,则问题归于 19 题.

21.已知 AB,CD 二直线,过这二线交点,求作一圆,与 AB 交于 X,CD 交于 Y,使 $AX:CY$ 与 $XB:YD$ 二比,各有定值.

这圆必过 AX,CY 的枢点,又要过 XB,YD 的交点.

22.过二已知点 A,B,作二直线,使成定角,且与一定直线及一圆各交于 X,Y,而使 $AX:BY$ 等于定比 $1:k$.

依 AX,BY 的枢点,用 k_v 去乘这定直线.

23.已知一点 A 同 BC,DE 二直线,求在 BC 上定一点 X,DE 上定一点 Y,使 BX,DY 所成比同 $\angle XAY$,各为一定.

旋转 BX 到 DY,则 A 将落于一可求知点 A_1 而 $\angle AYA_1$ 也可求知.

24.求位置一四边形 $ABCD$,使 B 与 C 各落于已知点上,A 与 D 各落于已知直线上,$\angle B - \angle C$ 同 $BA:CD$,各为一定.

可用转置法去化(用(4)).

25.求过一二圆的交点 S,作 ASa,BSb 二直线(A 与 B 在一圆上,a 与 b 在他圆上)使成一定角,而 $\triangle ASB$ 与 $\triangle aSb$ 的面积相等.

这二圆的他一交点是 Aa,Bb 的枢点,所以也是 AB,ab 的枢点.旋转 AB 到 ab,则 S 落于一可求知点 S_1,又 ab 的长同自 S_1,S_1 到其上距离的比,都可求知.

---

① 即二弧所对的圆心角相等.

注意过 S 而与这二弦垂直的线,与二圆连心线的交点,必距连心线中点等远.

26.已知二圆,一圆上一点 A,他圆上一点 B,求过 A,B 作一圆,与这二已知圆各交于 X,Y,使 AX,BY 二弧相似.

设二圆上的 A 与 B 为位似点,定这二圆的枢点,则 AX,BY 为位似线,而其交点必在圆 ABO 上,这二线又必在二已知圆的等幂轴上相交.

27.连一三角形各边中点,成另一三角形,与原三角形相似,在此易知这二三角形的旋转角是 $180°$,旋转率是 $\dfrac{1}{2}$,这枢点必分二位似点的连线为二段,使所成比为 $\dfrac{1}{2}$,因为这等线是中线,所以中线的交点便是枢点.各三角形中高的交点为位似,而在小三角形中的这点是大三角形的外接圆心,由此可知在任何三角形内,中线的交点,高的交点同外接圆心,三点共在一直线下,而各段成 $1:2$ 的比.

28.已知一圆,O 与 P 二点同一 v 角,过 P 作一直线,交圆于 A,B 二点,有一点 X,使 $\angle OBX = \angle OAX = v$,求 X 的轨迹[①].

$AOXB$ 一圆与 OP 交于二定点,故圆心作一直线时,其枢点为 O,所以 X 也作一直线.如 O 就是已知圆心而 $v = 90°$,则 X 所作直线是 P 的极线[②](polar).

229

29.在一已知 $\triangle ABC$ 中,求作一内接三角形,与另一已知者全等.

按(9)内接于一已知三角形的一组相似形有一公共枢点,所以在这已知三角形内,先作一内接三角形,使其形状合于所求,取之为基本三角形,而定其枢点;再将此基本三角形旋转,即得所求的三角形,最简便的作法,乃先依这枢点乘那已作的基本三角形,使大小合于所求,再依同点旋动,使各顶点落于已知三角形诸边上.

30.在一已知四边形中,求作一内接四边形,与另一已知者相似.

将与已知四边形相似的四边形中三顶点,置于三直线上,再如上题的方法,定其枢点;此时的问题,便在于如何将这四边形依这点旋转,使第四顶点,落于第四直线上,当旋转时,这顶点成一直线(按(11)),而颇易作出,其作法或由于再依上述作图,以求这线的另一点,或由于依已求得枢点,旋转已知四边形的诸边.如用第一作法,即可不必求枢点.

31.求置一直线于四已知直线上,使被截取部分所成诸比有定值.

---

① $\angle OBX$,$\angle OAX$ 是连着方位说的,又题中设那直线依 P 而旋转,而求点 X 相应移的轨迹.
② 在依 P 而转的线上取一点 Q,使 P,Q 调分 AB,则点 Q 的轨迹为一直线,称为 P 点关于这圆的极线.

本题为上题的一特例,因所求直线可视为一已知形状的四边形也.

注 这三题见牛顿(Newton)所著 *principia mathematica philosophiae naturalis* 一书的第一卷中.

32.在一已知三角形中,求作一三角形,与一已知者相似,且有最小的面积.

33.求作一平行四边形,有已知角同已知周界,且每边各过一定点.

设 AB,BC,CD 同 DA 四边,各含有 P,Q,R 同 S 诸点.又设 SAP,PBQ 二圆交于点 T,则 T 为 AB 及介二圆周间的一直线 A_1PB_1 二者的枢点,因此

$$AT : AB = A_1T : A_1B_1$$

如 V 为 PAS 同 SDE 二圆的交点,故依同法可定 $AV : AD$,至此便可定点 A(用第一章第一节习题中的 189 题).

34.求在三已知圆圆周上,置一三角形,使其与三圆心所成的三角形全等.

求这三圆的公共枢点,三圆心处于相似位置,故已知三角形成基本三角形,故这三角形与所求者的枢点即与三圆者相合,将第一三角形依这点旋转,直至一顶点落于一圆周上,即得所求三角形.在这情形中,确定的旋转率为1,但对于他值的旋转率,亦可依相似的方法解决.

35.求作一三角形,与一已知者全等,且每边各含一已知点.

三边各过一已知点,且与已知三角形相似的三角形,甚易作出.今视诸已知点为相似曲线,则所作的三角形为次基本三角形,再定枢点而乘这作出的三角形,即得所求的大小.由此求得的三角形与所求者的旋转率为1,因此二边处于相似位置者,必距枢点等远,而所求的一直线可得,因其切于一已知圆而过一已知点也.

36.求作一四边形,与一已知者相似,且每边各过一已知点.

任作一四边形,与已知者相似,且三边过三已知点,而定其枢点,如 35 题.至此只需旋转这四边形,使第四边过第四点,因这边又含另一定点,可用二法求出(类 30 题),故甚易作图.

37.作一 $\triangle ABC$ 同他的外接圆,自圆周上一点 O 作与各边成已知角的诸线,试证:这诸边 + 与各边的 + 交点,在一直线①上.

取 A,B 同 AB 上一适宜点为三边上的位似点,则可使 O 为枢点,如此则三交点为位似点,且因这基本三角形既成一直线,故这三交点,也在一直线上.

38.有三圆,圆心在一平行四边形的 B,C,D 三顶点上.求安置一有已知角的平行四边形,使一顶点合于第一平行四边形的第四顶点 A,其他三顶点各落

---

① 如已知角为直角,则这线称为西姆森(Simson)线.

在一圆周上.

依点 A 以 $\frac{1}{2}$ 乘圆 C 则得一新圆;这圆与 B,D 二圆的基本三角形是一直线,而线上有二段相等,故所求平行四边形的对角线 B_1D_1 必与这三圆交于相似点,而自点 A 下视于一已知角.旋转 BB_1 到 DD_1,则 A 落于一可求知点 A_1 上,因 $\angle AD_1A_1$ 为一可求知的角也.

39. 自一点至二已知圆所作切线成已知比,求这点的轨迹.

如图 4,设二圆交于 A,B,而 M 为所求诸点之一,MB 线与二圆各交于 D,E,则按已知条件,$MD \cdot MB$ 与 $ME \cdot MB$ 所成的比为一定,且 $\triangle ADE$ 中各角为一定,故 $ADEM$ 全形有一定形状,而当其依点 A 旋转时,D 与 E 既各作一圆,点 M 也应作一圆.点 A 既然是这圆和二已知圆的公共枢点,故前者必定经过点 A.又 $\triangle DEM$ 表基本三角形,

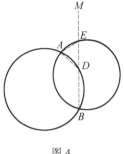

图 4

且连三圆所成三角形与基本三角形相似,如此显见三圆心必在一直线下,而所求圆的心距二已知圆心距离的比,应和 $MD:ME$ 一比相同,这比即是已知比的平方.

40. 求作二直线,使成一已知角,并切二圆,而连二切点的直线过一已知点.

按 (14) 的理,可化本题为 16 题.

41. 求作二直线,使成一已知角,并切二圆,而连二切点的直线,有一已知方位.

这题为上题特例,即已知点为一无穷远点.

42. 在一三角形中,作一内接三角形,与另一已知三角形相似,且使其一边经过一已知点.

我们应取求作的三角形为基本三角形,而在诸已知线上,定三位似点,这问题便归于 16 题.

43. 在一三角形中,作一内接三角形,与另一已知三角形相似,且使所求者的重心在已知三角形的一中线上.

任作二内接三角形,与已知者相似,这二三角形重心的连线,必与已知中线交于所求的重心.至此则诸顶点甚易决定,因在已知三角形一边上一组三顶点所分的部分,与三重心所分的,成相同的比.

44. 求在一三角形中,作一内接三角形,使其二边各有已知的方位,且第三边有定长.

231

设 $\triangle abc$ 为这内接三角形,其中 bc 有定长. abc 的外接圆,与 a 所在的边相交于二点,即 a 和另一点 d, $\triangle dbc$ 的各边,均可求知.

45. 求作三圆,使自一已知点见这三圆,似有相等的大小,又知各圆上一点,诸半径的比,以及自已知点视诸连心线所成角的比.

我们已知三圆的公共枢点,旋转角和旋转率,所以可将三已知点之二,旋转到过第三点的圆上,便可过三点作出这圆.

46. 已知二圆,交于 A 与 B 二点,另有 P 与 R 二点,求在二圆中,各作一弦,各过 P 和 R,且使连二弦端点的直线,均经过点 A.

设以这二弦为相似形,则 B 为二弦同二圆的枢点.且旋转角同旋转率,既为已知,故可旋转二已知点之一,到含他一已知点的弦上,如此则已知这弦上二点.

47. 已知 A, B, C 三点,设 AB, CY 的枢点为 X,问当 Y 作一已知曲线时, X 所作的曲线如何?

平移 $\triangle BAX$ 到平行位置 $\triangle B_1CX_1$. 由这相似三角形,便可示明 B_1Y 和 CX_1 有定积且以相等的角速度为逆向的旋转,故 X, Y 作反图.

48. 一测量者能见地上的 A, B, C 三点,而在测量板(plane table)上标定三相当点 a, b, c. 求在测量板上定一点 O,与此人在地上的位置相当(三点问题(Three point problem)).

所求点即 $\triangle ABC$ 与 $\triangle abc$ 的枢点,过 a, b, c 作到 A, B, C 的视线[1],诸线所成三角形,即所谓误差三角形(triangle of error),记这三角形为 $\alpha\beta\gamma$,即过 a, b 的二线交于 γ,余仿此. 因 A, B, C 三点距离的远隔,故测量板位置小有移动, α, β, γ 诸角,仍可视做常量,故所求点即 $a\gamma b$ 与 $a\beta c$ 二圆的交点.

实际上不易作这二圆,其心往往不在测量板上,如我们以 a 为反图心, $a\beta \cdot a\gamma$ 为反图幂,取二圆的反图,见过 β 与 γ 的二直线,且与 $\beta\gamma$ 所成角,各等于 $ab\gamma$, $ac\beta$ 的,其交点即所求点的相应点.由此得作图法如下:过 β 与 γ 各作一直线,且与 $\beta\gamma$ 成上述的二已知角,而交于一点 O_1,移转测量板,直至 O_1a 正对点 A,则 $\triangle ABC$ 与 $\triangle abc$ 处相似位置,而误差三角形,缩成一点 O,即为所求者.

作 $\angle\beta\gamma O_1 = \angle\beta ca$, $\angle\gamma\beta O_1 = \angle\gamma ba$,这些相等角都是依相同的旋转向作成,则此作图法对于已知点的任何位置,都可适合.

---

① 即借视板,以作过 a, b, c 而对 A, B, C 延长的线.

附　　录

第一节　　论圆弧的相交

就以前的讨论中,可见细察一图形,以求图形各元素间的简单关系,尤其是诸角间的关系,是多么的重要.欲达此目的,常须用论及圆弧同相关角关系,并其他的浅近定理,但在繁复的图形中,往往因角过多,很难发现这种简单的关系,所以宜乎有些方法,可使这种探求,易于着手.有种方法,便是研究出圆弧所成的角.①我的目标,并非是要在此处细论这个问题,不过只想举出若干定理,以便于许多情形的引用而已.

233

(1) 在一由圆弧构成的多角形中,各边的和,再加这多角形各角邻角的和,一共是 360°.

设一直线绕着这多角形滚动,自一顶点起,总同一边相切,直至达于第二顶点,再旋转以至成为第二边的切线,如是继续,最后回到出发的位置,则这直线陆续所作的角,等于这多角形诸边以及多角形各角的邻角,但这直线恰好绕过一周,故诸角总和为 360°.

在此我们假设这直线返到出发的原位置时,旋绕的一周,但在多角形不凸者的时候,这线也可旋绕几周(或未绕旋),故诸角总和可为 360° 的任何倍数.

如欲使这定理普遍成立,我们必须依旋绕的方向,定角和弧的正负.

(2) 在一三角形中,角的和减去边的和,其差为 180°,如各边都经过一点②(不是这三角形的顶点),则角的和为 180°,而边的和为 0③.

后面一层理很容易证明,我们只需以在各边共过那一点的角代三角形的诸角即可,因后面诸角,与前者各相等也.

(3) 在一二边形④中,其二角相等,而均等于二边的和的一半.

---

①　即在交点的二切线所成角.
②　即共过一点三圆中,他三交点间劣弧所成图形.
③　各边的弧须计其方向.
④　即二圆相交,二交点间劣弧所成图形.

(4) 顶点在圆周上的角,等于二边与这角所对弧的和一半.

延长二边,便成一二边形,其中二边的和的一半等于这角,但二边延长弧的和等于圆周角所对弧(按(2)).这弧可任视为这图形分成二三角形中其一的一边,但在二种情形下,弧的号不同.

(5) 四圆两两相交,成为二组,如每组圆二交点,各在他组一圆上,则每组圆的交角同他组的相等.(用(2) 可证)

(6) 在一可内接于圆的四边形中,一对对角的和,与他一对的相等.如这四边共过一点,则这相等的角和为 $180°$,而诸边的和为 0(用(4) 可证).

(7) 如在一四边形中,一组对角的和等于他一组者,则这四边形,可内接于圆.

按(1) 可知一组对角的和,减去各边的半和,等于 $180°$.此和数,正同顶点与这已知四边形相合的直线四边形中对角和相等.

(8) 如二圆与他二圆相切,有同一的情形(内切或外切) 则四切点同在一圆上(用(7) 可证).

(9) 过二定圆交点的任一圆,与一组和这二定圆相切(依同一情形) 的一组圆,必交于定角.

这题已经用反图法证过(第一章第一节习题中的 198 题),但是现在再加以直接的证明,并将二定圆不相交的情形,也包含在内,此时所谓过这二圆交点的圆,即是与它们有同一等幂轴的圆.

今取公切线,以代一圆,设 A,B 为公切线上二切点而二定圆为 S_1,S_2 而与他一圆 S 切于 C,D 二点.过二定圆交点的圆,与公切线交于点 E,圆 S 交于点 $F.AC,BD$ 二直线交于圆 S 上的一点 O,在该点的切线与上述的公切线平行.A,B,C 和 D 四点既位于一圆上,故 O 对于 S_1,S_2 二圆有等幂,因此对于 ACF,EF 同 BDF 诸圆,也有等幂,故 O 必定在这三圆中任二圆的等幂轴上.F 为三圆的公共点,OF 为它们的公共等幂轴,故诸圆必另有一公共点在 OF 上.诸圆既有二公共点,它们的心必在一直线上.因 ACF,BDF 二圆经过诸切点,故其中任一圆必与公共切线及在 F 的切线,交于等角,而这等圆的心,必在平分二切线夹角的一直线上.EF 圆的心也是同一直线上的点,故 EF 与公切线及点 F 切线,或圆 S,交于等角.

第二节 圆 组

在定圆的条件中,我们特别注意:① 过一已知点的圆,② 与一已知直线相切的圆,③ 与一已知圆相切的圆.选择这三种条件,用以定圆,则可得一类问题①,除四题外,都已在前面讲过,今在未研究这几题和少数他题的解法以前,先述后面需用的二定理如下:

(1) 如 A 和 B 为一圆与他二圆相切的切点,则直线 AB 必经过这二圆二相似心之一.

设直线 AB 与过点 B 一圆的第二交点为 b,于此易见过点 b 的半径与他圆中过点 A 的半径平行,故视二圆为处相似位置,则 A 与 b 为其中二相似点,是以 Ab 必经过相似心.

如这圆和二圆依相同情形相切,即同为外切或内切,则这线经过外相似心;如这圆与一圆外切,他圆内切,则这线经过内相似心.

设 O 为相似心,则二圆又可视为以 O 为反图心的反图,故乘积 $OA \cdot OB$ 为一常数.

(2) 三圆两两取之,其三外相似心在一直线上.

如图1,设三圆为 A,B,C,A 与 B 的外相似心为 γ,C 与 A 的外相似心为 β,B 与 C 的外相似心为 α.作与 A,C 二圆公切线平行的圆 B 上二切线,而交于 P.对于 A 及 B 二圆,P 与 β 为位似点,故 $P\beta$ 线必经过 A 及 B 二圆的相似心 γ.对于 B 及 C 二圆,P 与 β 也是位似点,所以直线 $P\beta$ 又必经过 α,由此便知 α,β 和 γ 共在一直线上.

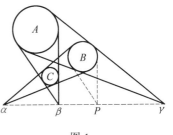

图 1

235

应用1 用与上相类的方法,可知过二内相似心的直线,必过第三对圆的外相似心.

应用2 如三相似曲线,两两处相似地位,这定理仍能成立,可将三个处相似位置的圆,加到曲线上,这定理对这些圆的相似心为真,而这些相似心与诸曲线的相似心相同.

习　题

1.求作一圆,与二已知圆相切,且使过二切线的直线过一已知点.

2.求作一圆,与二已知圆依同法相切,且在一经过已知圆外相似心一直线上截取一定长的弦.

---

① 这类问题,常称为切圆问题,如以 P,L,C 代上述三条件,选择配合,可得十个问题如下:PPP(即作过三点的圆,下仿此),LLL,PPL,PLL,PPC,PCC,PCL,LLC,LCC,CCC.

3.已知 A 和 B 二圆,同 D,E,F 诸点,求作一经过点 D 的圆 C,使 A 与 C 的等幂轴经过点 E,B 与 C 的等幂轴经过点 F.

4.在一四边形 $ABCD$ 中,边 AB 为固定,且二对角线上互分成的二部分各成定比,求 CD 的轨迹.

令二对角线的交点为 O,则

$$AO:OC = m:n$$

$$BO:OD = p:q$$

设过点 O 作一某曲线 K,依 A 以 $\dfrac{m+n}{m}$ 乘这曲线,又依 B 以 $\dfrac{p+q}{q}$ 去乘,则得 C 与 D 同时所作的二曲线,这二曲线为相似曲线,而成 $\dfrac{p(m+n)}{m(p+q)}$ 的比,且它们的相似心为直线 AB 上的一点 M(用(2)应用2).因 C 与 D 处相似位置,故 CD 经过 M,而 $MC:MD$ 的比如上值.同理可知 $MB:MA$ 为定比,故 M 为一定点,而为 CD 的轨迹.

5.求作一圆,使经过一已知点,而与二已知圆相切.

236 我们已知相似心对于所求圆的幂,由此可在那圆中定另一点,而本题变为第一章第二节习题中的 19 题.

6.求作一圆,过一已知点,且切于一已知直线和一已知圆.

这问题是 5 题的特例,只需视已知直线为无穷大半径的圆便可.

7.求作一圆,与三已知圆相切.

用平移法,便可使本题归于 5 题.

这题又可由一种与第一章第一节习题中的 201 题相类似的作法解决,所求的三角形在这种情形下,顶点便是所求的切点,各边经过三相似心,取三心为反图心,并选择反图幂,使三圆两两转换,而诸圆中任一圆经三次反图后,复返到原位置,如此则这问题和前面已解的问题间,并无多少差别.

最简而巧妙的解法,要应用下定理:二圆的等幂轴,与二者相切一圆,及一二者公切线之一,相交于等角.按这定理,则在二圆等幂轴与所求圆交点,所作的这圆切线,必与同属于所论一组切圆的诸公切线平行(如一组圆依同法相切,则外公切线属之,如依异法相依,则内公切线属之).设 A,B 与 C 为已知圆,视所求圆与圆 A 处于相似位置,而以切线为相似心,则 A 同 B 的等幂轴,与 A 同 B 二圆公切线在圆 A 上切点的连线,二者处相似位置,在相同的看法下,A 同 C 的等幂轴,与 A 同 C 公切线在圆 A 上切线连线,二者处相似位置.这二线的交点,便是三已知圆等幂心的位似点,联这二点的直线,故必经过我们所求的切点.

其他问题,其中的圆如由上述三种条件决定,都可视为这题的特例①.

8.求在 $\triangle ABC$ 中,作 S_a,S_b 同 S_c 三圆,使每圆均与他二圆及三角形二边相切.

这著名问题第一次系由意大利数学家马尔法蒂解出(1802 年),马氏曾算出诸圆中各半径,求出其值便易于作图.1826 年斯坦纳述明这等圆中,在切点的二圆公切线,必与已知三角形被角分线分成诸小三角形的内切圆相切,由这定理,便得一简易作法.但是斯氏并未证明这里,他只说,由一串关于相似心,等幂轴,等幂圆② (power-circles)等的定理,便可证明.但迟至 1874 年,始有施勒德(Schröder)用斯氏各定理,证明斯氏作图法,并且引用了许多复杂的反图的定理,我们在此可用最浅易的定理来论这种作图.

今将各边上切点,依次记出,使循周界而进时,有 A,c_1,c_2,B,a_1,a_2,C,b_1,b_2;令 γ 为 S_a 与 S_b 的切点,β 为 S_c 与 S_a 的切点,α 为 S_b 与 S_c 的切点,与 S_a,S_c 在点 β 相切,而过 c_2 一点的圆,与 AC 交于一点 D,且所成角等于在点 c_2 与 AB 的所成角(按第一节(9)).在 c_2 同 D 二点的这圆切线,相交于在 $\angle A$ 平分线上的一点,且这二切线与 $\angle A$ 二边成一可内接于圆的四边形,因此知弧 c_2D 等于 $\angle A$.$c_2\alpha\beta$ 一圆经过点 c_1,这圆与 βDb_2 一圆交于点 E,而有 $\angle c_1Eb_2 = \angle c_1c_2\beta + \angle b_2D\beta = 180° - \frac{1}{2}\angle A$,由此可知 c_1Eb_2 的心为点 A.$c_1c_2\alpha\beta$ 一圆于 AB,AE 及 $D\beta c_2$ 圆上在 c_2 的切线三者,截取相等弦,因 $Ac_1 = AE$,且这圆与 AB 同 $D\beta c_2$ 交于等角也.同理可见 $E\beta Db_2$ 一圆于 AE 同在点 D 的切线上,截取等长的弦.令 F 为在 c_2 及点 D 二切线的交点,且这二线各与 AE 交于 G 及 H,则因 $c_2F = DF$,$c_2G = EG$,$DH = EH$,故 $\triangle GFH$ 中一边等于他二边的和,所以 G 和 H 二点,应同点 F 相合,而直线 AEF 平分 $\angle A$,是此知 $c_1c_2\alpha\beta$ 一圆与 AB,AE 同在 α,β 二点的二切线,交于等角,所以可作一圆,与 $c_1c_2\alpha\beta$ 同心,而切于这四直线.同理可证这圆与 $\angle B$ 的平分线相切,便可证明斯氏定理了.

如我们再计及切于各边延长线上的圆,则这题更有他解,只需将上面的论证,稍加改动,即可求得.

若是在这问题中,以三圆代三角形的三边,即可用诸圆的一交点为反图心,化这图形为反图.显而易见的,上面所证的定理,可以推广来包括这种情形,只须以平分诸已知圆之二所成各角的诸圆,来代诸角的平分线,以反图中的相当

237

---

① 因为一点可视为半径无穷缩小的圆,一直线可视为半径无限增大的圆.
② 即有公共等幂轴的一组圆,英文名词,现通用 Co-axial circles.

圆代在点 β 的切线,等等便可明白.

第三节　关于用直尺和圆规作图的可能性

如我们不能解出一所设问题,也许是未能寻得适当方法,或是这题原属于用直尺和圆规所不能解的一类问题.在下面所论的,就是要指出方法来,使在大多数情形中,能解决这个问题.

若是一问题能够解决,不论解法是如何复杂,都是二种手续合成的,即过二点的直线同已知中心和半径的圆.任何点都是二直线,一直线同一圆,或二圆的交点.假设由解析几何的方法同公式,陆续计算所作各点的坐标,一切求解的方程式都是一次或二次的,所以对作图所得的各元素,都可由已知元素,作有理式,或只用平方根的无理式表出求定的量,又因反过来说,这种式子,总可作图,所以求作作图题能用直尺和圆规解决的充要条件(necessary and sufficient condition),是所求量能以已知量作有理式,或只含平方根的无理式表出.

238　　对于能以平方根解出的方程式的讨论,可阅著者所撰 *Om Ligninger*, *der loses ved Kvadratrod* 同 *Theorie der algebraischen gleichungen*(1878 年在哥本哈根出版),在这二书内曾证明:

一、除圆锥曲线外,没有别的曲线,与直线的交点,能由直尺和圆规决定的.

二、除圆锥曲线外,没有别的曲线,能用直尺和圆规,从任何点,作到这曲线上的切线.

三、如果我们能用直尺和圆规,来定一线束①(a pencil of lines)中任何线与一曲线的交点(设这曲线不经过线束的顶点(vertex)),则这曲线的次数②(order)必为 2 的乘幂,且在这线束中,至少有二直线,与曲线的交点,两两重合.

由这些定理,便可用变易法推出别的新定理来,又可推广到线束以外的直线组或是圆组等,在这里,只要举出下理:

四、除直线和圆以外,无别的曲线,能用直尺和圆规,定其与任意一圆的交点.

这定理很容易从第一条推出,因为对于圆锥曲线用任何反图法,只能得圆或是直线.

这些定理,在大多数情形里,已经够用了.

---

① 即共过一点的诸直线,这点称为顶点.
② 即这曲线方程式的次数,英文名词,现通用 degree.

例如在一问题中,设一点 X 应落于一直线上,而直线的位置可以任意选定.如问题能由直尺和圆规解决,则移去这条件,X 所成轨迹,按第一条的理,必为一圆锥曲线.如图形中含一位置可任意选定的点,则第二定理,可以应用如上.

再将第一种情形,特加考察,则在这种情形下所生问题,有一种普通图解法,移去这条件,而任作合于其他各条件的二图形,则得 X 的二个位置,命这二位置为 X_1 及 X_2.如 X 的轨迹为一直线,则直线 X_1X_2 与移去直线的交点,即为所求者.如这点不是所求点,则可再作一图,得一第三点 X_3.如 $X_1X_2X_3$ 一圆,远不能与移去的直线,交于所求点,则可再作图,而定 X_4 及 X_5 二点.移去的直线,与由这五点所定的圆锥曲线,二者交点,能由直尺和圆规决定.如最后定出的点,还不合于所求,这题便非直尺和圆规,所能解决.对于第二种情形,也可依同类的方法进行.

一问题既用直尺和圆规解决,我们常可由上述各定理来断定某某等点的轨迹是圆锥曲线,在平时更可判明这些圆锥曲线是圆,是直线,或是别的.

习　　题

1.求过一已知点,求作一直线,使被一已知角二股截取定长线段.

移去这角的一边,则自由移动的点,所成轨迹为蚌线(conchoid)①.因移去一边,位置完全与蚌线无关,故这题不能由直尺和圆规解决.在特殊情形下(例如已知点在已知角平分线上)②,这直线对于蚌线,处于特别的位置,则问题可解.

2.由二定点,作到一已知圆上任意一点的二直线,联这些直线与圆的第二交点,成一直线,试证这直线的轨迹为一圆锥曲线.

我们已知第一章第一节习题中的 201 题得由直尺和圆规解决,便可证明本题.

3.求置一三角形,使三顶点各在一已知圆上.

这题是不能解的,因为如果移去一圆,则自由移动的顶点所成轨迹,不能为圆,也不是直线,我们只需取一特例,即二圆成直线而三角形亦成一直线时,其轨迹为一椭圆.

4.已知三角形中的 a,c 和 $\angle B - \angle C$,求作这三角形.

---

① 过一已知点,任作一直线,与另一已知线相交,在交点两侧,取定长线段,其他一端轨迹,称为蚌线.
② 称为帕波斯(Pappus)问题.

作 BC 又自点 B 作二直线,一与 BC 成已知角的一半,一与所作直线垂直,则这题化为下题:自点 C 作一直线,使其被直角二边截取一段的长为 $2c$.这题为 1 题的一特例,所以须特加考察.移去点 C,则直线 $2c$,当两端在直角二边上移动时,轨迹为一内摆线①(hypocycloid).因 a 同已知角可变动,而使 C 得任何位置,但内摆线不改,故问题不能用直尺同圆规解决.

5.求三等分一已知角.

这问题很容易改变如下:过一圆上的一已知点 A,求作一直线 AX②,与任一已知直径交于一点 Y,使 XY 等于圆的半径.移去直径,则得 Y 的轨迹,为一四次曲线,以任何圆上的二虚无穷远点和点 A 为重点(double point),并且经过圆心.因诸直径成一线束,顶点为这曲线上一常点(ordinary point),故解本题的必要条件,必须用一曲线,其次数应较 2 的乘幂多一③.故这题不能用直尺和圆规解决.

在此我们已经证明这古昔的著名问题不能解,但是并未证明同等的著名方圆问题④从题中待证之点,即 π 不能用平方根表出,这条道理,现在尚未有人能证⑤.

6.已知一点 P 和二圆,作过点 P 的直线和二圆的各一切线,使所成的三角形,以 P 和二切点,为各边的中点.

设 X,Y 为二切点,则应置 $\triangle XYP$,使自 X 及 Y 点所作垂线,各经过二圆的心.依点 P 旋转过点 X 的圆,使合于经过点 Y 的圆,则 X 落于一点 X_1,而 PY 同 PX_1 与 P 及圆心的连线成等角.自 X_1 的半径与 PY,成一可求知角,因在未旋转前,与 PY 垂直,而绕过一已知角也.设 O 为圆心,则求作 $\triangle PX_1O$ 时,这题归于 4 题,所以不能用直尺和圆规解决.

问题解法对照表

本编中问题,除第一章第一节中 200,212 题,第三章中 27,31,32 题,附录第二节中 8 题,附录第三节中 3,4,6 题外,其余各题,都已在长泽龟之助的《几何学辞典》《继几何学辞典》

---

① 一小圆在大圆内相切而滚动,其上一定点所成轨迹,称为内摆线,在此例中,为一四尖内摆线(hypocycloid of four cnsps),大圆之半径为 $2k$,小圆之半径为 $\frac{k}{2}$,其证明须用解析几何及微分.

② X 为这线与圆的第二交点.

③ 这段所述的理,须习过高等几何,方能了解.

④ 在希腊时,有三大著名问题:①三分角,即三等分任意角;②倍立方,即求一立方体的边,使其体积 2 倍于一已知立方体;③方圆,即求作一正方形,使与一已知圆等积.这三大问题,耗费数千年数学家的脑汁,不知几许,直到近世,方能证明都是作图不能问题.

⑤ π 不但不能用平方根表出,且不能为任何代数方程式的根.这种情形,称为 π 的超越性(transcendence of π).首先证明这定理的人为德国数学家林德曼(Lindemann),时在本编脱稿后三年(即1882年)).

在日文重译本中,末句已改作"这问题在比较广义的形式上,曾由林德曼氏用埃尔米特(Hermite)的方法证明",日文重译本,仅这一处与英译本互异.

二书中,载出解法或释义;不过偶有几题,解法和书中提示的不相同罢了.今将本书题数与二辞典中题数列表对照如下:

本书题数	辞典题数	本书题数	辞典题数	本书题数	辞典题数
1	1364	10	1557	19	2173
2	1365	11	2195	20	2176
3	1359	12	1516 1527	21	1706
4	2170	13	2146	22	2223
5	1525	14	2145	23	2186
6	1525	15	2197	24	2187
7	1529	16	1494 1495	25	2174
8	1534	17	1444	26	1451
9	1525	18	1562	27	2201

第三编
初等几何学作图不能问题

原著　林鹤一

译者　任　诚　陈怀书　赵仁寿

第一章 绪 论

(1) 几何学作图问题,有性质虽似初等,若可属于初等范围中者,而究其解法,困难实甚.古来几多数学家从事探讨者,有下之三题.

Ⅰ.立方倍积问题:求作立方体之一边,使其体积为所与立方体之 2 倍(此题亦名戴罗斯(Delos)问题);

Ⅱ.三等分任意角问题;

Ⅲ.改圆为方问题:求作正方形之一边,使其面积等于所与之圆之面积.

上列三个问题,数千年间之学者绞其脑汁以研究解法,其正当之答案.最近时代始求得之,夫学者何以为此奋勉不休之研求乎?则以其性质类似初等,以为其解法亦属于初等之范围,而不知其实际不如是之简单也,据最近研究之结果,已证明此等问题断非囿于初等范围所可得其解答者,其证明须借助于代数,是则古代学者所想象不及者矣.

(2) 余于述此等问题之解释之先,不得不说明求作几何图形时所许用之公法(postulate).自欧几里得(Euclid)以来,所许为作图公法者,不外次之二项:

第一,过二点得引一直线;

第二,以任意一点为中心,任意之长为半径,得画一圆.

有多数几何学教科书中,以此等作图公法列为三项:

第一,自任意一点得引直线至他点;

第二,有限直线得任意延长之;

第三,以任意一点为中心,任意之长为半径,得画一圆.

此第三项与前举之第二项同,第一及第二两项包含于前之第一项中,余所著新撰几何学教科书,亦系如此.

如此规定,实予吾人以一种之束缚,所谓不能作图之问题,乃在此限制下不能作图之谓.若一旦取消限制,则不能者无不能矣.即任意角之三等分,亦甚易事也.且应用此种公法,亦非可适用至无限次数,因次数至于无限,则解释失其精密,作图仍未见其可能也.

此后本编所谓能否作图,悉从此限制以立论,故若漠视此限制而漫然主张作图之可能,其立足点已大异乎吾人,固可不必置辩,即于此限制下,凡已经证明不能作图之问题,犹欲强索其解答,且不能指摘吾人不能作图之证明为非者,实亦可笑之至也.

第二章　几何学之作用与代数学之运算

（1）兹先揭一题，以示用代数的方法解释几何问题之例.

例 1　延长已知直线，自 A 向 B，于其上作点 M. 令

$$BM^2 = AM \cdot AB$$

假定 M 已经求得，以 x 表 BM，以 a 表 AB，则 x 必满足于次方程式

$$x^2 = (a + x)a$$

即

$$x^2 - ax - a^2 = 0$$

解之得

$$x = \frac{a}{2} \pm \sqrt{\frac{a^2}{4} + a^2}$$

根号前之负号，将使 x 为负数，故可弃而不用.

依此表明 x 之值之代数式，得为 BM 之几何的作图如次：

如图 1，自 A 引 $AC \perp AB$，令 AC 等于 AB 之半，联结 BC，则

$$BC = \sqrt{\frac{a^2}{4} + a^2}$$

延长 BC，于其上求点 D，使 $CD = \frac{a}{2}$，则 $BD = x$ 为所求之长，故以 B 为中心，以 BD 为半径作圆，与直线 AB 交于 B 侧之点，即所求之 M 也.

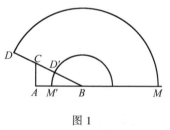

图 1

注意　设取复符号中之负号，则 M 当落于 B 之他侧，其法当于 CD 线上 C 之他侧求 D'，令 $CD' = CD$，然后以 B 为中心，BD' 为半径作圆，与 AB 相交，则于 BA 之间得点 M'，由此得定理如下：

定理 1　于一般二次方程式 $x^2 - ax \pm b^2 = 0$ 中，a, b 及 x 皆表明线段之长，且 $\frac{a^2}{4} \mp b^2 \geqslant 0$，则适合于此方程式之 x，即 $\frac{a}{2} \pm \sqrt{\frac{a^2}{4} \mp b^2}$ 可以作图.

（2）一切几何学上所处理之量，不外线、面及体三种，即不外线段之长，面积及体积三种. 广阔之面，既由若干面单位所积成，而所谓面单位者，实即以线单位为一边之正方形耳；故线为一次元，面为二次元. 同理知体为三次元，而于

几何的量与量之间所有代数的关系,皆可作线段之长之代数的关系观.

以代数式表明线段之长之关系时,其各项之元数即以组成各项之线单位之数而定,例如 a , b 及 c 皆表线分之长,则 a^3 及 ab^2 皆为三次元,而 $\dfrac{a^2b}{c}$ 则为二次元.若代数式中有 $\dfrac{a^5b^3}{c^6}$ 项,分母分子分别言之,毫不含有几何的意味,然论其全体,则大有意味存焉.如 $\dfrac{a^3}{c^3}\cdot\dfrac{b^3}{c^3}\cdot a^2$ 项中,前二因子所表仅为 a^3 与 c^3 或 b^3 与 c^3 之比,可作一种单纯之数论,而 a^2 则表明面积,故 $\dfrac{a^3}{c^3}\cdot\dfrac{b^3}{c^3}\cdot a^2$ 为二次元.总之,代数式所有各项不必一一皆含有几何的意义,但注意其项为若干线单位组合而成,则该项为某次元自可确定,于是有次揭之重要定理:

定理 2　线段之长之关系,苟具有代数式之形,式中各项若不皆为同次元,则此代数式不含有几何学的意味.

此定理本身已甚明了,毋庸另行证明.

例如方程式 $x^2 - ax + b^2 = 0$ 中,所有文字 a , b 及 x 所表皆为线段之长,其各项皆二次,故此式具有几何的意义;但方程式若为 $x^2 - ax + c = 0$,则 a , b 及 x 虽所表皆为线段之长,其式则毫无意义之可言也.

代数式为同次各项所组成,其式即谓之同次式,如 $\dfrac{a^2}{4} - b^2$ 之两项,同为二次元,故其式为二次式.

注意　计算某项为某次元时,于不名数不生关系,于是复有次述之定理.

定理 3　由一个或二个以上已知线段之长,依几何的方法所可求得之量,即由作图所可求得之量,以线段之长,面积及体积为限.

即除二次元及三次元外,一切皆不能作图也.

所谓求作一线段之长 x 适合于二次方程式者,设 a 为 n 次,则 b 必为 $n+1$ 次, c 必为 $n+2$ 次,因必满足此条件, $\dfrac{b}{a}$ 始可为一次元, $\dfrac{c}{a}$ 始可为二次元,由此

$$x = \frac{b}{2a} \pm \sqrt{\frac{b^2}{4a^2} - \frac{c}{a}}$$

始得备具几何的意味,故又得定理如次:

定理 4　设 $\dfrac{b}{a}$ 为一次元, $\dfrac{c}{a}$ 为二次元,而均得以其他一个或二个以上已知线段之长作成者,则适合于二次方程式 $ax^2 + bx + c = 0$ 之 x ,亦得以最初所知一个或二个以上线段之长作出.

注意 a,b 及 c 三者虽不能个别作图,但求 $\dfrac{b}{a}$ 及 $\dfrac{c}{a}$ 能作图即得.

几何学问题仅由几何学的状态移转于代数学的状态而未受代数学的变化时,各项固必同次,且不可高至四次以上,因四次以上之项全无几何的意味也.

但自几何的状态移转于代数的状态后,因欲去分母或根号而施行代数的变化时,常发生四次以上之项,盖因受非几何的代数变化不得不然.然无论如何变化,其式既由同次项所组成,结果必仍为同次,虽高至四次以上,所表仍不失几何的意味也.

(3) 解一切作图问题时,欲决定所求之图形,须求得适合于此图形之点,而点之位置,则由线段之长所决定者.

例如,三等分 $\angle AOB$ 时,但求得分线中一点,C 与 OA 之距离 CM 及点 C 与 A 之距离即得(图2).故由几何的状态变为代数的状态时,其中未知数所表明者即用以决定此点之线段之长;而以几何的方法决定某点云云者,即决定此点必需之线段之长已经决定之谓也.

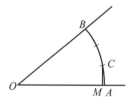

图 2

吾人今后决定作图问题之能否,恒着眼于以决定某点所要线段之长为根之代数方程式,因以几何的方法解各种作图问题时,从无一般之法则.故欲以几何的手段决定作图之能不能,目的实难达到,而一经变为代数的状态之后,则研究之方便自较普通也.

如前所述几何的作图,不外以引直线及画圆决定某点,故第一可以研究者,以此项几何的作用变为代数的状态时究属如何;换言之,由若干直线与圆决定某点时所必要之线段之长与既知之线段之长,究有若何关系,为亟须研究者也.

(4) 今假设一直线以代数的方法表明其位置时,则得方程式如次

$$Ax + By + C = 0 \qquad\qquad ①$$

x 及 y 为直线上任意之点之坐标.

所谓此直线可以作图者,即其中某某二点可以决定之谓,故 A,B 及 C 非已知线段之长,即得以已知线段之长作出者,而 A 与 B 同为一次元,C 则须较高一次.

再假设一直线

$$A'x + B'y + C' = 0 \qquad\qquad ②$$

两直线交点之坐标,同时满足 ①②,故以 ①② 为联立方程式解之,即得交点之坐标,此实不外一次联立方程式之解法实施,得结果如次

$$x = \frac{BC' - B'C}{AB' - A'B} \qquad y = \frac{CA' - C'A}{AB' - A'B}$$

以上二式均为一次方程式,其右边分数之形不含有几何的意义,但如改书如次,则几何的意义自明

$$x = \frac{\dfrac{C'}{B'} - \dfrac{C}{B}}{\dfrac{A}{B} - \dfrac{A'}{B'}} \qquad y = \frac{\dfrac{C}{A} - \dfrac{C'}{A'}}{\dfrac{B'}{A'} - \dfrac{B}{A}}$$

由此得定理如次:

定理 5　凡点得以二直线交点决定者,则决定此点时所要线段之长,恒为以既知线段之长或由其间接作成者为系数之一次方程之根.

(5) 今又假设二圆,其方程式为

$$A(x^2 + y^2) + 2Gx + 2Fy + C = 0 \qquad \text{①}$$
$$A'(x^2 + y^2) + 2G'x + 2F'y + C' = 0 \qquad \text{②}$$

但 A 比 G 及 F 须较低一次,比 C 项较低二次. A', G', F' 及 C' 亦同.

设此二圆相交,则其交点为此二圆中之任何一圆(例如 ①)与次之一直线之交点

$$2(GA' - G'A)x + 2(FA' - F'A)y + (A'C - AC') = 0 \qquad \text{③}$$

249

为便利计,令 ③ 为

$$Px + Qy + R = 0 \qquad \text{④}$$

由 ① 与 ④ 消去 y,则得 x 之二次方程式

$$A(P^2 + Q^2)x^2 + 2(APR + GQ^2 - FPQ)x + AR^2 - 2FQR + CQ^2 = 0 \qquad \text{⑤}$$

同样,得关于 y 之二次方程式

$$A(P^2 + Q^2)y^2 + 2(AQR + FP^2 - GPQ)y +$$
$$AR^2 - 2GPR + CP^2 = 0 \qquad \text{⑥}$$

于是 ① 与 ④ 之交点,即由 ⑤ 及 ⑥ 之根而定矣.由是得次之定理:

定理 6　凡点得以二圆或一圆与一直线之交点决定者,则决定此点时所要线段之长恒为以已知线段之长或由其间接作成者为系数之二次方程之根.

注意　因一次方程式为二次方程式之特殊形式,故今后对于一次方程式除遇特别必要外,均以二次方程式论.

(6) 通常解作图问题时最后所要之图形,往往不直接决定而以所与之点及线段之长为基础,或引直线,或画圆,借以决定若干点或若干线段之长,更以所决定者为依据,施行同样之手续,以次达到最后之目的.

今以与点或线段之长为基础所作成之图形谓之第一阶作图,以次递推于第

二阶,第三阶及第四阶;则第一阶所得之点,其位置必决定于以所与线段之长为系数之二次方程式之根所表明者,此为第一阶之长.而第二阶求得之点,又必决定于另一二次方程式之根,其系数即等于第一阶之长.由此类推,以至若干阶,均同是理.

因二次方程式之根,得于其系数施以有理运算及开方一次而求之,故作图至最终之阶段所用以决定图形之线,必为所与线段之长经若干次有理运算及开平方之结果.逆言之,于所与线段之长施以若干次有理运算及开方之手续所求得之长,以(1)所示方法反复应用之,必可作图也,故得定理如次:

定理 7 某点能否作图,必要而且充分之条件,视用以决定此点之线段之长能否于所与线段之长施行有限次有理运算及开平方而求得之为断.

于所与线段之长,施行有限次有理运算及开平方所得之结果,命为 x;则化此 x 为有理时可得高次之方程式,其系数即所与线段之长经若干次有理运算者.故此高次方程式所有各根中,凡能表明线段之长者,均能作图,故上述之定理,又可重述之如次:

定理 8 某线段之长,能否以一线或二线为基础而作图之必要且充分之条件,视所求线段之长能否为代数方程式之根为断(其系数即于所与线段之长经过若干次有理运算之结果,且可于系数施行有限次有理运算及开平方而算出其根者).

此定理为决定作图能否之基本定理,而研究此种方程式,实为本编主要之目的,唯研究此项问题,须明了一般代数的有理整函数之性质,于次章详言之,今先揭例题二三,以示上述定理之应用,但欲说明例题,须先述次之定理.

(7) **定理 9** 凡以所知线段之长之一或二为基础,即可作成之二次曲线与另一直线之交点,得不画出此二次曲线,径以圆与直线之作图决定之.设

$$ax^2 + 2hxy + by^2 + 2gx + 2fy + c = 0$$

为二次曲线方程式

$$Ax + By + C = 0$$

为直线方程式,其交点必同时满足此两方程式,而同时满足此两方程式之 x, y 之值,可作为二次方程式之根以求之,即于 a, b, c, f, g, h 及 A, B, C 施行有理运算及开平方之手续以求之即得,故不必另画曲线也.

(8) **例 2** 有一定点及一定直线,于他一定直线上求一点,使自该点至此点与此定直线之距离之比为一定.

如图3,A 为定点,a 为定直线,l 为他一定直线,求于 l 上定一点 P,令 $\dfrac{PA}{PM}$ 等

于定值 k.

此点 P 为与点 A 及直线 a 距离之比等于定值 k 之点之轨迹与定值线 l 之交点,而此点之轨迹乃二次曲线,试过点 A 作 a 之垂直线,以之为 x 轴(图4). 以 a 为 y 轴,令 A 与原点 O 之距离等于 p,则

$$PA = \sqrt{y^2 + (p - x)^2}$$
$$PM = x$$

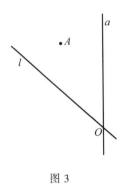

图 3   图 4   251

因
$$\frac{PA}{PM} = k$$

所以
$$\frac{\sqrt{y^2 + (p - x)^2}}{x} = k$$

即
$$(1 - k^2)x^2 + y^2 - 2px + p^2 = 0$$

此方程式在 $k < 1$ 时表椭圆,$k = 1$ 时表抛物线,$k > 1$ 时表双曲线.

点 P 之轨迹既为二次曲线,则与 l 之交点有二次. 就普通几何学之范围内作图,述之如下.

设 a 与 l 之交点为 O(图5),则

$$\frac{PA}{PM} = k, \quad \frac{PM}{OP} = k'$$

但 k' 为定数

$$\frac{PA}{PM} \cdot \frac{PM}{OP} = \frac{PA}{OP} = kk'$$

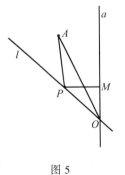

图 5

O,A 都为定点,故点 P 与 O,A 距离之比等于 kk'. 作阿波罗尼奥斯(Apollonius)轨迹,求此轨迹与定直线 l 之交点,即所求之点,而其交点有二.

注意 若此问题稍事变更,不于定直线上求点 P,而于定圆上求点 P,则 P

可由普通几何学求得之.

(9) **例3** 有二定点,试于定直线上求一点,令此点与二定点距离之和或差等于定值.

如图6,A 及 B 为二定点,l 为定直线,欲于 l 上求点 P,令 $AP + BP = k$,或 $AP - BP = k$.

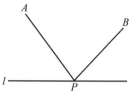

图 6

与二定点距离之和为一定之点之轨迹,系以二定点为焦点之椭圆,若其差为一定,则其轨迹系以二定点为焦点之双曲线,故点 P 乃椭圆或双曲线与 l 之交点,故适于此条件之点有二.

此题若就普通几何学作图如次:

以 A 为中心,以与其和或差相等之长为半径,画圆.

若 $AP + BP = k$,而 $k \geq AB$,则 B 在此圆上或圆内(图7),又若 $AP - BP = k$,而 $k \leq AB$,则 B 在此圆上或圆外(图8).

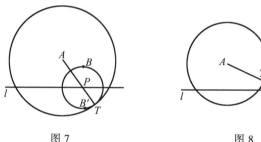

图 7   图 8

求 B 对于 l 之对称点 B',过 B 及 B' 作圆,与圆 A 相切,其切点为 T,AT 之延长线与 l 之交点即所求之点 P.

因 B,B' 为关于 l 之对称点,故 l 为 BB' 之中垂线,故圆 BTB' 之中心在 l 上,即 P 为圆 BTB' 之中心,故 $PA + PB = k$,或 $PA - PB = k$,但过 B,B' 而与 A 相切之圆有二,故有二解.

252

第三章　既约及未约代数的有理整函数

（1）设 n 次整函数

$$f(x) = a_0 x^n + a_1 x^{n-1} + a_2 x^{n-2} + \cdots + a_{n-1} x + a_n$$

之各项系数 $a_0, a_1, a_2, \cdots, a_n$，皆为整数，因之 a_0 非 0，故求 $f(x) = 0$ 之根时，得以 a_0 等于 1. 因以 a_0^{n-1} 乘上式之两边，则得

$$a_0^{n-1} f(x) = (a_0 x)^n + a_1 (a_0 x)^{n-1} + a_2 a_0 (a_0 x)^{n-2} + \cdots +$$
$$a_{n-1} a_0^{n-2} (a_0 x) + a_n a_0^{n-1}$$

故若以 $y = a_0 x$，$b_1 = a_1$，$b_2 = a_2 a_0$，$\cdots$，$b_{n-1} = a_{n-1} a_0^{n-2}$，$b_n = a_n a_0^{n-1}$，则

$$\phi(y) = y^n + b_1 y^{n-1} + b_2 y^{n-2} + \cdots + b_{n-1} y + b_n$$

但 $b_1, b_2, b_3, \cdots, b_n$ 皆为整数. 由此求得 $\phi(y) = 0$ 之根后，以 a_0 除之，则得 $f(x) = 0$ 之根，故吾人欲解 $f(x) = 0$，恒以 $a_0 = 1$，而解之，即改作首项系数为 1 之方程式而解之也.

今假定 $\phi(y) = 0$ 之一根为有理数，且命其值为 $\dfrac{p}{q}$（但 p 与 q 互为素数，且 q 为正值），以此值代入 $\phi(y) = 0$ 而去其分母，则得

$$p^n + b_1 p^{n-1} q + b_2 p^{n-2} q^2 + \cdots + b_{n-1} p q^{n-1} + b_n q^n = 0$$

此式除首项外，各项皆能以 q 除尽，然首项 p^n 既不为 q 之倍数，则等式何由成立？故 q 不得不为 1，由是得次之定理：

定理 1　各项系数及绝对项皆为整数，而最高次项之系数又等于 1 之代数方程式之有理根，即包含于绝对项所有约数加以正负号之各值之内，若以之置换于原方程式而不能满足之，则此方程式无有理根.

$\phi(y) = 0$ 之有理根之一若为 p，则 $\phi(y)$ 能以 $y - p$ 除尽，实行除法，由

$$\phi(y) = (y - p) \phi_1(y)$$

求得 $\phi_1(y)$，则

$$\phi_1(y) = y^{n-1} + c_1 y^{n-2} + c_2 y^{n-3} + \cdots + c_{n-2} y + c_{n-1}$$

但 $c_1 = b_1 + p$，$c_2 = b_2 + c_1 p$，$c_3 = b_3 + c_2 p$，$\cdots$，$c_{n-1} = b_{n-1} + c_{n-2} p$，$0 = b_n + c_{n-1} p$，皆为整数，故 $\phi(y)$ 与 $\phi_1(y)$ 有同一之形式.

(2) **定义**　以整数或有理数为系数之整函数 $f(x)$,若能分解于二个整函数(其系数亦为有理数),即 $f(x)$ 若能分解于 $f_1(x)$ 及 $f_2(x)$,则 $f(x)$ 谓之未约代数整函数,否则谓之既约.

判别一整函数为既约或为未约,犹之判别一整数为素数或为非素数,向无一般之方法,唯就其整系数之形而加以识辨耳.

注意　以研究整函数之根之形状为目的之时,一切有理系数均可认为整数.

(3) 高斯(Gauss)尝证明次之定理:

设系数为整数之整函数

$$f(x) = x^n + a_1 x^{n-1} + a_2 x^{n-2} + \cdots + a_{n-1} x + a_n \qquad ①$$

能分解于次之二个整函数

$$\left. \begin{aligned} \phi(x) &= x^\mu + b_1 x^{\mu-1} + b_2 x^{\mu-2} + \cdots + b_{\mu-1} x + b_\mu \\ \psi(x) &= x^\nu + c_1 x^{\nu-1} + c_2 x^{\nu-2} + \cdots + c_{\nu-1} x + c_\nu \end{aligned} \right\} \qquad ②$$

$$(n = \mu + \nu)$$

则有理系数 b_i 及 c_i 皆为整数.

实行 $\phi(x)$ 与 $\psi(x)$ 之乘法,以之与 $f(x)$ 相比较,可得次之关系

$$\left. \begin{aligned} a_1 &= b_1 + c_1 \\ a_2 &= b_2 + c_1 b_1 + c_2 \\ a_3 &= b_3 + c_1 b_2 + c_2 b_1 + c_3 \\ a_4 &= b_4 + c_1 b_3 + c_2 b_2 + c_3 b_1 + c_1 \\ &\vdots \end{aligned} \right\} \qquad ③$$

以上诸式,右边各项之添数各与其左边之添数相等.今于 $b_1, b_2, \cdots, b_\mu$ 中假定有非整数者,此等系数可表之如下

$$b_1 = \frac{B_1}{B_0}, b_2 = \frac{B_2}{B_0}, b_3 = \frac{B_3}{B_0}, \cdots, b_\mu = \frac{B_\mu}{B_0}$$

$$c_1 = \frac{C_1}{C_0}, c_2 = \frac{C_2}{C_0}, c_3 = \frac{C_3}{C_0}, \cdots, c_\nu = \frac{C_\nu}{C_0}$$

其中 $B_0, B_1, B_2, B_3, \cdots, B_\mu$ 及 $C_0, C_1, C_2, C_3, \cdots, C_\nu$ 皆为整数,而又不含有全体公共之因数,且假设 $B_0 > 1$,但 C_0 或可为 1,因 $c_1, c_2, c_3, \cdots, c_\nu$,等悉为整数,亦未可知也.

试于 B_0 之素因数中取其一,命为 p(若 B_0 为素数,则 p 即 B_0 之本身),此 p 不能约尽一切如 B 之数,亦不能约尽一切如 C 之数,于此令 $B_h (h \neq 0)$ 为 p 所

不能约尽之 B 之一列中最初之一值,令 C_k 为 p 所不能约尽之 C 之列中最初之一值,即 $B_0, B_1, B_2, B_3, \cdots, B_{h-1}$ 虽皆可为 p 所约尽,而 B_h 则否,$C_0, C_1, C_2, C_3, \cdots, C_{k-1}$ 虽皆可为 p 所约尽而 C_k 则否,而 ③ 之第 $(h+k)$ 式

$$a_{h+k} = b_{h+k} + c_1 b_{h+k-1} + c_2 b_{h+k-2} + c_3 b_{h+k-3} + \cdots +$$
$$c_{k-1} b_{h+1} + c_k b_h + c_{k+1} b_{h-1} + \cdots + c_{h+k} \qquad ④$$

之诸项之顺序,改书之可如次式

$$a_{h+k} = b_h c_k + b_{h-1} c_{k+1} + b_{h-2} c_{k+2} + \cdots + c_{h+k} + b_{h+1} c_{k-1} +$$
$$b_{h+2} c_{k-2} + b_{h+3} c_{k-3} + \cdots + b_{h+k} \qquad ⑤$$

⑤ 之两边各乘以 $B_0 C_0$,则得

$$B_0 C_0 a_{h+k} = B_h C_k + B_{h-1} C_{k+1} + B_{h-2} C_{k+2} + \cdots + B_0 C_{h+k} +$$
$$B_{h+1} C_{k-1} + B_{h+2} C_{k-2} + \cdots + B_{h+k} C_0$$

此式之左边之 a_{h+k} 及 C_0 皆为整数,B_0 又为 p 可除尽之整数,其右边第一列除最初之项 $B_h C_k$ 外,皆为 p 可除尽之整数,故 $B_n C_k$ 亦必为 p 可除尽者.然 p 为素数,无论 B_h 或 C_k 皆不能以 p 单独除尽.今乃欲除尽 $B_h C_k$,是明为不可能之事实,如欲其能,必与假定相反,故 $b_1, b_2, b_3, \cdots, b_\mu$ 等一切皆为整数.

(4) 以上述定理为基础,艾森斯坦(Eisentein)又尝证明一定理如次,此实决定整函数为既约或未约时最重要之定理.

定理 2 设 n 次整函数

$$f(x) = x^n + a_1 x^{n-1} + a_2 x^{n-2} + \cdots + a_{n-1} x + a_n \qquad ①$$

之系数 $a_1, a_2, a_3, \cdots, a_{n-1}, a_n$ 能以素数 p 除尽,而 a_n 不能以 p^3 除尽,则 $f(x)$ 为既约.

注意 0 亦作 p 可除尽论.

假定 $f(x)$ 能分解于 $\phi(x)$ 及 $\psi(x)$,即

$$f(x) = \phi(x) \cdot \psi(x)$$

但

$$\left. \begin{aligned} \phi(x) &= x^\mu + b_1 x^{\mu-1} + b_2 x^{\mu-2} + \cdots + b_{\mu-1} x + b_\mu \\ \psi(x) &= x^\nu + c_1 x^{\nu-1} + c_2 x^{\nu-2} + \cdots + c_{\nu-1} x + c_\nu \end{aligned} \right\} \qquad ②$$

$$(\mu + \nu = n)$$

依高斯定理 b 及 c 皆为整数,实行乘法,比较系数,得次之一组关系式

$$
\left.
\begin{aligned}
a_n &= b_\mu c_\nu \\
a_{n-1} &= b_\mu c_{\nu-1} + b_{\mu-1} c_\nu \\
a_{n-2} &= b_\mu c_{\nu-2} + b_{\mu-1} c_{\nu-1} + b_{\nu-2} c_\mu \\
&\vdots \\
a_\nu &= b_\mu c_{\nu-\mu} + b_{\mu-1} c_{\nu-\mu+1} + \cdots + b_1 c_{\nu-1} + c_\nu
\end{aligned}
\right\}
\qquad ③
$$

以上诸式,系以 $\nu > \mu$ 作成者,但即有时 $\nu \leqslant \mu$,只需设 c_0 为 1,而以添数为负者,亦概作 0 观,则上之等式均成立.

由定理之前提,知 a_n 能为 p 除尽,不能为 p^2 除尽,而 p 又为素数,故③之第一等式 b_μ 与 c_ν 二者之中,必有其一能为 p 除尽而其他则否者.今假定 b_μ 能为 p 除尽而 c_ν 则否,更依定理,前提 a_{n-1} 能为 p 除尽,故于第二等式中,知 $b_{\mu-1}$ 亦必为 p 所除尽.如此逐式推论,可知 $b_\mu, b_{\mu-1}, b_{\mu-2}, \cdots, b_1$ 必皆为 p 所除尽.然依定理之前提,c_ν 亦能为 p 所除尽,故于③之最后一式,知 c_ν 亦必为 p 所除尽.此则与上之假定相反,故知②之分解为不可能,即假定 c_ν 能为 p 所除尽,b_μ 不能为 p 所除尽,其结论亦同,故知 $f(x)$ 为既约整函数.

256

例如 $x^5 - 4x - 2$,可望而知为既约函数.

(5) 内托(Netto)复扩张(4)之定理,作种种定理,今揭其一二如次.

定理 3 具有整系数之 n 次整函数

$$
\begin{aligned}
f(x) = {}& x^n + \gamma_1 p x^{n-1} + \gamma_2 p x^{n-2} + \cdots + \gamma_{n-k-1}^0 p x^{k+1} + \\
& \gamma_{n-k} p^2 x^k + \gamma_{n-k+1} p^2 x^{k-1} + \cdots + \gamma_n^0 p^2 \quad (2k < n)
\end{aligned}
\qquad ①
$$

不含有低于 $k + 1$ 次之因子,但 p 为素数,γ^0 表示 p 不能除尽之意,换言之,设 $f(x)$ 之最高次系数为 1,自第二项至第 $(n - k)$ 项,系数皆能以 p 除尽,但第 $(n - k)$ 项不能以 p^2 除尽;自第 $(n - k + 1)$ 项至末项,皆能以 p^2 除尽,唯末项不能以 p^3 除尽;如是则 $f(x)$ 不含有低于 $k + 1$ 次之因子.

先设 $f(x)$ 分解于次之二因子

$$
\left.
\begin{aligned}
\phi(x) &= a_0 x^\mu + a_1 x^{\mu-1} + \cdots + a_{\mu-1} x + a_\mu, \quad a_0 = 1 \\
\psi(x) &= b_0 x^\nu + b_1 x^{\nu-1} + \cdots + b_{\nu-1} x + b_\nu, \quad b_0 = 1
\end{aligned}
\right\}
\qquad ②
$$
$$
(\mu + \nu = n)
$$

而证明 $a_\mu = \alpha_\mu^0 p$ 及 $b_\nu = \beta_\nu^0 p$.

依假定,$f(x) = \phi(x) \cdot \psi(x)$.比较此式两边之系数,得次之关系

$$\gamma^0_n p^2 = a_\mu b_\nu$$

$$\gamma_{n-1} p^2 = a_\mu b_{\nu-1} + a_{\mu-1} b_\nu$$

$$\gamma_{n-2} p^2 = a_\mu b_{\nu-2} + a_{\mu-1} b_{\nu-1} + a_{\mu-2} b_\nu$$

$$\vdots$$

$$\gamma_{n-k} p^2 = a_\mu b_{\nu-k} + a_{\mu-1} b_{\nu-k+1} + \cdots + a_{\mu-k} b_\nu$$

$$\gamma^0_{n-k-1} p = a_\mu b_{\nu-k-1} + a_{\mu-1} b_{\nu-k} + \cdots + a_{\mu-k-1} b_\nu$$

$$\vdots$$

$$\gamma_1 p = a_1 b_0 + a_0 b_1$$

$$1 = a_0 b_0$$

③

但式中具有零之添数者,其值均作为 0.

观察 ③ 之第一式,知 a_μ 与 b_ν 二者之中,非其一能以 p^2 除尽而其他不能以 p 除尽,则此二者具只能一度以 p 除尽而不可除至两度以上.

今先假定 a_μ 可以 p^2 除尽,b_ν 不可以 p 除尽,即

$$a_\mu = a^0_\mu \cdot p^2$$

$$b_\nu = \beta^0_\nu$$

257

于是因 ③ 之第二式之左边及其右边第一项均能以 p^2 除尽,则右边第二项亦必能以 p^3 除尽之矣;然 b_ν 不能以 p 除尽,故 $a_{\mu-1}$ 必能以 p^2 除尽,再观 ③ 之第三式,因其左边及右边之第一、第二两项均能以 p^2 除尽,则第三项亦必能以 p^2 除尽之矣;然 b_ν 不能以 p 除尽,故 $a_{\mu-2}$ 必能以 p^2 除尽.如是顺次推论,于 $\mu \leqslant k$ 时,$a_\mu, a_{\mu-1}, a_{\mu-2}, \cdots, a_1, a_0$ 皆必能以 p^3 除尽;否则由 a_μ 至 $a_{\mu-k}$ 皆能以 p^2 除尽,以下则能以 p 除尽.故无论如何,结果一切 a 之值必至少有一度能以 p 除尽;然 a_0 为 1 不能以 p 除尽,故此种结论为不合理.

依同样之推论,即假定 b_ν 能以 p^2 除尽,a_μ 不能以 p 除尽,亦得证明其结果为不合理,故知此种假定为误谬.

故知 a_μ 与 b_ν 俱各能以 p 除尽,即

$$a_\mu = \alpha^0_\mu \cdot p$$

$$b_\nu = \beta^0_\nu \cdot p$$

再设 $f(x)$ 之二因子 $\phi(x)$ 及 $\psi(x)$ 之系数中,自末项倒数至 $(\lambda+1)$ 项皆能以 p 除尽时,即

$$\left. \begin{array}{l} a_\mu = \alpha^0_\mu \cdot p, a_{\mu-1} = \alpha_{\mu-1} \cdot p, a_{\mu-2} = \alpha_{\mu-2} \cdot p, \cdots, a_{\mu-\lambda} = \alpha_{\mu-\lambda} \cdot p \\ b_\nu = \beta^0_\nu \cdot p, b_{\nu-1} = \beta_{\nu-1} \cdot p, b_{\nu-2} = \beta_{\nu-2} \cdot p, \cdots, b_{\nu-\lambda} = \beta_{\nu-\lambda} \cdot p \end{array} \right\} \lambda \geqslant 0$$

诸式成立时,λ 若不超过某种一定之界限,则其次之系数(即自末项至(λ + 2)项之系数 $a_{\mu-\lambda-1}$ 及 $b_{\nu-\lambda-1}$)亦得以 p 除尽.

试证明其理如下:

于 $f(x)$ 中,λ 若不超过某种一定之界限,$x^{\lambda+1}$ 之系数得以 p^2 除尽,$x^{2\lambda+2}$ 之系数得以 p 除尽.

今于此种界限内,所谓 $f(x)$ 之 $x^{\lambda+1}$ 及 $x^{2\lambda+2}$ 系数者,即于 ③ 中以 $\lambda+1$ 及 $2\lambda+2$ 与 k 置换而得之值,即

$$a_\mu b_{\nu-\lambda-1} + (a_{\mu-1}b_{\nu-\lambda} + \cdots + a_{\mu-\lambda}b_{\nu-1}) + a_{\mu-\lambda-1}b_\nu \qquad ④$$

及

$$(a_\mu b_{\nu-2\lambda-2} + \cdots + a_{\mu-\lambda}b_{\nu-\lambda-2}) + a_{\mu-\lambda-1}b_{\nu-\lambda-1} +$$
$$(a_{\mu-\lambda-2}b_{\nu-\lambda} + \cdots + a_{\mu-2\lambda-2}b_\nu) \qquad ⑤$$

而前者能以 p^2 除尽,后者能以 p 除尽.

式 ③ 若画如 ④,⑤;则 ④ 之括弧内之 a 及 b 依假定皆能以 p 除尽,故括弧内所有各项皆能以 p^2 除尽,故括弧外各项,即

258

$$a_\mu b_{\nu-\lambda-1} + a_{\mu-\lambda-1}b_\nu \qquad ⑥$$

亦必能以 p^2 除尽,又 ⑤ 之第一括弧内之 a 及第二括弧内之 b,依假定皆能以 p 除尽,故括弧外之项,即

$$a_{\mu-\lambda-1}b_{\nu-\lambda-1} \qquad ⑦$$

亦必能以 p 除尽.

今以 p 除 ⑥,得

$$\alpha_\mu^0 b_{\nu-\lambda-1} + \beta_\nu^0 a_{\mu-\lambda-1} \qquad ⑧$$

又以 $\alpha_\mu^0 \beta_\nu^0$ 乘 ⑦,得

$$(\alpha_\mu^0 b_{\nu-\lambda-1})(\beta_\nu^0 a_{\mu-\lambda-1}) \qquad ⑨$$

⑧ 与 ⑨ 均能以 p 除尽,而 ⑧ 为二数之和,⑨ 为其积,凡二数之和与积均能以 p 除者,其二数亦得各以 p 除尽,故 $b_{\nu-\lambda-1}$ 及 $a_{\mu-\lambda-1}$ 各得以 p 除尽.

然则所谓 λ 之界限,究何以决定乎?

因 $f(x)$ 之系数中,自末项至 $\gamma_{n-k}p^2$ 项,一切皆能以 p^2 除尽,故苟能满足以下条件

$$\begin{cases} \lambda+1 \leqslant k \text{ 或 } \lambda \leqslant k-1 \\ 2\lambda+2 < n \end{cases}$$

则上述之事项成立,但后之条件可由前之条件及 $2k < n$ 满足之,故 λ 只需不超过 $k-1$ 之界限,则假设自 a_μ 至 $a_{\mu-\lambda}$ 及自 b_ν 至 $b_{\nu-\lambda}$,一切皆能以 p 除尽时,

$a_{\mu-\lambda-1}$ 及 $b_{\nu-\lambda-1}$ 亦必能以 p 除尽. 然 a_μ 及 b_ν 业经证明能以 p 除尽, 故自 a_μ 至 $a_{\mu-k}$ 及自 b_ν 至 $b_{\nu-k}$ 必皆能以 p 除尽, 即以下各式无不可以成立

$$a_\mu = \alpha_\mu^0 \cdot p, a_{\mu-1} = \alpha_{\mu-1} \cdot p, a_{\mu-2} = \alpha_{\mu-2} \cdot p, \cdots a_{\mu-k} = \alpha_{\mu-k} \cdot p$$

$$b_\nu = \beta_\nu^0 \cdot p, b_{\nu-1} = \beta_{\nu-1} \cdot p, b_{\nu-2} = \beta_{\nu-2} \cdot p, \cdots b_{\nu-k} = \beta_{\nu-k} \cdot p$$

但此不许含有 a_0 及 b_0, 故下列两条件必须成立

$$\left.\begin{array}{c} \mu - k \geqslant 1 \\ \nu - k \geqslant 1 \end{array}\right\}$$

即

$$\left.\begin{array}{c} \mu \geqslant k + 1 \\ \nu \geqslant k + 1 \end{array}\right\}$$

本定理于是乎完全证明.

若 $n = 2k + 1$, 则除 k 次及较低于 k 次数之因数外, 一切不能存在, 故 $f(x)$ 为既约, 且 $n = 2k + 2$ 时, 则以 $f(x)$ 为未约而分解之, 其两因数之次数即为 $k + 1$, 故又得定理如次:

定理 4　$f(x) = x^{2k+1} + \gamma_1 p x^{2k} + \cdots + \gamma_k^0 p x^{k+1} + \gamma_{k+1} p^2 x^k +$

$$\gamma_{k+2} p^2 x^{k-1} + \cdots + \gamma_{2k+1}^0 p^2$$

259

为既约函数. 又

$$f(x) = x^{2k+2} + \gamma_1 p x^{2k+1} + \cdots + \gamma_{k+1}^0 p x^{k+1} +$$

$$\gamma_{k+2} p^2 x^k + \cdots + \gamma_{2k+2}^0 p^2$$

设为未约时, 其二因数为 $(k + 1)$ 次, 其形为

$$x^{k+1} + \alpha_1 p x^k + \cdots + \alpha_{k+1}^0 p$$

$$x^{k+1} + \beta_1 p x^k + \cdots + \beta_{k+1}^0 p$$

而皆为既约, 因艾森斯坦定理固已知是云云也.

内托更进一步, 证明次事:

设整函数

$$x^n + \gamma_1 p x^{n-1} + \cdots + \gamma_{n-2k-2} p x^{2k+2} +$$

$$\gamma_{n-2k-1} p^2 x^{2k+1} + \cdots + \gamma_{n-k-1} p^2 x^{k+1} +$$

$$\gamma_{n-k} p^3 x^k + \cdots + \gamma_{n-1} p^3 x + \gamma_n^0 p^3$$

$$n > 3k$$

为未约时, 其一因数之次数不小于 $k + 1$, 他一因数之次数不小于 $2k + 2$.

应用此理, 可知于 $n = 3k + 1$ 及 $n = 3k + 2$ 时, 此整函数均为既约. 反之, 则于 $n = 3k + 3$ 时, 此整函数为未约, 其一因数为 $(k + 1)$ 次, 他一因数为 $(2k + 2)$ 次, 其形得书之如

$$x^{k+1} + \beta_1 px^k + \cdots + \beta_k px + \beta_{k+1}^0 p$$

及

$$x^{2k+2} + \alpha_1 px^{2k+1} + \cdots + a_{k+1}^0 px^{k+1} +$$

$$a_{k+2} p^2 x^k + \cdots + a_{2k+2}^0 p^2$$

依艾森斯坦定理,知前踊因数为既约,至后一因数若为未约,则又可分解为二因数,其次数为 $k+1$,且均为既约.

依此得顺次扩张之,固不以上述者为限也,内托又由其他见地,扩张艾森斯坦定理,另得定理若干.柯尼希贝格(Königsberger)亦有同样之工作,兹均无暇述及矣.

(6)二个具有整系数之整函数 $f(x)$ 及 $F(x)$ 之最大公约数,依高斯定理,其系数为整数,故 $f(x)$ 若为既约,则 $F(x)$ 得以 $f(x)$ 除尽,或 $F(x)$ 与 $f(x)$ 互为素数,即两者之间无共通根.由是得次之定理:

定理5 设既约整函数 $f(x)$ 与 $F(x)$ 有共通之根一,则 $F(x)$ 得以 $f(x)$ 除尽,而 $f(x)$ 一切之根均得为 $F(x)$ 之根.

(7)上文所谓既约及未约两名词,均含有最普通之意味.然即于此种最普通解释之下,处理既约整函数;详言之,处理不能分解于具有有理系数之二个或三个以上因数(因数均为整函数)之整函数,其因数之系数设不必定为有理,则亦可以分解之也.例如 x^2+1,在普通范围内固为既约,然若许应用 $i = \sqrt{-1}$,则亦可以分解如次

$$x^2 + 1 = (x + \sqrt{-1})(x - \sqrt{-1})$$

故若许用 i,则 x^2+1 为未约施有理运算于有理数时,其结果恒为有理数.同样,施有理运算于有理数及 i,其结果亦恒为有理数及 i 之有理数倍之和,且不论用何方法,有理运算之结果无不如是.

又如 x^2-2,于普通意味之下,虽为既约,然若许用 $\sqrt{2}$,则亦可分解如次

$$x^2 - 2 = (x + \sqrt{2})(x - \sqrt{2})$$

故 x^2-2 为未约,凡施有理运算于有理数与 $\sqrt{2}$ 时,其结果恒为有理数与 $\sqrt{2}$ 之有理数倍之和,即除 $\sqrt{-1}$ 及 $\sqrt{2}$ 而以 $\sqrt[3]{5}$ 或其他无理数代用之,其结果亦相同.

如此于任意规定之数之范围内,用任何方法实施有理运算,结果仍不出该数范围,则该数范围谓之有理范围(domain of rationality).例如仅于有理数施以有理运算时,其结果恒为有理数,故有理数自成一有理范围.又于有理数及 $\sqrt{-1}$ 施以有理运算时,其结果恒为有理数及 $\sqrt{-1}$ 之有理数倍之和,故有理数与 $\sqrt{-1}$ 亦形成一有理范围,推之有理数与 $\sqrt{2}$ 或其他无理数,无不如是.

如此于一定有理范围内,加入一数(例如无理数等)而另成一有理范围,此

之谓某数之"添加(adjunction)".

函数 $x^4 - 8x^3 - 8x - 8$ 于有理数之有理范围内为既约,然因 $\sqrt{3}$ 之添加,则为未约,即

$$x^4 - 8x^3 - 8x - 8 = \left[x^2 - 4x - 2 + 2\sqrt{3}(x + 1)\right]\left[x^2 - 4x - 2 - 2\sqrt{3}(x + 1)\right]$$

又整函数 $x^2 - 2$ 于有理数及 $\sqrt{2}$ 之有理范围内为未约,其理亦同.

又如整函数 $x^4 - 2x^2 + 2$,于有理范围内为既约,即添加 $\sqrt{2}$ 仍为既经,然若有 $\sqrt{2 + 2\sqrt{2}}$,则为未约矣,即

$$x^4 - 2x^2 + 2 = \left(x^2 - \sqrt{2 + 2\sqrt{2}} \cdot x + \sqrt{2}\right)\left(x^2 + \sqrt{2 + 2\sqrt{2}} \cdot x + \sqrt{2}\right)$$

观此例,可知所添加者不仅限于一无理数,且可添加无理数至一个以上;如上例,以有理数及 $\sqrt{2}$ 及 $\sqrt{2 + 2\sqrt{2}}$ 三者合成一有理范围,亦无不可.于如此定义下,得次之定理:

定理6 设整函数 $f(x)$ 及 $F(x)$ 之系数属于同一之有理范围,$f(x)$ 其范围内为既约,且 $f(x)$ 与 $F(x)$ 有一共通根,则 $F(x)$ 得以 $f(x)$ 除尽.

此即前述定理之一般形式,依欧几里得(Euclid)之最大公约数求法(即互除法),可以证明此理.

(8) 关于可以作图之线段之长,于第二章(6)所得结果加入有理范围之名词,得改述之如次:

定理7 凡表示线段之长之可以作图者,必为于已知数(表已知线段之长之数) 范围内顺次添加某一列平方根数所得有理范围中之一数.

试设一有理范围于此,而添加 一平方根数如 $\sqrt{\theta}$ 者,另作一有理范围时,则属于后者之数 x 必具有 $\dfrac{a + b\sqrt{\theta}}{c + d\sqrt{\theta}}$ 之形,但 a,b,c 及 d 均属于 $\sqrt{\theta}$ 未曾添加之有理范围之数,设以此分母有理化之,则

$$x = y + z\sqrt{\theta}$$

此时

$$y = \frac{ac + bd\theta}{c^2 - d^2\theta}$$

$$z = \frac{bc - ad}{c^2 - d^2\theta}$$

换言之,y 与 z 均属于 $\sqrt{\theta}$ 未曾添加之有理范围之数,而 $c^2 - \alpha^2\theta \neq 0$.因 $c^2 - d^2\theta$ 若等于 0,则 $\sqrt{\theta} = \sqrt{\dfrac{c^2}{d^2}} = \dfrac{c}{d}$ 将属于原设有理范围,与假定相反,故 $c^2 - d^2\theta$

不等于 0.

最后设可以作图之数 x 为二次方程式 $f(x) = x^2 - 2yx + (y^2 - \theta z^2) = 0$ 之根(任何二次方程式皆可书作此形,因二次方程式之根必为 $y \pm z\sqrt{\theta}$ 也),但 y, z 及 θ 皆由既定可以作图之数所结合而成,更设 y, z 及 θ 所属有理范围为于其前一有理范围中添加 $\sqrt{\theta_1}$ 而得者,则

$$f(x) = \phi(x) + \sqrt{\theta_1}\psi(x) = 0$$

上式 $\phi(x)$ 为 x 之二次式,$\psi(x)$ 为 x 之一次式,而 $\phi(x)$ 及 $\psi(x)$ 之系数则属于 y, z 及 θ 所属有理范围之前之有理范围内者. 此方程式之两边乘以 $\phi(x) - \sqrt{\theta_1}\phi(x)$ 而有理化之,则得

$$f_1(x) = [\phi(x)]^2 - \theta_1[\psi(x)]^2 = 0$$

此关于 x 之四次方程式,其中不含有 $\sqrt{\theta_1}$,然在添加 $\sqrt{\theta_1}$ 之前,已有 $\sqrt{\theta_2}$ 之添加含于其内,故

$$f_1(x) = \phi_1(x) + \sqrt{\theta_2}\psi_1(x) = 0$$

此式 $\phi_1(x)$ 为 x 之四次式,$\psi_1(x)$ 为 x 之三次或二次以下之式. 再于此方程式两边乘以 $\phi_1(x) - \sqrt{\theta_2}\psi_1(x)$ 而有理化之,则得

$$f_2(x) = [\phi_1(x)]^2 - \theta_2[\psi_1(x)]^2 = 0$$

此为八次方程式,其中已不含有 $\sqrt{\theta_2}$ 矣.

如此循序进行,以所添加之平方根数逐渐有理化之,可达到次述之定理:

定理 8 凡表示可以作图之数 x,必为以曾施有理运算于已知数所得结果为系数之方程式之根,而此代数方程式之次数为 2 之幂数.

注意 此定理之逆,未必恒能成立.

第四章 既约三次方程式及其几何的意味

(1) 今于本章内仍适用普通意义解释既约及未约两名词,因以证明既约三次方程式不属于第二章(6) 或(7) 所论方程式之一类(既不属于能以施有限回之有理运算于方程式系数之结果,因而算出其根者之一类),并示其几何的应用为何如.

一切三次方程式可不用开平方手续使之变形如下

$$x^3 + ax = b$$

具有此形之既约三次方程式,虽施以有限回之有理运算而仍不可解,倘能证明之,则得矣.

设 x_1, x_2, x_3 为上述三次方程式之三根,则

$$x_1 + x_2 + x_3 = 0$$

于此三根,任定一根(假定为 x)为对于方程式之系数仅仅施以有理运算及开平方而得者,则最后添加之平方根数 $\sqrt{\theta}$ 可以次式表之

$$x_1 = y + z\sqrt{\theta}, \quad z \neq 0$$

但 y 及 z 为 $\sqrt{\theta}$ 未曾添加以前之有理范围内所有之数.以此 x_1 之值代入三次方程式,则方程式可改书如次

$$A + B\sqrt{\theta} = 0$$

但

$$A = y^3 + 3yz^2\theta + ay - b$$

$$B = 3y^2z + z^3\theta + az$$

而 A 与 B 必皆为 0.

若更以 $y - z\sqrt{\theta}$ 代入原方程式,则其形为

$$A - B\sqrt{\theta} = 0$$

故 $y - z\sqrt{\theta}$ 为三次方程式之又一根,不为 x_2,必为 x_3,姑以 x_2 名之,即

$$x_2 = y - z\sqrt{\theta}$$

由是得

$$x_1 + x_2 = 2y$$

故

$$x_3 = -2y$$

然既约三次方程式无有理之根,故 x_3 不为有理数,即 x_3 中必已含有 $\sqrt{\theta}$ 未曾添

加以前之无理数,设为 $\sqrt{\theta_1}$,则

$$x_3 = y_1 + z_1\sqrt{\theta_1}$$

但 y_1 及 z_1 均属于 $\sqrt{\theta_1}$ 未曾添加之有理范围之数.今再以 x_3 代入三次方程式而吟味之,所得结果必与前同,即 x_1 及 x_2 之中,必有一数具有 $y_1 - z_1\sqrt{\theta_1}$ 之形,而他一数则为 $-2y_1$.此中既不含有 $\sqrt{\theta}$ 亦不含有 $\sqrt{\theta_1}$,此已与假定反背矣,故得定理如次:

定理 1　具有有理系数之三次方程式不含有有理根时,不得仅仅以有理运算及开平方之结果而解之.

试以此定理应用于几何问题如次:

(2)立方倍积问题.

以 a 表立方体一边之长,求作 2 倍此体积之立方体.所求立方体一边之长以 x 表之,则得方程式

$$x^3 = 2a^3$$

求 x 能适合于此方程式与否,即可决定作图之能否,而欲决定此方程式能以有理运算及开平方能否,即由此三次方程式为既约与否决定之足矣.

方程式之两边以 a^3 约之,且令 $z = \dfrac{x}{a}$,则得

$$z^3 = 2$$

然由艾森斯坦定理,知此方程式为既约,故 z 不能由作图得之,则 x 亦不能作图也明矣.

(3)圆周七等分及九等分之不能.

圆周之 $\dfrac{1}{7}$ 之弧所对之中心角为 $\dfrac{2}{7}\pi$.若能作其角,则能作 $\cos\dfrac{2}{7}\pi$.逆而言之,若能作 $\cos\dfrac{2}{7}\pi$,则能作 $\dfrac{2}{7}\pi$ 之角,故 $\dfrac{2}{7}\pi$ 角之能作与否,即可定圆周七等分之能否,故若以 $\cos\dfrac{2}{7}\pi$ 为根而得既约三次方程式,则本问题为不能.

令方程式

$$x^7 - 1 = 0 \qquad\qquad ①$$

之七根,为

$$\cos\frac{2\pi}{7} + i\cdot\sin\frac{2\pi}{7},\ \cos\frac{4\pi}{7} + i\cdot\sin\frac{4\pi}{7}$$

$$\cos\frac{6\pi}{7} + i\cdot\sin\frac{6\pi}{7},\ \cos\frac{8\pi}{7} + i\cdot\sin\frac{8\pi}{7}$$

$$\cos\frac{10\pi}{7} + i \cdot \sin\frac{10\pi}{7}, \cos\frac{12\pi}{7} + i \cdot \sin\frac{12\pi}{7}$$

$$\cos\frac{14\pi}{7} + i \cdot \sin\frac{14\pi}{7}$$

此系棣莫弗定理(De Moivre's theorem)之应用.

因 ① 之左边 x^6 之系数为 0,故七根之和为 0.又因实数等于实数,虚数等于虚数,故

$$0 = \cos\frac{2\pi}{7} + \cos\frac{4\pi}{7} + \cos\frac{6\pi}{7} + \cos\frac{8\pi}{7} + \cos\frac{10\pi}{7} + \cos\frac{12\pi}{7} + \cos\frac{14\pi}{7}$$

但

$$\cos\frac{4\pi}{7} = -\cos\frac{3\pi}{7}, \cos\frac{6\pi}{7} = -\cos\frac{\pi}{7}$$

$$\cos\frac{8\pi}{7} = -\cos\frac{\pi}{7}, \cos\frac{10\pi}{7} = -\cos\frac{3\pi}{7}$$

$$\cos\frac{12\pi}{7} = -\cos\frac{5\pi}{7} = \cos\frac{2\pi}{7}, \cos\frac{14\pi}{7} = 1$$

所以

$$0 = 2\cos\frac{2\pi}{7} - 2\cos\frac{3\pi}{7} - 2\cos\frac{\pi}{7} + 1$$

故

$$\cos\frac{2\pi}{7} - \cos\frac{3\pi}{7} - \cos\frac{\pi}{7} = -\frac{1}{2}$$

又 $\left(-\cos\dfrac{3\pi}{7}\right)\left(-\cos\dfrac{\pi}{7}\right) + \left(-\cos\dfrac{\pi}{7}\right)\left(\cos\dfrac{2\pi}{7}\right) + \left(\cos\dfrac{2\pi}{7}\right)\left(-\cos\dfrac{3\pi}{7}\right) =$

$$\frac{1}{2}\left(2\cos\frac{3\pi}{7}\cos\frac{\pi}{7} - 2\cos\frac{\pi}{7}\cos\frac{2\pi}{7} - 2\cos\frac{2\pi}{7}\cos\frac{3\pi}{7}\right) =$$

$$\frac{1}{2}\left(\cos\frac{4\pi}{7} + \cos\frac{2\pi}{7} - \cos\frac{3\pi}{7} - \cos\frac{\pi}{7} - \cos\frac{5\pi}{7} - \cos\frac{\pi}{7}\right) =$$

$$\frac{1}{2}\left(-\cos\frac{3\pi}{7} + \cos\frac{2\pi}{7} - \cos\frac{3\pi}{7} - \cos\frac{\pi}{7} + \cos\frac{2\pi}{7} - \cos\frac{\pi}{7}\right) =$$

$$\frac{1}{2}\left(2\cos\frac{2\pi}{7} - 2\cos\frac{3\pi}{7} - 2\cos\frac{\pi}{7}\right) = -\frac{1}{2}$$

又 $\left(\cos\dfrac{2\pi}{7}\right)\left(-\cos\dfrac{3\pi}{7}\right)\left(-\cos\dfrac{\pi}{7}\right) = \dfrac{1}{2}\left(\cos\dfrac{\pi}{7}\right)\left(\cos\dfrac{5\pi}{7} + \cos\dfrac{\pi}{7}\right) =$

$$\frac{1}{4}\left(\cos\frac{6\pi}{7} + \cos\frac{4\pi}{7} + \cos\frac{2\pi}{7} + 1\right) =$$

$$\frac{1}{4}\left(-\cos\frac{\pi}{7} - \cos\frac{3\pi}{7} + \cos\frac{2\pi}{7} + 1\right) = \frac{1}{8}$$

故 $\cos\dfrac{2\pi}{7}, -\cos\dfrac{3\pi}{7}, -\cos\dfrac{\pi}{7}$ 为三次方程式

$$y^3 + \frac{1}{2}y^2 - \frac{1}{2}y - \frac{1}{8} = 0$$

即
$$8y^3 + 4y^2 - 4y - 1 = 0 \qquad ②$$

之根,令 $x = 2y$,则 ② 化为

$$x^3 + x^2 - 2x - 1 = 0 \qquad ③$$

③ 为既约方程式,何则?③ 苟为未约方程式,则其因数之一必为一次式,而其系数皆为整数,故 ③ 若有有理根,必为 -1 之因数,而 -1 之因数 -1 及 $+1$,均不能满足此方程式,故 ③ 为既约方程式,故 $\cos \dfrac{2\pi}{7}$ 不能作图,故圆周七等分为不能.

同样,得证 $2\cos \dfrac{2\pi}{9}, 2\cos \dfrac{4\pi}{9}$ 及 $-2\cos \dfrac{\pi}{9}$ 为方程式

$$x^3 - 3x + 1 = 0$$

之根,故圆周九等分亦为不能.

(4) 三等分任意角之不能.

如图 1,设任意角为 $\angle AOB$,以 θ 表之. 以 O 为中心,以长度单位为半径,画圆,交角之两边于 A 及 B. 设弧 AB 之三等分点为 C 及 D. 自 B 及 C 作 OA 垂线,其足为 b 及 c,若能定点 C,则能定点 c. 逆言之,能定点 c,即能定点 C,故 C 之能定与否,视 c 之能定与否而定.

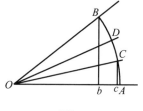

图 1

因 $Ob = \cos \theta$,其长未知,又 $Oc = \cos \dfrac{\theta}{3}$,其长未知,然

$$\cos \theta = 4\cos^3 \dfrac{\theta}{3} - 3\cos \dfrac{\theta}{3}$$

令 $Ob = a, Oc = x$,则上之方程式为

$$a = 4x^3 - 3x \qquad ①$$

与 a 以特别之值,则 ① 可为未约,例如

$$a = 0$$

即
$$\theta = 90°$$

则
$$x(4x^2 - 3) = 0$$

而
$$x \neq 0$$

故
$$4x^2 - 3 = 0$$

是为二次方程式,故得作其图.

然使式 ① 为既约,方程式之 a 之值有无数存在,不必其皆能作图也,试详

论如下：

① 之两边以 2 乘之

$$2a = 8x^3 - 6x \qquad\qquad ②$$

令 $y = 2x$，则

$$2a = y^3 - 3y \qquad\qquad ③$$

若 ③ 为既约方程式，则 ② 亦为既约方程式.

令 $a = \dfrac{m}{n}$，m 与 n 为无公约数之正整数，且 n 只有奇素数因数，而无自乘之因数，代入 ③，得

$$2m = ny^3 - 3ny$$
$$2mn^2 = (ny)^3 - 3n^2(ny)$$

令 $z = ny$，则

$$2mn^2 = z^3 - 3n^2 z \qquad\qquad ④$$

若 ④ 为既约方程式，则 ③ 为既约，② 亦为既约. 然此三次方程式中，z^3 之系数为 1，若为未约方程式，则必有整数根. 换言之，z 之整数值能适合于此方程式.

由假设，知 $n = n^0 p$，但 p 为奇素数. 故

$$2m(n^0)^2 p^2 = z[z^2 - 3(n^0)^2 p^2]$$

故若为未约，则 z 或 $z^2 - 3(n^0)^2 p^2$ 必能以 p 除尽. 若 $z^2 - 3(n^0)^2 p^2$ 能以 p 除尽，则 z^2 能以 p 除尽，z 亦能以 p 除尽. 因之，方程式之右边能以 p^3 除尽. 然 m 及 z 不若有 p，故其左边不能以 p^3 除尽，故适合于方程式之 z 之整数值，不能存在. 即使此方程式为既约之值实有无数存在. 凡此皆不可以作图也明矣.

（5）证明某问题不能作图之时，当以何线之长为未知数，纯无一定之选择，且可任意设之，但务期方程式能简单而已. 因若以甲之长为未知数而证明其不能，则以乙之长为未知数亦当为不能. 能证明后者之不为不能，则前者之未知数亦可间接而知其可以作图也.

（6）凡可以归入于既经证明为不能作图问题之一类者，该问题亦当然断定为不能，今揭例如次.

例 1 AB 为圆 O 之直径，P 为圆上定点，求过 P，引弦 PR，与 AB 交于 Q，与圆 O 交于 R，而使 QR 等于半径.

如图 2，设 $\angle AOP = \alpha$，$\angle ORP = \angle OPR = \theta$，但 α 为已知之角，θ 为未知之角，联结 OR. 因

$$QR = OR$$

267

所以　　　　　　　　$\angle RQO = \angle ROQ$

然　　　　　　　　$\angle RQO = \alpha + \theta$

故　　　　　$(\alpha + \theta) + (\alpha + \theta) + \theta = \pi$

故　　　　　　　　$\theta = \dfrac{\pi - 2\alpha}{3}$

故此题若能解答,必能三等分任意角 $\pi - 2\alpha$ 而后可.然三等分任意角为不可能之事,故此题亦无解法也.

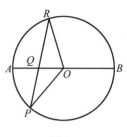

图 2

　　P 在圆上既不能作图矣,若 P 在圆内或圆外则何如?试进而证明之如次:

　　过 P,引任意直线 PQ,则于直线上必有一点如 R 者,可使 $QR = OR$.

　　今先求 R 之轨迹,而以此轨迹与圆之交点决定 R.

　　如图 3,以 AB 为 x 轴,过点 O 作直线垂直于 AB 为 y 轴.P 之坐标为 (x_0, y_0),Q 之坐标为 $(a, 0)$,则 PQ 之方程式为

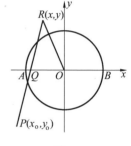

图 3

$$\frac{x_0 - a}{y_0} = \frac{a - x}{-y}$$

故　　　　　　　　$a = \dfrac{xy_0 - x_0 y}{y_0 - y}$

故 R 之轨迹得以方程式

$$\left(x - \frac{xy_0 - x_0 y}{y_0 - y}\right)^2 + y^2 = x^2 + y^2$$

即　　　　　$x - \dfrac{xy_0 - x_0 y}{y_0 - y} = \pm x$

即　　　　$-xy + x_0 y = \pm x(y_0 - y)$　　　　①

表之,于右边复号中,取其"$+$",则

$$-xy + x_0 y = xy_0 - xy$$

即　　　　　　　　$x_0 y = xy_0$　　　　②

是为联结原点 O 与点 P 之直线之方程式,此直线上之点能满足于上之条件,固不待言,即此直线与圆之交点能适合于本题也亦甚明了.

　　次于复号中取其"$-$",则

$$x_0 y = -xy_0 + 2xy$$

即　　　　　　$2xy = x_0 y + xy_0$　　　　③

是为通过原点之双曲线方程式.而圆之方程式为

$$x^2 + y^2 = r^2 \tag{④}$$

自 ③④ 两方程式消去 y，得

$$x^2 + \left(\frac{xy_0}{2x - x_0} \right)^2 = r^2 \tag{⑤}$$

是为 x 之四次方程式. 四次方程式之根能否作图，容俟后章再论.

例2 已知一圆及其一直径与一切线，求作其他一切线与定直径及定切线相交，而二交点之距离适平分于此线之切点.

此问题之归宿，亦关于三等分角之问题.

如图4，设 O 为所与之圆，AD 为其直径，BC 为切线，求引切线 APB 而使 AP 等于 PB.

假定作图已成，则 $\triangle OAB$ 为等腰三角形，则

$$\angle AOP = \angle BOP$$

然 $$\angle BOP = \angle BOC$$

故 $$\angle AOP = \angle BOP = \angle BOC$$

由此知 $\angle AOC$ 为 OP, OB 所三等分，故此问题为不能.

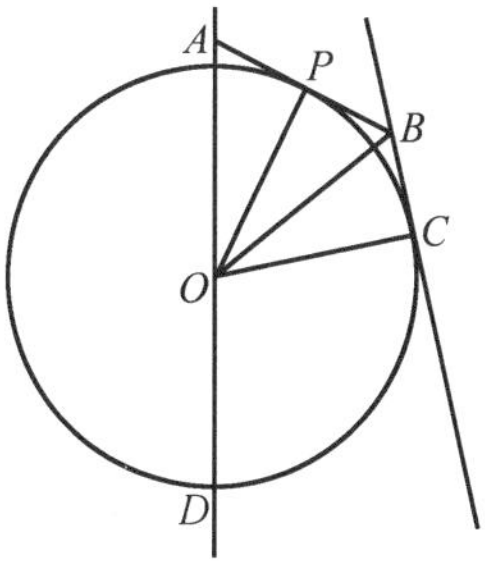

注意 凡与一圆及二直线，求引此圆之切线而令二直线间之部分适为切点所平分，亦为不能之问题也.

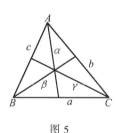

图4

(7) 例3 已知三角形之三角之角分线之长，求作其形.

如图5，设 ABC 为三角形，三角之角分线为 α, β, γ，则

$$\left. \begin{array}{l} \alpha^2 = bc\left[1 - \left(\dfrac{a}{b+c} \right)^2 \right] \\[2mm] \beta^2 = ac\left[1 - \left(\dfrac{b}{a+c} \right)^2 \right] \\[2mm] \gamma^2 = ab\left[1 - \left(\dfrac{c}{a+b} \right)^2 \right] \end{array} \right\} \tag{①}$$

图5

此题若证明在特别情形之下，如 $\beta = \gamma$ 时不能作图，则在一般情形之下，亦可知其为不能矣.

然 $\beta = \gamma$，则 $b = c$，故

$$\alpha^2 = b^2\left(1 - \frac{a^2}{4b^2} \right)$$

$$\beta^2 = ab\,\frac{a^2 + 2ab}{(a+b)^2} \tag{②}$$

自 ② 消去 a，得

269

$$[8b^2(b^2 - a^2) - \beta^2(5b^2 - 4a^2)]^2 = 16b^2(b^2 - a^2)[2(b^2 - a^2) - \beta^2]^2 \quad ③$$

令 $x = b^2, p = a^2, q = \beta^2$,则上式为

$$16(q - 4p)x^3 + (128p^2 - 16pq - 9q^2)x^2 +$$
$$8p(3q^2 - 8p^2)x - 16p^2q^2 = 0 \qquad ④$$

为求达吾人之目的,若得适宜选择 p 与 q 之值,则此方程式或非既约.假令

$$p = 1, q = 8$$

则 ④ 化为

$$x^3 - 9x^2 + 23x - 16 = 0 \qquad ⑤$$

若 ⑤ 非既约方程式,其根必为 -16 之因数,而 -16 之因数不外乎 $\pm 1, \pm 2,$ $\pm 4, \pm 8, \pm 16$ 诸数.其中任何一数不能满足方程式 ⑤,故 ⑤ 为既约方程式.然方程式 ⑤ 至少有一正实根,故知以 ⑤ 所表之三角形必可存在,特此题不能作图耳.

(8)**例 4** 已知 $a, b - c, \angle A - \angle C$,求作三角形.

如图 6,设 $b - c = l, \angle C = \theta, \angle C - \angle A = \alpha$,则 $\angle A = \theta - \alpha$.于 CA 中取点 D,令 CD 等于 l,联结 BD,则

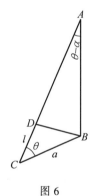

$$\angle ADB = \angle ABD = \frac{\pi - (\theta - \alpha)}{2}$$

故

$$\angle CDB = \pi - \frac{\pi - (\theta - \alpha)}{2} = \frac{\pi + \theta - \alpha}{2}$$

又

$$\angle CBD = \angle ADB - \angle ACB =$$
$$\frac{\pi - (\theta - \alpha)}{2} - \theta = \frac{\pi - 3\theta + \alpha}{2}$$

图 6

故自三角形边与角之关系得方程式

$$\frac{l}{\sin \frac{\pi - 3\theta + \alpha}{2}} = \frac{a}{\sin \frac{\pi + \theta - \alpha}{2}}$$

化之

$$\frac{l}{\cos \frac{3\theta - \alpha}{2}} = \frac{a}{\cos \frac{\theta - \alpha}{2}}$$

即

$$(a + l)\tan^3 \frac{\theta}{2} + (3a + l)\cot \frac{\alpha}{2}\tan^2 \frac{\theta}{2} - (3a - l)\tan \frac{\theta}{2} - (a - l)\cot \frac{\alpha}{2} = 0$$

为便利计,令 $\tan \frac{\theta}{2} = x$,则得三次方程式

$$(a + l)x^3 + (3a + l)\cot\frac{\alpha}{2}x^2 - (3a - l)x - (a - l)\cot\frac{\alpha}{2} = 0 \qquad ①$$

而 a, l, α, θ 须满足次之条件

$$\left.\begin{array}{l} l < a \\ \theta < \pi - (2\theta - \alpha),\ 即\ 3\theta < \pi + \alpha \end{array}\right\} \qquad ②$$

逆言之,满足 ① 及 ② a, l, α, θ 之值若能存在,则三角形可以成立.

故今所欲证明者,满足 ② 之条件而又使 ① 为既约方程式之 a, l, α 及 θ 之值可以存在之事也.

设 $a = 2l$,则能满足 ② 之中第一条件.再令 $\cot\frac{\alpha}{2} = 5$,即 $\alpha > 22°20'$,则 ① 变为次形

$$3x^3 + 35x^2 - 5x - 5 = 0 \qquad ③$$

以 9 乘之,且令 $y = 3x$,则得

$$y^3 + 35y^2 - 15y - 45 = 0 \qquad ④$$

系数 $35, 15, 45$ 皆为 5 之倍数,而 45 非 25 之倍数,故自艾森斯坦定理,知 ④ 为既约方程式,因之知 ③ 为既约方程式,而 ④ 之左边在 $y = 0$ 时为负,$y = 1.5$ 时为 271 正,故 $y < 1.5, x < \dfrac{1.5}{3}$,即 $\tan\dfrac{\theta}{2} < \dfrac{1.5}{3}$,即 $\theta < 53°20'$.此值满足 ② 之中第二条件,故本问题得以证明.

(9) 已知内心,外心及垂心之位置,求作三角形.

如图 7,设 I, O 及 H 为内心,外心及垂心,N 为九点圆之中心,a, b, c 为三边之长,R, r 为外接圆及内切圆之半径,则

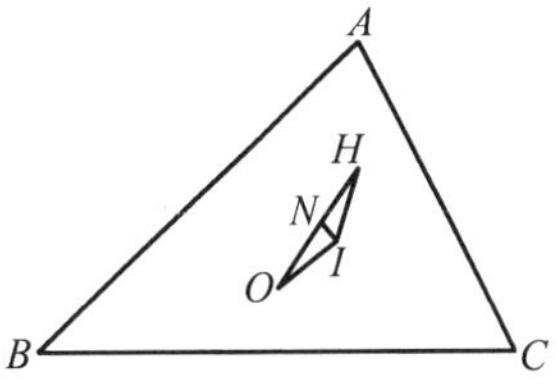

图 7

$$HN = NO,\ NI = \frac{1}{2}R - r$$

又
$$OH^2 = 9R^2 - (a^2 + b^2 + c^2) \qquad ①$$

$$OI^2 = R^2 - 2Rr \qquad ②$$

由是知内心,外心及垂心之位置为一定时,苟能作图,必先解决已知 R, r,$a^2 + b^2 + c^2$ 时能否作图,故欲解决本题当先证明次题之不能作图.

已知 $R, r, a^2 + b^2 + c^2$,求作三角形.

令 S 为三角形之面积,则

$$R = \frac{abc}{4S} \qquad ③$$

$$r = \frac{S}{s} \qquad ④$$

但
$$S = \sqrt{s(s-a)(s-b)(s-c)}$$
$$s = \frac{1}{2}(a+b+c)$$

③ 与 ④ 相乘
$$Rr = \frac{abc}{4s}$$

故
$$4Rr = \frac{abc}{s} \qquad ⑤$$

又 $\quad r^2 = \dfrac{S^2}{s^2} = \dfrac{(s-a)(s-b)(s-c)}{s} = -s^2 + (bc+ca+ab) - \dfrac{abc}{s} \qquad ⑥$

⑤⑥ 相加,得
$$4Rr + r^2 = -s^2 + (bc+ca+ab) \qquad ⑦$$

次令
$$a^2 + b^2 + c^2 = k^2$$
$$k^2 = (2s)^2 - 2(bc+ca+ab) = 4s^2 - 2(bc+ca+ab) \qquad ⑧$$

自 ⑦ 与 ⑧ 得

272

$$\frac{16Rr + 4r^2 + k^2}{2} = bc + ca + ab \qquad ⑨$$

及
$$8Rr + 2r^2 + k^2 = 2s^2$$

故得
$$\sqrt{\frac{8Rr + 2r^2 + k^2}{2}} = s \qquad ⑩$$

又自 ⑤,得

$$4Rrs = abc$$

故
$$4Rr\sqrt{\frac{8Rr + 2r^2 + k^2}{2}} = abc \qquad ⑪$$

故用 ⑨,⑩,⑪ 知 a,b,c 为三次方程式

$$x^3 - \sqrt{16Rr + 4r^2 + 2k^2} \cdot x^2 + \frac{16Rr + 4r^2 + k^2}{2}x -$$
$$2Rr\sqrt{16Rr + 4r^2 + 2k^2} = 0 \qquad ⑫$$

之三根.

设与 R,r,k^2 以任意之值而证明其根不能作图,则此题之不能解也明甚.

今设 $R = \dfrac{71}{13}\sqrt{\dfrac{13}{43}}$,$r = \sqrt{\dfrac{43}{52}}$,$k^2 = 61$,则 ⑫ 变为

$$x^3 - 13x^2 + 54x - 71 = 0$$

即
$$(x-3)(x-4)(x-6) + 1 = 0 \qquad ⑬$$

吾予 x 之值以自 0 至 6 之正整数,则此方程左边之符号变更如次:x 为 0 时为负,

x 为 1 时为负, x 为 2 时为负, x 为 3 时为正, x 为 4 时为正, x 为 5 时为负, x 为 6 时为正.

故此方程式之根若为 α, β, γ, 且令 $\alpha < \beta < \gamma$, 则

$$2 < \alpha < 3, 4 < \beta < 5, 5 < \gamma < 6$$

故 α, β, γ 绝非整数, 故自(1)定理, 知此三次方程式为既约, 故不能作图.

注意 此三次方程式之三根皆为实数, 其中二根之和大于其他一根, 故由上述之事项, 知三角形确可成立, 唯不能作图耳.

例 5 求切于相交三直线之最小球面之半径及中心之位置.

此问题属于立体几何学, 其不能作图之故, 今姑省略, 读者试自求之.

(10)所求线段之长, 如为四次方程式之根, 则不得以方程式之既约与否遽断其长为能否作图(参照第三章(8)). 今试述关于此种问题, 判定其能否作图之必要定理一二如次:

定理 1 设具有整系数四次方程式之根均非有理数, 但有一根表可以作图之线段之长, 则其他各根所表亦均为可以作图之数.

设具有整系数四次方程式

$$ax^4 + 4bx^3 + 6cx^2 + 4dx + e = 0 \qquad ①$$

273

所有诸根中, 表可以作图之数者为 x_1, 并假定其形式为

$$y + z\sqrt{\theta}$$

但 y, z 及 θ 均属于无理数 $\sqrt{\theta}$ 未曾添加以前之有理范围(参照第三章(8)).

以此 x_1 之值代入 ① 可得次形

$$A + B\sqrt{\theta} = 0$$

由此知

$$A = 0, B = 0$$

故依据(1)所论之理, 知 $y - z\sqrt{\theta}$ 亦为 ① 之一根, 即于 ① 之其他三根中可任择其一使之等于 $y - z\sqrt{\theta}$. 设命其值为 x_2, 则

$$x_2 = y - z\sqrt{\theta}$$

故 ① 之左边当有如次之因数

$$(x - y - z\sqrt{\theta})(x - y + z\sqrt{\theta})$$

即

$$x^2 - 2yx + y^2 - \theta z^2$$

从 ① 之左边去此因数, 则可得二次方程式如次

$$Lx^2 + Mx + N = 0$$

且 L,M,N 系与上述之 y,z,θ 属于同一有理范围之数,故于此范围内更添加一平方根另作一有理范围,则其他二根 x_3 及 x_4 必为属于此有理范围之共轭数,故知 x_2,x_3,x_4 均得为可以作图之线段之长.

定理2 设具有整系数四次方程式之根均非有理数,且其诱导三次方程式(reducing cubic)为既约,则此四次方程式之根无可以作图者.

设四次方程式为

$$ax^4 + 4bx^3 + 6cx^2 + 4dx + e = 0 \qquad ①$$

其诱导三次方程式为

$$4a^3t^3 - a(ae - 4bd + 3c^3)t + (ace + 2bcd - ad^2 - eb^2 - c^2) = 0 \qquad ②$$

则式 ① 之左边可分解如次

$$\{ax^2 + 2(b-M)x + c + 2at - N\}\{ax^2 + 2(b+M)x + c + 2at + N\} = 0$$

但

$$\left.\begin{array}{c} M^2 = b^2 - ac + a^2t \\ MN = bc - ad + 2abt \\ N^2 = (c + 2at)^2 - ae \end{array}\right\} \qquad ③$$

令于 ① 之诸根中,令适合于方程式

$$ax^2 + 2(b-M)x + c + 2at - N = 0$$

之二根为 x_1,x_2,倘 x_1 可以作图,则 x_2 亦可作图,故

$$x_1 + x_2 = -\frac{2}{a}(b-M)$$

亦可作图,从可知 M 亦必为可以作图者,然由 ③,得

$$t = \frac{M^2 - b^2 + ac}{a^2}$$

故 t 亦必同为可以作图之数,然 t 为诱导三次方程式 ② 之根,② 已假定为既约,依(1) t 为不可作图,此与以上所论相矛盾,故知 x_1 所表为不可作图之数.同理知 x_2,x_3,x_4 无不皆然,故所设四次方程式之任何一根均不可以作图.

(11)**例6** 一平面上有相交于直角之二直线,自其角之角分线上一点 P 引一直线,令所交于二直线间之部分等于定长.

此问题名朴普斯(Pappus)问题,在普通几何学范围以内可以作图.

然 P 若不在二直线交角之角分线上,二直线虽成直角,仍不能作图,证之如次:

如图8,OA 及 OB 为所与二直线,其交角为 ω,PQR 为适于本题条件之一直线,QR 等于定长 a.

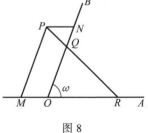

图8

若可引此直线,则 OQ 及 OR 之长亦定. OQ 及 OR 之长以 y 及 x 表之. PM 及 PN 顺序平行于 OB 及 OA,其长以 m 及 n 表之.因

$$QR^2 = OQ^2 + OR^2 - 2OQ \cdot OR\cos \omega$$

即
$$a^2 = x^2 + y^2 - 2xy\cos \omega \qquad ①$$

又
$$MR : PM = OR : OQ$$

即
$$(x + n) : m = x : y \qquad ②$$

由 ① 及 ② 消去 x,得四次方程式

$$y^4 - 2(m - n\cos \omega)y^3 + (m^2 + n^2 + 2mn\cos \omega - a^2)y^2 + 2a^2 my - a^2 m^2 = 0 \qquad ③$$

此四次方程式若得作图,则在特殊情形时亦可作图,设 $\omega = 90°$,则方程式 ③ 化为

$$y^4 - 2my^3 + (m^2 + n^2 - a^2)y^2 + 2a^2 my - a^2 m^2 = 0 \qquad ④$$

又令 $m = 2, n^2 = 2$,则得

$$y^4 - 4y^3 + (6 - a^2)y^2 + 4a^2 y - 4a^2 = 0 \qquad ⑤$$

又令 $a^2 = 6$,则得

$$y^4 - 4y^3 + 24y - 24 = 0 \qquad ⑥$$

若此四次方程式有有理根,其根必为整数而为绝对项 24 之因数,即在

$$\pm 1, \ \pm 2, \ \pm 3, \ \pm 4, \ \pm 6, \ \pm 8, \ \pm 12, \ \pm 24$$

之中,然以诸数中任何一数代四次方程式中之 x,皆不能适合,故此四次方程式无有理根.

其诱导三次方程式为

$$t^3 - 3t^2 + 3t - 4 = 0$$

欲检此三次方程式为既约与否,亦必以绝对项 4 之因数,即

$$\pm 1, \ \pm 2, \ \pm 4$$

代此三次式中之 t,视其等于 0 与否以试之.然任何一数不能令其为 0,故此诱导三次方程式为既约三次方程式,故四次方程式 ⑥ 之根所表,非可以作图之数.

故此问题为不能.

(12)**例 7** 自 $\triangle ABC$ 之顶点 A 作 BC 垂线 h_a,自 B 作 CA 垂线 h_b,又知 $\angle A$ 之角分线 ω_a,求作 $\triangle ABC$.

如图 9,设 $AD = h_a$,$BE = h_b$,$AH = \omega_a$,因 $\triangle AHD$ 为直角三角形,已知两边为 h_a, ω_a,故可求得 $\angle HAD$.令

$$\angle HAD = \alpha, \quad \angle BAD = \theta$$

275

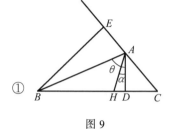

图 9

因 $$AB = \frac{AD}{\cos\theta}$$

又 $$\angle BAC = 2\angle BAH = 2(\theta - \alpha)$$

而 $$BE = AB \cdot \sin(2\theta - 2\alpha)$$

故 $$BE = \frac{AD}{\cos\theta} \cdot \sin(2\theta - 2\alpha)$$

若就特殊情形论之,而令

$$AD = 1, BE = 2, AH = \frac{\sqrt{5}}{2}$$

则 $$\tan\alpha = \frac{1}{2}$$

由 ① 得 $$\sin(2\theta - 2\alpha) = 2\cos\theta$$

即 $$\sin(\theta - \alpha)\cos(\theta - \alpha) = \cos\theta$$

两边自乘,右边又以 $\cos^2\theta + \sin^2\theta$ 即 1 乘之,得

$$(\sin\theta\cos\alpha - \cos\theta\sin\alpha)^2(\cos\theta\cos\alpha + \sin\theta\sin\alpha)^2 = \cos^2\theta(\cos^2\theta + \sin^2\theta)$$

两边以 $\cos^4\theta\cos^4\alpha$ 除之,得

$$(\tan\theta - \tan\alpha)^2(1 + \tan\theta\tan\alpha)^2 = \frac{1}{\cos^4\alpha}(1 + \tan^2\theta)$$

因 $$\tan\alpha = \frac{1}{2}$$

故 $$\cos\alpha = \sqrt{\frac{4}{5}}$$

若令 $\tan\theta = x$,则得四次方程式

$$(2x - 1)^2(2 + x)^2 = 25(1 + x^2)$$
$$(2x^2 + 3x - 2)^2 = 25(1 + x^2) \qquad ②$$

于两边各加 $2m(2x^2 + 3x - 2) + m^2$ 而以右边所得之

$$(25 + 4m)x^2 + 6mx + m^2 - 4m + 25$$

为关于 x 之完全平方数,以确定 m 之值. 如是,因 m 适合于等式

$$9m^2 - (25 + 4m)(m^2 - 4m + 25) = 0 \qquad ③$$

则可得 m 之三值如次

$$\frac{-5}{2}\sqrt[3]{10}, \quad \omega\frac{-5}{2}\sqrt[3]{10}, \quad \omega^2\frac{-5}{2}\sqrt[3]{10}$$

但 ω 为 1 之立方虚根.

四次方程式 ② 无有理根,因假令 $2x = t$,则 ② 为

$$(t^2 + 3t - 2)^2 - 25(4 + t^2) = 0 \qquad ④$$

276

故 ④ 之根若为有理数,必为整数而为其绝对项 96 之因数,且 $4 + t^2$ 应为完全平方. 然适合于不定方程式 $4 + t^2 = s^2$ 之 t 与 s 之值不能存在,故 ② 无有理根. 然则上所认为 ② 之诱导三次方程式如 ③ 之左边者,其为既约也明甚.

故此问题不能作图.

第五章 关于代数方程式(得以有限回有理运算及开平方而解之之方程式)佩特森之研究及其几何学的应用

(1) 吾人于第二章及第三章既求得某线段之长能否作图之必要而又充分之条件,于前章复证明既约三次方程式之根不可作图以示特例. 今将以一般之理解推论以施行有限回有理运算及开平方而解得之代数方程式应备具何种性质,因而从他一方面考究由作图所决定之点应为何点. 至(2),(3),(4)则大致根据于佩特森(Petersen)之著作而由余加以修正者.

278

(2) 于兹有

$$x = \sqrt{2} + \sqrt{3} + \sqrt{6}$$

之数,其外观虽含有三个平方根数,实则所含为 $\sqrt{2}$ 及 $\sqrt{3}$ 二者而已;因 $\sqrt{6}$ 为 $\sqrt{2}$ 与 $\sqrt{3}$ 之积,对于 $\sqrt{2}$ 及 $\sqrt{3}$ 无独立之资格. 如斯一式中含有若干平方根数,有互为独立与否之不同;但所谓互为独立者,虽施行有理运算(即加,减,乘,除)及幂法而不能由其一以诱导其他之谓,否则此种有理之关系必存在于其间也.

假定 x 式中有 n 个互为独立之平方根数,设于此 n 个平方根数各与以正负两号,则运同原式共得 2^n 个之式,命其名为

$$x_1, x_2, x_3, \cdots, x_{2^n}$$

此等 2^n 个之式之值,是否必不相同,殊难猝断,例如次式

$$\sqrt{a + \sqrt{b}} + \sqrt{a - \sqrt{b}}$$

中,有 $\sqrt{b}$, $\sqrt{a + \sqrt{b}}$ 及 $\sqrt{a - \sqrt{b}}$ 三个互为独立之平方根数,而此式中 $\sqrt{b}$ 前之符号即令变更该式之数值亦毫无所异,故知上式依其两项根号前所有符号之不同,发生相异之数值只有四个.

依此例之所示,每有一 $\sqrt{b}$ 得两个不同数值,可知相异之全数为 2^n 个,而此 2^n 个者,实互为共轭之数也.

今以此等数 $x_1, x_2, x_3, \cdots, x_{2^n}$ 为根之函数,设为 $\phi(x)$,则

$$\phi(x) = (x - x_1)(x - x_2)(x - x_3)\cdots(x - x_{2^n})$$

即变更其中所有根号之符号,$\phi(x)$ 之全体仍无变化,故 $\phi(x)$ 之系数中无根号之存在,即 $\phi(x)$ 为具有有理系数之函数,且 $\phi(x)$ 不得不为既约,因若为未约,则以其中若干个因数相乘必得有理系数之整函数,然而决无其事也,故得定理如次:

定理 1 表可以作图之线段之长之数为以 2 之幂数为指数之既约方程式之根,且以 2^n 为指数之既约方程式之一根,若能作图,则其他诸实根均能作图,而其根中所有互为独立之平方根数不少于 n.

故又得次之定理:

定理 2 表所求线段之长之数若为不以 2 之幂数为指数之既约方程式之根,则其长不能作图.

然则表所求线段之长若为以 2 之幂数为指数之方程式之根,其方程式虽为既约,有时可以作图,有时则否,固难以一言而决也.

(3) 设于互为共轭 2^n 个之数可以作图时,命 $\sqrt{k}$ 为最初添加于有理数之有理范围之平方根数,则 2^n 个之共轭数中皆含有 $\sqrt{k}$,而其半含有 $+\sqrt{k}$,他半含有 $-\sqrt{k}$,故试取含有 $+\sqrt{k}$ 之数为根,作整函数,其形当如次

$$x^{\frac{\nu}{2}} + (a_1 + b_1\sqrt{k})x^{\frac{\nu}{2}-1} + (a_2 + b_2\sqrt{k})x^{\frac{\nu}{2}-2} + \cdots + (a_{\frac{\nu}{2}} + b_{\frac{\nu}{2}}\sqrt{k})$$

但
$$\nu = 2^n$$

且 $a_1, a_2, \cdots, a_{\frac{\nu}{2}}$ 及 $b_1, b_2, \cdots, b_{\frac{\nu}{2}}$ 皆为有理数.更取含有 $-\sqrt{k}$ 之数为根,作整函数,其形当如次

$$x^{\frac{\nu}{2}} + (a_1 - b_1\sqrt{k})x^{\frac{\nu}{2}-1} + (a_2 - b_2\sqrt{k})x^{\frac{\nu}{2}-2} + \cdots + (a_{\frac{\nu}{2}} - b_{\frac{\nu}{2}}\sqrt{k})$$

故以 ν 即 2^n 个之数为根之整函数设为 $\phi(x)$,则

$$\phi(x) = (x^{\frac{\nu}{2}} + a_1 x^{\frac{\nu}{2}-1} + a_2 x^{\frac{\nu}{2}-2} + \cdots + a_{\frac{\nu}{2}})^2 - k(b_1 x^{\frac{\nu}{2}-1} + b_2 x^{\frac{\nu}{2}-2} + \cdots + b_{\frac{\nu}{2}})^2$$

此处应注意者,上式第一括弧中之整函数比第二括弧中整函数较高一次.

(4) 通过一点之一组直线,谓之直线束.各该直线谓之射线,其点谓之顶点.

今将决定与任意直线束中任意之射线相交而可以作其交点者应为何种之代数曲线,但直线束之顶点不在此曲线上,且假定射线及曲线方程式之系数皆为整数.

所求曲线之次数必为 2^n,已无待言.设直线束之顶点为坐标之原点.由直

角坐标变于极坐标,于方程式中以 $r\cos\theta$,$r\sin\theta$ 代 x,y,则不拘 θ 之值为何,所欲决定者即 r 所表适为何以作图之数耳.令

$$\cos\theta = \frac{m}{p}, \quad \sin\theta = \frac{n}{p}$$

但 p,m,n 表某某整数.以此等分数值代入方程式中之 $\cos\theta$ 及 $\sin\theta$ 而化其系数中所有分数之分母,则方程式可如次形

$$a + br + cr^2 + dr^3 + \cdots + lr^\nu = 0 \tag{①}$$

但 $\nu = 2^n$,且 a,b,c,d,$\cdots$,l 皆为整数而又为关于 m,n 之 $0,1,2,3,\cdots,\nu$ 次同次式.

此方程式之根 r,不拘 m,n 之值为何,所表恒为能作图之长,故方程式可改书如次

$$(A + Br + Cr^2 + \cdots)^2 = k(A_1 + B_1 r + C_1 r^2 + \cdots)^2 \tag{②}$$

但式中 A,B,C,$\cdots$ 及 A_1,B_1,C_1,$\cdots$,k 所表皆整数,且 k 之中必含有 m 及 n.因 k 之中若不含有 m 及 n,则曲线不能分解为二个曲线也.又 A,B,C,$\cdots$ 及 A_1,B_1,C_1,$\cdots$ 必顺次为关于 m 及 n 之 $0,1,2,\cdots$ 次同次式,因非然者,改 ② 于直角坐标时,将不成为 2^n 次方程式矣.然 ① 与 ② 不必其完全相同,即有不含 r 之某因数加入,亦无不可,今命其因数为 λ,则

$$\lambda = \frac{A^2 - kA_1^2}{a}$$

即

$$a\lambda = A^2 - kA_1^2$$

式 ② 又可书之如次

$$\{(A + \sqrt{k}A_1) + (B + \sqrt{k}B_1)r + (C + \sqrt{k}C_1)r^2 + \cdots\}\{(A -$$
$$\sqrt{k}A_1) + (B - \sqrt{k}B_1)r + (C - \sqrt{k}C_1)r^2 + \cdots\} = 0 \tag{③}$$

以 $A^2 - kA_1^2$ 乘此方程式(以 $A - \sqrt{k}A_1$ 乘前第一因数,以 $A + \sqrt{k}A_1$ 乘第二因数),则

$$\{a\lambda + (M + N\sqrt{k})r + (M_1 + N_1\sqrt{k})r^2 + \cdots\}\{a\lambda +$$
$$(M - N\sqrt{k})r + (M_1 - N_1\sqrt{k})r^2 + \cdots\} = 0$$

改书之,当如次

$$(a\lambda + Mr + M_1 r^2 + \cdots)^2 = k(Nr + N_1 r^2 + \cdots)^2 \tag{④}$$

此即式 ① 以 $a\lambda^2$ 乘得之结果.

比较式 ④ 与式 ②,式 ④ 之右边弧内无不含 r 之项,式 ② 则不然,故式 ④ 之右边得以 r^2 除尽,故含有 m 及 n 之 k 为关于 m 及 n 之同次函数,其次数至低

亦必为 2.

若选择 m 及 n 之值适可使 k 为零者,式 ④ 之左边括弧内整式之次数为 $\frac{2^n}{2}$,则射线与曲线之交点两两相合,于是射线与曲线相切于 $\frac{2^n}{2}$ 点.

故所求之曲线于直线束中至少有两射线与之切于 $\frac{2^n}{2}$ 点,故顶点之位置若为任意的,则欲作如此二射线,必曲线与任意之直线只交于二点而后可,故得定理如次:

定理 除二次曲线外,凡与任意之直线相交,而其交点可以作图之代数曲线,决不存在.

但代数曲线至二次以上者,苟其方程式之系数与直线之系数有特别关系,其交点亦有时可以作图,例如三次曲线 $(Ax + By)^3 + ax + by + c = 0$ 与直线 $Ax + By + C = 0$ 之交点,可以认为 $-C^3 + ax + by + c = 0$ 及 $Ax + By + C = 0$ 之交点,但其交点仅有一个.

(5)依前述之定理证明次之定理,甚易事也.

定理 3 与任意之圆相交,而其交点可以作图之代数曲线,不为圆则为直线.

何则?于任意圆周上任意定一点,依任意之反形率作此圆之反形,则此圆成为直线,故所求代数曲线之反形设非较二次犹低之代数曲线,则根据前述定理,其交点不能作图,而凡反形为二次曲线之代数曲线,不为圆则为直线,故所求之曲线不外乎圆与直线也.

(6)**例 1** 求作定圆之内接三角形,使其三边通过三定点.

此为卡斯蒂隆(Castillon)之问题,兹揭其作图法如次:

如图 1,A,B,C 为所与之三点,$B'C'$,$C'A'$,$A'B'$ 为此三点关于定圆之极线.联结 AA',BB',CC',此三直线必通过一点 O,斯固容易证明者也.

又设 AA' 与 $B'C'$,BB' 与 $C'A'$,CC' 与 $A'B'$ 之交点顺序为 L,M,N.延长 $\triangle LMN$ 之三边,与圆相交,得 P,P',Q,Q',R,R',则 $\triangle PQR$,及 $\triangle P'Q'R'$ 为所求之三角形.

何则?因 QA 适过 R.若谓不然,设直线

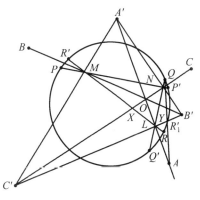

图 1

281

QA 与圆之交点为 R'_1 且 QA 与 $B'C'$ 之交点为 Y,则成调和束线 $(L \cdot QARY)$.因设 LM 与 CC' 之交点为 X,则 $(L \cdot QARY) = (L \cdot NOXC')$,而完全四边形 $MOLC'$ 之对角线 $NOXC'$ 为调和列点也.

又因 $B'C'$ 为 A 之极线,所以

$$(L \cdot QARY) = (L \cdot QAR'_1Y)$$

故 R 与 R'_1 一致.同理,得证明 RP,PQ 通过点 $B,C,\triangle P'Q'R'$ 得同样证明之.

今扩张此问题如下:

例 2 求作定圆之内接三角形,令其三边与三定圆相切.

此题不能作图,证明如下:

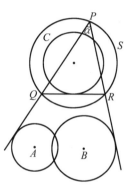

如图 2,设内接三角形之圆为 S,与三角形三边相切之圆为 A,B,C,且设圆 C 在特殊之位置而与 S 圆同心,若并此而不能作图,则诚不能矣.

假定作图已成,所求之三角形为 PQR,则边 QR 之长为一定,$\angle QPR$ 亦为一定,命之为 α,故 P 为二边切于圆 A 及圆 B 而其大适等于 α 之角之顶点之轨迹与圆 S 之交点,然此轨迹固三次以上之曲线也.

图 2

如图 3,命 PQ 切圆 A 于 V,PR 切圆 B 于 W,以 AB 为弦作 $\angle AOB$,令等于 α 之补角,而定适合于次式之点 O

$$AO : BO = AV : BW$$

延长 OA,OB 交 PV,PW 于 E,F,联结 EF.因 O,E,P,F 为共圆点

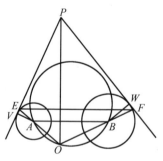

$$\angle AEV = \angle BFW$$

又

$$\angle AVE = \angle BWF = 90°$$

故

$$\triangle AEV \backsim \triangle BFW$$

所以

$$AE : BF = AV : BW$$

然由作图

$$AO : BO = AE : BF$$

故

$$EF /\!/ AB$$

故

$$\angle OEF = \angle OAB$$

而

$$\angle OPF = \angle OEF$$

故

$$\angle OPF = \angle OAB$$

图 3

故 $\angle OPF$ 为一定,命之为 β.

次以 O 为极坐标之原点,OF 为原线,又令 $OB = a$,$BW = p$,$OP = \rho$,$\angle FOP = \theta$,则 P 之轨迹可由

$$\frac{\rho \sin \beta}{p} = 1 + \frac{a}{p} \sin(\theta + \beta) \qquad ①$$

表之,今取 ρ_1 而令 $\rho\rho_1 = k^2$,但 k^2 为任意之反形率,则 ① 为

$$\frac{k^2 \sin \beta}{p\rho_1} = 1 + \frac{a}{p} \sin(\theta + \beta) \qquad ②$$

此即以 (ρ_1, θ) 为坐标之点之轨迹,得表之如次

$$\frac{l}{\rho_1} = 1 + \frac{a}{p} \sin(\theta + \beta) \qquad ③$$

但 $l = \dfrac{k^2 \sin \beta}{p}$,式 ③ 表圆锥曲线而 O 为其一焦点,故点 P 之轨迹系以圆锥曲线之焦点为反形之中心,而以 k^2 为反形率之圆锥曲线之反形.此反形为四次曲线,不难证明,故不能决定与圆 S 之交点.

(7) 佩特森定理所示,全为任意圆周与任意二次以上曲线(除圆周)之交点不可作图之事项,若二次曲线方程式系数之间有特殊之关系成立,则曲线纵为高次,其交点亦得而决定之也.观于次例可知. 283

例 3 已知四边形四角之大及二对角线之长,求作其形.

如图 4,设 $ABCD$ 为所求之四边形.既知对角线 AC 及 $\angle B$ 之大,故得作 $\triangle ABC$ 之外接圆,其中心为 O.同理得作 $\triangle ADC$ 之外接圆,其中心为 P,故 $\angle OAP$ 为定角,命之为 α.再令

$$AB = \rho$$
$$\angle OAB = \theta$$
$$AO = a$$

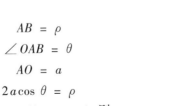

图 4

则 $\qquad 2a\cos\theta = \rho \qquad ①$

次令 $AD = \rho'$,$\angle PAD = \theta'$,$AP = b$,则

$$2b\cos\theta' = \rho'$$

然 $\qquad \theta + \alpha + \theta' = A$

即 $\qquad \theta' = A - \alpha - \theta$

故 $\qquad \rho' = 2b\cos(A - \alpha - \theta) \qquad ②$

又令 $BD = d$,则
$$d^2 = \rho^2 + \rho'^2 - 2\rho\rho'\cos A$$
由 ② 得
$$d^2 = \rho^2 + [2b\cos(A - \alpha - \theta)]^2 - 2\rho 2b\cos(A - \alpha - \theta)\cos A \qquad ③$$

若能自方程式 ① 与 ③ 决定 ρ, θ 则 B 之位置可定;但 ① 为圆,③ 为四次曲线,故若系数间无特殊之关系存在,斯点 B 不可得而定.然此则特殊之关系不存在,欲定点 B,当如次图.

如图 5,以 AD,CD 与 $\triangle ABC$ 之外接圆之交点为 E 及 F,则因圆 ABC 之大为一定且已知 $\angle A$ 之大,故其所对之弦之长亦为一定.又已知 $\angle C$ 之大,故 BF 之长亦为一定.

联结 CE,则 $\angle BCE$ 一定,故 $\angle ECF$ 亦定.由此知 EF 之长亦为一定,即 $\triangle BEF$ 之三边为一定,因之得作 $\triangle BEF$,即作此三角形后,以 EF 为弦作弧,令所含之角等于 $\angle D$,此弧与以 B 为中心 BD 为半径之圆之交点即点 D,联结 DE,DF,与圆 BEF 之交点为 A 及 C,联结 BA,BC,则 $ABCD$ 为所求之四边形.

图 5

284

第六章　　圆周之等分问题及圆积问题

（1）何种正多角形可以作图，即圆周可分为若干等分之问题，在昔早有研究，凡圆周可以分为 2 之幂数及 3,5 与其若干倍数等分，久为吾人所熟知之事.高斯扩张适于此题之整数范围，证明圆周可以分于 n 等分之必要而又充分之条件为 n 须以具有 $2^m + 1$ 形之素数为因数，且如此之素数不可含有二个以上者，试研究之如次.

研究圆周能否分于 n 等分，n 之范围可以素数 p 及其幂数 p^a 为限.因 n 若不限于此范围，则可分解于互为素数之因数.今以此因数为 μ 及 ν，则满足于次式之整数 a 及 b 恒可求得

$$1 = a\mu - b\nu$$

故

$$\frac{1}{n} = \frac{1}{\mu\nu} = \frac{a}{\nu} - \frac{b}{\mu}$$

然则所谓 n 等分者，实即由 μ 等分与 ν 等分之手续结合而成也.又若 ν 及 μ 不为素数，可更分解之如前，终必归于素数或素数之幂数等分之一途，例如 $n = 15$，则因

$$\frac{1}{15} = \frac{2}{3} - \frac{3}{5}$$

故所谓 15 等分者，实即 3 等分与 5 等分而已.

又分圆周于 p^a 等分之前，必先分之于 p 等分，故仅就 n 为素数时研究之而已足.研究此事，须先明费马（Fermat）之整数之理.

（2）**定理 1（费马定理）**　　设 p 为素数，a 为 p 所不能整除之数，则 $a^{p-1} - 1$ 恒可以 p 整除之.

设 μ_1 为 $1 \cdot a$ 能以 p 除尽时之商，ρ_1 为其余数；μ_2 为 $2 \cdot a$ 能以 p 除尽时之商，ρ_2 为其余数；$\cdots$ 则可得次之一列之等式

$$1 \cdot a = \mu_1 p + \rho_1$$

$$2 \cdot a = \mu_2 p + \rho_2$$

$$3 \cdot a = \mu_3 p + \rho_3$$

$$\vdots$$

$$(p-1)a = \mu_{p-1}p + \rho_{p-1}$$

以此等诸式边边相乘,则为

$$1 \times 2 \times 3 \times \cdots \times (p-1)a^{p-1} = Mp + \rho_1\rho_2\rho_3\cdots\rho_{p-1} \qquad ①$$

$\rho_1, \rho_2, \rho_3, \cdots, \rho_{p-1}$ 皆大于 0,小于 p.今证明此 $(p-1)$ 个之 ρ 各不相等.若

$$\rho_s = \rho_t, s > t$$

则

$$sa - ta = (\mu_s - \mu_t)p$$

即

$$(s-t)a = (\mu_s - \mu_t)p$$

故 p 能除尽 $(s-t)a$.然 a 不能以 p 除尽,故 p 非除尽 $s-t$ 不可.然无论 s 或 t 皆比 p 小,故 $s-t$ 尤比 p 小,绝不能为 p 除尽,故 $\rho_s \neq \rho_t$,故一切之 ρ 皆不相等.

0 与 p 之间,有 $(p-1)$ 个之整数,而 ρ 之值即介于 0 与 p 之间,且其数有 $(p-1)$ 个而又各不相同,则所谓 ρ 者非尽与 $1, 2, 3, \cdots, p-1$ 相一致不可,故

$$\rho_1\rho_2\rho_3\cdots\rho_{p-1} = 1 \times 2 \times 3 \times \cdots \times (p-1) \qquad ②$$

故由式①,得

$$[1 \times 2 \times 3 \times \cdots \times (p-1)](a^{p-1} - 1) = Mp$$

然 p 为素数,故 $1 \times 2 \times 3 \times \cdots \times (p-1)$ 不能以 p 除尽,故 p 必除尽 $a^{p-1} - 1$,而费马定理,于以证明.

若 $A - B$ 能以 p 除尽,则以 p 除 A 之所余必与以 p 除 B 之所余相等,通常以次式表之

$$A \equiv B \pmod{p}$$

此式谓之等余式,p 为等余式之率.高斯始用此形以表明如斯性质,以此式表上述之定理,当如

$$a^{p-1} \equiv 1 \pmod{p}$$

(3) **定理 2** 设满足等余式 $a^s \equiv 1 \pmod{p}$ 之 s 小于 $p-1$,且为满足此等余式之诸值中最小之一值,则 s 必为 $p-1$ 之因数.

设 s 不为 $p-1$ 之因数,则

$$p - 1 = \sigma s + \rho, 0 < p < s$$

由此得

$$a^{p-1} = a^{\sigma s} \cdot a^{\rho}$$

然

$$a^{p-1} \equiv 1 \pmod{p}$$

故

$$a^{\sigma s} \cdot a^{\rho} \equiv 1 \pmod{p}$$

又依假设知

$$a^s \equiv 1 \pmod{p}$$

故

$$a^{\rho} \equiv 1 \pmod{p}$$

然 $\rho < s$,此则与假定相反,故 s 必为 $p-1$ 之因数.

定理 3 设素数 p 具有 $2^h + 1$ 之形,则

$$h = 2^\mu$$

设 s 为满足等余式 $2^s \equiv 1 (\bmod\ p = 2^h + 1)$ 之最小正整数,因 p 必为奇数,故与 2 互为素数,依前之定理,知 s 必为 $p - 1$ 之因数.又因

$$p = 2^h + 1$$

故

$$2^h < p$$

又

$$2^s > p$$

故

$$2^s > 2^h$$

故

$$s > h$$

又因

$$p = 2^h + 1$$

故 h 为满足等余式 $2^h \equiv -1 (\bmod\ p)$ 之最小正整数.又

$$2^s \equiv 1 (\bmod\ p)$$

即

$$2^h 2^{s-h} \equiv 1 (\bmod\ p)$$

然因

$$2^h \equiv -1 (\bmod\ p)$$

故

$$2^{s-h} \equiv -1 (\bmod\ p)$$

而 h 为最小之值,故

$$s - h \geqslant h$$

即

$$s \geqslant 2h \qquad\qquad ①$$

又因

$$2^h \equiv -1 (\bmod\ p)$$

故

$$2^h 2^h \equiv 1 (\bmod\ p)$$

即

$$2^{2h} \equiv 1 (\bmod\ p)$$

然 s 为满足等余式 $2^s \equiv 1 (\bmod\ p)$ 之最小值,故

$$2h \geqslant s \qquad\qquad ②$$

式 ① 与 ② 如欲共同成立,非

$$2h = s$$

不可,即 h 必为 s 之因数.然 s 为 $p - 1$,即 2^h 之因数,故 h 为 2^h 之因数,故

$$h = 2^\mu$$

别法 上述定理得以次之方法简单证明之:

设 h 为某一奇数可以除尽之数,即令

$$h = h'(2n + 1)$$

则不论 x 之值如何,次式得一般成立

$$x^{2n+1} = (x + 1)(x^{2n} - x^{2n-1} + \cdots + 1)$$

故设

$$x = 2^{h'}$$

287

则 $2^{h'(2n+1)}+1$，即 2^h+1 必能以 $2^{h'}+1$ 除尽，故 2^h+1 不得为素数，故 h 不得以奇数为因数，故 h 为 2 之幂数.

(4) 应用上述定理解决圆周等分问题如次：

欲研究圆周 p 等分之事项非研究以 $\cos \dfrac{2\pi}{p}$ 为根之代数方程式不可.

1 之 p 乘根得表之如次

$$\cos \frac{2k\pi}{p} + i\sin \frac{2k\pi}{p} \quad (k = 0,1,2,3,\cdots,p-1)$$

而此等之根之和必等于零，即

$$\sum_{k=0}^{p-1} \left(\cos \frac{2k\pi}{p} + i\sin \frac{2k\pi}{p} \right) = 0$$

故

$$\sum_{k=1}^{p-1} \left(\cos \frac{2k\pi}{p} + i\sin \frac{2k\pi}{p} \right) = -\left(\cos \frac{2k\pi}{p} + i\sin \frac{2k\pi}{p} \right) k = -1 \qquad ①$$

又因

$$\cos \frac{2k\pi}{p} + i\sin \frac{2k\pi}{p} = \cos \left(2\pi - \frac{2k\pi}{p} \right) - i\sin \left(2\pi - \frac{2k\pi}{p} \right) =$$

$$\cos \frac{2\pi(p-k)}{p} - i\sin \frac{2\pi(p-k)}{p} =$$

$$\frac{1}{\cos \dfrac{2\pi(p-k)}{p} + i\sin \dfrac{2\pi(p-k)}{p}} =$$

1 之 p 乘根之中除去 $k=0$ 外，其初与其后等距离各项互为逆数，故设

$$\cos \frac{2\pi}{p} + i\sin \frac{2\pi}{p} = \varepsilon$$

则 1 之 p 乘根之虚数部分得表之如次

$$\varepsilon, \varepsilon^2, \varepsilon^3, \cdots, \varepsilon^{\frac{p-1}{2}}, \varepsilon^{-\frac{p-1}{2}}, \cdots, \varepsilon^{-3}, \varepsilon^{-2}, \varepsilon^{-1}$$

但 $p-1$ 为偶数，故由 ① 得

$$\sum_{k=1}^{\frac{p-1}{2}} (\varepsilon^k + \varepsilon^{-k}) = -1$$

即

$$\left(\varepsilon + \frac{1}{\varepsilon} \right) + \left(\varepsilon^2 + \frac{1}{\varepsilon^2} \right) + \left(\varepsilon^3 + \frac{1}{\varepsilon^3} \right) + \cdots + \left(\varepsilon^{\frac{p-1}{2}} + \frac{1}{\varepsilon^{\frac{p-1}{2}}} \right) = -1 \qquad ②$$

今以 $\varepsilon + \dfrac{1}{\varepsilon} = y$，则 $\varepsilon^k + \dfrac{1}{\varepsilon^k}$ 所表为关于 y 之 k 次整函数，故 ② 为关于 y 之 $\dfrac{p-1}{2}$ 次代数方程式. 又

288

$$y = \cos\frac{2\pi}{p} + i\sin\frac{2\pi}{p} + \cfrac{1}{\cos\dfrac{2\pi}{p} + i\sin\dfrac{2\pi}{p}} =$$

$$\cos\frac{2\pi}{p} + i\sin\frac{2\pi}{p} + \cos\frac{2\pi}{p} - i\sin\frac{2\pi}{p} = 2\cos\frac{2\pi}{p}$$

故以 $2\cos\dfrac{2\pi}{p}$ 为根之代数方程式之次数为 $\dfrac{p-1}{2}$.

故欲作 $2\cos\dfrac{2\pi}{p}$,依第二章(6)及第三章(8)定理,$\dfrac{p-1}{2}$ 必为 2 之幂数,即 p 必等于 $p = 2^{a+1} + 1$,然 p 为素数,故由前之定理,p 必适合于次式

$$p = 2^{2^{\mu}} + 1$$

由是得定理如次:

定理 4 欲分圆周于素数 p 等分,非 $p = 2^{2^{\mu}} + 1$ 不可.此定理仍须有逆之证明,然过使本篇延长,姑且从略.

今于 $p = 2^{2^{\mu}} + 1$ 式内,设

$\mu = 0$	则	$p = 3$	素数
$\mu = 1$	则	$p = 5$	素数
$\mu = 2$	则	$p = 17$	素数
$\mu = 3$	则	$p = 257$	素数
$\mu = 4$	则	$p = 65\ 537$	素数

μ 等于 5,6 及 7 时,虽已决定 p 为非素数;若 μ 等于 8,则 p 是否为素数,尚未能决.

自高斯以来,对于正十七角形虽已有种种作图方法,若至二百五十七角形以上,则尚有待于发现也.

(5)余于本编卷首曾提出三大问题,并于第四章中应用既约三次方程式之性质,证明立方倍积问题及角之三等分问题俱不可能;唯最后问题,即求作正方形之一边使其面积等于所与圆面积之能否问题,尚未论及,兹特说明此题之解决方法,借以终结是篇.

设所与圆之直径为 $d = 2r$,其圆周之长为 n,则

$$n = \pi d$$

更设其面积为 A,则

$$A = \frac{1}{4}\pi d^2 = \frac{1}{2}rn$$

即此圆之面积适与以 n 为底以 r 为高之三角形之面积相等,故 n 即 πd.如能作

图,则问题不难解决.

今若以 d 为单位,则问题可归于求作一直线其长适为含有此单位之 π 倍者,故此题若能解,则 π 必为以 2 之幂数为指数之既约代数方程式之根,而其次数则无论如何必先为代数方程式之根.然 π 不为代数方程式之根,即为超越数而非代数的数.业经多数学者证明,故本问题不得以丁字板及圆规得其解决,即任用何种代数曲线均不得而解决之也.

兹特介绍戈登(Gordon)之 π 为超越数之证明如次:

(6)欲证明 π 为超越数,当先证明 e 为超越数,故不得不先行证明次之定理:

埃尔米特(Hermite)定理.

方程式 $C_0 + C_1 e + C_2 e^2 + \cdots + C_{n-1} e^{n-1} + C_n e^n = 0$

不能成立,但 C 皆为整数.

通常以 $r!$ 为 r 之阶乘,今为便利计,以 h^r 表之.更令 p 为素数,而设

$$f(x) = \frac{x^{p-1}}{(p-1)!}[(1-x)(2-x)\cdots(n-x)]^p$$

290 展开此式于累乘级数,则得

$$f(x) = \sum_{r=p-1}^{np+p-1} c_r x^r = \frac{c' x^{p-1}}{(p-1)!} + \frac{c'' x^p}{(p-1)!} + \cdots \pm \frac{x^{np+p-1}}{(p-1)!}$$

故对于一定之 x 及 n,因使 p 值渐大,则 $f(x)$ 之值渐趋于零,且其真值级数(以各项绝对值为项之级数)$\sum |c_r x^r|$ 亦必渐趋于零.

设以 h 代 x,则

$$f(h) = \sum_{r=p-1}^{np+p-1} c_r h^r = \sum_{r=p-1}^{np+p-1} c_r r!$$

而 c_r 之公分母为 $(p-1)!$,其分子为整数,故 r 之值大于 $p-1$ 时,$c_r r!$ 皆为整数,而 $c_{p-1}(p-1)!$ 之外,一切皆能以 p 除尽,然

$$c_{p-1}(p-1)! = \frac{(n!)^p (p-1)!}{(p-1)!} = (n!)^p$$

故于 $p > n$ 时,因 p 为素数,故 $c_{p-1}(p-1)!$ 不能以 p 除尽,由此知 $f(h)$ 亦不能以 p 除尽.

次再以 $k + h$ 代 x,则

$$f(k+h) = \sum_r c_r (k+h)^r = \sum_r c'_r h^r = \sum_r c'_r r!$$

又因

$$f(k+h) = (k+h)^{p-1} \cdot \frac{[(1-k-h)(2-k-h)\cdots(n-k-h)]^p}{(p-1)!}$$

故 k 于 $1,2,3,\cdots,n$ 诸值中等于任何一值,则括弧中必有一因数为 $-h$,故若以上式展开于 h 之级数,其最低次数为 p,因此知

$$f(k+h) = \sum_{r=p}^{np+p-1} c'_r r!$$

而 c'_r 之公分母为 $(p-1)!$,其分子为整数,故 r 之值于 p 及 $np+p-1$ 之间变化时,$c'_r r!$ 必为能以 p 除尽之整数,故 $f(k+h)$ 于 k 为 $1,2,3,\cdots,n$ 中任何一值时,得以 p 除之使尽.

依以上两重准备,遂得证明 e 超越数如次

$$e = 1 + x + \frac{x^2}{2!} + \frac{x^3}{3!} + \cdots$$

双方乘以 h^r 即 $r!$,因式 $h^r = r(r-1)\cdots(r-i+1)h^{r-i}$ 恒能成立,故

$$h^r e^\eta = h^r + \frac{rh^{r-1}x}{1!} + \frac{r(r-1)h^{r-2}x^2}{2!} + \cdots + \frac{rhx^{r-1}}{1!} +$$

$$x^r + x^r\left(\frac{x}{r+1} + \frac{x^2}{r+1 \cdot r+2} + \cdots \right)$$

291

故设 $u_r = \dfrac{x}{r+1} + \dfrac{x^2}{r+1 \cdot r+2}$,则

$$h^r e^x = (h+x)^r + x^r u_r$$

次令 $\xi = |x|$,则

$$|u_r| < e^\xi$$

即

$$u_r = q_r e^\xi$$

$$|q_r| < 1$$

由是得

$$h^r e^x = (x+h)^r + x^r q_r e^\xi$$

故设以 c_r 为任意之整数,则可得方程式如次

$$e^x \sum_{r=s}^{t} c_r h^r = \sum_{r=s}^{t} c_r (x+h)^r + e^\xi \sum_{r=s}^{t} c_r q_r x^r$$

即设以 $f(x) = \sum_{r=s}^{t} c_r x^r$, $\phi(x) = \sum_{r=s}^{t} c_r q_r x^r$,则

$$e^x f(h) = f(x+h) + e^\xi \phi(x)$$

由此假定整系数方程式为

$$C_0 + C_1 e + C_2 e^2 + \cdots + C_n e^n = 0$$

即

$$\sum_{k=0}^{n} C_k e^k = 0, C_0 \neq 0$$

即得方程式如次

$$0 = \sum_{k=0}^{n} C_k f(k + h) + \sum_{k=0}^{n} C_k \phi(k) e^k$$

由此知 $f(x)$ 若等于式 $f(x) = \dfrac{x^{p-1}}{(p-1)!} \left[(1 - x)(2 - x)\cdots(n - x) \right]^p$,则因

$f(k + h)$ 为整数,$\sum\limits_{k=0}^{n} C_k f(k + h)$ 亦必为整数,然依据前述之理由,若使 p 渐次

增大时,则 $\sum\limits_{k=0}^{n} C_k \phi(k) e^k$ 必渐趋于零,故 p 若大于某值时,则此式不得不为真分

数,故由上之方程式,可知 p 若大于某值时,则次式必成立

$$\sum_{k=0}^{n} C_k f(k + h) = 0$$

然在前业经说明 k 于 $1, 2, 3, \cdots, n$ 诸值中任取一值,$f(k + h)$ 虽可以 p 除尽,而

$f(x)$ 则不能,故 p 若渐次增大乃至大于 $\mid C_0 \mid$ 时,仅此最后方程式之初项不可

以 p 除尽,而他项则皆可以 p 除尽,但此为不合理之结论,故上文假定方程式

$\sum\limits_{k=0}^{n} C_k e^k = 0$ 不能成立,故 e 为超越数.

292

(7)复次证明林德曼(Lindemann)定理,因而证明 π 为超越数.

定理 5(林德曼定理) 设 $\alpha_1, \alpha_2, \alpha_3 \cdots \alpha_a$ 为 a 次有理系数既约方程式

$$A_0 \alpha^a + A_1 \alpha^{a-1} + \cdots + A_a = 0$$

之根,$\beta_1, \beta_2, \beta_3 \cdots \beta_b$ 为 b 次有理系数既约方程式

$$B_0 \beta^b + B_1 \beta^{b-1} + \cdots + B_b = 0$$

之根,如此次第假设乃至以 $\lambda_1, \lambda_2, \lambda_3, \cdots, \lambda_l$ 为 l 次有理系数既约方程式

$$L_0 \lambda^l + L_1 \lambda^{l-1} + \cdots + L_l = 0$$

之根,更以 $C_0, C_1, C_2 \cdots C_n$ 为整数,则方程式

$$C_0 + C_1(e^{\alpha_1} + e^{\alpha_2} + \cdots + e^{\alpha_a}) + C_2(e^{\beta_1} + e^{\beta_2} + \cdots + e^{\beta_b}) + \cdots +$$
$$C_n(e^{\lambda_1} + e^{\lambda_2} + \cdots + e^{\lambda_l}) = 0$$

决不成立.

($A, B, \cdots, L$ 等系数即均假定为整数亦无不可.)

今欲证明此理,当先有次之准备.

设 p 为一素数,且命其值较大于 $\mid C_0 \mid$,$\mid A_0 \mid$,$\mid B_0 \mid$,$\cdots$,$\mid L_0 \mid$,并较大于

$\mid A_a \mid$,$\mid B_b \mid$,$\cdots$,$\mid L_l \mid$ 各数,更令

$$f(x) = \frac{x^{p-1}}{(p-1)!} \begin{bmatrix} A_0^{a+b+c+\cdots+l}(\alpha_1 - x)(\alpha_2 - x)\cdots(\alpha_a - x) \\ B_0^{a+b+c+\cdots+l}(\beta_1 - x)(\beta_2 - x)\cdots(\beta_b - x) \\ \vdots \\ L_0^{a+b+c+\cdots+l}(\lambda_1 - x)(\lambda_2 - x)\cdots(\lambda_l - x) \end{bmatrix}^p$$

则与 x 以一定之值而增大 p 之值时,$f(x)$ 可渐趋于零,故展开 $f(x)$ 于累乘级数而设

$$f(x) = \sum_r c_r x^r$$

则 $\sum_r c_r x^r$ 及 $\sum_r |c_r x^r|$ 亦得因 p 之增大而渐趋于零. 以 h 代 x,则

$$f(h) = \sum_{r=p-1}^{(a+b+c+\cdots+l)p+p-1} c_r h^r = \sum_{r=p-1}^{(a+b+c+\cdots+l)p+p-1} c_r r!$$

而 c_r 有 $(p-1)!$ 公分母,其分子则为整数,故除第一项外所有各项皆为能以 p 除尽之整数. 然其第一项 $c_{p-1}(p-1)!$ 为

$$\frac{1}{(p-1)!} \begin{bmatrix} (A_0\alpha_1 \cdot A_0\alpha_2 \cdots A_0\alpha_a)A_0^{b+c+\cdots+l} \\ (B_0\beta_1 \cdot B_0\beta_2 \cdots B_0\beta_b)B_0^{a+c+\cdots+l} \\ \vdots \\ (L_0\lambda_1 \cdot L_0\lambda_2 \cdots L_0\lambda_l)L^{a+b+c+\cdots+k} \end{bmatrix}^p (p-1)!$$

即

$$\begin{Bmatrix} (A_a A_0^{a-1})A_0^{b+c+\cdots+l} \\ (B_b B_0^{b-1})B_0^{a+c+\cdots+l} \\ \vdots \\ (L_l L_0^{l-1})L_0^{a+b+\cdots+k} \end{Bmatrix}$$

不待证而自明. 但 p 为一素数,且较 $|A_0|$,$|B_0|$,$\cdots$,$|L_0|$ 为大,又较大于 $|A_a|$,$|B_b|$,$\cdots$,$|L_l|$,故 $c_{p-1}(p-1)!$ 不能以 p 除尽,由此知 $f(h)$ 为不能以 p 除尽之整数.

更进而考究 $f(\alpha_\nu + h)$. 设

$$f(\alpha_\nu + h) = \sum_r c_r(\alpha_\nu + h)^r = \sum_r c'_r \alpha_\nu h^r = \sum_r c'_r r!$$

则关于 r 之和之界限得决定之如次:因

$$f(\alpha_\nu + h) = \frac{(\alpha_\nu + h)^{p+1}}{(p-1)!} \begin{bmatrix} (A_0 B_0 \cdots L_0)^{a+b+c+\cdots+l} \\ (\alpha_1 - \alpha_\nu - h)(\alpha_2 - \alpha_\nu - h)\cdots(\alpha_a - \alpha_\nu - h) \\ (\beta_1 - \alpha_\nu - h)(\beta_2 - \alpha_\nu - h)\cdots(\beta_b - \alpha_\nu - h) \\ \vdots \\ (\lambda_1 - \alpha_\nu - h)(\lambda_2 - \alpha_\nu - h)\cdots(\lambda_l - \alpha_\nu - h) \end{bmatrix}^p$$

故于 $1, 2, \cdots, a$ 中任以其一为 ν 之值,则连乘积

$$(\alpha_1 - \alpha_\nu - h)(\alpha_2 - \alpha_\nu - h)\cdots(\alpha_a - \alpha_\nu - h)$$

中之第 ν 因数为 $-h$. 由此得 $f(\alpha_\nu + h)$ 之展开式(关于 h 之累乘级数)之最低次数为 p,故

$$f(\alpha_\nu + h) = \sum_{r=p}^{(a+b+c+\cdots+l)p+p-1} c'_r r!$$

而 c'_r 有 $(p-1)!$ 公分母,故 $f(\alpha_\nu + h)$ 为能以 p 除尽之整数. 由此又知

$$\sum_{\nu=1}^{a} f(\alpha_\nu + h)$$

亦为能以 p 除尽之整数. 同时,又可知

$$\sum_{\nu=1}^{b} f(\beta_\nu + h)$$

$$\vdots$$

$$\sum_{\nu=1}^{l} f(\lambda_\nu + h)$$

等亦皆为能以 p 除尽之整数.

由以上之准备,得证明林德曼之定理如次. 依前所论,知

$$e^x f(h) = f(x + h) + e^\xi \phi(x)$$

故假设方程式

$$C_0 + C_1(e^{\alpha_1} + e^{\alpha_2} + \cdots + e^{\alpha_a}) + C_2(e^{\beta_1} + e^{\beta_2} + \cdots + e^{\beta_b}) + \cdots +$$

$$C_n(e^{\lambda_1} + e^{\lambda_2} + \cdots + e^{\lambda_l}) = 0$$

可以成立,则以 0 及 $\alpha_1, \alpha_2, \cdots, \alpha_a, \beta_1, \beta_2, \cdots, \beta_b, \cdots, \lambda_1, \lambda_2, \cdots, \lambda_a$ 之值为 x,并适宜求 $C_0, C_1, \cdots, C_n$ 之积而相加之,因 $\xi = |x|$,故得方程式

$$0 = C_0 f(h) + C_1 \sum_{\nu=1}^{a} f(\alpha_\nu + h) + C_2 \sum_{\nu=1}^{b} f(\beta_\nu + h) + \cdots +$$

$$C_n \sum_{\nu=1}^{l} f(\lambda_\nu + h) + C_1 \sum_{\nu=1}^{a} \phi(\alpha_\nu) e^{|\alpha_\nu|} +$$

$$C_2 \sum_{\nu=1}^{b} \phi(\beta_\nu) \mathrm{e}^{|\beta_\nu|} + \cdots + C_n \sum_{\nu=1}^{l} \phi(\lambda_\nu) \mathrm{e}^{|\lambda_\nu|}$$

更设

$$\Delta = C_1 \sum_{\nu=1}^{a} \phi(\alpha_\nu) \mathrm{e}^{|\alpha_\nu|} + C_2 \sum_{\nu=1}^{b} \phi(\beta_\nu) \mathrm{e}^{|\beta_\nu|} + \cdots +$$

$$C_n \sum_{\nu=1}^{l} \phi(\lambda_\nu) \mathrm{e}^{|\lambda_\nu|} = C_1 \sum_{\nu} \sum_{r} \mathrm{e}^{|\alpha_\nu|} c_r q_r^{(\alpha)} \alpha_\nu^r +$$

$$C_2 \sum_{\nu} \sum_{r} \mathrm{e}^{|\beta_\nu|} c_r q_r^{(\beta)} \beta_\nu^r + \cdots +$$

$$C_r \sum_{\nu} \sum_{r} \mathrm{e}^{|\lambda_\nu|} c_r q_r^{(\lambda)} \lambda_\nu^r$$

则 $|q_r^{(\alpha)}|$，$|q_r^{(\beta)}|$，$\cdots$，$|q_r^{(\lambda)}|$ 一切皆小于 1，如前所述，p 之值增大时，$\sum_r |c_r\alpha_\nu^r|$，$\sum_r |c_r\beta_\nu^r|$，$\cdots$，$\sum_r |c_r\lambda_\nu^r|$ 等均渐趋于零，故 $\sum_r c_r q_r^{(\alpha)} \alpha_\nu^r$，$\sum_r c_r q_r^{(\beta)} \beta_\nu^r$，$\cdots$，$\sum_r c_r q_r^{(\lambda)} \lambda_\nu^r$ 等亦均渐趋于零，故以 $\mathrm{e}^{|\alpha_\nu|}$，$\mathrm{e}^{|\beta_\nu|}$，$\cdots$，$\mathrm{e}^{|\lambda_\nu|}$ 乘以上各个之结果，亦均渐趋于零，故其终结 $\sum_\nu \sum_r$ 皆各自渐趋于零，故 Δ 亦于 p 值增大时渐趋于零(因各总和之项数皆为有限之故)，故 p 若充分增大，则 Δ 为真分数. 由此知 p 若大于某值，则

$$0 = C_0 f(h) + C_1 \sum_{\nu=1}^{a} f(\alpha_\nu + h) + C_2 \sum_{\nu=1}^{b} f(\beta_\nu + h) + \cdots + C_n \sum_{\nu=1}^{l} f(\lambda_\nu + h)$$

不得不成立，然此方程式右边第二项及其下各项皆可以 p 除尽，而第一项中之 $f(h)$ 则不可以 p 除尽，且 $p > |C_0|$，故第一项全体不可以 p 除尽，故此最后之方程式不能成立，故前所假定之方程式亦断无成立之理，则林德曼之定理于是乎可以证明.

此定理既经证明，则 π 为超越数可以其特别之场合而知之，因欧拉(Euler)之公式已明示吾人以下之关系矣

$$1 + \mathrm{e}^{\mathrm{i}\pi} = 0$$

附录一　　作图不能问题例题增补[①]

(1) **例 1**　已知三角形之一边 a,其对角 $\angle A$,他一角之角分线 W_b,求作 $\triangle ABC$.

如图1,先以 $\angle A = \alpha$,$\angle B = \theta$,则

$$\angle BDC = \alpha + \frac{\theta}{2}$$

$$\angle C = \pi - \alpha - \theta$$

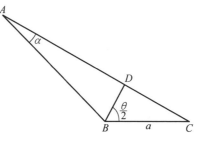

图 1

故于 $\triangle BDC$ 有下之关系

$$\frac{a}{\sin\left(\alpha + \dfrac{\theta}{2}\right)} = \frac{W_b}{\sin(\pi - \alpha - \theta)}$$

变其形则为

$$a\sin(\alpha + \theta) = W_b\sin\left(\alpha + \frac{\theta}{2}\right)$$

即　　　　$$a(\sin\alpha\cos\theta + \cos\alpha\sin\theta) = W_b\left(\sin\alpha\cos\frac{\theta}{2} + \cos\alpha\sin\frac{\theta}{2}\right)$$

即　　　　$$a\left[\sin\alpha\left(2\cos^2\frac{\theta}{2} - 1\right) + 2\cos\alpha\sin\frac{\theta}{2}\cos\frac{\theta}{2}\right] =$$
$$W_b\left(\sin\alpha\cos\frac{\theta}{2} + \cos\alpha\sin\frac{\theta}{2}\right)$$

[①]　此增补借佐滕充氏之手而成者也.

以 $\sin \alpha \cos^2 \dfrac{\theta}{2}$ 除两边,则

$$a\left[\left(2 - \sec^2 \frac{\theta}{2}\right) + 2\cot \alpha \tan \frac{\theta}{2}\right] = W_b\left(\sec \frac{\theta}{2} + \cot \alpha \tan \frac{\theta}{2} \sec \frac{\theta}{2}\right)$$

即

$$a\left\{\left[2 - \left(1 + \tan^2 \frac{\theta}{2}\right)\right] + 2\cot \alpha \tan \frac{\theta}{2}\right\} =$$
$$W_b\left(\sqrt{1 + \tan^2 \frac{\theta}{2}} + \cot \alpha \tan \frac{\theta}{2} \sqrt{1 + \tan^2 \frac{\theta}{2}}\right)$$

便宜起见,置 $\tan \dfrac{\theta}{2} = x$,则得下之无理方程式

$$- a[x^2 - 2x\cot \alpha - 1] = W_b(1 + x\cot \alpha)\sqrt{1 + x^2} \qquad ①$$

自乘两边,则

$$a^2[x^4 - 4x^3\cot \alpha + 2(2\cot^2 \alpha - 1)x^2 + 4x\cot \alpha + 1] =$$
$$W_b^2(x^2\cot^2 \alpha + 2x\cot \alpha + 1)(1 + x)$$
$$(a^2 - W_b^2\cot^2 \alpha)x^4 - 2\cot \alpha(2a^2 + W_b^2)x^3 +$$
$$[(4a^2 - W_b^2)\cot^2 \alpha - (2a^2 + W_b^2)]x^2 +$$
$$2\cot \alpha(2a^2 - W_b^2)x + (a^2 - W_b^2) = 0 \qquad ②$$

于是置 $a = W_b = 1, \cot \alpha = 3$,则为

$$8x^4 + 18x^3 - 24x^2 - 6x = 0 \qquad ③$$

然若 $x = 0$,则三角形不能成立,故 $x \neq 0$.以 x 除 ③ 之左边,则

$$8x^3 + 18x^2 - 24x - 6 = 0 \qquad ④$$

以 8 乘此两边,且置 $4x = y$,则得

$$y^3 + 9y^2 - 48y - 48 = 0 \qquad ⑤$$

而此方程式最高次项之系数为 1,其他项之系数及绝对项皆以素数 3 为因数,且绝对项不以 3^2 为因数,故由艾森斯坦定理,此方程式为既约,故 ④ 之根不得作图.

次对于如斯 a, W_b 及 a 之值方程式 ① 有根与否,应加研究.先 ④ 之左边在 $x = 0$,则为负.而在 $x = 2$,则为正,故方程式 ④ 于 0 及 2 之间至少有一根.因 $\tan 63°30' = 2.006$,故在 $0°$ 及 $63°30'$ 之间,使满足方程式 ④ 之 $\dfrac{\theta}{2}$ 之值至少有一个.而因于此范围内,$\sec \dfrac{\theta}{2}$ 为正,故 ① 右边之平方根应取正号 $\alpha < 90°$,则 ① 之右边为正甚明.

次置 $\cot \alpha = 3$,则 ① 之左边为

$$- a(x^2 - 6x - 1)$$

即

$$- a[(x - 3)^2 - 10]$$

因 $a > 0$,故 x 在于 0 及 2 之间常为正.

故在 0 及 2 之间,方程式 ④ 之根,即方程式 ① 之根也.

因 $\cot 18°30' = 2.988\,7$,故 $\alpha < 18°30'$,而 $\theta < 127°$,故

$$\alpha + \theta < 180°$$

故对此 θ 三角形成立,然其作图为不能.

(2)**例 2**　已知底边 a,二边之和 $b + c$,及由底之一端至垂心之距离 BH,求作 $\triangle ABC$.

若所要之三角形已经作得,则 CH 乃得作之长也,故于证明本问题为不能,转而证明长 CH 不得作图足矣.

如图 2,今以 $CH = x$,$b + c = l$,$BH = d$.于 BA 之延长线上取点 D,使 AD 等于 AC,则

$$BD = l$$

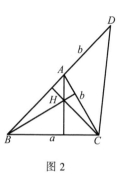

图 2

298

$$\angle BCD = \frac{\angle A}{2} + \angle C$$

故于 $\triangle BDC$

$$\frac{a}{\sin \dfrac{A}{2}} = \frac{l}{\sin\left(\dfrac{A}{2} + C\right)}$$

故有次之关系

$$\sin\left(\frac{A}{2} + C\right) = \frac{l}{a} \sin \frac{A}{2} \qquad ①$$

又于 $\triangle BHC$ 有次之关系

$$\frac{a}{\sin A} = \frac{d}{\cos B} = \frac{x}{\cos C}$$

而因 $\angle B = \pi - \angle A - \angle C$,故此式为

$$\frac{a}{\sin A} = \frac{d}{- \cos(A + C)} = \frac{x}{\cos C}$$

故

$$\frac{a}{\sin \dfrac{A}{2} \cos \dfrac{A}{2}} = \frac{x + d}{\sin\left(\dfrac{A}{2} + C\right) \sin \dfrac{A}{2}}$$

故

$$\sin\left(\frac{A}{2} + C\right) = \frac{x + d}{a} \cos \frac{A}{2} \qquad ②$$

由 ① 及 ②

$$\tan \frac{A}{2} = \frac{x + d}{l}$$

故

$$\cos^2 \frac{A}{2} = \frac{1}{1 + \left(\dfrac{x + d}{l} \right)} = \frac{l^2}{l^2 + (x + d)^2}$$

然又由 $\triangle BHC$

$$a^2 = x^2 + d^2 - 2dx \cos \angle BHC = x^2 + d^2 + 2dx \cos A =$$

$$x^2 + d^2 + 2dx \left(2\cos^2 \frac{A}{2} - 1 \right)$$

故得

$$a^2 = x^2 + d^2 + 2dx \left(\frac{2l^2}{l^2 + (x + d)^2} - 1 \right)$$

变其形,得四次方程式

$$x^4 + (l^2 - a^2 - 2d^2)x^2 + 2d(l^2 - a^2)x + (d^2 - a^2)(l^2 + d^2) = 0 \qquad ③$$

但于兹应注意者应为 $l = b + c > a$.

于此方程式置 $a = \sqrt{2}, d = 1, l = \sqrt{10}$,则

$$x^4 + 6x^2 + 16x - 11 = 0 \qquad ④$$

此方程式若有有理根,则应为 11 之约数,即 $\pm 1, \pm 11$ 中之一. 然是等之数,不能满足此方程式,故方程式 ④ 无有理根.

又 ④ 之诱归三次方程式为

$$4t^3 + 8t - 28 = 0 \qquad ⑤$$

故乘以 2,置 $2t = y$,则得

$$y^3 + 8y - 56 = 0 \qquad ⑥$$

此方程式若有有理根,则应为 56 之约数,而 $y < 0$ 及 $y \geqslant 4$ 时,此方程式左边常为负及正,故其根应为 1,2 中之一. 然是等之数非其根,故此方程式为既约. 然 $x = 0$ 时,⑤ 之左边为负 $x > 2$ 时为正,故三角形成立. 而其作图不能.

（3）**例 3**　有一定直线 a,其上之一定点 O,及此直线外之一点 A,求于直线 a 上之一点 M,使 $OM \cdot AM$ 等于所设之值 l^2.

如图 3,由点 A 引垂线 AB 至线 a,以其长为 b,且以 OB 为 d.

以 AB 及 OB 为坐标轴,则 A 之坐标为 $(0, b)$,故 M 之坐标为 (x, O),则

$$OM \cdot AM = (d + x)\sqrt{x^2 + b^2} = l^2 \qquad ①$$

两边,自乘则

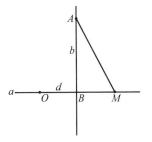

图 3

299

$$(x^2 + 2dx + d^2)(x^2 + b^2) = l^4$$

即
$$x^4 + 2dx^3 + (b^2 + d^2)x^2 + 2b^2dx + b^2d^2 - l^4 = 0 \qquad ②$$

于此式置 $b = \sqrt{2}, d = 2, l^4 = 10$,则得

$$x^4 + 4x^3 + 6x^2 + 8x - 2 = 0 \qquad ③$$

由艾森斯坦定理,此方程式为既约.

而其诱归三次方程式为

$$4t^3 + 7t - 1 = 0 \qquad ④$$

以 2 乘两边,且置 $2t = y$,则得

$$y^3 + 7y - 2 = 0 \qquad ⑤$$

若此方程有有理根,则应为 $\pm 1, \pm 2$ 中之一,然 $\pm 1, \pm 2$ 非其根也,故此方程式为既约,因之方程式 ④ 为既约,故方程式 ③ 之根乃不得作图之长也.

(4)**例 4**　有定直线 l 及不在其上之二点 A, B,求其上之一点 P,使 AP 与 l 所成之角为 BP 与 l 所成之角之 3 倍.

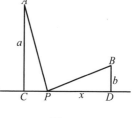

图 4

300

如图 4,由 A 及 B 引垂线至 l,以其足各为 C 及 D,以 $AC = a, BD = b, CD = d$.

若已求得点 P,以 $PD = x$,则 $PC = d - x$.

又以 $\angle BPD = \theta$,则

$$\tan \theta = \frac{b}{x}$$

然
$$a = (d - x)\tan 3\theta = (d - x) \cdot \frac{3\tan \theta - \tan^3 \theta}{1 - 3\tan^2 \theta}$$

由此二式消去 $\tan \theta$,则得三次方程式

$$(a + 3b)x^3 - 3bdx^2 - b^2(3a + b)x + b^3d = 0$$

于此式置 $a = 3, b = 1, d = 5$,则得

$$6x^3 - 15x^2 - 10x + 5 = 0 \qquad ①$$

以 6^2 乘两边,且置 $6x = y$,则得

$$y^3 - 15y^2 - 60y + 180 = 0 \qquad ②$$

此方程式最高次项之系数为 1,其他项之系数及绝对项皆能以素数 5 除尽,而绝对项不能以 5^2 除尽,故由艾森斯坦定理,此方程式为既约,因之方程式 ① 为既约,故其根不得作图.

(5)**例 5**　有直线 l,及不在其上之二点 A, B,求在 l 上之一点 P,使 AP 与 l 所成之角为 BP 与 l 所成之角之 4 倍.

如图 5,由 A 及 B 引二垂线至 l,以其足各为 C 及 D.而以 $AC = a,BD = b,CD = d,PD = x,\angle BPD = \theta$,则

$$\tan \theta = \frac{b}{x}$$

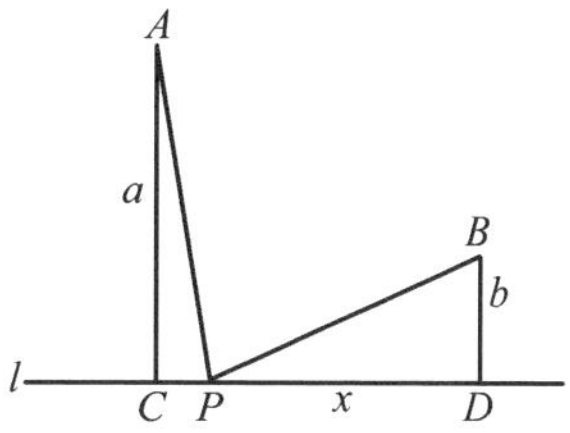

图 5

然

$$a = (d - x)\tan 4\theta = (d - x)\frac{4\tan \theta(1 - \tan^2\theta)}{1 - 6\tan^2\theta + \tan^4\theta}$$

由此二式消去 $\tan \theta$,则得四次方程式

$$(a + 4b)x^4 - 4bdx^3 - 2b^2(3a + 2b)x^2 + 4b^3dx + ab^4 = 0$$

取其极特别之情形 $a = b = d = 1$,则得

$$5x^4 - 4x^3 - 10x^2 + 4x + 1 = 0 \qquad ①$$

于此以 $x = \dfrac{1}{y}$,则得

$$y^4 + 4y^3 - 10y^2 - 4y + 5 = 0 \qquad ②$$

若①之根能得作图,则②之根亦得作图,故于证明本问题之不能,可证明②之根不得作图.

方程式②若有有理根,则应为 5 之因数,即 $\pm 1,\pm 5$ 中之一,然其中之任一数,不能满足方程式②,故方程式②无有理根.

次其诱归三次方程式

$$108t^3 - 468t - 172 = 0 \qquad ③$$

以 2 乘此方程式之两边,且置 $6t = z$,则得

$$z^3 - 156z - 344 = 0 \qquad ④$$

若此方程式有有理根,则应为 344 之因数.而因方程式④之左边为 $z(z^2 - 156) - 344$,故 $z < -12$ 及 $0 < z < 12$ 则常为负,故方程式④之有理根为 344 之因数,应在 -12 及 0 之间或大于 12,如斯之数为

$$-8,-4,-2,-1 \text{ 及 } +43,+86,+172,+344$$

然诸数无一满足方程式④者,故方程式④无有理根,故为既约.

因之方程式②之根不得作图.

(6) **例 6** 已知底边 a,二边之差 $b - c$,及自底之一端 B 至顶角 A 之外角之角分线之垂线 BD,求作 $\triangle ABC$.

如图 6,先

$$a^2 = b^2 + c^2 - 2bc\cos A = (b + c)^2\sin^2\frac{A}{2} + (b - c)^2\cos^2\frac{A}{2}$$

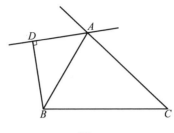

图 6

故以 $BD = d$,则因 $\cos\dfrac{A}{2} = \dfrac{d}{c}$,故

$$a^2 = (b + c)^2\left(1 - \dfrac{d^2}{c^2}\right) + (b - c)^2 \cdot \dfrac{d^2}{c^2}$$

于此置 $b - c = l, c = x$,则得

$$a^2 = (l + 2x)^2\left(1 - \dfrac{d^2}{x^2}\right) + l^2 \cdot \dfrac{d^2}{x^2}$$

变其形,得三次方程式

302

$$4x^3 + 4lx^2 + (l^2 - 4d^2 - a^2)x - 4d^2l = 0 \qquad \text{①}$$

但兹应注意者为 $l < a$.

于 ① 置 $l = 3, d = 2, a = \sqrt{11}$,则得

$$4x^3 + 12x^2 - 18x - 48 = 0 \qquad \text{②}$$

以 2 乘两边,且置 $2x = y$,则得

$$y^3 + 6y^2 - 18y - 96 = 0$$

此三次方程式最高次项之系数为 1,其他项之系数及绝对项皆能以素数 3 除尽,而绝对项不能以 3^2 除尽,故此方程式为既约.因之方程式 ② 为既约,故 x 不得作图.

(7)**例** 7 已知底边 a,二边之和 $b + c$,及自底之一端 B 至顶角 A 之角分线之垂线 BD,求作 $\triangle ABC$.

如图 7,由同前例题之方法得

$$a^2 = (b + c)^2\sin^2\dfrac{A}{2} + (b - c)^2\cos^2\dfrac{A}{2}$$

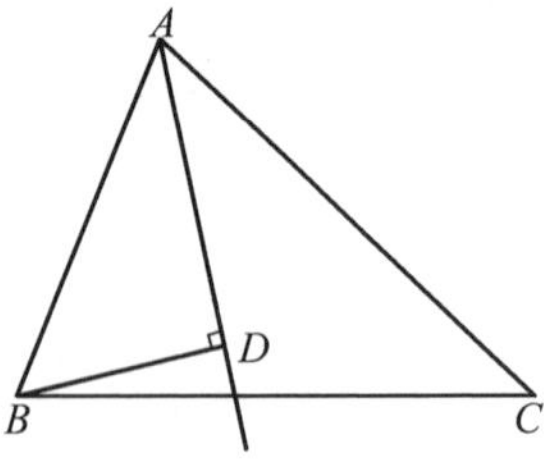

以垂线 BD 之长为 d,则

$$\sin\dfrac{A}{2} = \dfrac{d}{c}$$

图 7

故

$$a^2 = (b + c)^2\dfrac{d^2}{c^2} + (b - c)^2\left(1 - \dfrac{d^2}{c^2}\right)$$

于此方程式置 $b + c = l, c = x$,则得

$$a^2 = l^2 \frac{d^2}{x^2} + (l - 2x)^2 \left(1 - \frac{d^2}{x^2}\right)$$

因此系于前例题以 $-x$ 代 x 者,故即得方程式为

$$4x^3 - 4lx^2 + (l^2 - 4d^2 - a^2)x + 4d^2 l = 0 \qquad ①$$

但在此情形应为 $l > a$,今以 $l = 3, d = 1, a = \sqrt{2}$,则得

$$4x^3 - 12x^2 + 3x + 12 = 0 \qquad ②$$

以 2 乘两边,且置 $2x = y$,则得

$$y^3 - 6y^2 + 3y + 24 = 0 \qquad ③$$

由艾森斯坦定理,此方程式亦为既约,因之方程式 ② 为既约,故 x 不得作图.

(8) **例 8**　已知底边 a,一底角 $\angle B$,及顶角 $\angle A$ 之角分线 W_a,求作 $\triangle ABC$.

如图 8,先以 $\angle A = \theta$,$\angle B = \beta$,则 $\angle C = \pi - \beta - \theta$.以 W_a 与 a 之交点为 D,则得

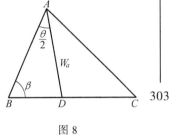

图 8

$$BD = \frac{W_a \sin \frac{\theta}{2}}{\sin \beta}, DC = \frac{W_a \sin \frac{\theta}{2}}{\sin(\pi - \beta - \theta)}$$

以此二等式各边相加,则得

$$a = W_a \sin \frac{\theta}{2} \left(\frac{1}{\sin \beta} + \frac{1}{\sin(\pi - \beta - \theta)}\right)$$

故

$$W_a \sin \frac{\theta}{2} [\sin \beta + \sin(\beta + \theta)] = a \sin \beta \sin(\beta + \theta)$$

即

$$W_a \sin \frac{\theta}{2} (\sin \beta + \sin \beta \cos \theta + \cos \beta \sin \theta) = a \sin \beta (\sin \beta \cos \theta + \cos \beta \sin \theta)$$

以 $a \sin^2 \beta$ 除两边,且置 $\dfrac{W_a}{a} = m$,则得

$$m \sin \frac{\theta}{2} \csc \beta (1 + \cos \theta + \cot \beta \sin \theta) = (\cos \theta + \cot \beta \sin \theta)$$

而

$$\sin \theta = \frac{2\tan \frac{\theta}{2}}{1 + \tan^2 \frac{\theta}{2}}, \cos \theta = \frac{1 - \tan^2 \frac{\theta}{2}}{1 + \tan^2 \frac{\theta}{2}}, \sin \frac{\theta}{2} = \frac{\tan \frac{\theta}{2}}{\sqrt{1 + \tan^2 \frac{\theta}{2}}}$$

故得

$$m \csc \beta \tan \frac{\theta}{2} \left(2 + 2\cot \beta \tan \frac{\theta}{2}\right) = \left(1 + 2\cot \beta \tan \frac{\theta}{2} - \tan^2 \frac{\theta}{2}\right) \sqrt{1 + \tan^2 \frac{\theta}{2}}$$

303

便宜起见，置 $\tan\dfrac{\theta}{2} = x$，则得

$$2m\csc\beta \cdot x(1 + x\cot\beta) = (1 + 2x\cot\beta - x^2)\sqrt{1 + x^2} \qquad ①$$

自乘此方程式之两边，且因 $\csc^2\beta = 1 + \tan^2\beta$，故得六次方程式

$$x^6 - 4x^5\cot\beta + [(4\cot^2\beta - 1) - 4m^2\cot^2\beta(1 + \cot^2\beta)]x^4 -$$
$$8m^2\cot\beta(1 + \cot^2\beta)x^2 + [(4\cot^2\beta - 1) -$$
$$4m^2(1 + \cot^2\beta)]x^2 + 4x\cot\beta + 1 = 0 \qquad ②$$

于此以 $\cot\beta = 1, m = 2$，则得

$$x^6 - 4x^5 - 29x^4 - 64x^3 - 29x^2 + 4x + 1 = 0 \qquad ③$$

此方程式若有有理根，则应为绝对项之因数，即 ± 1 中之一，然以之代 x 方程式之左边不为零. 故此方程式无有理根.

因此方程式为六次，若为未约，则应得分解为一次与五次，或二次与四次，或三次与三次之两因子.

然不能分解为一次与五次之二因数. 何则? 因若能分解，则此方程式应有有理根矣.

次将证明不能分解为二次与四次之二因数.

以 $f(x)$ 表 ③ 之左边，以 $\phi(x), \psi(x)$ 表其各因数，则

$$f(x) = \phi(x) \cdot \psi(x) \qquad ④$$

以
$$\phi(x) = x^4 + ax^3 + bx^2 + cx \pm 1$$
$$\psi(x) = x^2 + px \pm 1$$

但上二式之复号，乃同时取正或负. 比较 ④ 两边 x, x^2, x^3, x^4, x^5 之系数，则得次之一组等式

$$\left.\begin{array}{l} 4 = c + p \\ -29 = b + pc + 1 \\ -64 = a + pb + c \\ -29 = 1 + pa + b \\ -4 = p + a \end{array}\right\} \qquad (\text{I})$$

或

$$\left.\begin{array}{l} 4 = -c - p \\ -29 = -b + pc - 1 \\ -64 = -a + pb + c \\ -29 = -1 + pa + b \\ -4 = p + a \end{array}\right\} \qquad (\text{II})$$

第一,(Ⅰ)之情形.

于此情形,以第二及第四等式各边相减,则得

$$0 = p(c - a)$$

然以第一及第五等式各边相减,则得

$$8 = c - a$$

而 $c - a$ 不为零,故 p 应为 0,然若 $p = 0$,则由第一等式得 $c = 4$.由第五等式得 $a = -4$,故第三等式不能成立.

第二,(Ⅱ)之情形.

于此情形以第二及第四等式各边相减,则得

$$0 = p(c - a) - 2b$$

然以第一及第五等式各边相加,则得

$$c - a = 0$$

因之

$$c = a$$

故由前方程式得 $b = 0$,故第三等式不能成立,故 $f(x)$ 不能分解为二次与四次之两因数.

最后若 ③ 之左边能分解为二个三次因数,则各因数不可不为既约.何则?因若其一为未约,则必有一次因数.因之方程式 ③ 之左边有一次因数.因之此方程式应有有理根,如前所证明,此乃不合理.

由以上所论,得次之结果.

方程式 ③ 为既约,或能分解为二个既约三次因数,而于任何情形,其根不得作图.

最后在上述条件之下,本题之三角形成立与否,应加研究.方程式 ③ 之左边,当 $x = 0$,则为正;当 $x = 1$,则为负.故于 0 及 1 之间,至少有一根,取对于其根之 θ 之值,则

$$0 < \frac{\theta}{2} < 45°$$

即

$$0 < \theta < 90°$$

故对此 θ 之值,方程式 ① 之根号应取正号,而因以 $\beta = 45°$,则方程式 ① 之两边皆为正,故在 0 及 1 之间,方程式 ③ 之根应即为方程式 ① 之根也.且又因明为 $\theta + \beta < 180°$,故所与之三角形成立.

(9)**例 9** 有一圆及在此圆外之二点,求在此圆周上之一点,使由所设二点至此点距离之和为极小.

如图 9,以二点各为 A 及 B,以圆之中心为 O,今可证明虽于 $\angle AOB = 90°$ 之

305

特别情形,其作图亦为不能.

若以点 P 为已求得之点,则 PA 及 PB 与切于 P 之切线成相等之角,因之与半径 OP 亦成相等之角. 此易得证明者也.

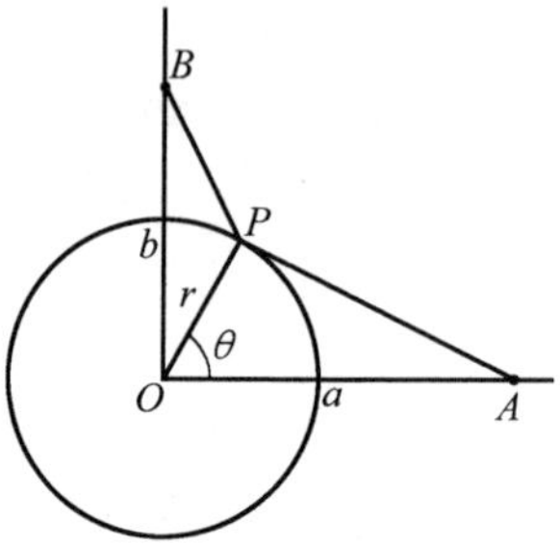

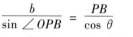

图 9

以 $OA = a$,$OB = b$,$\angle AOP = \theta$,$OP = r$,则

$$\frac{a}{\sin \angle OPA} = \frac{PA}{\sin \theta}$$

及

$$\frac{b}{\sin \angle OPB} = \frac{PB}{\cos \theta}$$

然如上所述,因 $\sin \angle OPA = \sin \angle OPB$,故

$$\frac{PA}{PB} = \frac{a\sin \theta}{b\cos \theta} \qquad ①$$

又

$$PA^2 = r^2 + a^2 - 2ar\cos \theta$$

及

$$PB^2 = r^2 + b^2 - 2br\sin \theta$$

故

$$\frac{PA^2}{PB^2} = \frac{r^2 + a^2 - 2ar\cos \theta}{r^2 + b^2 - 2br\sin \theta} \qquad ②$$

由 ① 及 ②

$$\frac{a^2\sin^2 \theta}{b^2\cos^2 \theta} = \frac{r^2 + a^2 - 2ar\cos \theta}{r^2 + b^2 - 2br\sin \theta}$$

然

$$\cos \theta = \frac{1 - \tan^2 \dfrac{\theta}{2}}{1 + \tan^2 \dfrac{\theta}{2}}$$

及

$$\sin \theta = \frac{2\tan \dfrac{\theta}{2}}{1 + \tan^2 \dfrac{\theta}{2}}$$

故置 $\tan \dfrac{\theta}{2} = x$,则得六次方程式

$$b^2(r + a)^2 x^6 - \{b^2(r^2 + 6ar + a^2) + 4a^2(r^2 + b^2)\} x^4 + 16a^2brx^3 -$$
$$[b^2(r^2 - 6ar + a^2) + 4a^2(r^2 + b^2)]x^2 + b^2(r - a)^2 = 0$$

若此六次方程式对于 a,b,r 之特殊之值为既约,则得决定此例题于一般为不能.如斯特殊之值有否,读者可检查之.

今仅变此题之形而为次例,得解与否,余将示之.

(10) **例 10** 使平行光线由球面镜反射,照于所设之定点,求照于此点之光线射于球面上之点.

306

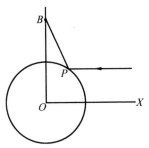

所求之点应存在于通过球面镜之中心及所设之定点平行于投射光线之平面上.

如图 10,以球面镜之中心为 O,所照之点为 B,光线之方向为 XO,所求球面上之点为 P.

由光线反射法则,投射光线及反射光线均在以 OB 及 OX 所定之平面中,故取 OX 与 OB 互为垂直之特别情形,则本例毕竟不过为于前例使 a 为无限大之极限之情形,故于前例所得之方程式

图 10

307

$$b^2(r+a)x^6 - [b^2(r^2+6ar+a^2)+4a^2(r^2+b^2)]x^4 + 16a^2brx^3 -$$
$$[b^2(r^2-6ar+a^2)+4a^2(r^2+b^2)]x^2 + b^2(r-a)^2 = 0$$

以 a^2 除其两边,且使 a 大至无限,则得

$$b^2x^6 - (5b^2+4r^4)x^4 + 16brx^3 - (5b^2+4r^2)x^2 + b^2 = 0$$

此相反方程式也,故改为

$$b^2\left(x^3+\frac{1}{x^3}\right) - (5b^2+4r^2)\left(x+\frac{1}{x}\right) + 16br = 0$$

且置 $x+\frac{1}{x} = y$,因之 $x^2+\frac{1}{x^3} = y^3-3y$,则得

$$b^2(y^2-3y) - 4(2b^2+r^2)y + 16br = 0$$

以 b 乘之,以 $by = z$,则得

$$z^3 - 4(2b^2+r^2)z + 16b^2r = 0$$

即

$$(z-2r)(z^2+2rz-8b^2) = 0$$

故 z 即 by,因之 y 能得作图,而所求之长 x 为二次方程式 $x^2-yx+1 = 0$ 之根,故此问题得解,读者应考究其作图之方法.

附录二　　正十七角形之作图法

（1）余既述高斯之一般研究，并谓正十七角形乃能得作图者也. 兹先说一证明方法，系非依高斯之一般研究特用于正十七角形者，然后叙述作图之方法，仿证明正七角形作图不能时所说，以证明正十七角形作图非属不能.

以 $2\cos\dfrac{2\pi}{17}$ 为表能得作图之长之数，显然可能.

1 之十七次方根有 17 个，其一为 1，自不待论，其他乃以

$$\cos\frac{2k\pi}{17}+\mathrm{i}\sin\frac{2k\pi}{17}\quad(k=1,2,3,\cdots,16)$$

所表之虚数也.

以 ε 表 $\cos\dfrac{2\pi}{17}+\mathrm{i}\sin\dfrac{2\pi}{7}$，则此十六个虚数以

$$\varepsilon,\varepsilon^2,\varepsilon^3\cdots\varepsilon^8,\varepsilon^{-8},\varepsilon^{-7},\varepsilon^{-6}\cdots\varepsilon^{-3},\varepsilon^{-2},\varepsilon^{-1}$$

表之，今以

$$\varepsilon+\varepsilon^2+\varepsilon^4+\varepsilon^8+\varepsilon^{-1}+\varepsilon^{-2}+\varepsilon^{-4}+\varepsilon^{-8}=\eta$$
$$\varepsilon^3+\varepsilon^6+\varepsilon^{-5}+\varepsilon^7+\varepsilon^{-3}+\varepsilon^{-6}+\varepsilon^5+\varepsilon^{-7}=\eta_1$$

则明为

$$\eta+\eta_1=-1$$

次由实际之乘法知

$$\eta\eta_1=4(\eta+\eta_1)=-4$$

故

$$\eta=\frac{-1+\sqrt{17}}{2},\quad\eta_1=\frac{-1-\sqrt{17}}{2}$$

①

次以

$$z=\varepsilon+\varepsilon^4+\varepsilon^{-1}+\varepsilon^{-4}=2\cos\frac{2\pi}{17}+2\cos\frac{8\pi}{17}$$

$$z_1=\varepsilon^2+\varepsilon^8+\varepsilon^{-2}+\varepsilon^{-8}=2\cos\frac{4\pi}{17}-2\cos\frac{\pi}{17}$$

$$z_2=\varepsilon^3+\varepsilon^{-5}+\varepsilon^{-3}+\varepsilon^5=2\cos\frac{6\pi}{17}-2\cos\frac{7\pi}{17}$$

$$z_3=\varepsilon^6+\varepsilon^7+\varepsilon^{-6}+\varepsilon^{-7}=-2\cos\frac{5\pi}{17}-2\cos\frac{3\pi}{17}$$

则为
$$z + z_1 = \eta, \quad zz_1 = -1$$

及
$$z_2 + z_3 = \eta, \quad z_2 z_3 = -1$$

故
$$\left.\begin{array}{ll} z = \dfrac{\eta + \sqrt{\eta^2 + 4}}{2} & z_1 = \dfrac{\eta - \sqrt{\eta^2 + 4}}{2} \\[3mm] z_2 = \dfrac{\eta_1 + \sqrt{\eta_1^2 + 4}}{2} & z_3 = \dfrac{\eta_1 - \sqrt{\eta_1^2 + 4}}{2} \end{array}\right\} \qquad ②$$

最后以
$$y = \varepsilon + \varepsilon^{-1} = 2\cos\frac{2\pi}{17}$$

$$y_1 = \varepsilon^4 + \varepsilon^{-4} = 2\cos\frac{8\pi}{17}$$

则为
$$y + y_1 = z, \quad yy_1 = z_2$$

故
$$y = \frac{z + \sqrt{z^2 - 4z_2}}{2}, \quad y_1 = \frac{z - \sqrt{z^2 - 4z_2}}{2} \qquad ③$$

然由 ① 知 η 及 η_1 表得作图之长,因之由 ② 知 z, z_1, z_2, z_3 表得作图之长,又因之由 ③ 知 y 及 y_1 表得作图之长.而 y 即表 $2\cos\dfrac{2\pi}{17}$,故正十七角形能得作图,即顺次解次之一组之二次方程式.

309

$$\begin{cases} x^2 + x - 4 = 0,\text{其根 } \eta, \eta_1 = -\dfrac{1}{2} \pm \dfrac{1}{2}\sqrt{17}\,(\eta > 0, \eta_1 < 0) \\[3mm] x^2 - \eta x - 1 = 0,\text{其根 } z, z_1 = \dfrac{\eta}{2} \pm \dfrac{1}{2}\sqrt{\eta^2 + 4}\,(z > 0, z_1 < 0) \\[3mm] x^2 - \eta_1 x - 1 = 0,\text{其根 } z_2, z_3 = \dfrac{\eta_1}{2} \pm \dfrac{1}{2}\sqrt{\eta_1^2 + 4}\,(z_2 > 0, z_3 < 0) \\[3mm] x^2 - z x + z_2 = 0,\text{其根 } y, y_1 = \dfrac{z}{2} \pm \dfrac{1}{2}\sqrt{z^2 - 4z_2}\,(y > y_1) \end{cases}$$

兹顺序求出之 y_1,如 y 之应于正十七角形,乃应于正三十四角形者也.

(2) 今述正十七角形之作图法于次.

如图 1,引无限直线 l,过其中任意之一点 O,引垂线 OA,OA 之长等于线单位,以 O 为中心,OA 为半径画圆,将十七等分此圆之周.若以

$$OB = -\frac{1}{4}$$

则
$$BA = \frac{1}{4}\sqrt{17}$$

以 B 为中心,BA 为半径画半圆 CAC',则

$$OC = OB + BC = -\frac{1}{4} - \frac{1}{4}\sqrt{17} = \frac{\eta_1}{2}$$

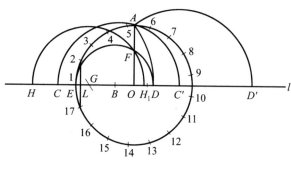

图 1

$$OC' = OB + BC' = -\frac{1}{4} + \frac{1}{4}\sqrt{17} = \frac{\eta}{2}$$

次以 C 为中心,CA 为半径画圆弧 AD,又以 C' 为中心,$C'A$ 为半径画圆弧 AD',则

$$OD' = OC' + C'D' = \frac{\eta}{2} + \sqrt{\left(\frac{\eta}{2}\right)^2 + 1} = z$$

$$OD = OC + CD = \frac{\eta_1}{2} + \sqrt{\left(\frac{\eta_1}{2}\right)^2 + 1} = z_2$$

次以
$$OE = -1$$

以 ED 为直径,画半圆 EFD,其与 OA 之交点为 F.以 F 为中心,以等于 $\frac{1}{2}OD'$ 为半径画圆弧,其与 OE 之交点为 G.以 G 为中心,GF 为半径画半圆 HFH',则

$$-OH + OH' = HH' = 2GH' = OD' = z$$
$$-OH \cdot OH' = \overline{OF^2} = -OE \cdot OD = OD = z_2$$

故
$$-OH = \frac{z + \sqrt{z^2 - 4z_2}}{2}, OH' = \frac{z - \sqrt{z^2 - 4z}}{2}$$

故 OH 之长等于 $2y$.(OH' 之长等于 $2y_1$)

故以 OH 之中点为 L,过 L 引垂线,则得二个分点 2 及 17,E 当然为分点 1,因之得他各分点.

此作图之方法称为塞雷(Serret)及巴赫曼(Bochmann)之方法.乃最易理解之方法也,尚有其他各种之方法,例如高斯之方法,冯·斯陶特(Von Staudt)之方法,舒伯特(Schubert)之方法等.

(3)次将示仅用圆规而得作图之方法.

此法乃顺序作次一组之数所表之长

$$\frac{\eta}{2} = -\frac{1}{4} + \frac{\sqrt{17}}{4}$$

$$\frac{\eta_1}{2} = -\frac{1}{4} - \frac{\sqrt{17}}{4}$$

$$z = \frac{\eta}{2} + \sqrt{\left(\frac{\eta}{2}\right)^2 + 1}$$

$$z_2 = \frac{\eta_1}{2} + \sqrt{\left(\frac{\eta_1}{2}\right)^2 + 1}$$

$$y = \frac{z}{2} + \sqrt{\left(\frac{z}{2}\right)^2 - z_2}$$

如图 2,先画以 O 为中心之圆 $ABCD$,将十七等分之,而视其半径为线单位 1.

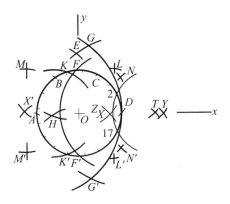

图 2

于此圆周上取任意一点 A,以

$$AB = BC = CD = 1$$

而顺次言定三点 B,C,D,则 AOD 为直径.

以 A 为中心,AC 为半径画圆弧,又以 D 为中心,DB 为半径画圆弧,两圆弧之交点为 E,则

$$OE = \sqrt{2}$$

以 D 为中心,OE 即 $\sqrt{2}$ 为半径画弧,使与所与之圆周交于 F,F',则 FOF' 为垂直于 AOD 之直径也.

以 A 为中心,AD 为半径所作之圆弧,及以 D 为中心,DB 为半径所作之圆

弧,其交点为 G,G'.以 G 为中心,GD 为半径之圆弧,及以 G' 为中心,$G'D$ 为半径之圆弧,其交点为 H,则

$$OH = HA$$

以 H 为中心,OA 即 1 为半径画圆弧,与所与之圆周交于 K,K'.

今以直线 AOD 视做 x 轴,直线 $F'OF$ 视做 y 轴,则 K 之坐标为 $\left(-\dfrac{1}{4},\sqrt{1-\dfrac{1}{16}}\right)$.各以 K 及 K' 为中心,以 OE 即 $\sqrt{2}$ 为半径之二圆弧,其交点为 X 及 X',则此二交点皆在 X 轴上.

直线 KK' 与点 X 之距离为 $\dfrac{1}{4}\sqrt{17}$.此由直角三角形之边之关系易得知之,而

$$OX = \frac{1}{4}\sqrt{17} - \frac{1}{4} = \frac{\eta}{2}$$

同样

$$OX_1 = \frac{\eta_1}{2}$$

各以 F 及 F' 为中心,OX 为半径画圆弧,又以 X 为中心,OA 为半径画圆弧,以其交点为 L 及 L',则此二点之横坐标为 $\dfrac{\eta}{2}$,而其纵坐标为 ± 1.

次定适合于次之关系之点 Y

$$LY = L'Y = XE$$

此点在 X 轴上,则

$$OY = \frac{\eta}{2} + \sqrt{\left(\frac{\eta}{2}\right)^2 + 1} = z$$

何则?以

$$XE = \sqrt{\left(\frac{\eta}{2}\right)^2 + 2}$$

及

$$XY = \sqrt{\left(\frac{\eta}{2}\right)^2 + 1}$$

次各以 F 及 F' 为中心,OX_1 为半径画圆弧,又以 X_1 为中心,OA 为半径画圆弧.以其交点为 M 及 M',则此二点之横坐标为 $\dfrac{\eta_1}{2}$,而纵坐标为 ± 1.

而定适合于次之关系之点 Z

$$MZ = M'Z = X_1E$$

则

$$OZ = z_2$$

何则?以

312

$$X_1 E = \sqrt{\left(\frac{\eta_1}{2} \right)^2 + 2}$$

因之

$$OZ = \frac{\eta_1}{2} + \sqrt{\left(\frac{\eta_1}{2} \right)^2 + 1}$$

但须注意 η_1 为负.

最后吾人将作 y.

定适合于次之关系之二点 N 及 N'.

$$ON = ON' = NY = N'Y = AZ$$

则此二点之横坐标皆为 $\frac{z}{2}$, 而其纵坐标为 $\pm\sqrt{(1 + z_1)^2 - \frac{z^2}{4}}$, 此亦由直角三角形之边之关系易得知之.

次定适合于关系

$$NT = N'T = ZB$$

之点 T, 则

$$OT = y$$

何则? 以 B 之坐标为 $\left(-\frac{1}{2}, \frac{1}{2}\sqrt{3} \right)$, 而 Z 之坐标为 $(Z_2, 0)$. 故

$$BZ = \sqrt{1 + Z_2 + Z_2^2}$$

故得

$$OT = \frac{Z}{2} + \sqrt{\left(\frac{Z}{2} \right)^2 - Z_2} = y = 2\cos\frac{2\pi}{17}$$

以 T 为中心, 以 OA 即 1 为半径画圆弧, 使与所与之圆交于二点, 则此即所要之二分点 2 及 17 也 (图 2), 而 D 为分点 1.

此方法称为纪勒儿之方法. 其他仅以圆规作图之方法, 亦有多种. 要之, 若有并用直尺及圆规之作图方法, 由用适当确定之反心及反形率, 而作其图形之反形, 仅用圆规作图之方法能得推出, 直线之反形为圆周也.

313

附录三 圆周及角之近似的等分法

(1) 于第六章(4)尝述等分圆周,及因之而作正多角形,于吾人应守制限之下,一般言之,为不可能.唯合于高斯所定之特别情形者方可.然等分圆周及等分任意之角,乃日常应用中实际常遇者也,故虽为近似的等分法,亦有研究之必要.但此乃近似之解法,读者应注意之.

(2) 第一,莱纳几或比屋因方法.

等分所设圆周之直径为 n 份,以 $C, D, E, \cdots$ 表之.如图1,求与 A 及 B 有距离等于 AB 之点 P.联结 P 及自 AB 之一端 A 之第二分点 D.延长之,使于圆周交于点 M,则弧 AM 殆为圆周 $\frac{1}{n}$.

此法至为简单,故误差少时,甚为便利.虽然 n 稍大时,其误差不小.若 n 小时,其误差则概甚小.尤其当 n 为7或9,即作正七角形或正九角形(参照第四章(3))时,殆无误差.于作正五角形,其一边之长为圆周半径之 1.176 倍.由此法所得为 1.175 倍,仅有 0.001 倍之误差耳.

此法在巴比奈书中称为比屋因方法,在贺夫迈书中称为莱纳几方法,岂两者独立发现者乎?

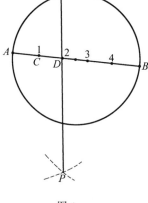

图 1

(3) 第二,托因皮也方法.

此法亦载于巴比奈书中,其方法如次.

等分所设圆周之直径 AB 为 n 份.如图2,求与直径两端 A 及 B 有距离等于直径之点 P.次于直径上由中心 O 取等于直径 n 等分之2之长 OL.联结 PO 及 PL,延长之,与圆周交点 M 及 C,则弧 CM 殆为圆周 $\frac{1}{n}$.

n 小于8时,用此方法较用比屋因方法生大误差,然当 n 大于8时用之,其所得结果,远优于用比屋因方法.

(4) 第三,摆因豪特方法.

此法载于柯因栖或斯俾克书中,方法如次:

等分所设圆周之直径 *AB* 为 *n* 份.如图 3,延长半径 *OA* 及垂直于 *AB* 之半径 *OC*,于各延长线上取点 *E* 及点 *F*.使 *AE* 及 *CF* 各等于直径之 $\frac{1}{n}$,联结 *EF*,使与圆周相交,其近于 *A* 之交点为 *G*.在直径 *AB* 上近于点 *A* 之第三分点为 *H*.联结 *GH*,则 *GH* 殆为内接正 *n* 角形之一边,即等于圆周 $\frac{1}{n}$ 之弧所对之弦.

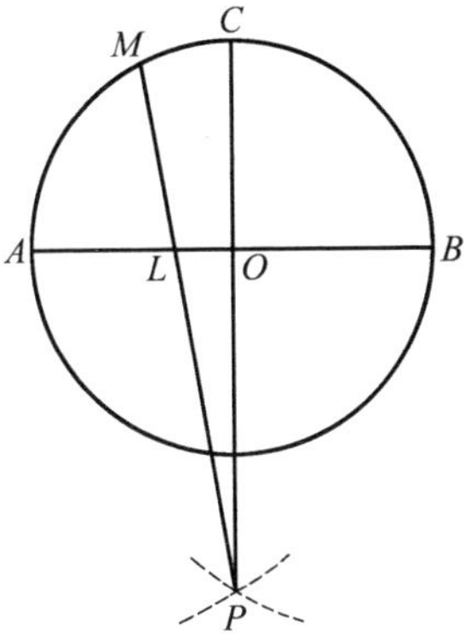

依此方法所得对等于 *GH* 之弦之圆心角,与对真确正 *n* 角形一边之圆心角,可比较如下:

正七角形	51°24′40″	51°25′43″
正九角形	39°56′20″	40°
正十九角形	18°56′20″	18°50′50.5″

前之度数乃依摆因豪特方法而得者,后之度数为真正之数.

注意 圆周之近似的等分法,非仅限于上述三种.

(5) 等分任意之角为 *n* 份,较等分圆周,稍加困难,兹述其二三方法.

第一,西欲洛方法.

先可假定 *n* 为奇数,何则?以 *n* 为偶数,则为
$$n = 2^{\alpha} \cdot n'$$
但 *n'* 为奇数.而分所设之角为 2^{α} 等分,极为容易.故必得分其一分为奇数 *n'* 等分,则此即相当于所设之角之 $\frac{1}{n}$.

n 为奇数,则 *n* + 1 为偶数,然则以
$$n + 1 = 2^{\beta} \cdot n''$$
但 *n″* 为奇数.

显然的 $\qquad\qquad n'' < n$

故若于等分所设之角为奇数 *n* 份,用等分为偶数(*n* + 1)份所生者,即可使之归着于等分小于 *n* 之奇数 *n″* 份者.

而于等分为 *n″* 份,复可归于等分小于 *n″* 之奇数份.如是重复同一之方法,

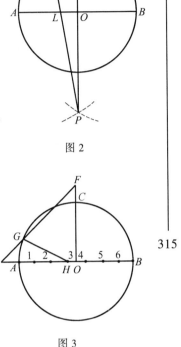

图 2

图 3

至达三等分某角为止,或不然,则为等分某角为 2 之幂数份.

然于此须十分注意者,在所设等分 n 份归着于等分 $(n+1)$ 份,严密言之,实为不能.所谓归着,不过为近似的,换言之,用等分为 $(n+1)$ 份,则等分为 n 份者不过谓得近似的成功也.

其方法如次.

如图 4,以 $\angle AOB$ 为将等分 n 份之角,以 α 表之.

以 O 为中心,以任意之半径 r 画圆 $ABDE$,以其二直径为 AOD, BOE.

$$\angle AOB = \angle DOE = \alpha$$

等分 $\angle DOE$ 之 2 倍为 $(n+1)$ 份,以等于其 1 份之弧为 EH,即

$$\overset{\frown}{EH} = \frac{2\,\overset{\frown}{DE}}{n+1}$$

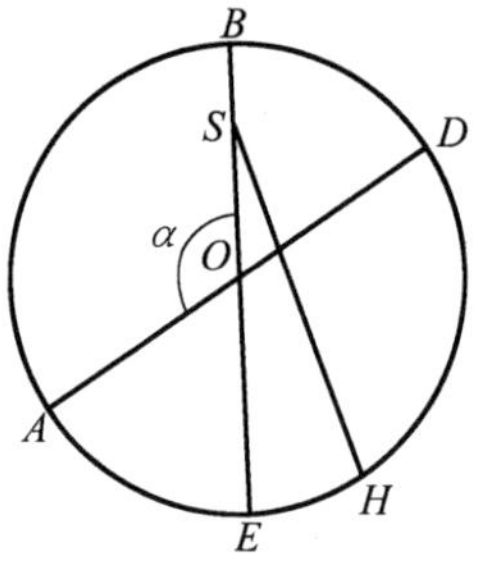

即

$$\angle EOH = \frac{2\alpha}{n+1}$$

次等分直径 BE 为 $(n+1)$ 份,以等于其 1 份之长为 BS,即

$$BS = \frac{2r}{n+1}$$

引 SH,则殆为

$$\angle ESH = \frac{\alpha}{n}$$

若为欲三等分 $\angle AOB$,则因 $n=3$,故可二等分 $\angle EOD$,S 为 BO 之中点,于此情形 α 为各种角度时,所生之误差如下表所示.

图 4

α	10°	20°	30°	60°	90°	120°	180°
误差	1″7	13″	46″	6′14″	21′40″	53′36″	3°26′6″

由此法所得之角,常大于真确等分 n 份之角,且其误差因 α 之大亦大,故于 α 不大时,此法有效.

(6)第二,凯利方法.

亦如前法以 n 为奇数,用等分为 $(n+1)$ 份以达近似的等分为 n 份.

如图 5,以 $\angle AOB$ 为欲等分为 n 份之角,以 α 表之.

以 O 为中心,以任意之半径画半圆周 ABC,以 AC 为其直径,引直线 CH,则

$$\angle OCH = \frac{\alpha}{n+1}$$

316

过 H 及 B,各引垂直于 OB 之直线 HJ 及 BG.
过 J 引平行于 OB 于直线 JF.其与 BG 之交
点为 F.引 CF,其与圆周之交点为 X,则殆
为

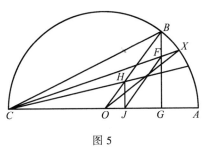

$$\angle BOX = \frac{\alpha}{n}$$

（7）第三,德国某测量家之方法.

图 5

发现此法者之名虽无由知之.前之二
法,皆以归着等分 n 份者于等分$(n+1)$份为其主眼,然此第三法得径达等分 n
份,故甚简便.换言之,不问 n 为奇为偶,故此法甚优.

如图 6,以 $\angle AOB$ 为欲等分为 n 份之角,以 α 表之,以 O 为中心,以任意之
半径 r 画圆弧 AEB,引弦 AB.又引 $\angle AOB$ 之角分线 OE.其与弦 AB 及弧 AB 之交
点各为 D,E.等分 DE 为三份,以近于 E 之分点为 F,即为

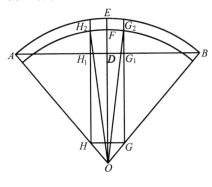

图 6

$$DF = \frac{2}{3}DE , FE = \frac{1}{3}DE$$

以 O 为中心,以 OF 为半径,画同心之圆弧,等分半径 OA 为 n 份.以其分点中最
近于 O 者为 H.过 H 引平行于 AB 之直线 HG,使与 OB 交于 G,即为

$$OH = \frac{r}{n} = OG$$

以 HG 投射于 AB 上之正射影为 $H_1 G_1$,HH_1 及 GG_1 之延长线与以 OF 为半径之圆
弧相交之点各为 H_2 及 G_2,则殆为

$$\angle H_2 OG_2 = \frac{\alpha}{n} = \frac{1}{n}\angle AOB$$

此法所生之误差,亦复甚小.

317

附录四 用直线及圆以外之曲线 以解所谓三大问题之方法

(1)立方倍积问题,即求有所与立方体 2 倍体积之立方体之一边是也,以 a 表所与立方体之一边,以 x 表所求立方体之一边,则本题归于方程式

$$x^3 = 2a^3$$

之解法,已述于第二章(2)矣.

兹将示此问题得先行次之变形.

于一直线之长及其 2 倍之长间,插入二比例中项.

今于立方倍积问题,以 a 表所与立方体一边之长,若于 a 及 $2a$ 之间,已插入二比例中项,则得

$$a : x = x : y = y : 2a$$

故

$$x^2 = ay$$

及

$$xy = 2a^2$$

此二式各边相乘,则为

$$x^3 = 2a^3$$

故插入之二比例中项之中,前者即相当于所求立方体一边之长.

此问题之变形,称为希波克拉底(Hippocrates)之步骤.

(2)第一,阿尔希塔斯(Archytas)方法.

此法即以前述之变形问题为主眼.

如图 1,AD 等于 $2a$,以之为直径画圆.弦 AB 等于 a,以此圆周 ABD 为底面,作直圆柱更于与此圆周 ABD 之平面垂直之平面中,以 AD 为直径,作半圆周.固定点 A,回转此半圆周,且其直径常在圆周 ABD 之平面中,则由此半圆所作之一种曲面,与前所作直圆柱之侧面交成一种曲线.

过点 D,引垂直于直径 AD 之直线 DF.延长弦 AB.作直角 $\triangle ADF$.以边 AD 为轴,回转此直角三角形,则斜边 AF 作成直圆锥之侧面.此直圆锥之侧面,与前之直圆柱之侧面相交,又与前作之一种曲线亦相交,命与此曲线之交点为 K.

则点 K 当然在此直圆柱之侧面上,故其投射于圆周 ABD 之平面上之正射影,在圆周 ABD 之上,以之为 J,则直线 AJ 为所求立方体之一边.

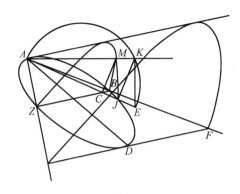

图 1

今将证之.

当直线 AF 作直圆锥之侧面时点 F 及直线 AF 中一切之点,皆画半圆周.其平面为平行且垂直于平面 ABD.以点 B 所画之半圆周为 BMZ,则因平面 AKJ 垂直于平面 ABD,点 M 在直线 AK 中,故点 M 投射于平面 ABD 上之正射影,与 AJ 及 BZ 之交点 C,应相合,故

$$MC^2 = BC \cdot CZ$$

然 $$BC \cdot CZ = AC \cdot CJ$$

故 $$MC^2 = AC \cdot CJ$$

而 $\angle MCA$ 为直角,故 $\angle AMJ$ 亦为直角.

延长直线 AJ,取 AE 等于 AD,则因以 AE 为直径之圆周,必通过点 K,故 $\angle AKE$ 亦为直角,故 MJ 与 KE 平行,故

$$AM : AJ = AK : AF$$

然以 $\triangle AMJ$ 与 $\triangle AJK$ 亦相似,故

$$AM : AJ = AJ : AK$$

故连书此二比例式,则为

$$AM : AJ = AJ : AK = AK : AF$$

而因

$$AM = AB = a, AE = AD = 2a$$

故以 x 表 AJ,y 表 AK,则为

$$a : x = x : y = y : 2a$$

故 AJ 为所求立方体一边之长.

(3) 第二, 勒洛特方法①.

如图2, 二直角三角形 $\triangle AXY$ 及 $\triangle BYX$ 有公共边 XY, 他二边 AX 及 BY 互相平行, 斜边 AY 及 BX 相交于点 C, 则

$$CA : CX = CX : CY = CY : CB$$

何则? 以 $\triangle ACX$ 与 $\triangle XCY$ 相似, CX 为 CA 及 CY 之比例中项, 即

$$CA : CX = CX : CY$$

又 $\triangle XCY$ 与 $\triangle YCB$ 亦相似, CY 为 CX 及 CB 之比例中项, 即

$$CX : CY = CY : CB$$

故连书此二比例式, 则为

$$CA : CX = CX : CY = CY : CB$$

故以 CA 等于 a, CB 等于 $2a$, 则 CX 即为所求立方体一边之长.

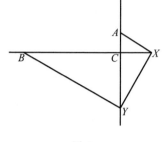

图 2

然而二直角三角形如适于前述之条件者, 乃不能作. 若许用二个无刻度二曲尺, 或二个直角三角板, 即得画适于此条件之直角三角形. 何则? 因引交成直角之直线 BX 及 AY, 以 C 为其交点, 使 $CB = 2CA$. 一曲尺之一边必使通过点 A, 其直角之顶点使移动于线 BX 上. 他曲尺之一边必使通过点 B, 其直角之顶点使移动于 AY, 则当同时移动二曲尺时, 两曲尺之不通过 A 及 B 之边, 得成一致. 此时两曲尺直角顶点之地位, 各为 X 及 Y, 则 CX 为所求之长.

(4) 第三, 用二抛物线之门奈赫莫斯 (Menaechmus) 方法.

如图 3, 作有互成直角之轴且有共同顶点之二抛物线, 以一为 ABP, 他一为 ACP, 共同之顶点为 A, 二轴为 AM, AN, $\angle MAN$ 为直角. 又以两抛物线之交点为 P. 使甲抛物线顶点与焦点之距离等于所与立方体一边之 $\frac{1}{4}$, 乙抛物线顶点与交点之距离为其 $\frac{1}{2}$.

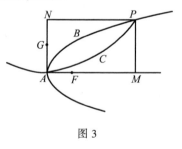

图 3

则由点 P 向甲抛物线之轴 AM 引垂线 PM, 即为所求之长.

今证明之.

---

① 不明示此法所用之曲线者, 为求揭载之便宜.

320

以由点 P 向乙抛物线之轴 AN 引垂线 PN，且以两抛物线之焦点各为 F，G，则

$$PM^2 = 4AF \cdot AM$$

$$PN^2 = 4AG \cdot AN$$

然

$$PM = AN，PN = AM$$

故于表长之数值上

$$PM^4 = 16AF^2 \cdot AM^2 = 16AF^2 \cdot 4AG \cdot AN = 4^3 AF^2 \cdot AG \cdot PM$$

故

$$PM^3 = 4^3 AF^2 \cdot AG$$

然

$$AG = 2AF$$

故

$$PM^3 = 2(4AF)^3 = 2a^3$$

注意 此法相当于求二抛物线

$$y^2 = ax，x^2 = 2ay$$

之交点之坐标.

（5）第四，用抛物线及双曲线之门奈赫莫斯方法.

作有通径等于所与立方体一边之抛物线，以此抛物线之轴及切于其顶点之切线为几近线，而作实轴等于所与立方体一边之 4 倍长之直角双曲线，则由此两曲线之交点向抛物线轴引下之垂线之长为所求立方体之一边.

其证明与前述第三法略同，故略之.

注意 此法相当于求次之抛物线及双曲线

$$y^2 = ax，xy = 2a^2$$

之交点之坐标.

（6）第五，阿波罗尼方法①.

此法之主眼亦在求插入二所与直线之长间之比例中项.

如图 4，作一矩形 $ABHC$，其相邻二边 AB 及 AC 各等于所与之二直线.以此矩形对角线交点 G 为中心画圆周，与 AB 及 AC 之延长线各交于 D 及 E.若 D，H，E 三点成一直线，则得

$$AB : CE = CE : BD = BD : AC$$

今证之于次：

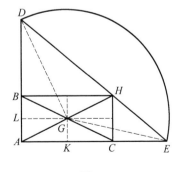

图 4

---

① 此法亦如前述勒洛特方法不明示用曲线.

自点 G 向 AC 及 AB 各引垂线 GK 及 GL,则

$$KE^2 - KC^2 = (KE + KC)(KE - KC) = AE \cdot CE$$

故
$$AE \cdot CE + KC^2 = KE^2$$

加 GK^2 于两边,则

$$AE \cdot CE + GC^2 = GE^2$$

同样
$$AD \cdot BD + GB^2 = GD^2$$

然
$$GC = GB, GE = GD$$

故
$$AE \cdot CE = AD \cdot BD$$

故
$$AE : AD = BD : CE$$

然又
$$AE : AD = CE : CH = BH : BD$$

故
$$BH : BD = BD : CE = CE : CH$$

故使 BH 等于所与立方体一边,CH 等于其 2 倍,则 BD 等于所求立方体之一边.

(7) 第六,尼柯米迪斯(Nicomedes)方法.

此法亦以求二所与直线间之比例中项为主眼.

如图 5,以 AB 及 BC 等于此二所与直线之长,作成矩形 $ABCL$.二等分 AB 及 BC 于 D 及 E 延长 LD,使与 BC 之延长线交于点 G.于点 E 引垂直于 BC 之直线 EF.取 CF 等于 AD.联结 FG,过点 C 引平行于 FG 之直线 CH.次过点 F,引一直线与 CH 交于点 H,与 BC 之延长线交于点 K,且使 HK 等于 AD.最后引直线 KLM,则 AM 与 CK 为所求之比例中项,即

$$AB : CK = CK : AM = AM : BC$$

今证明之.

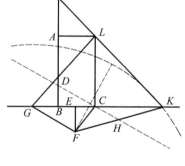

图 5

因 $\triangle MAL$ 与 $\triangle LCK$ 相似,故

$$AM : LC = AL : CK$$

然
$$LC = AB, \quad AL = BC$$

故
$$AM : AB = BC : CK$$

而
$$AB = 2AD, \quad BC = \frac{1}{2}GC$$

故
$$AM : 2AD = \frac{1}{2}GC : CK$$

故 $\qquad AM : AD = GC : CK$

然以 CH 与 GF 互相平行,故

$$GC : CK = FH : HK$$

故 $\qquad AM : AD = FH : HK$

故 $\qquad (AM + AD) : AD = (FH + HK) : HK$

即 $\qquad MD : AD = FK : HK$

然由作图 $\qquad HK = AD$

故 $\qquad MD = FK$

因之 $\qquad MD^2 = FK^2$

然以 D 为 AB 之中点,故

$$BM \cdot MA + DA^2 = MD^2 \qquad\qquad ①$$

同样以 E 为 BC 中点,故

$$BK \cdot CK + CE^2 = EK^2$$

加 EF^2 于两边,则

$$BK \cdot CK + CE^2 = EK^2$$

然由作图 $\qquad CF = AD$

又已证明 $\qquad FK = MD$

故 $\qquad BK \cdot CK + AD^2 = MD^2$

即 $\qquad BK \cdot CK = MD^2 - AD^2$

然由 ① $\qquad BM \cdot MA = MD^2 - AD^2$

故 $\qquad BM \cdot MA = BK \cdot CK$

因之 $\qquad BM : BK = CK : MA \qquad\qquad ②$

然以 $\triangle BMK$ 与 $\triangle CLK$ 相似,故

$$BM : BK = CL : CK$$

然以 $CL = AB$,故

$$BM : BK = AB : CK \qquad\qquad ③$$

由 ② 及 ③

$$AB : CK = CK : MA \qquad\qquad ④$$

又以 $\triangle LCK$ 与 $\triangle MAL$ 相似,故

$$CL : CK = AM : AL$$

然以 $CL = AB$ 及 $AL = BC$,故

$$AB : CK = AM : BC \qquad\qquad ⑤$$

故连书 ④ 及 ⑤,则

$$AB : CK = CK : AM = AM : BC$$

是即欲证之比例式.

然于此法中,过点 F 引直线 FHK,而使 HK 等于 AD,乃于初等几何学范围之内不能解者.尼柯米迪斯为欲引此直线,尝用其所发明之曲线,即蚌线(conchoid),此曲线之性质述于次.

如图 6,取互成直角之二直线 AB 及 BC,过 AB 延长线上之一点 P,引多数直线与 BC 相交,使其延长线 X_1P_1,X_2P_2,X_3P_3 等各等于一定长 AB,则 P_1,P_2,P_3 等之轨迹即成所谓螺蛳线或蚌线之曲线,而用直角坐标轴表此曲线之方程式为

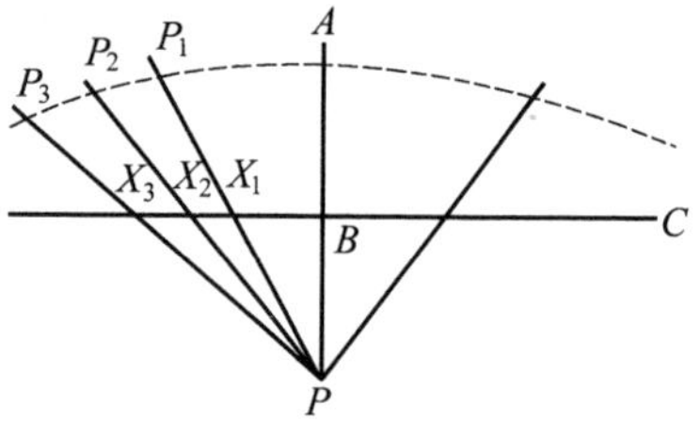

$$y^2(x - a)^2 = x^2(b + a - x)(b - a + x)$$

此乃四次曲线之一种.

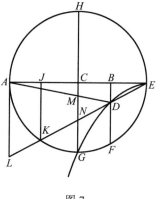

图 6

(8) 第七,吉乌克莱斯之法.

此法亦以求在二所与直线间之比例中项之主眼.

如图 7,以等于所与一直线之长为半径,画圆周 $AHEG$,其中心为 C.引垂直于直径 ACE 之直径 HCG.于其上取 CM,等于所与他直线之长,引直线 AM,并延长之.过点 E,引一直线 EL,使与直线 AM,直径 HCG,及圆周 $AHEG$,各交于 D,N 及 K,使二线段 KN 与 ND 相等.引直线 BDF,使通过点 D,且垂直于直径 ACE,以其足为 B,又以其与圆周之交点为 F.次由 K 向直线 ACE 引垂线 KJ,其足为 J,则显然 $JC = CB$,因之

图 7

$$AB = JE, \quad JK = BF$$

然

$$JE : JK = BE : BD$$

又

$$JE : JK = JK : AJ$$

故

$$JK : AJ = BE : BD$$

故

$$JF : JK = JK : AJ = BE : BD$$

即

$$AB : BF = BF : BE = BE : BD$$

而以

$$AB : BD = AC : CM$$

故若

$$AB = k \cdot AC$$

则
$$BD = k \cdot CM$$

故
$$AC : \frac{BF}{k} = \frac{BF}{k} : \frac{BE}{k} = \frac{BE}{k} : CM$$

故 $\dfrac{BF}{k}$ 及 $\dfrac{BE}{k}$ 为所求 AC 及 CM 间之比例中项, 若 $AC = 2CM$, 则 $\dfrac{BE}{k}$ 即相当于有一边为 AC 长之立方体体积 2 倍之立方体之一边.

然此方法中, 欲引直线 EL, 乃出于吾人之作图制限之事. 吉乌克莱斯氏于引直线 EL 使二线段 KN 及 ND 相等, 尝用其所发明之曲线, 即蔓叶线(cissoid)[①], 次述此曲线之性质.

如图 8, 以 AB 为直径画圆周, 引切线切于 B, 由此切线上任意一点 P 连至直径他端点 A, 交圆周于 Q. 于此直线上自 P 往 A 之方向, 取一点 R, 使 PR 等于 AQ, 则此点 R 之轨迹为蔓叶线. 而以直角坐标轴表此曲线之方程式为

$$x^3 = (a - x)y^2$$

此乃三次曲线也.

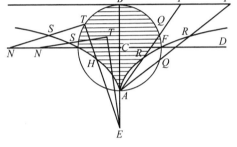

图 8

325

（9）第八, 弗耶达方法.

此法亦以插入二直线间之比例中项为目的.

如图 9, 以所与二直线中之大者为直径画圆周, 其中心为 O, 于此圆周引弦 AB, 使其长等于二直线中之小者. 延长 AB, 使 $BE = AB$. 引直线 AF, 使通过点 A, 且平行于 OE, 过点 O 引直线 $DOCFG$, 与圆周交于 D 及 C, 与直线 AF 交于 F, 与直线 BA 之延长线交于 G, 而使

$$GF = OA = OC$$

则 GC 及 GA 为插入于 AB 及 CD 之二比例中项.
何则?以

$$GA : GF = EA : OF$$

然
$$GF = OC, \quad OF = GC$$

又
$$EA = 2AB$$

故
$$GA : OC = 2AB : GC$$

故
$$GA : 2OC - AB : GC$$

即
$$GA : CD = AB : GC$$

---

① 以其似常春藤之叶形故名.

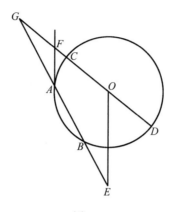

图 9

即	$AB : GC = GA : CD$	①
故	$AB : GA = GC : CD$	
故	$GB : GD = GA : CD$	
然	$GB \cdot CA = GD \cdot GC$	
故	$GB : GD = GC : GA$	
故	$GC : GA = GA : CD$	②

连书 ① 及 ②,则

$$AB : GC = GC : GA = GA : CD$$

然而欲引直线 $DOCFG$,乃脱离吾人之作图制限之事,于此不可不研究他一种之曲线也.

(10)第九,戴卡特方法.

此法之主眼,在由一圆周及一抛物线之交点,而定二比例中项,此两曲线之方程式为

$$x^2 + y^2 = ay + bx$$
$$x^2 = ay$$

若其交点之坐标为 α,β,则为

$$a : \alpha = \alpha : \beta = \beta : b$$

此法颇类似门奈赫莫斯方法.

(11)第十,格雷戈里方法.

以一矩形之二边为几近线,由通过他二边交点之直角双曲线与此矩形外接圆之交点,向几近线引下垂线,其长为可插入于矩形两边间之二比例中项,表此两曲线之代数方程式为

$$xy = ab$$
$$x^2 + y^2 = ay + bx$$

若其交点之坐标为 α, β,则为

$$\alpha : a = \alpha : \beta = \beta : b$$

（12）第十一,牛顿方法.

如图 10,引直线 OA,使等于二所与直线中之大者,二等分之于 B,以 O 为中心,OB 为半径画圆周,引弦 CB 为等于二所与直线中之小者.引通过点 O 之直线 $FODGE$,使与圆周交于 F 及 G,与 AC 之延长线交于 D,又与 BC 之延长线交于 E,而使 DE 等于 OB,则 OD 及 CE 为所求之比例中项.

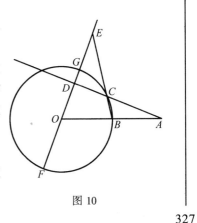

图 10

327

今证明之.

因直线 ACD 截 $\triangle OBE$ 之三边,由梅勒劳斯定理得

$$OA \cdot BC \cdot ED = BA \cdot EC \cdot OD$$

故　　　　　　　　　　　　$2BC \cdot ED = EC \cdot OD$

即　　　　　　　　　　　　$BC \cdot 2ED = CE \cdot OD$

然　　　　　　　　　　　　$ED = OB$

故　　　　　　　　　　　　$BC \cdot OA = CE \cdot OD$

故　　　　　　　　　　$BC : OD = CE : OA$　　　　　　①

故　　　　　　　　　　$BC : CE = OD : OA$

故　　　　$(BC + CE) : CE = (OD + OA) : OA$

故　　　$BE : CE = (GE + FG) : OA = FE : OA$

因之　　　　　　　　　$BE : FE = CE : OA$

然　　　　　　　　　　$BE : CE = FE : GE$

故　　　$GE : CE = BE : FE = CE : OA$

故　　　　　　　　　$OD : CE = CE : OA$　　　　　　②

连书 ① 及 ②,则为

$$BC : OD = OD : CE = CE : OA$$

此法引直线 $FODGE$,乃需吾人作图范围外即直线及圆以外之曲线者也.

上述者外,当有种种之方法,今省略之.

（13）余于次将易以解角之三等分问题之方法.

第一,希皮亚斯(Hippias)方法.

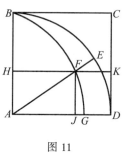

图 11

希皮亚斯尝发明一种超越曲线,即非代数的曲线,详言之,即无代数的方程式之曲线,此曲线更用于后面所示之圆积问题,故名为圆积线,今述其性质.

如图 11,有正方形 $ABCD$ 设想有等于边 AB 之一直线,以 A 为定点,由边 AB 之地位,回转之,至边 AD 之地位,且同时以恒平行于边 BC 之一直线,由 BC 之地位,移动至边 AD 之地位,则此二直线之交点画成一曲线,但须两直线进行之速恒相同,此曲线称为圆积线.

以一直线之地位为 AE,他直线之地位为 HK,其交点为 F,则显然为

$$\overset{\frown}{BED} : \overset{\frown}{BE} = \overset{\frown}{BA} : \overset{\frown}{BH}$$

故以 AB 等于长之单位,则

$$\frac{\pi}{2} : \overset{\frown}{BH} = 1 : BH$$

故

$$\overset{\frown}{BE} = \frac{\pi}{2} BH$$

故弧 BE 正比例于 BH.

以 $\angle BAE$ 为欲三等分之任意之角,引圆积线 BF.自 F 向 AB 引垂线 FH,三等分 BH,过各分点,引垂直于 AB 之直线,求与圆积线相交之点,再以之与角之顶点 A 联结即得.

注意 此法适用于等分任意之角为 n 分甚明.

(14)第二,尼柯米迪斯方法.

尼柯米迪斯以其所发明之曲线,即蚌线,用于立方倍积问题,(参照(7))又用此曲线于角之三等分问题.

如图 12,以 $\angle BAC$ 为欲三等分之任意之角,作矩形 $ABCD$,于边 DC 之延长线上求点 F,引直线 AGF,使 GF 等于 AC 之 2 倍,则 $\angle AFC$,即 $\angle BAG$,成为 $\angle BAC$ 之 $\frac{1}{3}$(此乃初等几何学教科书中屡见之问题),今 A 为定点,AC 为定长,故等于 AC 2 倍之 GF,其点 F 之轨迹,即为蚌线,故求此蚌线与 DC 之延长之交点即得.

(15)第三,用帕斯卡之蜗线①方法

于前述之第二方法,以 A 为极坐标之极,AC 为主线.以 a 表 AC,作帕斯卡之蜗线,则其方程式为

---

① 形似蜗壳故名.

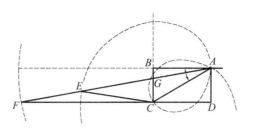

图 12

$$r = 2a\cos\theta + a$$

而
$$r = 2a\cos\theta$$

以 C 为中心, CA 为半径之圆之方程式,而通过点 E,故此蜗线通过点 F,故此蜗线与直线 DC 之交点,即为点 F.

注意　帕斯卡蜗线一般者,有下方程式
$$r = b\cos\theta + a$$

今不过用其特殊者,而此特殊者,因用于解角之三等分问题,故有三等分线之名.唯若单称三等分线,虽多指蜗线.然可利用于角三等分之曲线,广称三等分线,而如此之曲线,已发现者不遑枚举.例如马克劳林(Maclaurin)之三等分线,迦特洛因之三等分线,隆西雅之三等分线等.虽然用此等曲线之方法,今皆略之.唯将述一余最近所见之方法,然后列举用二次曲线之二三方法.

(16) 第四,布洛翁方法.

此法乃用所谓角线[①]之曲线者.

如图 13,今有一直线,通过所与圆之中心 O,与此圆周交于点 H,且与所与直线 LL' 交于 K,而求 HK 中点 P 之轨迹.

以 O 为坐标原点,平行于 LL' 之直线及与之垂直之直线之坐标轴,以 d 表自 O 至 LL' 之距离, n 表 PH 及 PK,且以 r 表圆之半径,则
$$\frac{y}{d} = \frac{r+n}{r+2n}$$

而
$$n = \sqrt{x^2 + y^2} - r$$

故此轨迹之方程式为
$$\frac{y^2}{d^2}(2\sqrt{x^2+y^2} - r)^2 = x^2 + y^2$$

变化此式,则为

329

---

① 似角一对故名.

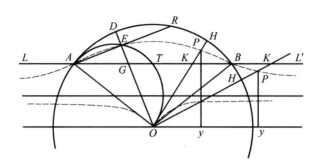

图 13

$$y^2(2\sqrt{x^2+y^2}-r-d)(2\sqrt{x^2+y^2}-r+d) = d^2x^2$$

此曲线有二枝线,且以下之直线为其几近线

$$y = \frac{1}{2}d$$

用此曲线以三等分任意之角之方法如次.

以 $\angle AOB$ 为欲三等分之任意之角,以 AO 为直径画半圆 ATO,与角线之交点为 E,则为

$$\angle AOE = \frac{1}{3}\angle AOB$$

何则?以点 E 在角线中,故

$$DE = GE$$

而 $\angle AEO$ 为直角,故

$$\angle DAE = \angle GAE$$

故

$$\overset{\frown}{AD} = \overset{\frown}{DR} = \overset{\frown}{RB}$$

故

$$\angle AOD = \frac{1}{3}\angle AOB$$

第五,帕波斯记载之方法.

如图 14,画离心率等于 2 之一双曲线,其中心为 C,其二顶点为 A,A' 延长 CA' 至 S,使 $A'S = CA'$.于 AS 上画一圆弧,使其所含之角等于欲三等分之角.以 AS 之垂直二等分线与此圆弧之交点为 O,以 O 为中心,以 OA 即 OS 为半径画圆,与以 A' 为顶点之双曲线之枝线交于 P,则 $\angle SOP$ 为 $\angle SOA$ 之 $\frac{1}{3}$.

何则?以离心率等于 2,故 S 为此双曲线之焦点,AS 之垂直二等分线为准线,而自 P 至此垂直二等分线距离 PM 之 2 倍等于 PS.以 PM 之延长线与圆弧 APS 之交点为 Q,则 PQ 为 PM 之 2 倍,AQ 等于 SP 甚明,故

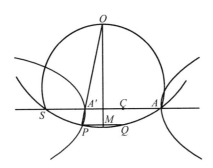

图 14

$$SP = PQ = QA$$

故　　　　$$\angle SOP = \angle POQ = \angle QOA$$

(17) 第六,戴卡特的方法.

取二直角坐标轴,引一抛物线及一圆周,其方程式各为

$$y^2 = \frac{1}{4}x, \quad x^2 + y^2 - \frac{13}{4}x + 4ay = 0$$

但 a 等于欲三等分之角之正弦,则此二曲线交点之纵坐标适合于方程式

$$a = 3y - 4y^3$$

故取以 a 为正弦之角之 $\frac{1}{3}$,由三角术公式 y 即为此 $\frac{1}{3}$ 之角之正弦,故决定此交点,即得三等分所与之角.

(18) 第七,牛顿方法.

画离心率等于 2 之一双曲线,以一枝线之顶点为 A,他枝线之焦点为 S(图 14),画圆弧 APS 于 AS 上,使所含之角等于所与角之补角.(画弧 APS 方法与第五法不同) 其与以 S 为焦点为枝线之交点为 P,则 $\angle PAS$ 为所与之角之 $\frac{1}{3}$.

何则?以 $\angle APS$ 等于所与角之补角,$\angle PAS + \angle PSA$ 等于所与之角,同于第五法之证明得

$$2\overset{\frown}{PS} = \overset{\frown}{AP}$$

故　　　　$$2\angle PAS = \angle ASP$$

故 $\angle PAS$ 之 3 倍等于所与之角.

(19) 第八,苦莱依罗方法.

以 $\angle AOB$ 为欲三等分之任意之角,使 $OA = OB$.以 O 为中心,OA 为半径画圆.三等分直线 AB 于 H,K,以 $\angle AOB$ 之角分线 OC 与直线 AB 之交点为 L,则 $AH = 2HL$.以 A 为焦点,H 为顶点,OC 为准线画双曲线.以此双曲线之 H 为顶

331

点之枝线与前画之圆周之交点为 P,引垂直于 OC 之直线 PM,以其延长线与圆周之交点为 Q,则以

$$AP : PM = AH : HL = 2 : 1$$

故 $$AP = 2PM = PQ$$

故 $$AP = PQ = QR$$

故 $$\angle AOP = \angle POQ = \angle QOR$$

注意 此法虽称为苦莱依罗方法,与第五法所述帕波斯方法,实归属于同一之事,仅陈述之方法不同,而此种方法,最多重复之发现,如邰依罗耳之书,爱因利克斯之书,又近出之布洛翁论文等,均有揭载.

(20) 第九,希治尔方法.

如图 15,以 $\angle AOB$ 为欲三等分之任意之角,使 $OA = OB$,以 O 为中心,OA 为半径画圆.

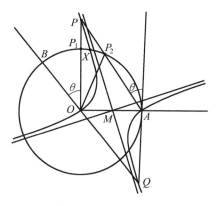

图 15

于 OB 之一侧作有任意之大之角 θ,又于切圆于 A 之切线之一侧(在与前反对方向)亦作 θ.以此二角一边之交点为 P,变角 θ 之大,则点 P 画一直角双曲线.而其双曲线通过以 OA 为半径,且切圆于 A 之切线与 BO 之延长线之交点 Q,以 OP 及 AP 与圆周之交点各为 P_1 及 P_2,则

$$\angle AOP_2 = 2\theta = 2\angle BOP_1$$

故以此双曲线与圆周之交点为 x,则以其与 P_1, P_2 为一致之情形

$$\angle AOX = 2\angle BOX$$

故点 X 乃三等分弧 AB 之一点也.

(21) 最后余将述同圆积线以解圆积问题之方法.

如第六章(5)说明,以所与圆之直径之长为 $d = 2r$,以其圆周之长为 n,则

$$n = \pi d$$

又以其面积之大为 A,则

$$A = \frac{1}{4}\pi d^2 = \frac{1}{2}rn$$

故若得面积等于 A 之正方形之一边,则应得长等于 n 之直线.

参看图 11.

$$\overparen{BED} : \overparen{BE} = BA : BH$$

故以 r 表半径 AB,以 x 表 AH,y 表 HF,则

$$\frac{y}{x} = \tan \angle BAE = \tan \frac{\overparen{BE}}{BA} = \tan\left(\frac{\overparen{BED}}{BA} \cdot \frac{BH}{BA}\right) =$$

$$\tan\left(\frac{\pi}{2} \cdot \frac{r-x}{r}\right) = \cot \frac{\pi x}{2r}$$

故

$$y = x\cot \frac{\pi x}{2r}$$

是即圆积线之方程式.

使 x 十分接近于 O,则得 AG 之长,即

$$AG = \lim_{x=0} x\cot \frac{\pi x}{2r} = \lim_{x=0} \frac{x}{\sin \frac{\pi x}{2r}} = \frac{2r}{\pi}$$

故

$$\pi = \frac{2r}{AG}$$

然

$$n = \pi d = 2\pi r$$

故

$$\pi = \frac{n}{2r}$$

故

$$AG : 2r = 2r : n$$

故若得画圆积线,换言之,容许使用此曲线,则因得知 AG.求 AG 与 $2r$,即 AB 之第三比例项,则此即所求之 n 也.

附录五 求等于圆周之直线之近似的解法

(1) 于附录四之末已述用圆积线以求等于圆周之直线之方法,今不用此种曲线,而立于所设作图制限之下,换言之,仅以有限回作直线与圆周近似的解此问题,兹述二三方法于下.

第一,先引任意之有限直线,延长之至等于其 3 倍之长,次七等分为有限直线,添其一部分于前之长,其全长为有限直线之 $3\frac{1}{7}$ 倍,故此长为以此有限直线为直径之圆周之长,若依通例近似的为

$$\pi = 3\frac{1}{7}$$

334 是乃此问题之近似的解法,若当欲

$$\pi = 3.141\ 6$$

更应由此所得之长,减此有限直线之 $\frac{1}{800}$,然此毕竟不便实行.

(2) 第二,斯帕赫特(Specht)方法.

如图 1,以 O 为中心,r 为半径画圆周,引切于半径一端 A 之切线,于其中定二点 B 及 C,使为

$$AB = \frac{11}{5}r$$

$$BC = \frac{2}{5}r$$

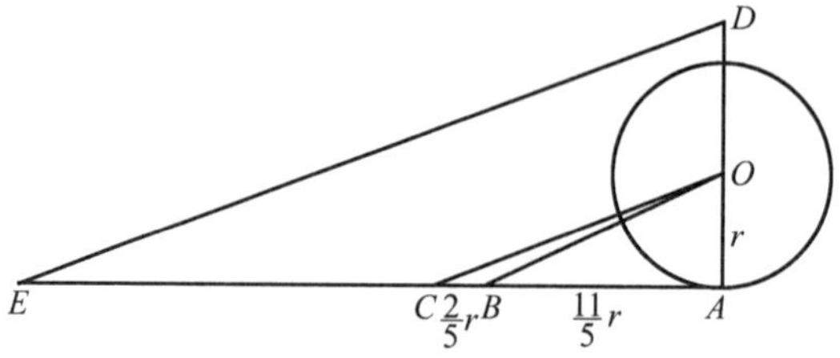

图 1

次延长 AO 至点 D,使 AD 与 OB 相等,过 D 引平行于 OC 之直线 DE,则 AE 殆等

于此圆周之长.何则?以

$$OB = \frac{r}{5}\sqrt{146}$$

$$AC = \frac{13}{5}r$$

故 $$AE = \frac{13r}{25}\sqrt{146} = r(6.283\,184) = 2r(3.141\,592)$$

而 $$\pi = 3.141\,592\cdots$$

(3) 第三,阿杜莱尔记载之方法

如图 2,以 O 为中心,r 为半径画圆周,引切于

直径 AOB 一端之切线,定点 C,使

$$\angle COA = 30°$$

次求在 C 之反对一侧之点 D,使

$$CD = 3r$$

则 BD 殆等于此圆周之半.何则?以

$$AC = \frac{r}{3}\sqrt{3}$$

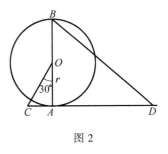

图 2

335

故 $$AD = 3r - \frac{r}{3}\sqrt{3}$$

故 $$BD = r\sqrt{4 + \frac{(9-\sqrt{3})^2}{9}} = \frac{r}{3}\sqrt{120 - 18\sqrt{3}} = r(3.141\,533)$$

而 $$\pi = 3.141\,592\cdots$$

(4) 第四,卜莱尔方法.

以 r 为所与圆周之半径,先作 r 之 $\frac{5}{4}$ 倍之长.次作以 r 之 5 倍及 r 之 2 倍为

二边之直角三角形之斜边,更作此斜边之 $\frac{1}{8}$ 之直线,此二直线之和,即等于所

与圆周之半.

何则? 以此长为 r 之 $\left(\frac{5}{4} + \frac{1}{8}\sqrt{15^2 + 2^2}\right)$ 倍,即 $\frac{10 + \sqrt{229}}{8}$ 倍,即等于

$3.141\,593\,2\cdots$ 倍.而

$$\pi = 3.141\,592\cdots$$

附录六　π 之 值

（1）求 π 精密值之方法自来采用者，大别之可得二种.

第一，于所与圆周内作内接及外切正多角形，圆周在此两多角形周围中间渐次 2 倍其边数，而求此两多角形周围之极限.

第二，发现表 π 之值之解析式，如无限级数，无限乘积，无限连分数等，用之以达目的.

第一种可称为几何学的方法，第二种可称为解析的方法，又或可称前者为古代法，后者为近世法.

由古代法，极其粗约定 π 之值为 3 或 3.16 者，为巴比伦人，埃及人等.

欧几里得尝以

$$3 < \pi < 4$$

然未克与以更精密之值.

阿基米得（Archimedes）尝由作正 96 角形而得

$$3\frac{1}{7} > \pi > 3\frac{10}{71}$$

自有以 π 之近似值为 $\frac{22}{7}$.

托勒密（Ptolemy）尝以

$$\pi = 3\frac{17}{120}$$

罗马人尝用 3 或 4 或 $3\frac{1}{8}$.

印度数学者尝用 $\frac{49}{16}$ 或 $\frac{62\,832}{20\,000}$ 或 $\sqrt{10}$. 其中如帕斯卡尝由作正 384 角形而得 $\frac{3\,927}{1\,250}$ 及 $\frac{754}{240}$.

阿拉伯人亦尝用 $\frac{22}{7}$, $\sqrt{10}$ 及 $\frac{62\,832}{20\,000}$.

由西历 13 世纪至 15 世纪之间，欧洲人尝用 $\frac{1\,440}{458\frac{1}{3}}$ 或 $\frac{62\,832}{20\,000}$ 或 $\frac{3}{4}(\sqrt{3}+\sqrt{6})$.

至 16 世纪,法国数学家韦达由作正 6×2^{16} 边形而决定为

$$3.141\ 592\ 653\ 5 < \pi < 3.141\ 592\ 653\ 7$$

韦达又得下之公式

$$\frac{\pi}{2} = \frac{2}{\sqrt{2}} \times \frac{2}{\sqrt{2 + \sqrt{2}}} \times \frac{2}{\sqrt{2 + \sqrt{2 + \sqrt{2}}}}$$

于同世纪奥托和安托尼兹尝与 $\frac{355}{113}$,而奥托尝亲自由作正 $1\ 073\ 741\ 824$(即 2^{30})角形,正确算得 π 之值至小数第 15 位.

又于同世纪之末,鲁道夫尝由作正 60×2^{33} 角形,正确算得 π 之值至小数第 20 位.又作正 2^{62} 即 $4\ 611\ 686\ 018\ 427\ 387\ 904$ 角形,算至小数第 32 位,其死后尝刻 π 之值至第 35 位于其墓石上.

斯奈尔又古利因摆尔盖尔亦尝致力于此.

于第 17 世纪中顷,瓦利斯尝于其著作中揭载下列公式之证明

$$\frac{\pi}{2} = \frac{2 \times 2 \times 4 \times 4 \times 6 \times 6 \cdots}{1 \times 3 \times 3 \times 5 \times 5 \times 7 \times 7 \cdots}$$

又数年以前尝揭载布龙克尔发现之公式

$$\frac{\pi}{4} = 1 + \frac{1^2}{2} + \frac{3^2}{2} + \frac{5^2}{2} + \cdots$$

然此等公式并未使用于算 π 之值.

(2)以几何学的方法精密决定 π 之值,势非增大正多角形之边数不可,上述学者已充分使之增大矣.由边数 n 之一边之长,以求边数 $2n$ 之一边之长,其公式虽属简单,然重复运用,不仅繁琐,且计算之际误差易出,欲得正确解答,实至困难.上述诸氏,可谓能胜此困难者矣.然战此困难,终非近世学者所堪,率乃寻得算出 π 之值之武器,即无限级数是也.

于西历 1671 年,苏格兰数学家詹姆斯·格雷戈里证明 θ 合于 $-\frac{\pi}{4} \leqslant \theta \leqslant +\frac{\pi}{4}$ 时,有

$$\theta = \tan \theta - \frac{1}{3}\tan^3 \theta + \frac{1}{5}\tan^5 \theta - \cdots$$

因之 $$\tan^{-1} x = x - \frac{1}{3}x^3 + \frac{1}{5}x^5 - \cdots$$

此级数通常称为格雷戈里级数.

于此级数若 $\theta = \frac{\pi}{4}$,因之 $x = 1$,则为

$$\frac{\pi}{4} = 1 - \frac{1}{3} + \frac{1}{5} - \frac{1}{7} + \cdots$$

取此右边之数项,$\frac{\pi}{4}$ 之值,因之 π 之值,可以算得.然此级数乃所谓迟缓收敛级数,故若项数取用不多即难算得 π 精密之值.

于 1699 年夏普之指示,于格雷戈里级数以 $\theta = \frac{\pi}{6}$,因之 $x = \frac{1}{\sqrt{3}}$,乃得

$$\frac{\pi}{6} = \frac{1}{\sqrt{3}}\left(1 - \frac{1}{3} \times \frac{1}{3} + \frac{1}{5} \times \frac{1}{3^2} - \frac{1}{7} \times \frac{1}{3^3} + \cdots\right)$$

由是算至小数第 72 位,而其结果至第 71 位皆属正确.

于 1706 年之前,马青算至第百位,其所用公式为

$$\frac{\pi}{4} = 4\tan^{-1}\frac{1}{5} - \tan^{-1}\frac{1}{239}$$

即以二个格雷戈里级数并用之.

于 1719 年,独洛克尼用与夏浦同样方法,进至第 127 位,其中至 112 位皆正确.

于 1776 年,哈顿,1779 年,欧拉曾示下之公式为有效者

$$\frac{\pi}{4} = \tan^{-1}\frac{1}{2} + \tan^{-1}\frac{1}{3}$$

又

$$\frac{\pi}{4} = 5\tan^{-1}\frac{1}{7} + 2\tan\frac{3}{79}$$

然未用之以完成计算.

至 19 世纪之用公式

$$\frac{\pi}{4} = 4\tan^{-1}\frac{1}{5} - \tan^{-1}\frac{1}{70} + \tan^{-1}\frac{1}{99}$$

$$\frac{\pi}{4} = \tan^{-1}\frac{1}{2} + \tan^{-1}\frac{1}{5} + \tan^{-1}\frac{1}{8}$$

$$\frac{\pi}{4} = 2\tan^{-1}\frac{1}{3} + \tan^{-1}\frac{1}{7}$$

等,正确计算至 152 位,或 200 位,或 248 位,及 1853 年罗斯福算至 440 位.盛克斯算至 530 位.同年盛克斯算至 607 位.终于 1870 年达 707 位.而此等计算由前述马青采用之公式而成.及今虽未见进至盛克斯之结果以上者,然如是以求,实亦徒劳无益之事也.

(3) 至在日本所用之值,古代尝用 3 或 3.16,即传于西历纪元前 700 年,我国周代商高所著之《周髀算经》及《九章算术》中,其值为 3,故日本学者亦袭用之.

于日本宽永四年(西历 1627 年)日人吉田光由之《尘劫记》中载有 3.16.

日人村松茂清于日本宽文三年(西历 1660 年)(所著之《算俎》,由作正 2^{15} 即 32 768 角形,算至小数第 21 位,至其小数第 7 位结果正确).

日人关孝和于其遗稿《大成算经》载有算至小数第 24 位之正确值.关氏生于宽永十九年至宝永五年间(西历 1642 年至 1708 年)为当时最有名学者.

日本享保七年(西历 1722 年)日人建部贤弘于其稿《不休缀术》中达第 41 位.

后日人松永良弼于日本文元四年(西历 1739 年)正确算至第 50 位,此为日本算家到达最精密之值,载于其著作《方圆算经》中.

关氏以后,多用无限级数算之,当然非以所谓角术即决定正多角形之边之术之不盛.

关氏高足荒木村英之弟子大高由昌著《括要算法》(宝永六年即西历 1709 年出版)中有 $\frac{355}{113}$ 之值,恐自关氏之时已用之,而 $\frac{22}{7}$ 一值谓为我国宋朝祖冲之之约率,$\frac{355}{113}$ 一值则为其密率.

上述之外,于日本及我国所用 π 之值甚多,今从略焉.

339

第四编

几何作图题及数域运算

原著　Richard Courant

　　　　Herbert Robbins

译者　余介石　杨锡宽

第一章 引　言

作图题永为几何学中众所爱好之题材.仅用尺规即可作甚多图形,如作一线段,等分一角,由一点作一线垂直于已知线,或圆内作一内接正六边形等,读者在中学时代,皆已习知,当能回忆.于此等问题中,直尺仅用于作直线,而非衡量距离与划度之工具.限用尺规之传统观念,虽导源甚古,然希腊人亦未尝踌躇而使用他种工具.

Apollonius(约公元前 200 年时人)之切圆问题,为著名之古典作图题之一,此题为求一圆与平面内之已知三圆相切.在特例,三圆中之一圆或数圆可缩为一点,或伸为直线(即"圆"之半径为零或"无限大").例如,求作一圆过一点且与二已知直线相切,此类之特例尚易解,而一般情形则甚难.

尺规作图中,以 n 边正多边形之作图最富于趣味.如 $n = 3, 4, 5, 6$ 时之解早已求得,且为中学几何学之主要部分.但正七边形($n = 7$)已证明不可解.三等分一已知角、倍立方(即求一立方体,其体积为一已知立方体之 2 倍)与方圆问题(即作一正方形与已知圆等面积)为希腊之古典三大作图题,皆未能解.于此等作图题中,仅限于用尺规为工具.

因此类未能解决之问题,遂引起数学中一种显著而新颖之进展;且因数百年求解未得,进而怀疑此等问题或为决不可解.数学家因迫不得已乃研究如何证明其一问题之不可解.

在代数学中,引出此种新思考方法者为五次及以上方程式之解法问题.16 世纪数学家已知三次或四次代数方程式之解法,可用类于解二次方程式之初等方法之手续完成.此等方法,均有下述之公共特性,即方程式之解或根,可用方程式之系数,以一串运算表为代数式,此等运算或为有理运算——加、减、乘、除或为开平方、开立方与开四次方.吾人可谓四次及低次之代数方程式,可用"根式"(radix 一字为拉丁文,其意为根)求解.因此而思及推广此法则,用开高次方根以解五次或高次方程式,乃极自然之势.但所有如此之尝试,均告失败.18 世纪曾有若干卓越数学家误以为业已得解.直至 19 世纪初,意大利人 Ruffini (1765—1822)与挪威天才 N. H. Abel(1802—1829)始怀一种革新之思想,即求证用根式解 n 次代数方程式之不可能.吾人须知此问题非任何 n 次代数方程式是否有解.1799 年,Gauss 于伊之博士论文中,首先证实此事.任何方程式之根之存在,已无疑义,且此诸根能以适宜过程求出,达于精确程度,自更无问题.方程式根之数值解法自极重要,而有高度之发展.但 Abel 与 Ruffini 之问题,与此迥异,此问题即:仅用有理运算与根式能否求解.由于对此问题求彻底明了之愿望,遂激发 Ruffini,Abel 与 Galois(1811—1832)所创立近世代数与群论之伟大扩展.

证明某些几何作图题之不可能性,即为代数学中此种趋势之一简单之例.借代数概念之助,即可论本编证明,仅用尺规三分角,作正七边形或倍立方之不可能性.(方圆问题较难处理,可参见本编第四章第五节.)吾人之出发点,不仅在某种作图题不可能性之消极方面,而在其积极性,即一切可作问题如何可以完全判别? 至此问题得解后,则易知上述问题,不在可作之列.

Gauss 17 岁时曾研究正"p 边形"(即有 p 边之多边形)之可作性,于此 p 为一质数.当时仅知 $p = 3$ 及 $p = 5$ 之作图法.Gauss 发现当 p 是质"Fermat 数",即

$$p = 2^{2^n} + 1$$

时正 p 边形可作,而仅在此时方可作.最先之 Fermat 数为 $3, 5, 17, 257, 65\,537$,青年之 Gauss 对此发现,喜不自胜,乃放弃做语言学家之愿望,而立志从事数学与其应用.彼常回顾彼首次之伟大成就而自傲.伊死后,Goettingen 塑有伊之铜像,铜像之座作正十七边形,实无其他方式,更适宜表达伊之荣耀.

从事几何作图时,须知问题不在作出精确达于相当程度之图形,而为仅用尺规,并设尺规完全准确,理论上能否求作.Gauss 所证明者,乃伊之作图可完全依据原理完成.其理论不在以简单方法作图,亦非求问题简化之方,与减少必须步骤.此等问题,理论上比较不甚重要.就实用观点言,此种作图法所得结果,皆不及用精确之量角器所作者之较可满意,世人每未能了解几何作图题之理论性质,且顽固不承认已确立之科学事实,致三分角家与方圆家源源不绝出现①.此辈中能了解初等数学之人,如读本编,当可获益.

于此有须再度郑重说明者,即吾人对几何作图之观念,在若干方面,不甚自然.尺规固然为作图中最简之工具,但几何本性初不以此等工具为限.希腊数学家,在甚久以前,即已认识如倍立方等若干问题之解决,须准许运用正交形之直尺②;吾人甚易创设圆规以外之工具,借以作椭圆、双曲线及更复杂之图形,故其使用,得扩大可作(Constructible)图形之范围至相当程度.但在以下诸章,吾人仍当固守几何作图仅用尺规之标准观念.

① 此种情形,在我国亦非例外,请看本编附录"我国之三分角家与方圆家".(译者注)
② 参看后文第六章第一节.(译者注)

第二章　　基本几何作图题

第一节　　数域(Fields) 之构造与开平方

吾人欲形成普遍概念,首宜考验古典作图题若干则.深切了解之关键,在于将几何问题换成代数方式.任何几何问题,概为次型:设已知一组线段,如 $a,b,c,\cdots$,而求一线段或若干线段,如 $x,y,\cdots$.此种问题,初视之虽并不如是,但每可以如此方法构成之.所求之线段,可能为求作三角形之各边,为诸圆之半径,为某某点之坐标.为简明计,吾人可设仅须求作一线段.此几何作图,即等于解一代数问题;吾人首先求已知量 $a,b,c,\cdots$,与求作量 x 间之一关系(方程式);其次须解此方程式求出未知量 x,最后吾人应决定此解能否以与尺规作图相当之代数运算求得之.引入实数连续集(continuum) 为基础,借实数以表几何对象之数量特征,此为解析几何之原则,全部理论即建于此上.

今先考与初等几何作图相当之最简代数运算.设已知二线段之长为 a 与 b(以一已知"单位"度量之长),则甚易作出 $a+b,a-b,ra$(在此 r 为任何有理数), $\dfrac{a}{b}$ 及 ab.

欲作 $a+b$(图1),可引一直线,用圆规在其上划度距离 $OA=a$ 及 $AB=b$,则 $OB=a+b$.同理,划度 $OA=a$ 及 $AB=b$,但此时 AB 之方向与 OA 相反,则 $OB=a-b$.欲作 $3a$,只需由加法求 $a+a+a$,当 p 为正正整数时,由同法可求 pa.作 $\dfrac{a}{3}$ 之法如次(图2):在一直线上划度 $OA=a$,过 O 任引另一直线,在此直线上任划度一线段 $OC=1$,并作 $OD=3$.联结 A 与 D,过 C 引 AD 之平行线,交 OA 于 B.△OBC 与 △OAD 为相似,是以 $\dfrac{OB}{a}=\dfrac{OB}{OA}=\dfrac{OC}{OD}=\dfrac{1}{3}$,而 $OB=\dfrac{a}{3}$.同法可作 $\dfrac{a}{q}$,在此 q 为正整数.施此运算于线段 pa,可作出 ra,在此 $r=\dfrac{p}{q}$ 为任一有理数.

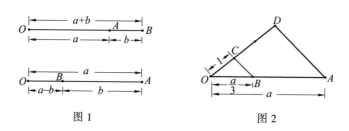

图 1   图 2

欲作 $\dfrac{a}{b}$ (图 3),可在任一角 $\angle O$ 之二边上,划度 $OB = b$ 且 $OA = a$,且在 OB 上刻画 $OD = 1$.过 D 作一直线与 AB 平行,交 OA 于 C,则 OC 之长为 $\dfrac{a}{b}$. ab 之作法如图 4 所示,其中 AD 为过 A 而与 BC 平行之线.

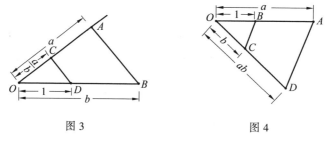

图 3   图 4

由上所论,可知"有理"代数运算 —— 已知量之加、减、乘、除 —— 皆可以几何作图表出.以实数 $a,b,c,\cdots$,为度量之任何诸线段,陆续施以此等简易作图,即能借 $a,b,c,\cdots$ 之有理式表出之一切量;换言之,即陆续施加、减、乘、除所得者.依此法由 $a,b,c,\cdots$ 求得之一切量之总体,构成所谓数域,即数之集合,当对集中二数或若干数,施以任何有理运算时,仍为集中之一数.吾人须知有理数、实数、复数皆成如此之域.在上述情形中,称数域由 $a,b,c,\cdots$ 已知数所产生.

有决定性之新运算,足使吾人超出上述范围者,乃开平方根,如已知线段 a,单用尺规亦可作 $\sqrt{a}$ (图 5),在一直线上划度 $OA = a$ 及 $AB = 1$.以线段 OB 为直径作一圆,且过点 A 作 OB 之垂线,交圆于 C, $\triangle OBC$ 在 C 为直角,因按初等几何定理,知内接于半圆之角为直角,故 $\angle OCA = \angle ABC$,而 $\triangle OAC$ 与

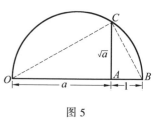

图 5

$\triangle CAB$ 二直角三角形相似,令 $x = AC$,则 $\dfrac{a}{x} = \dfrac{x}{1}$,即 $x^2 = a$,得 $x = \sqrt{a}$.

第二节　正多边形

　　今取若干较精致之作图问题讨论,首述正十边形.设一正十边形内接于半径为 1 之圆(图 6),令其边为 x.因 x 对圆心所张之角为 $36°$,此较大三角形之他二角应各为 $72°$,故平分 $\angle A$ 之虚线分 $\triangle OAB$ 为二个等腰三角形,均以 x 长为等边.由此圆之半径分为二段,x 及 $1-x$.因 $\triangle OAB$ 与较小之等腰三角形相似,故 $\dfrac{1}{x}=\dfrac{x}{1-x}$,按此比例式,得二次方程式 $x^2+x-1=0$,其解为 $x=\dfrac{\sqrt{5}-1}{2}$.(此方程式另一解得负值之 x,不切于用.)据此显见 x 易于几何作图.既得 x 之长,可在圆上划度此长度十次,各为圆之弦,即成正十边形.将此正十边形之顶点相间连之,可成正五边形.

　　除用图 5 之方法作 $\sqrt{5}$ 外,尚可视此为一以 1 及 2 为腰之直角三角形之弦.自 $\sqrt{5}$ 减去单位长,再平分之,即可得 x.

　　上题中 $OB:AB$ 一比称为黄金比(golden ratio),因希腊数学家认为二边合于此比之长方形,美术上最为悦目也.此比之值约为 1.62.

　　正多边形中,以六边形作法最简(图 7),取一半径为 r 之圆,则内接于此圆之正六边形,边长等于 r.在圆上任一点起,陆续划度长为 r 之弦,尽得六顶点,即可作出正六边形.

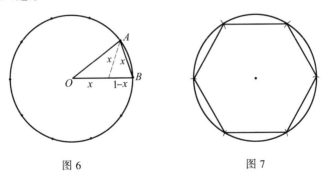

图 6　　　　　　　　　　　　　　　　图 7

　　自正 n 边形可得正 $2n$ 边形,其法可将 n 边形各边在外接圆上之张弧平分,取此新得之点及原顶点,即成所求 $2n$ 边形.自一圆之直径(可视为一"二边形")

起,吾人遂可作 $4,8,16,\cdots,2^n$ 边形[①].同理可自六边形得 $12,24,48,\cdots$ 边形,自十边形得 $20,40,\cdots$ 边形.

上文所得诸结果,可表明特征如次:2^n 边形,5×2^n 边形及 3×2^n 边形之边长,均可以加、减、乘、除、开平方根之运算完全求出.

第三节　Apollonius 问题

又一作图题,自代数观点,则化为简易者,为前曾提及之 Apollonius 切圆问题.在此吾人尚毋需求此题之某种巧妙之特殊作法.所关注之事项,乃原则上如何可单用尺规求解此题也.吾人将简述其证,至于较巧妙之作法问题,则留待本

---

① 均指正 4 边形等,下文常略去"正"字.

设 s_n 表内接于单位圆(半径为 1 之圆)中正 n 边形之边长,则正 $2n$ 边形之边长为

$$s_{2n} = \sqrt{2 - \sqrt{4 - S_n^2}}$$

此理可证明如次:在下图中,$s_n = DE = 2DC$,而 $s_{2n} = DB$,且 $AB = 2$.直角 $\triangle ABD$ 之面积为 $\frac{1}{2} BD \cdot AD$,

亦为 $\frac{1}{2} AB \cdot CD$,因 $AD = \sqrt{AB^2 - DB^2}$,代入 $AB = 2$,$BD = s_{2n}$,$CD = \frac{1}{2} s_n$,且使表面积之两式相等,

即有

$$s_n = s_{2n} \sqrt{4 - s_{2n}^2}$$

或

$$s_n^2 = s_{2n}^2 (4 - s_{2n}^2)$$

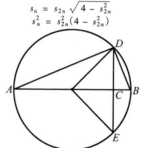

对 $x = s_{2n}^2$ 以解此四次方程式,并注意 x 应小于 2,则易得上之公式.

就此公式及 s_4(正方形边长)等于 $\sqrt{2}$ 之事,即有

$$s_8 = \sqrt{2 - \sqrt{2}}, \quad s_{16} = \sqrt{2 - \sqrt{2 + \sqrt{2}}}$$

$$s_{32} = \sqrt{2 - \sqrt{2 + \sqrt{2 + \sqrt{2}}}}$$

余类推.

于 $n > 2$ 时,可得普遍公式

$$s_{2^n} = \sqrt{2 - \sqrt{2 + \sqrt{2 + \cdots + \sqrt{2}}}}$$

覆掩之根式有 $(n - 1)$ 次.圆内接 2^n 边形周长为 $2^n s_{2^n}$.当 n 趋于无穷大时,2^n 边形趋于此圆.是以 $2^n s_{2^n}$ 趋于单位圆之周长,依规定为 2π.以 m 代 $n - 1$,而消去一因子 2,则得表 π 之极限式:当 $n \to \infty$ 时,

$$2^m \underbrace{\sqrt{2 - \sqrt{2 + \sqrt{2 + \cdots + \sqrt{2}}}}}_{m个方根} \to \pi.$$

习题:因 $2^m \to \infty$,试证由此可知,当 $n \to \infty$ 时,$\underbrace{\sqrt{2 + \sqrt{2 + \cdots + \sqrt{2}}}}_{n个方根} \to 2$.(译者注)

348

编之末再论.

设三已知圆心之坐标各为(x_1, y_1), (x_2, y_2) 及(x_3, y_3), 半径各为 r_1, r_2 及 r_3. 设所求圆心及半径各为(x, y) 及 r. 注意视二圆为外切或内切, 其连心线等于半径和或差, 如此则可求作圆切于三已知圆之条件. 由此得方程式

$$(x - x_1)^2 + (y - y_1)^2 - (r \pm r_1)^2 = 0 \qquad ①$$

$$(x - x_2)^2 + (y - y_2)^2 - (r \pm r_2)^2 = 0 \qquad ②$$

$$(x - x_3)^2 + (y - y_3)^2 - (r \pm r_3)^2 = 0 \qquad ③$$

或

$$x^2 + y^2 - r^2 - 2xx_1 - 2yy_1 \pm 2rr_1 + x_1^2 + y_1^2 - r_1^2 = 0 \qquad ①'$$

等式. 各方程式中加减号之选取, 视诸圆为内切或外切而定(图 8).

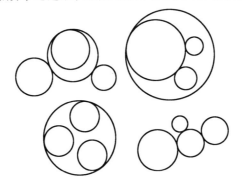

图 8

方程式 ①, ②, ③ 为含 x, y, r 三未知数之二次方程, 而有一特性, 即二次项皆同, 可于展开式 ①' 中见之. 是以由 ① 减 ②, 得 x, y, r 之一次方程

$$ax + by + cr = d \qquad ④$$

式中 $a = 2(x_2 - x_1)$, 余仿此. 同理, 由 ① 减 ③, 得另一个一次方程

$$a'x + b'y + c'r = d' \qquad ⑤$$

解 ④ 与 ⑤, 以 r 表 x 及 y. 而代入 ① 中, 则得一 r 之二次方程式, 而可以有理运算及开平方根解之. 一般情形, 此方程式有二解, 但仅有一解为正. 自此方程式得 r 值, 可自一次方程式 ④ 与 ⑤ 求 x 及 y 以(x, y) 为心, r 为半径之圆, 自当与三已知圆相切. 在全部过程中, 吾人仅用有理运算与开平方, 故 r, x 与 y 可单用尺规作出.

方程式 ①, ② 及 ③ 中之正负号, 有 $8(2 \times 2 \times 2)$ 种可能配合, 故相当有 Apollonius 问题之八解. 号之选定, 视求作圆与三已知圆各为内切或外切而定.

事实上代数手续容或不能产生 x, y 与 r 之实值.如当三已知圆为同心时,即其一例,是种情形中,此几何问题无解.吾人更当料及此解可能化成另一格,如三已知圆缩为在同一直线下三点之情形.如此 Apollonius 圆即化为此直线.吾人不复细论此等可能性,有代数修养之读者,当可完成此解析.

第三章　可作数与数域

第一节　一般理论

以上之讨论,已指陈几何作图之一般代数基础,每一尺规作图,包含一串步骤,如下列各事之一:① 连二点成一直线;② 求二直线之交点;③ 以一点为心,已知长为半径作圆;④ 求一圆与他圆或直线之交点.若一元素(点、线或圆)为开始时所设,或于在前之步骤中作出,则视为已知.作理论上之解析时,可将全部作图以坐标系 x,y 为依据.如此则已知元素将以 x,y 平面上之点或线段表之.若开始时仅有一已知线段,可取之为单位长,即决定 $x=1,y=0$ 一点.有时遇"泛定"元素:或任作直线,或取任意点与任意半径.(泛定元素之例,可于求线段中点时见之;于线段两端点,以任意之等长半径作两圆,而连其交点.) 在此种情形中,可选元素为有理者,即选具有理数坐标 x,y 之各任意点,具有理系数 a,b,c 之各任意直线 $ax+by+c=0$,及以具有理数坐标之点为心,有理长为半径而作各任意圆.吾人应始终如此选取有理之任意元素;若诸元素确为任意,此限制并不至影响作图结果.

351

为简便计,下文讨论中,皆设开始时仅一已知元素,即单位长 1.按本编第二章,凡自单位用加、减、乘、除诸有理运算,可用尺规作出,亦即可作一切有理数 $\dfrac{r}{s}$,在此 r 与 s 皆整数.有理数系统,对于有理运算为"闭"(closed)性;换言之,任二有理数之和、差、积或商 —— 但以 0 除仍然不在此列 —— 皆为一有理数.任何一组之数,对有理四则运算为闭性者,称为数域.

习题　证明任何数域至少含全部有理数.(提示:如 $a \neq 0$ 为 F 域中一数,则 $\dfrac{a}{a}=1$.属于 F,用各有理运算,便可自 1 求得任何有理数.)

自单位起,如是即能作全部有理数域,故能作 x,y 平面中之一切有理点(即坐标为有理数之点).仅用尺规又能作新增之无理数,如 $\sqrt{2}$ 即其一例.既作出 $\sqrt{2}$,按本编第二章之"有理"作图法,即能求出一切呈下形之数

$$a + b\sqrt{2} \qquad\qquad ①$$

式中 a,b 皆有理数,故本身为可作者,吾人更可作形如 $\dfrac{a+b\sqrt{2}}{c+d\sqrt{2}}$ 或 $(a+b\sqrt{2})(c+$

$d\sqrt{2})$ 之一切数,式中 a,b,c,d 皆为有理数.然此等数均可书写 ① 之形式,盖有

$$\frac{a+b\sqrt{2}}{c+d\sqrt{2}} = \frac{a+b\sqrt{2}}{c+d\sqrt{2}} \cdot \frac{c-d\sqrt{2}}{c-d\sqrt{2}} =$$

$$\frac{ac-2bd}{c^2-2d^2} + \frac{bc-ad}{c^2-2d^2}\sqrt{2} = p+q\sqrt{2}$$

在此 p,q 为有理数.(分母 c^2-2d^2 不为零,因如 $c^2-2d^2=0$,则 $\sqrt{2}=\dfrac{c}{d}$,与 $\sqrt{2}$ 为无理之事实相背.) 同理

$$(a+b\sqrt{2})(c+d\sqrt{2}) = (ac+2bd) + (bc+ad)\sqrt{2} = r+s\sqrt{2}$$

式中 r,s 为有理数.是故由 $\sqrt{2}$ 之作图,可得呈式 ① 之一组数,式中 a,b 为泛定有理数.

习题 由 $p=1+\sqrt{2}, q=2-\sqrt{2}, r=-3+\sqrt{2}$,求表下列各数

$$\frac{p}{q}, p+p^2, (p-p^2)\frac{q}{r}, \frac{pqr}{1+r^2}, \frac{p+qr}{q+pr^2}$$

为呈 ① 形之数.

由上列讨论,可知呈 ① 形之一切数又成一数域.(呈 ① 形之二数,和与差显然仍呈 ① 形.) 此数域较大于有理数域,故后者为其一部分或子域(subfield). 但此域当然又小于含一切实数之域.吾人称有理数域为 F_0,呈式 ① 之数所成数域为 F_1.在此"引申数域"F_1 中各数皆可作,上已证明.今再引申作法之范围,例如取 F_1 中一数 $k=1+\sqrt{2}$,而开平方,即得可作数

$$\sqrt{1+\sqrt{2}} = \sqrt{k}$$

本此而按第二章,又得含下列一切数之数域

$$p+q\sqrt{k} \qquad\qquad ②$$

此中 p 与 q 得为 F_1 中之泛定数,即呈 $a+b\sqrt{2}$ 形状之数,式中 a,b 在 F_0 内,亦即为有理数也.

习题 1.表

$$(\sqrt{k})^3, \frac{1+(\sqrt{k})^2}{1+\sqrt{k}}, \quad \frac{\sqrt{2}\sqrt{k}+\dfrac{1}{\sqrt{2}}}{(\sqrt{k})^3-3}, \frac{\left((1+\sqrt{k})(2-\sqrt{k})(\sqrt{2}+\dfrac{1}{\sqrt{k}})\right)}{1+\sqrt{2}k}$$

为 ② 形之数.

作此等数时,均基于开始只已知一线段之假设上.如已知二线段,可取其一为单位长.

设以单位表出他线段之长为 a. 吾人即能作一数域 G, 含呈下形之一切数

$$\frac{a_m a^m + a_{m-1} a^{m-1} + \cdots + a_1 a + a_0}{b_n a^n + b_{n-1} a^{n-1} + \cdots + b_1 a + b_0}$$

式中 $a_0, \cdots, a_m$ 及 $b_0, \cdots, b_n$ 为有理数, 而 m 与 n 为泛定正整数.

2. 已知二线段, 长为 1 及 α, 试举实际上 $1 + \alpha + \beta^2, \dfrac{1+\alpha}{1-\alpha}, \alpha^3$ 之作图法.

兹更广泛假设吾人能作某数域 F 中一切数. 今示明仅用直尺永不能导吾人超出数域 F 之外. 取二点, 坐标为 (a_1, b_1) 及 (a_2, b_2) 在 F 内, 过此二点之直线方程式为 $(b_1 - b_2)x + (a_2 - a_1)y + (a_1 b_2 - a_2 b_1) = 0$, 其系数乃 F 内数所成之有理式, 是故按数域之定义, 本身必在 F 内. 如有二直线 $\alpha x + \beta y - \gamma = 0$ 及 $\alpha' x + \beta' y - \gamma' = 0$, 系数在 F 内者, 解此联立方程式, 得交点坐标为 $x = \dfrac{\gamma \beta' - \beta \gamma'}{\alpha \beta' - \beta \alpha'}, y = \dfrac{\alpha \gamma' - \gamma \alpha'}{\alpha \beta' - \beta \alpha'}$. 此等数亦在 F 中, 故显然可见仅用直尺不能使吾人超出数域 F 之范围.

习题　$x + \sqrt{2}\, y - 1 = 0, 2x - y + \sqrt{2} = 0$ 二直线之系数在数域 ① 内. 试求其交点坐标, 并核验呈 ① 之形状. —— 联结 $(1, \sqrt{2})$ 及 $(\sqrt{2}, 1 - \sqrt{2})$ 二点成一直线 $ax + by + c = 0$, 核验其系数呈 ① 之形状. —— 对于数域 ②, 分别论关于直线 $\sqrt{1 + \sqrt{2}}\, x + \sqrt{2}\, y = 1, (1 + \sqrt{2})x - y = 1 - \sqrt{1 + \sqrt{2}}$ 与 $(\sqrt{2}, -1), (1 + \sqrt{2}, \sqrt{1 + \sqrt{2}})$ 二点之事项如上.

吾人须用圆规, 始可破 F 之壁而出. 因此吾人取 F 中一元素 k, 但 $\sqrt{k}$ 不在 F 内者. 吾人能作 $\sqrt{k}$, 故能作一切数之呈下形者

$$a + b\sqrt{k} \qquad\qquad ③$$

式中 a 与 b 为有理数, 甚或为 F 中泛定数. $a + b\sqrt{k}$ 与 $c + d\sqrt{k}$ 二数之和与差, 乘积 $(a + b\sqrt{k})(c + d\sqrt{k}) = (ac + kbd) + (ad + bc)\sqrt{k}$, 且其商

$$\frac{a + b\sqrt{k}}{c + d\sqrt{k}} = \frac{(a + b\sqrt{k})(c - d\sqrt{k})}{c^2 - kd^2} = \frac{ac - kbd}{c^2 - kd^2} + \frac{bc - ad}{c^2 - kd^2}\sqrt{k}$$

皆呈 $p + q\sqrt{k}$ 形状, p 与 q 在 F 内. (若非 c 与 d 均为零, 则 $c^2 - kd^2$ 不得为零; 盖不如是, $\sqrt{k} = \dfrac{c}{d}$ 为 F 内之数, 与 $\sqrt{k}$ 不在 F 内之假设相背矣.) 是故呈 $a + b\sqrt{k}$ 形之一组数, 构成一数域 F', 数域 F' 包含原设数域 F, 因在特例, 可选取 $b = 0$ 也. F' 称为 F 之引申域 (extension field), 而 F 为 F' 之子域.

兹举一例, 设 F 为数域 $a + b\sqrt{2}$, 在此 a, b 为有理数, 而取 $k = \sqrt{2}$. 则引申域 F' 中之数, 可以 $p + q\sqrt[4]{2}$ 表之, p 与 q 在 F 内, 即 $p = a + b\sqrt{2}, q = a' + b'\sqrt{2}$, 而 a, b, a', b' 为有理数. F' 中任何数, 均可化为此形, 例如

$$\frac{1}{\sqrt{2}+\sqrt[4]{2}} = \frac{\sqrt{2}-\sqrt[4]{2}}{(\sqrt{2}+\sqrt[4]{2})(\sqrt{2}-\sqrt[4]{2})} = \frac{\sqrt{2}-\sqrt[4]{2}}{2-\sqrt{2}} =$$

$$\frac{\sqrt{2}}{2-\sqrt{2}} - \frac{\sqrt[4]{2}}{2-\sqrt{2}} =$$

$$\frac{\sqrt{2}(2+\sqrt{2})}{4-2} - \frac{(2+\sqrt{2})}{4-2}\sqrt[4]{2} =$$

$$(1+\sqrt{2}) - (1+\frac{1}{2}\sqrt{2})\sqrt[4]{2}$$

习题 设以 F 表数域 $p + q\sqrt{2+\sqrt{2}}$,在此 p 及 q 呈 $a+b\sqrt{2}$ 形,而 a,b 为有理数,试表 $\dfrac{1+\sqrt{2+\sqrt{2}}}{2-3\sqrt{2+\sqrt{2}}}$ 为此形.

由上可知,设有一含数 k 之诸可作数所成数域 F,自此开始,用直尺并一度简单应用圆规,即可作 $\sqrt{k}$,因之可作呈 $a+b\sqrt{k}$ 形之任何数,式中 a,b 在 F 内.

反言之,吾人可证一度简单应用圆规,仅能得此形状之数.圆规在作图中之功能,为借圆与直线相交或二圆相交以定点(或其坐标).圆心为 (ζ,η),半径为 r 之圆,方程式为 $(x-\zeta)^2 + (y-\eta)^2 = r^2$,如 ζ,η,r 在 F 内,则圆之方程式可书成下形

$$x^2 + y^2 + 2\alpha x + 2\beta y + \gamma = 0$$

其系数 α,β,γ 在 F 内,又一直线

$$ax + by + c = 0$$

连坐标在 F 内之二点,上文已言明其系数 a,b,c 在 F 内,自此联立方程式消去 y,则圆与直线之一交点之 x 标,得由次之二次方程式定之

$$Ax^2 + Bx + C = 0$$

系数 A,B,C 在 F 内(申言之:$A = a^2 + b^2, B = 2(ac + b^2\alpha - ab\beta), C = c^2 - 2bc\beta + b^2\gamma$).其解之公式为

$$x = \frac{-B \pm \sqrt{B^2 - 4AC}}{2A}$$

呈 $p + q\sqrt{k}$ 形,p,q,k 在 F 内,对于交点之 y 标,可得相类之公式.

次取二圆

$$x^2 + y^2 + 2\alpha x + 2\beta y + \gamma = 0$$
$$x^2 + y^2 + 2\alpha' x + 2\beta' y + \gamma' = 0$$

而自第一方程式减去第二式,则得一次方程式

$$2(\alpha - \alpha')x + 2(\beta - \beta')y + (\gamma - \gamma') = 0$$

354

而可与第一圆之方程式联立解之如前,故在任一款中,此作法解得一新点或二新点之 x 标与 y 标,此等新量呈 $p + q\sqrt{k}$ 形,p,q,k 在 F 内.在特例,$\sqrt{k}$ 可属于 F,例如 $k = 4$ 之时,但在一般情形,每非如是.

习题　取半径为 $2\sqrt{2}$ 就原点为心所作之圆,及联结 $(\frac{1}{2},0)$,$(4\sqrt{2},\sqrt{2})$ 二点之直线.试求此圆与此直线交点坐标所定之数域 F'.又取此已知圆与以 $\frac{\sqrt{2}}{2}$ 为半径,$(0,2\sqrt{2})$ 为心之圆之交点论之.

　　再总概述之:若开始时知若干数量,则仅用一直尺,可作出由已知量作有理运算所产生之数域 F 中一切数量.次用圆规,得引申可作数之数域 F,成一更广之引申域,其法乃选 F 中之任一数 k,开 k 之平方根,而作出含 $a + b\sqrt{k}$ 形之数域 F',a 与 b 在 F 内.F 称为 F' 之子域,F 内之一切量皆含于 F' 内,因于 $a + b\sqrt{k}$ 中可取 $b = 0$ 也.(假设 $\sqrt{k}$ 为不在 F 内之新量,否则附加(adjunction)$\sqrt{k}$ 之过程,并不能新有所获,而 F' 与 F 完全相同.) 故吾人得证明几何作图中之每一步骤(作过二已知点之直线,就已知心及直径作圆,或定二已知直线或圆之交点),或在已知所含为可作数之域中,获得新量,或由于作一平方根而另辟含可作数之新引申域.

　　一切之可作数,今更可精密述明之.首有一数域 F_0,由开始时之任何已知量定之,例如,若仅假设一取作单位之线段,则为有理数之域.由于 $\sqrt{k_0}$ 之附加,k_0 在 F 内而 $\sqrt{k_0}$ 则否,吾人作出一可作数之引申域 F_1,所含为呈 $a_0 + b_0\sqrt{k_0}$ 形之一切数,a_0 与 b_0 得为 F_0 中任何数.然后有 F_2 为 F_1 之新引申域,由 $a_1 + b_1\sqrt{k}$ 诸数决定之,a_1 与 b_1 为 F_1 中任何数,k 为 F_1 中一数而其平方根不在 F_1 内,反复施此手续,历 n 次之附加,最后得一数域 F_n.可作数者乃由一串引申域所能达之数,而仅为此种数,换言之,即属于上述类型之 F_n 域中,必须引申之次数 n,大小无关宏旨,此不过表示问题复杂程度而已.

　　下例可释明此种过程,设吾人欲得下数

$$\sqrt{6} + \sqrt{\sqrt{\sqrt{1+\sqrt{2}} + \sqrt{3}} + \sqrt{5}}$$

以 F_0 表有理数之域.令 $k_0 = 2$,则得含数 $1 + \sqrt{2}$ 之域 F_1.复取 $k_1 = 1 + \sqrt{2}$ 及 $k_2 = 3$.事实上,3 在原有数域 F_0 内,故在数域 F_2 内,自不待言,故取 $k_2 = 3$ 自属可行.再取 $k_3 = \sqrt{1+\sqrt{2}} + \sqrt{3}$,最后取 $k_4 = \sqrt{\sqrt{1+\sqrt{2}} + \sqrt{3}} + \sqrt{5}$.如此作出之 F_5 含有所求之数,因 $\sqrt{6}$ 亦在 F_5 中,盖 $\sqrt{2}$ 与 $\sqrt{3}$,以及其积 $\sqrt{6}$,在 F_3 内,因之亦在 F_5 内.

习题 自有理数之域开始,求证:正 2^m 边形之边(见第二章第二节)为可作数,在此 $n = m - 1$.试定此一串引申域.试照此论次列各数

$$\sqrt{1 + \sqrt{2} + \sqrt{3} + \sqrt{5}}, (\sqrt{5} + \sqrt{11})(1 + \sqrt{7 - \sqrt{3}})$$

$$(\sqrt{2 + \sqrt{3}})(\sqrt[8]{2} + \sqrt{1 + \sqrt{2 + \sqrt{5}} + \sqrt{3 - \sqrt{7}}})$$

第二节 一切可作数皆为代数数

如开始数域 F_0 为由单一线段所生之有理数之域,则一切可作数皆代数数. 数域 F_1 中之数皆二次方程式之根,F_2 中者为四次方程式之根,一般言之,F_k 中之数,乃 2^k 次有理系数方程式之根.欲就数域 F_2 论此,可首论一例,$x = \sqrt{2} + \sqrt{3 + \sqrt{2}}$.吾人有 $(x - \sqrt{2})^2 = 3 + \sqrt{2}$,$x^2 + 2 - 2\sqrt{2}x = 3 + \sqrt{2}$,或 $x^2 - 1 = \sqrt{2}(2x + 1)$,而为系数在 F_1 内之一二次方程式.平方之,得

$$(x^2 - 1)^2 = 2(2x + 1)^2$$

356 而为一有理系数之四次方程式.

一般论之,数域 F_2 中任何数呈下形

$$x = p + q\sqrt{w} \tag{④}$$

其中 p, q, w 皆在数域 F_1 内,而有次形,即 $p = a + b\sqrt{s}$,$q = c + d\sqrt{s}$,$w = e + f\sqrt{s}$,于此 a, b, c, d, e, f, s 皆有理数.按 ④,有

$$x^2 - 2px + p^2 = q^2 w$$

此式系数皆在 F_1 域内,此域由 $\sqrt{s}$ 产生,是以此方程式可改书如次形

$$x^2 + ux + v = \sqrt{s}(rx + t)$$

式中 r, s, t, u, v 皆有理数.将两边平方之,即得一四次方程式

$$(x^2 + ux + v)^2 = s(rx + t)^2 \tag{⑤}$$

系数皆有理数,如前所述.

习题 1.求有理系数之方程式,使有一根为:① $x = \sqrt{2 + \sqrt{3}}$;② $x = \sqrt{2} + \sqrt{3}$;③ $x = \dfrac{1}{\sqrt{5 + \sqrt{3}}}$.

2.用相类方法,求八次方程式,使有一根为:① $x = \sqrt{2 + \sqrt{2 + \sqrt{2}}}$;② $x = \sqrt{2} + \sqrt{1 + \sqrt{3}}$;③ $x = 1 + \sqrt{5 + \sqrt{3 + \sqrt{2}}}$.

欲证上理之一般情形,使 x 在 F_k 域内,k 为泛定数,可用上之过程证明 x 适

合一二次方程式,系数在 F_{k-1} 内.继续施此法,可知 x 适合之方程式次数为 $2^2 = 4$,而系数在 F_{k-2} 内,余类推.

习题　用数学归纳法证明 x 适合一 2^l 次方程式,系数在 F_{k-l} 域内,$0 < l \leqslant k$,如此完成一般之证明.于 $l = k$ 时之结果,即为所求证之定理.

第四章　　希腊三大问题之不可作

第一节　　倍　立　方

今吾人已有相当准备，可进研三分角、倍立方及作正七边形等古问题矣．首取倍立方论．设已知立方体一边长为单位，其体积为立方单位，今求作一边长为 x 之立方体，使体积倍于前者，故所求作边长 x 适合于简单之三次方程式

$$x^3 - 2 = 0 \qquad\qquad ①$$

吾人证此数 x 不能仅以尺规作出之方法为间接者．姑设此作法为可能，按上述讨论，此即谓 x 在某一域 F_k 内，如前述方法，可借平方根之附加，陆续引申有理数数域以得之．吾人将证者，即由此假设必招致谬误之后果．

吾人已知 x 不能在有理数数域 F_0 内，因 $\sqrt[3]{2}$ 为无理数也，是故 x 仅能在某一引申域 F_k 中，k 为正整数．由此知 x 可书为下形

$$x = p + q\sqrt{w}$$

此中 p, q 及 w 属于某域 F_{k-1}，但 $\sqrt{w}$ 则否．今由一种简单而重要之代数推理，吾人可证，如 $x = p + q\sqrt{w}$ 为三次方程式 ① 之一解，则 $y = p - q\sqrt{w}$ 亦为一解．因 x 在 F_k 域内，故 x^3 及 $x^3 - 2$ 亦在 F_k 内，而有

$$x^3 - 2 = a + b\sqrt{w} \qquad\qquad ②$$

其中 a 及 b 在 F_{k-1} 内．用简易运算，可得

$$a = p^3 + 3pq^2w - 2, \quad b = 3p^2q + q^3w$$

今命 $y = p - q\sqrt{w}$，在表 a 及 b 算式中，以 $-q$ 代 q，即可证

$$y^3 - 2 = a - b\sqrt{w} \qquad\qquad ②'$$

设 x 为 $x^3 - 2 = 0$ 之一根，则

$$a + b\sqrt{w} = 0 \qquad\qquad ③$$

此式之意，谓 a 及 b 必均为零，是即本论证之关键也．如 b 不为零，由式 ③ 可推知 $\sqrt{w} = -\dfrac{a}{b}$．若是 $\sqrt{w}$ 将为 a 与 b 所属之 F_{k-1} 域内之一数，而背于吾人所设，因

之 $b = 0$，由式 ③ 立即亦有 $a = 0$.

$a = b = 0$ 已证明如上，由 ②′ 立可推知 $y = p - q\sqrt{w}$ 亦为三次方程式 ① 之一解，因 $y^3 - 2$ 等于零故也. 且 $y \neq x$，即 $x - y \neq 0$. 因 $x - y = 2q\sqrt{w}$ 仅在 $q = 0$ 时为零，且苟若此，则 $x = p$ 应在 F_{k-1} 内，与吾人假设相背.

今已证明，如 $x = p + q\sqrt{w}$ 为三次方程式 ① 之一根，则 $y = p - q\sqrt{w}$ 为此方程式之一相异根. 此结果立生矛盾，因仅有一实数 x 为 2 之立方根，其他 2 之立方根为虚，$y = p - q\sqrt{w}$ 亦显为实，因 p, q 与 $\sqrt{w}$ 皆为实故也.

是以由吾人之基本假设竟生矛盾，而得证其为不合，方程式 ① 之解，不能在某域 F_k 内，因之以尺规作倍立方，乃不可能之事.

第二节　三次方程式之一定理

上节终结之代数论证，乃特别施于当前之问题者. 如欲处理其他二希腊问题，则须从一较广之基础出发. 此三个问题，代数上皆有待于三次方程式，关于三次方程式

$$z^3 + az^2 + bz + c = 0 \qquad\qquad ④$$

有一基本事项，即如 x_1, x_2, x_3 为此方程式之三根，则

$$x_1 + x_2 + x_3 = -a^{①} \qquad\qquad ⑤$$

任取三次方程式 ④，其系数 a, b, c 皆有理数. 可能此方程式之一根为有理；例如，方程式 $x^3 - 1 = 0$ 有一有理根 1，其他二根由方程式 $x^2 + x + 1 = 0$ 定之者，必当为虚. 吾人甚易证次之一般定理：一有理系数之三次方程式无有理根，如自有理数数域 F_0 着手，则无一根为可作者.

今仍用间接法证之，设 x 为式 ④ 之一可作根. 则 x 将在如上述明之一串引申域 $F_0, F_1, \cdots, F_k$ 中最后一域 F_k 内. 吾人假定 k 为最小之正整数，能使三次方程式 ④ 之一根在引申域 F_k 内，是故 x 可书如下形

$$x = p + q\sqrt{w}$$

① 多项式 $z^3 + az^2 + bz + c$ 可分解因式得乘积 $(z - x_1)(z - x_2)(z - x_3)$，此中 x_1, x_2, x_3 即方程式 ④ 之三根是以

$$z^3 + az^2 + bz + c = z^3 - (x_1 + x_2 + x_3)z^2 + \\ (x_1 x_2 + x_1 x_3 + x_2 x_3)z - x_1 x_2 x_3$$

因两边中 z 各乘幂之系数应相等，故

$$-a = x_1 + x_2 + x_3 \\ b = x_1 x_2 + x_1 x_3 + x_2 x_3 \\ -c = x_1 x_2 x_3$$

359

此中之 p,q,w 在前一域 F_{k-1} 内,但 $\sqrt{w}$ 不如是.由此可知 F_k 中另一数

$$y = p - q\sqrt{w}$$

亦为方程式 ④ 之一根,其情形恰与上文所提之特殊方程式 $z^3 - 2 = 0$ 者相同.吾人可知 $q \neq 0$,因之 $x \neq y$,亦与上文同.

按式 ⑤ 可知方程式 ④ 之第三根为 $u = -a - x - y$.但因 $x + y = 2p$,故即

$$u = -a - 2p$$

在此 $\sqrt{w}$ 消失不复见,故 u 为 F_{k-1} 域中之一数,此结论与 k 为最小数使某 F_k 域含 ④ 之一根之假设冲突.是以假设为悖谬,而 ④ 无根在如此之 F_k 域中.一般之定理遂得证明.以此理为基础,如一问题之代数解释乃一三次方程式无有理根,即可证明仅用尺规不能作图.对于倍立方问题,此种解释甚为显然,今当更对其他二希腊问题,论其亦能成立.

第三节 三 分 角

360

今证一角之三等分,仅用尺规作图,在一般情形为不可能.但如 $90°$ 及 $180°$ 等,则其三等分当然可作.吾人所求证者,乃不能有一法,可用以三等分任一角.证明中,只需指出有一角不能三等分即足,因有效之一般方法应能包含个别之例也.是以如吾人能证有一例如 $60°$ 不得以仅用尺规之法三等分,则一般方法之不存在可明.

吾人有各种不同方法求出此问题之代数解释,最简便者乃设一角 θ 由其余弦决定:$\cos\theta = g$.如此则本问题即等于求 $z = \cos\left(\dfrac{\theta}{3}\right)$ 一量.用一简单之三角公式,即知 $\dfrac{\theta}{3}$ 之余弦与 θ 者之关系,为方程式

$$\cos\theta = g = 4\cos^3\left(\frac{\theta}{3}\right) - 3\cos\left(\frac{\theta}{3}\right)$$

换言之,$\cos\theta = g$ 时三分角 θ 之问题,即等于求作三次方程式

$$4z^3 - 3z - g = 0 \qquad\qquad ⑥$$

之一解.欲证一般情形之不可能,可取 $\theta = 60°$,故 $g = \cos 60° = \dfrac{1}{2}$,方程式 ⑥ 变成

$$8z^3 - 6z = 1 \qquad\qquad ⑦$$

按前文中所证之理,只需证此方程式无有理根,设 $v = 2z$.则此方程式成

$$v^3 - 3v = 1 \qquad\qquad ⑧$$

如有一有理数 $v = \dfrac{r}{s}$ 适合此方程式,其中 r 及 s 为无公因数大于 1 者之整数,则当有 $r^3 - 3s^2r = s^3$. 由此知 $s^3 = r(r^2 - 3s^2)$ 得被 r 整除,意即苟非 $r = \pm 1$,必 r 与 s 有一公因数. 同理,s^2 为 $r^3 = s^2(s + 2r)$ 之因数,意即苟非 $s = \pm 1$,必 r 与 s 有一公因数. 然吾人已假设 r 与 s 无公因数,是即已证明有理数可能适合方程式 ⑧ 者,仅有 $+1$ 或 -1. 但以 $+1$ 或 -1 代方程式 ⑧ 中之 v,即知任一值皆不能适合之,故 ⑧ 无有理根,因而 ⑦ 亦无之,三等分此角之不可能,遂得证明.

　　一般角不能仅以尺规三等分之理,只在视直尺为过二点作一直线之工器而不作他用时,始能成立. 吾人论可作数之一般特性时,直尺之用法,即以此为限. 若许直尺作他用,则可作图之范围当可大为推广. 下述之三等分角法,见 Archimedes 之著作中,即为一佳例.

　　设有一泛定角 x,如图 1 所示. 将角之底边向左延长,而以 O 为心,取任意半径 r 作一半圆. 在直尺一边上划 A 与 B 二点,使 $AB = r$. 保持点 B 始终在圆上,滑动直尺至一位置,俾点 A 在角 x 之底边延长线上,同时此尺经过角 x 终边与半圆 O 之交点. 就在此位置时之直尺,画一直线,与原有角 x 之延长边成一角 y.

361

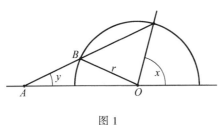

图 1

习题　　证明此作法确可得 $y = \dfrac{x}{3}$.

第四节　正七边形

　　今取单位圆内接正七边形边长求法之问题,加以讨论. 处理本题之最简便法,即用复数. 吾人知此七边形之顶点,即由下列方程式诸根定之.

$$z^7 - 1 = 0 \qquad\qquad ⑨$$

此等顶点之坐标 x,y 即可视为复数 $z = x + y\mathrm{i}$ 之实部与虚部. 此方程式一根为 $z = 1$,其他诸根乃下方程式之根

$$\frac{z^7 - 1}{z - 1} = z^6 + z^5 + z^4 + z^3 + z^2 + z + 1 = 0 \qquad ⑩$$

即从 ⑨ 中,分出因式 $z - 1$ 而得者.以 z^3 遍除式 ⑩,即得方程式

$$z^3 + \frac{1}{z^3} + z^2 + \frac{1}{z^2} + z + \frac{1}{z} + 1 = 0 \qquad ⑪$$

借一简单代数变换,此方程式可书成下形

$$\left(z + \frac{1}{z}\right)^3 - 3\left(z + \frac{1}{z}\right) + \left(z + \frac{1}{z}\right)^2 - 2 + \left(z + \frac{1}{z}\right) + 1 = 0 \qquad ⑫$$

以 y 表 $z + \dfrac{1}{z}$,即可从式 ⑫ 得

$$y^3 + y^2 - 2y - 1 = 0 \qquad ⑬$$

吾人知单位之七次方根,由下式定之

$$z = \cos \phi + i\sin \phi \qquad ⑭$$

而 $\phi = \dfrac{360°}{7}$ 为正七边形一边所对之圆心角;且知 $\dfrac{1}{z} = \cos \phi - i\sin \phi$,因之 $y = z + \dfrac{1}{z} = 2\cos \phi$.吾人如能作 y,即亦能作 $\cos \phi$,反之亦然.是以如能证 y 为不可作,则同时证明 z 不可作,因之正七边形亦不可作,故就第二节之定理考之,本问题至此仅须证方程式 ⑬ 无有理根即可.此理亦用间接方法证之.假设 ⑬ 有一有理根 $\dfrac{r}{s}$,而 r 与 s 为无公因式之整数,则吾人有

$$r^3 + r^2 s - 2rs^2 - s^3 = 0 \qquad ⑮$$

如前可见 r^3 有因数 s,而 s^3 有因数 r.然 r 与 s 既无公因数,二者皆须为 ± 1,是以如 y 为有理数,仅能有数值 $+1$ 及 -1.将此等数代入方程式,二者无一能适合,是以 y 不可作,因之正七边形之边亦若是.

第五节　　方圆问题概略

吾人已能用比较初等之方法,处理倍立方、三分角及作正七边形之问题.但方圆问题较难,而需要高等数学分析之技术.一半径为 r 之圆面积为 πr^2,故欲求作一正方形,使面积等于半径为单位长 1 之圆之面积,问题即为求作一以 $\sqrt{\pi}$ 为长之线段,使为所求正方形之边.如 π 一数可作,则此线段可作,且仅在此时为可作.就可作数之一般特征观之,如示明凡自有理数数域 F_0 继续附加而成之任何域 F_k 均不能含 π,则方圆之不可能已证.此种数域中分子皆代数数,换言之,即能适合于整系数代数方程式之数,故若证明 π 非代数数,亦即超越数,斯

为已足.

　　证明 π 为超越数所需之技术,为 Charles Hermite(1822—1905)所创立,其曾证明 e 为超越数.F.Lindemann 将 Hermite 方法稍加扩充,于 π 超越性之证明,卒获成功(1882),如是遂将方圆之古问题解决.此理之证须习高等分析者始能了解① 不在本编范围之内.

363

<hr />

　　① 亦有较浅之证明,但甚繁,可参看 Klein:*Vorträge über Auögewäbete Fragen der Elomentar geometrie* 第二编第三,四两章(有译者重译本《几何三大问题》,商务印书馆出版).(译者注)

第五章　　几何变换　　反演

第一节　　一般讨论

本编第五 ~ 七章,将对可施于作图题之若干普遍原则,作系统之讨论.多数问题,如采"几何变换"之一般观点,可得较明晰之认识;吾人不就各个问题分别研讨,而取以变换过程所联系之一类问题,同时探索.一类几何变换之观念,有使问题明晰之效,且不限于作图问题,几何中任何事项,几莫不受其影响.在此吾人仅取一种特型变换,即平面对于一圆之反演,此即普通对于直线反射之推广也.

364

一平面在其本身上变换(transformation)或移形(mapping)云者,即指有一规律,使平面任一点 P 与他一点 P' 相应,后者称 P 在此变换下之影(image);而 P 称为 P' 之原(antecedent).此种变换之一简例,即一平面对于已知直线 L 之反射(reflection),犹之镜为鉴:如图1,在 L 一侧之点 P,影为 P',在 L 之他侧;如此使 L 为线段 PP' 之中垂线.一变换可使平面中若干点固定不变,在反射时,对 L 上之点即如是.

变换之他例,如平面依一定点 O 而旋转(rotation),如平行之平移(translation),即各点依一定方向,移动一距离 d(此变换中无固定不变之点)皆是,更推广之,为平面之刚体运动(rigid motions),可视为旋转与平移合成者.

吾人今所关注之一类特型变换,乃对圆之反演(inversions).(有时称为圆反射(circular reflection),因在相当差近程度内,此变换表示原形及在圆凸凹镜中之影之关系.) 如图2,在一定平面中,设 C 为一已知圆,以 O 为心(称反演心),以 r 为半径.一点 P 之影 P',定之如次:在线 OP 上,且与 P 在 O 同侧,使

$$OP \cdot OP' = r^2 \qquad ①$$

P 与 P' 二点称为对 C 之反点(inverse points).由此定义即可知,若 P' 为 P 之反点,则 P 为 P' 之反点.经一反演,圆 C 内部与外部互换,盖 $OP < r$ 时必 $OP' > r$,而 $OP > r$ 时必 $OP' < r$ 也.平面上对反演为固定不变者,仅有圆本身上之诸点.

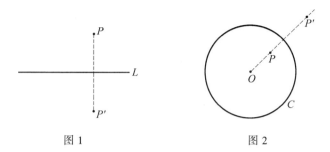

图 1   图 2

365

由规律 ① 不能定圆心 O 之反点.于此显见如一动点 P 趋近于 O 时,其影 P' 渐远去,逾越平面之外.因此吾人常谓点 O 本身对于反演与无穷远点(point at infinity) 相当.此名词之用处,在能说明反演于平面上点及其影之间,树立一种对应关系,二重唯一(biunique) 而无例外,即平面上点有一影而仅有一影,此点本身为他一点之影而仅为他一点之影,是种特性,前所述及之变换皆所备具.

第二节   反演之性质

反演之最重要性质,为其化直线与圆为直线与圆.更明确言之,吾人可证在反演后:

(1) 过 O 之一直线化成过 O 之一直线.

(2) 不过 O 之一直线化成过 O 之一圆.

(3) 过 O 之一圆化成不过 O 之一直线.

(4) 不过 O 之一圆化成不过 O 之一圆.

在(1) 中之理,甚为显然,因按反演定义,此直线上任何点,影为同一直线上他一点,故虽此直线上之点互化,此直线本身仍变成本直线.

欲证(2) 中之理,可自 O 作一直线与直线 L 垂直 (图3).命 A 为此垂线与 L 之交点,A' 为 A 之反点.在 L 上任取一点 P,而命 P' 为其反点.因 $OA' \cdot OA = OP' \cdot OP = r^2$,故可知

$$\frac{OA'}{OP'} = \frac{OP}{OA}$$

是以 $\triangle OP'A'$ 与 $\triangle OAP$ 相似,而 $\angle OP'A'$ 为一直角. 按初等几何之理,知 P' 在以 OA' 为直径之圆上,是以 L 之反形为此圆.如此即证明(2),即 L 之反形为圆

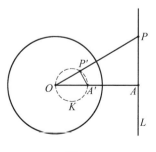

图 3

K,故圆 K 之反形为 L,由此情形,即证明(3) 中之理.

至此只需证(4)之理矣.如图4,设 K 为一圆,不经过 O,心为 M 而半径为k. 今求其影,可过 O 作一直线,交 K 于 A 及 B,然后决定当过 O 之直线与 K 相交之 各种可能情形,影 A' 与 B' 如何变化.命 OA,OB,OA',OB',OM 等距离为 a,b, a',b',m,并设 t 为自 O 至 K 之切线长.按反演定义,$aa' = bb' = r^2$,按圆之一 初等几何性质,$ab = t^2$.如以第二关系式除第一式,即得

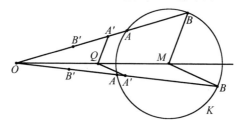

图 4

$$\frac{a'}{b} = \frac{b'}{a} = \frac{r^2}{t^2} = c^2$$

此中 c^2 为一常数,仅视 r 及 t 而定,对 A 与 B 之一切可能位置,其值皆同.过 A' 作一直线与 BM 平行而交 OM 于 Q.命 $OQ = q$,且 $A'Q = \rho$.则 $\dfrac{q}{m} = \dfrac{a'}{b} = \dfrac{\rho}{k}$, 或

$$q = \frac{ma'}{b} = mc^2, \rho = \frac{ka'}{b} = kc^2$$

此结果意即对 A 与 B 一切位置,Q 常为 OM 上同一点,且距离 $A'Q$ 常有相同之 值.同理,$B'Q = \rho$,因 $\dfrac{a'}{b} = \dfrac{b'}{a}$ 也.是以 K 上A,B 等一切点之影,为与 Q 相距常 为 ρ 之点,换言之,K 之影为一圆.(4) 中之理遂得证明.

第三节 反点之作图

下述定理在本章第四节将用及之:已知点对一圆 C 之反点 P',几何上可单 用圆规作图.首设已知点 P 在 C 外之情形.如图5,以 OP 为半径,P 为心,作一 弧交 C 于 R 与 S.以此二点为心,r 为半径作弧,相交于 O 及直线 OP 上一点P'. 在等腰 $\triangle ORP$ 与 $\triangle OP'R$ 中

$$\angle ORP = \angle POR = \angle OP'R$$

故此等三角形为相似,是以

$$\frac{OP}{OR} = \frac{OR}{OP'}$$

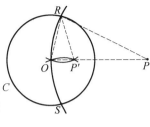

即　　　　　　　$OP \cdot OP' = r^2$

因之 P' 乃所求 P 之反点,而为吾人求作者.

　　已知点 P 在 C 内时,如以 OP 为半径以 P 为心之 C 圆交 C 于二点,则上述作图与证明依然适用.如其不然,可以下之简单技巧,使反点 P' 之作图归入上款.

图 5

　　首宜注意,吾人单用圆规,可在 A,O 二已知点之连线上,求出一点 C,使 $AO = OC$.其作法为先以 O 为心,以 $r = AO$ 为半径画一圆,在此圆上,自点 A 起,取 P,Q,C 诸点,使 $AP = PQ = QC = r$(图 6).如此之 C 即所求点,盖 $\triangle AOP$,$\triangle OPQ$,$\triangle OQC$ 为等边,故 OA 与 OC 成一180°之角,而 $OC = OQ = AO$,由此即可知之.反复施此手续,吾人即易于延长 AO 至所求之任意倍数.AQ 线段之长为 $r\sqrt{3}$,读者甚易证明,故吾人同时附带自单位作出 $\sqrt{3}$,无需用及直尺.

　　吾人至此可求圆 C 内任何点 P 之反点.如图7,首在直线 OP 上求一点 R,使其至 O 之距离为 OP 之整倍数,而在 C 外

367

$$OR = n \cdot OP$$

其法乃用圆规陆续划度距离 OP,直至出 C 外乃止.再用前所述之作图法,求 R 之反点 R',则

$$r^2 = OR' \cdot OR = OR' \cdot (n \cdot OP) = (n \cdot OR') \cdot OP$$

故合于 $OP' = n \cdot OR'$ 之 P',即所求之反点.

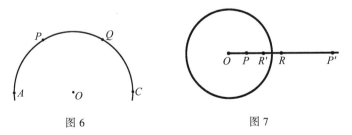

图 6　　　　　　　　　　　图 7

第四节　　如何单用圆规平分线段与求出圆心

　　既已习知如何单用圆规求一已知点之反点,吾人即可得若干有趣之作图题,例如,取单用圆规求 A 与 B 二已知点间中点之问题(不得作任何直线!).其

解法如次:如图8,以 AB 为半径,以 B 为心,作一圆,自点 A 起,以 AB 为半径,在此圆上,划度三弧.最后所得之点 C 在直线 AB 上,而 $AB = BC$.今以 AB 为半径,以 A 为心作圆,而命 C' 为 C 对此圆之反点,则有

$$AC' \cdot AC = AB^2$$
$$AC' \cdot 2AB = AB^2$$
$$2AC' = AB$$

故知 C' 乃所求之中点.

另一借反点之圆规作图题,为求仅知圆周未知其心时之圆心.如图9,在圆周上任取一点 P,以之为心作一圆,交已知圆于 R 及 S.取此二点为心,用半径 $RP = SP$ 作弧,交于点 Q,取此与图5相比较,即可示明未知之圆心 Q',对以 P 为心之圆,为 Q 之反点,故 Q' 得单用圆规作图.

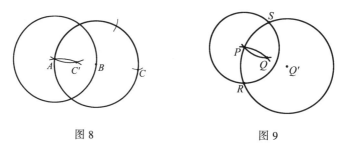

图 8   图 9

第六章　用他种工具作图法
Mascheroni 单用圆规作图法

第一节　倍立方之古典作图法

吾人至此仅论及单用尺规之几何作图题.当他种工具亦得使用时,可作图之种类自当较广.例如,希腊人已用下述方法解决倍立方问题.设有一刚体直角形 MZN(图 1)及一可移动之直角十字形 B,VW,PQ.另有二尺 RS 及 TU,得在该直角之二臂上,垂直滑动.在十字形上取二定点 E 及 G,使 $GB = a$ 与 $BE = f$

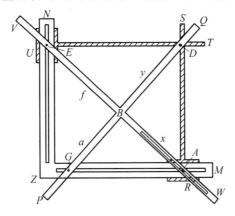

图 1

各有指定之长.置放此十字形时,将 E 与 G 各位于 NZ 及 MZ 上,且滑动 TU 与 RS 二尺,使全部仪器在一位置,其中之长方形 $ADEZ$ 内 A,D,E 各顶点,有十字形之 BW,BQ,BV 诸臂经过.如 $f > a$,则此种装置常为可能.由此立见 $a : x = x : y = y : f$,因之,如在此仪器中,取 f 等于 $2a$,则 $x^3 = 2a^3$,是故 x 即为一立方体之边,此体之体积 2 倍于边长为 a 之立方体者,此即倍立方问题之所求事项也.

第二节　单用圆规之作图法

如由于使用多种工具,即能解决较多种类之作图题,吾人势必想象,工具方面若加限制,可作图之范围自必狭隘.但意大利人 Mascheroni(1750—1800) 有惊人之发现,即:凡用尺规能解之几何作图,单用圆规亦能作之.吾人当然不能不借直尺作连二点之直线,故此一基本作图不在 Mascheroni 理论之范围内.但吾人可设想一直线由其上二已知点确定之.单用圆规,即可求如此确定之二直线之交点,以及一已知圆与一直线之交点.

Mascheroni 作法最简之例,或即为一已知线段 AB 之加倍.此题解法已见上章第三节.第四节中,可平分一直线段.吾人今将解一问题,即平分已知心为 O 之已知弧 AB.其作法如次:如图 2,以 A 与 B 为心,AO 为半径,作二弧.自 O 起取弧 OP 及弧 OQ,使等于弧 AB.再以 P 及 Q 为心,PB 及 QA 为半径,作二弧交于 R.最后,以 OR 为半径,以 P 或 Q 为心,作一弧,使与 AB 相交,此交点即所求之弧 AB 中点.此作法之证,留待读者补出,以资练习.

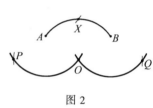

图 2

可能之作图,为数既无限止,势不能将一切尺规可作之图,举出实际单用圆规作法,而由此证明 Mascheroni 之一般定理.但吾人可证下列四基本作图题,得单以圆规解决,如此亦可达同一目的:

(1) 以已知心及半径求作一圆.

(2) 求二圆之交点.

(3) 求一直线与一圆之交点.

(4) 求二直线之交点.

在一般意义下,许用尺规之几何作图,含有限次数之此等基本作图.首二作图,显见单用圆规可作.(3),(4) 两题较难,其解法端赖上章所阐发之反演之性质.

兹请解 (3) 题,即求一圆 C 与一由 A 及 B 二点确定之直线之交点.如图 3,以 A 与 B 为心,各取 AO 及 BO 为半径,作二弧,又交于一点 P.用上章第三节中单用圆规之作法,决定 P 对于圆 C 之反点 Q.以 Q 为心,QO 为半径作圆(此圆必与 C 相交①).此圆与已知圆 C 之交点 X 及 X' 即所求之点.欲证此理,只需示明 X

---

① 在此假设直线 AB 与 C 相交,否则此圆亦不与圆 C 相交,但仍为直线 AB 之反形.(译者注)

与 X' 均距 O 及 P 等远,因按作法,A 与 B 二点即系
如此也.Q 之反点,为一与 X 及 X' 之距离等于 C 之
半径之一点(据上章第三节),由此事实,即可知上
文所需之结果成立.注意过 X,X' 及 O 之圆,为直
线 AB 之反形.盖此圆与直线 AB 交 C 于相同之二
点也.(圆周上之点,反点即为本身.)

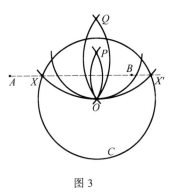

图 3

仅在直线 AB 经过圆心之时,上述作法失败.
但此时之交点,可借本节开始时所述作图求出,其
法以 B 为心作任意弧,交 C 于 B_1 与 B_2 而求 C 上分
成二弧之中点即得(图4).

确定二点连线之反形所成圆之法,可使吾人立即推得(4)题之解.设 AB 与
$A'B'$ 确定此二直线(图5).在此平面上任作一圆,按前法求 AB 与 $A'B'$ 之反形所
成圆.此二圆交于 O 及一点 Y.则 Y 之反点 X,为所求之交点,而可以已用之过程
作图.Y 为对于同在 AB 及 $A'B'$ 上一点之唯一反点,是以 Y 之反点 X,必同时在
AB 及 $A'B'$ 上,由此事实,显见 X 即所求之点.

371

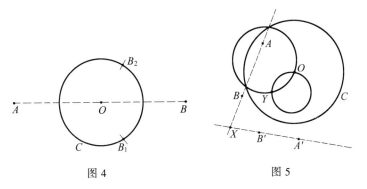

图 4   图 5

由此二作图法,吾人即已完成一证明,指出单用圆规之 Mascheroni 作图与
习用之尺规作图,二者相当.吾人之目的,侧重对 Mascheroni 作图法,得若干深
刻见解,故不必耗费心力从事于个别问题之美妙解法.但仍举正五边形之作法
为一例,更正确言之,即在一圆上求五点,使为一正内接五边形之顶.

设 A 为已知圆 K 上任意一点.内接正六边形之边长,即等于 K 之半径,故可
在 K 上求得 B,C,D,使 $\overset{\frown}{AB} = \overset{\frown}{BC} = \overset{\frown}{CD} = 60°$(图6).以 A 及 D 为心,AC 为半
径,作二弧交于 X.设 O 为 K 之心,而以 A 为心,OX 为半径作一弧,交 K 于 $\overset{\frown}{BC}$ 之
中点 F(据本节开始时之作图).用 K 之半径,以 F 为心作弧,交 K 于 G 与 H.设

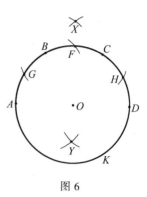

图 6

Y 为一点,与 G 及 H 相隔距离为 OX,且 Y 与 X 之间,被 O 所隔.如此则 AY 为所求五角形之一边.此理之证,委诸读者,以资练习.注意此作图法中,仅用及三不等之半径.

　　1928 年,丹麦数学家 Hjelmslev 在 Copenhagen 书店发现一书,名 *Euclides Danicus*,系 1672 年刊行,出于一不知名著者 G.Mohr 之手.就书名观之,或将断此书不过 Euclid 所著 *Elements* 之译本或注释.然当 Hjelmslev 检阅此书时,大为惊异,因发现此书内容已含 Mascheroni 问题之要旨及其完全解法,而在 Mascheroni 之前,即久已求出矣.

　　习题　　下文即述明 Mohr 作图法.试考其真实性.何以此等作法能解 Mascheroni 作图题?

　　1.一线段 AB 之长为 p,试在其上作一垂直线段 BC.(提示:延长 AB 至一点 D,使 $AB = DB$,以 A 与 D 为心作圆,即可定 C.)

　　2.已知平面上任意二线段,长为 p 与 q,而 $p > q$.利用上题求一长为 $x = \sqrt{p^2 - q^2}$ 之线段.

　　3.自一已知线段 a,作线段 $a\sqrt{2}$.(提示:注意 $(a\sqrt{2})^2 = (a\sqrt{3})^2 - a^2$.)

　　4.由已知线段 p 与 q,求线段 $x = \sqrt{p^2 + q^2}$.(提示:利用关系式 $x^2 = 2p^2 - (p^2 - q^2)$.)试求其他类似之作图.

　　5.设已知平面上任意位置之二线段,长为 p 与 q,用以前诸结果,求线段长为 $p + q$ 及 $p - q$ 者.

　　6.一已知线段 AB,长为 a,次述为求其中点 M 之作图法,试考核而证明之.延长 AB 至 C 及 D,使 $CA = AB = BD$.作等腰 $\triangle ECD$,其中 $EC = ED = 2a$,求以 EC 与 ED 为直径之圆,其交点即为 M.

　　7.求一点 A 在直线 BC 上之正射影.

　　8.设 a,p 与 q 为已知线段,试求 x,使 $x : a = p : q$.

　　9.如 a 与 b 为已知线段,试求 $x = ab$.

　　Jacob Steiner(1796—1863)受 Mascheroni 之感召,作一尝试,选取直尺为工具,以代圆规.单用直尺,自不能超出已知数域之范围,故不足应在传统意义上一切几何作图之所需.Steiner 能限制只用圆规一次,斯堪注意耳.其证明平面中一切尺规作图,若在已知单一定圆及其心时,皆可单用直尺解决.此种作图,需用射影方法.

第三节　　用器械作图,器械作出之曲线,摆线

　　若设计制出器械以作圆与直线外之他种曲线,吾人大可扩展可作图形之范

372

围.例如,若有一工具可作双曲线 $xy = k$,他一工具可作抛物线 $y = ax^2 + bx +$ c,则任何问题,归于三次方程式

$$ax^3 + bx^2 + cx = k \qquad ①$$

者,仅用此等工具作图,皆可解之.因如设

$$xy = k, y = ax^2 + bx + c \qquad ②$$

则解方程式 ①,等于由消去 y 以解联立方程式 ②.换言之,① 之诸根,即 ② 所表双曲线与抛物线交点之 x 坐标也(图7).是以如有工具可作方程式 ② 之双曲线与抛物线,则 ① 之解为可作.

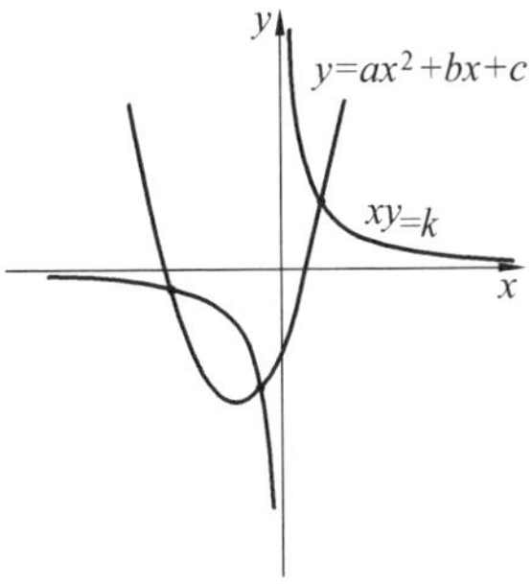

数学家自古即知甚多有趣曲线,可以简单器械作图而确定之.此等"器械曲线"中,摆线(cycloids)为最著名者之一.Ptolemy(约 100—170) 即以巧妙方法,用此曲线说明天体运动.

取圆周上一固定点,当此圆在一直线滚而不滑

图 7

373

时,该点所作成之曲线为最简单之摆线.图 8 即示明此滚动圆上点 P 之四个位置.此摆线之一般形态,乃立于此直线上之一串拱形.

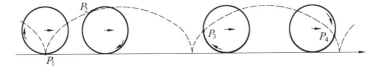

图 8

此种曲线,尚有各种变形,即取 P 为圆内之点(如在轮辐上),或为其半径延长线上一点(如在轮之凸缘上)而得.此二形如图 9 所示.

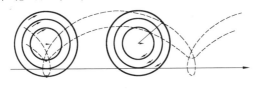

图 9

摆线更有他种变形,乃将圆不在直线上滚动,而在他一圆上滚动所成者.如滚动圆 c 之半径为 r,始终与半径为 R 之大圆 C 相切,则 c 之周上一固定点所生轨迹,称内摆线(hypocycloid).

如圆 c 在 C 之全周上,滚转适历一周,则只在 C 之半径为 c 半径之整倍数时,点 P 可复返原位置.图 10 即示明 $R = 3r$ 之情形.一般言之,如 C 之半径为

c 者之 $\dfrac{m}{n}$ 倍,则内摆线于历 n 周后首尾相接,而共含 m 拱.在 $R = 2r$ 时成一有趣之特例.内圆上任一点 P 均将描出大圆之一直径(图 11).此事项之证,作为一题,留待读者自解之.

此外尚有他型摆线,乃一滚动之圆,始终与固定之圆外切而产生者.如此之曲线,称为外摆线(epicycloid).

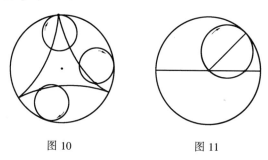

图 10   图 11

374   第四节   联节器 Peaucellier 与 Hart 反演器

吾人今离开摆线之标题,而论产生曲线之他种方法.最简之器械工具,用以描绘曲线者,即为联节器(linkage).一组刚体棒条,依某种方法在可活动之联系处相接,俾此全器械有充分活动余地,使其上一点作出某一曲线,即成联节器.圆规实即为一简单联节器,原则上含一单棒,以一端系于他一点.

在机械机构中,联节器沿用已久.历史上一著名之例,为"Watt 平行四边形",乃 James Watt 所创,用以解一问题,即使其汽机中活塞与飞轮上一点相连,俾飞轮之旋转,可使活塞沿一直线运动(图 12).Watt 解决之法为近似者,且虽经若干著名数学家之努力,欲造一联节器使一点确实在一直线运动上之问题,当年仍未获解决.在某一时期,若干问题解法不可能之证,甚得广大注视,遂认如此联节器之造法为不可能.大足使人惊异者,即 1864 年时,法国海军军官 Peaucellier 创制一简单联节器,可解此问题,有效润滑剂之采用,遂使汽机上此种技术问题,自此失其重要性.

Peaucellier 联节器之作用,即在化圆运动为直线运动.此法本于第四章中反演之理.如图 13 所示,此联节器有七根刚体棒条.二根长为 t,四根长为 s,第七根为任意长.O 与 R 为二固定点,装置时使 $OR = PR$.此器械全部,即系处此等已知条件下,自由运动.今证明点 P 以 R 为心,以 PR 为半径,描一弧时,则点

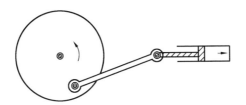

图 12

Q 描一直线段. 命自 S 至 OQ 之垂足为 T, 即可察出

$$OP \cdot OQ = (OT - PT)(OT + PT) =$$
$$OT^2 - PT^2 =$$
$$(OT^2 + ST^2) - (PT^2 + ST^2) =$$
$$t^2 - s^2$$

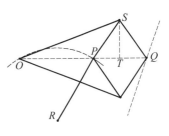

图 13

数量 $t^2 - s^2$ 为常数, 可命之为 r^2. 因 $OP \cdot OQ = r^2$, 故 P 与 Q 乃对于半径为 r 心为 O 之圆之反点. 当 P 描其圆形轨道时 (经过点 O 者), Q 即描出此圆之反形. 吾人已证过 O 之圆之反形为一直线, 故此曲线必为直线. 是以 Q 之轨道为直线, 乃不用直尺作出者.

可解同一问题之另一联节器, 为 Hart 反演器. 此器以五棒连接而成, 如图 14 所示. 此中 $AB = CD, BC = AD.\ O, P$ 与 Q 各为 AB, AD, CB 诸棒上之固定点, 使 $\dfrac{AO}{OB} = \dfrac{AP}{PD} = \dfrac{CQ}{QB} = \dfrac{m}{n}.\ O$ 与 S 二点固定于平面上, 使 $OS = PS$, 其余各棒可自由运动. AC 显然始终与 BD 平行. 是以 O, P 与 Q 共在一直线上, 且 OP 与 AC 平行. 作 AE 与 CF 垂直于 BD, 则有

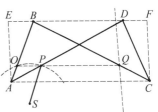

图 14

$$AC \cdot BD = EF \cdot BD = (ED + EB)(ED - EB) = ED^2 - EB^2$$

但
$$ED^2 + AE^2 = AD^2$$

而
$$EB^2 + AE^2 = AB^2$$

是以
$$ED^2 - EB^2 = AD^2 - AB^2$$

今
$$\frac{OP}{BD} = \frac{AO}{AB} = \frac{m}{m+n}$$

且
$$\frac{OQ}{AC} = \frac{OB}{AB} = \frac{n}{m+n}$$

故
$$OP \cdot OQ = \frac{mn}{(m+n)^2} BD \cdot AC = \frac{mn}{(m+n)^2}(AD^2 - AB^2)$$

此联节器不论处于何位置,此量皆同.是以 P 与 Q 乃对于以 O 为心某一圆之反点.当联节器作移动时,P 描出以 S 为心之一圆而经过 O,其反点 O 即描一直线.

他种联节器,可绘椭圆、双曲线,以至于任何次代数方程式 $f(x,y)=0$ 所定各种曲线者,亦能制出(至少在原则上如是).

第七章 再论反演及其应用

第一节 角之不变性,圆族

对圆之反演,虽使几何图形状态大变,但新图形仍继续保有旧图之甚多特性,斯为一可注意之事.此即称为在变换下不改之性质,亦曰"不变(invariant)"性.吾人已知反演将圆与直线,化成圆与直线.今再增一重要特性,即:二直线或曲线间之角,在反演下为不变.此语之意,指任意二相交曲线,经反演化为他二曲线,仍交于相同之角.所谓二曲线交角,当然指其切线间之角.

此理之证,由图 1 可明,图所示者,为一曲线 C 与直线 L 交于点 P 之特例.C 之反形 C' 交 OL 于反点 P',因 OL 之反形即为本身,故知 P' 在 OL 上.兹证 OL 与 C 在点 P 切线间之角 x_0,与相当角 y_0,大小相等.欲证此事,可在曲线 C 上,取一点 A 与 P 相近者,而引割线 AP.今 A 之反点为 A',同时在直线 OA 及曲线 C' 上,故必为二者交点.引割线 $A'P'$.按反演之定义

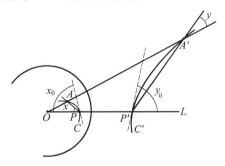

图 1

$$r^2 = OP \cdot OP' = OA \cdot OA'$$

或

$$\frac{OP}{OA} = \frac{OA'}{OP'}$$

换言之,$\triangle OAP$ 与 $\triangle OP'A'$ 相似.是以角 x 等于 $\angle OA'P'$,即吾人称为 y 者.吾人最后步骤,乃命点 A 沿 C 上移动而趋于点 P.如此使割线 AP 旋转至于 C 在点 P

之切线之位置,此时 x 趋于 x_0.同时 A' 将趋于 P',而 $A'P'$ 旋转为 P' 处之切线.y 趋于 y_0.因在 A 之任何位置,x 均等于 y,故在极限时,$x_0 = y_0$.

然吾人之证法,仅有部分完成,因仅论及曲线与过点 O 直线相交之情形也.C 与 C' 二曲线在点 P 交成角 z 之一般情形,至此甚易处理.因直线 OPP' 显然分 z 成二角,每一角吾人皆知其在反演下保持不变也.

有当注意者,即反演虽保持角之大小,但使其向(sense)相反;申言之,如过点 P 之一射线依逆时针方向旋转成 x_0 角,其影将以顺时针方向旋转成 y_0 角.

在反演下角之不变性,可推得特殊结果,即如二正交即交于直角之圆或直线,在反演后仍为正交,二圆相切,即交角为零者,仍为相切.

今论经过反演心 O 及此平面上另一定点 A 之一族圆.按第四章第二节,知此族圆化成一族直线,均经过 A 之影 A',与原有一族正交之一族圆,化为与过 A' 诸直线正交之诸圆,如图 2 所示.(正交诸圆以虚线表之.)过一点诸直线之简单图形,表面上与诸圆之图,颇不相同,然吾人知二者关系实甚密切 —— 自反演理论之观点,二者固完全相当也.

378

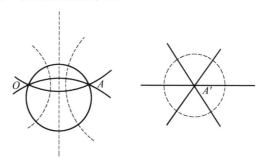

图 2

反演作用之又一例,为彼此在反演心相切之一族圆.经变换后,此族圆化成一组平行线,如图 3 所示.盖以诸圆之影为直线,而无二线相交,其故因原有诸圆仅在 O 相交也.

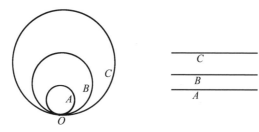

图 3

第二节　对 Apollonius 问题之应用

反演原理之用途,有一优美之例,即下述 Apollonius 问题之简单几何解法. 对任一心之反演,Apollonius 三圆问题,可化成他三圆之相当问题.(何故如此?) 是以如能解任一组三圆问题,则自此组作反演,得他组三圆,而可解矣.今在相当各组三圆中,选取其对此问题简易逾常者,则可运用上述之事项.

首设三圆之心为 A,B 及 C,假定所求圆 U 之心为 O,半径为 ρ,与此三已知圆外切.若将三已知圆半径同增一量 d,则以同一圆心 O,半径为 $\rho - d$ 之圆,显可解此新问题.在准备中,吾人利用此事项,即可代三已知圆以他三圆,使其中二圆互相切于 K(图4).再借以 K 为心之某一圆,反演全图.以 B 与 C 为心之二圆,变成平行线 b 与 c,而第三圆化为另一圆 a(图5).吾人知 a,b,c 皆可以尺规作图.未知圆化为一圆 u 与 a,b,c 相切.此圆之半径显然为 b 与 c 间距离之半. 其心 O',为 b 与 c 间居中直线,及以 A'(a 之心)为心,$r + s$(s 为 a 之半径)为半径之圆,相交二点之一.最后作由 u 反演之圆,即得所求 Apollonius 圆 U 之心矣.(其心 O,即 K 对 u 之反点,再对反演圆之反点.)

379

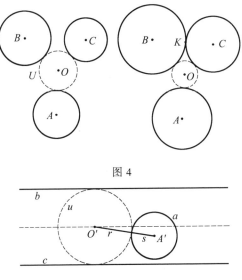

图 4

图 5

第三节　反复反射

用若干镜面所成之奇异反射现象,尽人皆知.设一长方形之室,四壁皆装有理想上无吸收性之镜面,则一发光点将有无限多之影,每一影与由反射所生之各室中者相当(图 6).比较不整齐之镜面装置,例如三镜面,则构成一串较复杂之影.仅当反射之三角形,铺于平面上,能掩覆而不相重叠时,结果所成图像,始易于叙述.此种情形,仅在等腰直角三角形、等边三角形,及后者之半所成直角三角形时遇之,如图 7 所示.

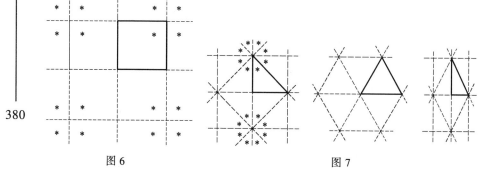

图 6　　　　　　　　　　　　　　　　图 7

再考一对圆中之反复反演,其情况更饶趣味.立于二同心圆镜面间者,可见无限数之他圆,与此二圆同心.诸圆中一串趋于无穷远,他一串向心密集.相离二圆之情形,稍为复杂.此时之诸圆及其影陆续反射,每一度反射,使其渐缩,直至缩为二点,两圆中各含其一.(此等圆之特性,即对于二圆,互为反演.)其情形如图 8 所示.运用三圆可得美丽图案如图 9 所示者.

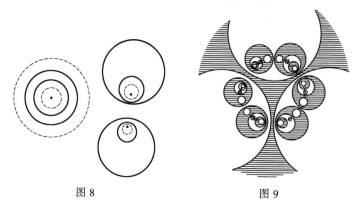

图 8　　　　　　　　　　　　　图 9

附录　我国之三分角家及方圆家

余宁生　述

第一节　三分角问题略史

三等分角之尺规作图问题,在公元 5 世纪(约在周贞定王时),希腊即已有人研究.但因纯粹几何不能决定其本身能力之范围,正如 Archimedes 不能自举其身所居之地球(除非是另有支点),故虽经多人努力,终未获结果.直至公元 1638 年(明崇祯十二年),法国大哲学家 Deseartes 创建解析几何,始得尺规作图之解析准则.然此法则,须待求作几何元素之解析式获得后,方能判定,尚不能应用于未求出之先.故又待 200 年,至 1837 年(清道光十七年)Wantzel 简化关于方程式代数解法之 Abel 定理时,始连带证明三等分角与倍立方两问题不能用尺规作图.此 2 400 年前之古问题,经过 2 100 余载无结果之尝试,始见端倪.复历 200 年,方告否决.

第二节　汪 联 松

1936 年 8 月 18 日,北平晨报登载郑州铁路站长汪联松之三分角作法,颇引起国人注意.据其自述,乃耗 14 年精力所获之结果.其法为错误,自不待言,舛谬之点,在一轨迹问题:如图 1,以 $\angle BAC$ 为任意角,作 $ED \parallel BA$.取 A 为心作若干同心圆,交 AC 于 K,交 DE 于 H,则弧 KH 中点轨迹为一直线.驳斥其说者,同年 9 月 27 日武汉扫荡报,有李森林一文,11 月份数学杂志,有顾澄一文,12 月份中等数学月刊,有郭焕庭、刘乙阁一文,各用不同方法,指陈该理之误.盖其轨迹实为二次以上之曲线也.郭刘曾求出轨迹之直坐标方程式.笔者试以极坐标法解之,较为简便,兹录如次:

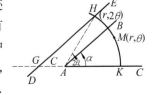

图 1

381

取点 A 为极,HK 弧中点为 $M(r,\theta)$,则点 H 之极坐标显为 $(r,2\theta)$.延长 KA 交 DE 于 G.命 $GA = c$,因 $DE \parallel AB$,故

$$\angle DHA = \angle HAB = 2\theta - \alpha$$

$$\angle HGA = \angle BAK = \alpha$$

用正弦定律于 $\triangle AGH$,得

$$\frac{r}{\sin \alpha} = \frac{c}{\sin(2\theta - \alpha)}$$

所以

$$r\sin(2\theta - \alpha) = c\sin \alpha$$

再化为直坐标方程式,即知其非直线,读者试自为之.

第三节　吴 佑 之

汪君之作,在抗日战争前一年,战时八载艰辛,国人咸致力于救亡图存之大业,本题无关现实,遂沉寂不复有所闻.1945 年 8 月 14 日胜利来临,民族精神奋振,对此纯理问题,又引人兴趣.继汪君而起者为成都吴佑之,其作法见 1946 年 12 月四川省立科学院之科学月刊第四期,今简化如次:

如图 2,设 $\angle BAC$ 为已知角,a 为定长.在 AC 上,取 $AS = SR = a$;在 AB 上,取 $AO = OQ = a$,作 $SS' \parallel RR' \parallel AB$,及 $OO' \parallel QQ' \parallel AC$.令 OO' 与 RR' 交于 M,又 QQ' 与 SS' 交于 N,则 AM 与 AN 为求作之三等分线.

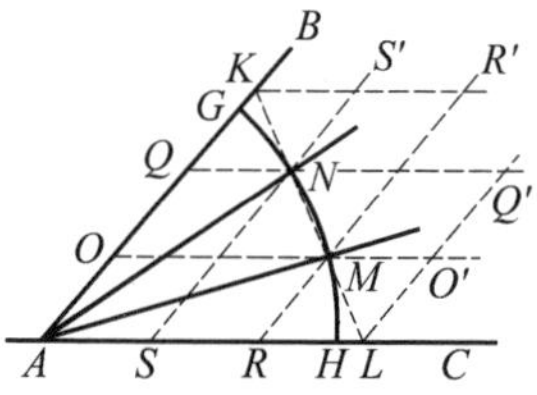

上法之不合,甚属显然,试在角之二边上,取 $RL = QK = a$,则易证 $LM = MN = NK$,且 L,M,N,K 共在一直线上,而 $AM = AN$.以 A 为心,作过 M 与 N 之弧,交二边于 H 与 G.如 HM,MN 与 NG 三弧相等,则 MN 与 NG 二弦亦必等.但 $\triangle NAG$ 为等腰,故 $\angle AGN$ 为锐角,而其补角 $\angle NGK$ 为钝角,必大于锐角 $\angle AKN$(为等腰 $\triangle LAK$ 之底角),因此 $GN > KN = MN$.由此矛盾,可断 MN 与 NG 二弧不相等.

吴君对其作法,颇具信心,1948 年 1 月初上海杨嘉如发明三分角法之讯盛传各地后,吴君于 18 日发表其意见,谓"五六年前已精心研究,杨君之论,恐是抄袭"云云.5 月 14 日又致函本编译者,另举一作法,原作繁冗,删去其中无关步骤,简化如下文.

如图 3,在 $\angle MON$ 二边上,取 $OA = OB$,联结 AB,三等分于 F 与 F'.作过 F 及 F' 而与 AB 垂直之二直线,交以 O 为心,以 OA 为半径之圆弧于 E 及 E'.再以

图 2

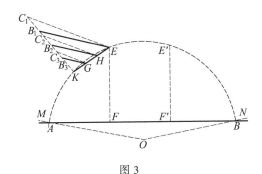

图 3

A 为心, EE' 为半径, 作弧交 AB 弧于 K. 过 K 任作一直线, 在其上任意取 $KB_3 = B_3B_2 = B_2B_1$. 三等分弦 KE 于 G 与 H. 联结 B_2H 与弧 AE 之交点即为弧 AB 上三等分点.

原作未有证明, 其意显然认 KE 与 KB_1 上三等分点连线必三等分弧 KE. 其谬误极易见. 因显然可在过 K 所引直线上, 另取首尾相接之三等长线段, 并如上法连至 KE 上之三等分点, 其与弧 KE 之交点, 自与上异, 而得另一组三等分点矣. 译者举此以答吴君, 不复见其有所表示, 似已自明其误. 不意事隔恰一周年, 忽有灌县袁履坤, 于 1949 年 5 月 13 日, 致函四川大学数理研究会主办之笛卡儿半月刊, 称"吴君 …… 已完成全部解法, …… 诚为吾国学术界之光荣. …… 特 …… 附寄吴君原稿, 敬希披露"云云. 阅其解法及证明, 较之一年前旧作, 实未见有何进步, 所表现之学历, 尚未逮初中程度, 其证明仍多错误, 不再录于此. 兹仅述其作法而示其不合如次.

如图 4, 其作法在任意 $\angle BAC$ 二边上, 取 $AE = AF$, 作等腰梯形 $EFDH$, 并使腰等于一底, 即 $EH = HD = DF$, 吴君认 AD 与 AH 三等分已知角 $\angle BAC$.

作 $\angle BAC$ 之角分线 AQ, 由解析几何理知 D (与 H) 轨迹为一双曲线, 以 $F(E)$ 为焦点, AQ 为准线, 而离心率 $e = 2$. 此双曲线与三分角线只有二交点, 故除巧合外 (此不得谓为尺规作图), D (或 H) 之位置, 不能适合. 综观吴君三种作法, 皆乏确定性, 不特理论上不能成立, 其误差亦每大至相当程度, 毫无实用上价值.

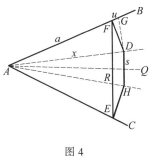

图 4

今进以极坐标法求上述之交点. 如图 5, 取 A 为极, AQ 为极轴, 双曲线上动点 P 之极坐标为 (ρ, θ). 命 $\angle CAB = \alpha$, $AF = a$, 自 P 至 AQ 之距离为 s, 则 $s = \rho \sin \theta$. 又按余弦定律

383

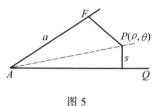

图 5

$$PF^2 = a^2 + \rho^2 - 2a\rho\cos\left(\frac{\alpha}{2} - \theta\right)$$

代入 $PF^2 = 4s^2$,有

$$a^2 + \rho^2 - 2a\rho\cos\left(\frac{\alpha}{2} - \theta\right) = 4\rho^2\sin^2\theta$$

即为双曲线之极方程式.再求其与三等分角线 $\theta = \frac{\alpha}{6}$ 之交点.

$$a^2 + \rho^2 - 2a\rho\cos\frac{\alpha}{3} = 4\rho^2\sin^2\frac{\alpha}{6}$$

$$\rho^2\left(1 - 4\sin^2\frac{\alpha}{6}\right) - 2a\rho\cos\frac{\alpha}{3} + a^2 = 0$$

或 $\rho^2\left(2\cos\frac{\alpha}{3} - 1\right) - 2a\rho\cos\frac{\alpha}{3} + a^2 = (\rho - a)\left[\rho\left(2\cos\frac{\alpha}{3} - 1\right) - a\right] = 0$

故得二根为 $\rho = a$,$\rho = \dfrac{a}{2\cos\dfrac{\alpha}{3} - 1}$.由前一根,知所求点乃以 A 为心,以 AF 为

半径之圆,与双曲线之交点,须由四次方程式方可定之,仍未可借尺规求作.至
于后一根,必须先求 $\cos\dfrac{\alpha}{3}$,亦即应先作 $\dfrac{\alpha}{3}$,归于本题.

上文获致之结果,用纯几何理亦可明之.如 AD 为一三分角线,则在
$\triangle ADH$,$\triangle ADF$ 中,$\angle DAH = \angle DAF$,有公共边 AD,且 $DH = DF$,故此二三角
形,有二边及其一相对角对应相等,故 $\angle AHD(=\angle ADH)$ 与 $\angle AFD$,必相等或
相补.在相等时,$AD = AH = AF$,即 $\rho = a$ 之情形.在相补时,因 $\angle AHD$ 为等腰
三角形底角,必为锐角,故 $\angle AFD$ 必为钝角.以 D 为心,DF 为半径作弧,与边
AB 之交点 G,必在线段 AF 过 F 之延长线上.可命 $DH = 2s$,$AF = a$ 如前;且
$AD = x$,$FG = u$.显见 $x = a + u$.此时 $\triangle DAH \cong \triangle DAG$,故 $\angle ADH = \angle AGD$,
是以等腰 $\triangle DAH$ 与 $\triangle FDG$ 相似.因此

$$\frac{x}{2s} = \frac{2s}{u}$$

即

$$\frac{x}{2x\sin\dfrac{\alpha}{6}} = \frac{2x\sin\dfrac{\alpha}{6}}{x - a}$$

$$4x\sin^2\frac{\alpha}{6} = x - a$$

384

所以
$$x = \frac{a}{1 - 4\sin^2\frac{\alpha}{6}} = \frac{a}{2\cos\frac{\alpha}{3} - 1}$$

第四节　杨师禹

　　稍后于吴佑之者有杨师禹.1947 年 6 月科学月刊第十期载有其三等分 60°
角作法及证明,且指出原证中不合之点.兹不复录其证,仅由笔者简化其作法,
并以较浅明方法,示其错误.

　　杨君之法首为任作一圆,如图 6,过 60° 之 ∠C 顶点,交其二边于 A 及 B.兹
为讨论简便计,设所作圆之心 O 在其一边上.再取 AO 为直径作一圆 O'.自 O 作
AB 之垂线 OF,延长之交圆 O 于 P.在 FA 上取 $FH = \frac{1}{2}FP$.在 H 作 AB 之垂线
交圆 O' 于 D.联结 AD 及 OD 各交圆 O 于 Q 与 R,则 CR,CQ 三等分 60° 之 ∠C.

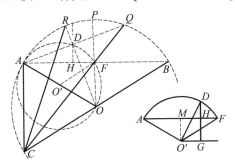

图 6

　　命 $OB = OC = 1$,因 ∠C = 60°,而 ∠CBA = 30°,∠AOB = ∠AO'F = 120°,
故易明

$$AC = 1, AB = \sqrt{3}, OF = FP = \frac{1}{2}, HF = \frac{1}{2}FP = \frac{1}{4}$$

$$O'A = O'F = \frac{1}{2}, AF = \frac{1}{2}AB = \frac{\sqrt{3}}{2}$$

再自 O' 作 $O'M \perp AF$,$O'G // AF$ 与 DH 之延长线交于 G,则 $DG \perp O'G$.由此得

$$O'G = MH = MF - HF = \frac{\sqrt{3}}{4} - \frac{1}{4} = \frac{1}{4}(\sqrt{3} - 1)$$

$$\cos\angle DO'G = \frac{O'G}{O'D} = \frac{1}{2}(\sqrt{3} - 1) \approx \frac{1}{2} \times 0.732\,05 = 0.366\,025$$

检表得

$$\angle DO'G = 68°31'46''$$

故

$$\angle DO'F = \angle DO'G - \angle GO'F = 38°31'46''$$

$$\angle BCQ = \angle BAQ = \frac{1}{2}\angle DO'F = 19°15'53''$$

与 $20°$ 相差约 4%.

第五节　杨　嘉　如

以三分角问题而轰动一时者,当推上海一会计员杨嘉如.其法系 1948 年 1 月 4 日上海大陆报首先揭布.据伪中央社报导(1 月 6 日中央社上海电),"颇引起科学界之重视,且金认为我国数学界上之光荣 …… 早在 1938 年,他就发现了这个原则.一度曾将其法则呈诸牛津、剑桥诸大学,及纽约泰晤士学院、加尼西学院,以待证实.他们的答案,颇有相同之处,都认为仅用圆规与直尺来解答三等分任何一角问题,绝不可能.并众口一声地劝告杨君放弃这个企图. …… 杨君肄业沪市中法学堂时, …… 承认'圆形求积'与'立方展开'之不可能,而对'一角三等分'之不可能起了怀疑.九年以前,杨君以衣架作戏,忽然 …… 起了特殊的灵感, …… 就寻得了答案".此传奇式之消息,遂激动一般人士之好奇心.其时各地知名之数学家,对此仍表怀疑.1 月 9 日天津大公报,载有南开大学吴大任教授谈话;1 月 12 日伪中央社长春电,详述长春大学教务长张德馨博士意见;皆指出本题解决之不可能.唯杨君自信之强,尤甚于吴佑之.彼曾谓" …… 我深信我确实已发明这个原则,除非有人能指出他的谬误,否认 …… 法则的正确性."又称"我静候全世界科学家数学家,来公认这原则的正确性,或是指出它的破绽".更气愤言之,曰"高等数学,我虽不懂,不过我希望海内外同流,能不吝指出我法则的错误处".孟子有言,"舜人也,予人也,有为者亦若是",三分角家之精神类此,自未可厚非,惜其致力之途径则谬.有志作纯理研究者,首当知所研讨之问题,今日已发展至若何程度.权威之说,如无充分理由,固可不必轻信,但亦不必无故"轻"疑.今日之纯理科学,已达高远之域,未具有基本学识及相当修养者,断难望有徒恃灵感即可成功之事.否则徒耗时间精力,终归失败.

兹先简述其作法,次指其错误.

如图 7,设 $\angle BAC$ 为欲三等分之角,以 A 为心,任意长为半径,作圆弧,交其二边于 H 与 I.联结弦 HI,取作直径,在其上作一半圆.IH 上右三等分点为 L,半圆上右三等分点为 O.作 LO 之中垂线,交 HI 之延线上于 U.以 U 为心,$UL = UO$ 为半径作弧,交圆心角 $\angle HAI$ 之对弧于 W,W 即为所求三等分点之一,同法可作出另一三等分点 V.

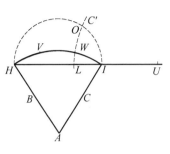

图 7

杨君之证明,为其原作之第 18 条,谓"……平分 $\angle BAW$ 及 $\angle CAV$ 的二等分线,……将恰合于三等分线上";无怪乎有人评为"实是滑稽之至,自欧氏以来,从未有用此种方法作为证明者".

上法所犯之病,与汪联松同,盖皆误认某种轨迹之性质也.若此作图能合,即不啻认:过二定点之一切圆弧上,每一三等分点之轨迹为圆,其是否正确,自不难验以解析几何.

取 HI 为 x 轴,其中垂线为 y 轴(图略),并命各点坐标为 $A(0, -\lambda)$, $H(-k, 0)$, $I(k, 0)$,且弧 HI 上右三等分点为 $P(x, y)$,而 $AH = AI = R$ 与 $\angle YAP = \theta$, $\angle YAI = 3\theta$,如此则

$$\tan 3\theta = \frac{k}{\lambda}, \sin\theta = \frac{x}{R}, \cos\theta = \frac{y + \lambda}{R}$$

$$R^2 = k^2 + \lambda^2 = k^2(1 + \cot^2 3\theta) = k^2\csc^2 3\theta = \frac{k^2}{\sin^2 3\theta}$$

387

$$x = R\sin\theta = \frac{k\sin\theta}{\sin 3\theta} = \frac{k}{3 - 4\sin^2\theta}$$

$$y = R\cos\theta - \lambda = k\left(\frac{\cos\theta}{\sin 3\theta} - \cot 3\theta\right) =$$

$$\frac{k(\cos\theta - \cos 3\theta)}{\sin 3\theta} = \frac{2k\sin 2\theta\sin\theta}{\sin\theta(3 - 4\sin^2\theta)} =$$

$$\frac{2k\sin 2\theta}{3 - 4\sin^2\theta}$$

所以
$$\frac{y}{x} = 2\sin 2\theta$$

即
$$\sin 2\theta = \frac{1}{2} \cdot \frac{y}{x} \qquad ①$$

但
$$3 - 4\sin^2\theta = \frac{k}{x}$$

$$\sin^2\theta = \frac{1}{4}\left(3 - \frac{k}{x}\right) = \frac{3x - k}{4x}$$

$$\cos 2\theta = 1 - 2\sin^2\theta = 1 - \frac{3x - k}{2x} = \frac{k - x}{2x} \qquad ②$$

将 ①,② 二式两边平方相加,即得

$$\left(\frac{y}{2x}\right)^2 + \left(\frac{k-x}{2x}\right)^2 = 1$$

化简后,并使成范式,即知乃双曲线

$$\frac{\left(x + \frac{k}{3}\right)^2}{\left(\frac{2k}{3}\right)^2} - \frac{y^2}{\left(\frac{2k}{\sqrt{3}}\right)^2} = 1$$

至于原作法所用之圆,以 $U(u,0)$ 为心.半圆上右三等分点 O 之坐标易知为

$$x = k\cos 60° = \frac{k}{2}, y = k\sin 60° = \frac{\sqrt{3}}{2}k$$

由 U 至 L 与至半圆上右三等分点 O 等远之理,得

$$\left(u - \frac{k}{2}\right)^2 + \left(\frac{\sqrt{3}}{2}k\right)^2 = \left(u - \frac{k}{3}\right)^2$$

所以

$$\frac{1}{3}ku = \frac{8}{9}k^2, u = \frac{8}{3}k$$

388 故圆之方程式为

$$\left(x - \frac{8}{3}k\right)^2 + y^2 = \left(\frac{7}{3}k\right)^2$$

即

$$x^2 + y^2 - \frac{16}{3}kx + \frac{15}{9}k^2 = 0$$

此圆与双曲线,有交点二及互切点一如下

$$O_1\left(\frac{1}{2}k, \frac{\sqrt{3}}{2}k\right), O_2\left(\frac{1}{2}k, -\frac{\sqrt{3}}{2}k\right), L\left(\frac{1}{3}k, 0\right)$$

此外更无其他交点.

第六节　论准确度

吴杨二君之作法,皆系差近者,兹就直角之特例,论其准确度.

按吴君第一作法,当 $\angle BAC$ 为直角时,$MR \perp AR$,$\tan\angle MAL = \frac{MR}{AR} = \frac{1}{2}$.查表得 $\angle MAL = 26°34'$ 弱,与 $30°$ 之差为 12% 弱.由此又知 $\angle MAN = 90° - 2 \times 26°34' = 36°52'$,误差尤大,竟约达 23%.

杨君作法之准确度颇高.为便利计算,取 $k = 3$,注意

$$\cos 75° = \frac{1}{4}[\sqrt{6} - \sqrt{2}], \sin 75° = \frac{1}{4}[\sqrt{6} + \sqrt{2}]$$

则易得象限弧 IH 上右三等分点 P 之坐标为

$$x = 3\sqrt{2} \times \frac{1}{4}(\sqrt{6} - \sqrt{2}) = \frac{3}{2}(\sqrt{3} - 1)$$

$$y = 3\sqrt{2} \times \frac{1}{4}(\sqrt{6} + \sqrt{2}) - 3 = \frac{3}{2}(\sqrt{3} - 1)$$

所以

$$UP^2 = \left[\frac{3}{2}(\sqrt{3} - 1) - 8\right]^2 + \left[\frac{3}{2}(\sqrt{3} - 1)\right]^2 = 106 - 33\sqrt{3} \approx 48.842\,324$$

$$UP \approx \sqrt{48.842\,324} \approx 6.989$$

故与圆半径 7 之差为 0.011.以此差为长之弦所对圆心角为 θ,则差近的

$$\sin\frac{1}{2}\theta = \frac{1}{2} \times \frac{0.011}{3} = 0.001\,8$$

查表

$$6' < \frac{\theta}{2} < 7'$$

即

$$12' < \theta < 14'$$

第七节　　袁　成　林

389

除上述诸三分角家外,尚有兼方圆家者,为广汉交通部第五区八总段三十分段袁工程师成林.彼对此二题之解法,在 1948 年 1 月 21 日、22 日成都新民报刊登.三分角作法原文为:"如图 8,∠AOB 为一任何角.以点 O 为圆心,作任意圆.引长 AO 交圆于点 C,得 AOC 直线,然后以 C 为定点,用直尺及刚划圆之圆规,向 OB 上作直线 CD',但必须 DD' 为圆规之长,即等于 OD 之长,(作法简单,因点 C 及 OB 为固定点线,作时将圆规与直尺并后移动即得.)即得直线 CDD'.最后作 $OE \parallel CD$,则 ∠BOE 为 $\frac{1}{3}$∠AOB 之角度".

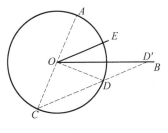

图 8

原文附有证明无误,与上述诸三分角家异,且其态度尚属谨慎.彼虽亦欲"向法国数学会、诺贝尔奖金会,及世界有名数学家审核 ……",然有"但不知是否合乎原出题之规定" 一语.新民报披露此稿后,曾遭记者米译者处询问意见,比告以"…… 未合作图规矩,…… 圆规 …… 直尺之用,…… 不能如该作法所云:圆规与直尺合并后移动一类作法.故该法之证明虽无误,但不合作图之规

矩,失其原意……". 袁工程师见 1 月 23 日报载此谈话后,曾致译者一函,将其作法稍加修改. 即过 C 作三适当直线,交圆 O 于 D_1, D_2, D_3,而在其延长线上,取 D'_1, D'_2, D'_3,使 $D_1D'_1 = D_2D'_2 = D_3D'_3 = OC$. 过 D'_1, D'_2, D'_3 作一圆交 OB 于 D,再如上法作图即成(图略). 其错误盖在认 D' 等轨迹为圆,不知其实乃 Pascal 蚶线 (limaçon),亦称心脏线 (cardioid). 首以此解三分角者,为法人 Roberval(1602—1675),距今已有三百年之历史. 译者以此意函复之,嗣后即未再得来信.

至于袁工程师之解方圆问题,错误在于认圆周率 π 为有理数 $\dfrac{22}{7}$,不知此实乃一差近值,其五位小数之值,为 3.142 86 弱,自第三位小数起,即已不复与 π = 3.141 59… 相同矣. 二者之差,虽仅 0.04% 即万分之四,然究非相等.

第八节　宋叙伦

后于杨袁诸人约一载,又见成都新新新闻报道伪四川省府教育厅职员宋叙伦创获三分角法之消息,而未载其法. 承吾师曾远荣博士辗转托友索得原文,兹简述其作法如次:

如图 9,设 $\angle A$ 为欲三等分之角,以 A 为心作弧 BC. 另任取一点 D 为心,作一弧,在其上载取等弧 $\overset{\frown}{BF} = \overset{\frown}{FG} = \overset{\frown}{GE}$. 联结 BE、DE,又联结 DF、DG 交 BE 于 I 及 H. 再联结 CE,过 H 与 I,作 CE 之平行线,交 BC 于 J 及 K,则 AJ 与 AK 三等分已知角 A.

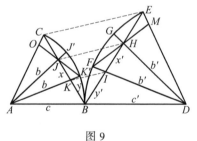

图 9

原作初未有证明,作者仅认其有正确性之可能. 旋又发表其证法,大略如次:在 DE 上取 $EM = GH$,连成 $\triangle EMH$ 与 $\triangle FIH$,而证得二者全等. 又在 AC 上取 $CO = J'J$,连成 $\triangle COJ$ 与 $\triangle K'KJ$,而谓"如 n,$CB = BE$,则此三角形亦为彼三角形之 n 倍",遂断 $\triangle COJ \cong \triangle K'KJ$. 其意殆指 $\triangle COJ \backsim \triangle EMH$,$\triangle K'KJ \backsim \triangle FIH$. 不知 $\angle JCO = 90° - \dfrac{1}{2}\angle BAC$ 与 $\angle HEM = 90° - \dfrac{1}{2}\angle BDE$,如非 $\angle BDE = \angle BAC$,二者决不相等,因之此二三角形绝无相似之可能也.

此证法固不合,其作法亦易明其不符,命 $\angle BAC = 6\theta$,$\angle BDE = 6\alpha$,如作

法正确,则应可证

$$\frac{\tan 3\theta}{\tan \theta} = \frac{\frac{1}{2}BC}{\frac{1}{2}KJ} = \frac{\frac{1}{2}BE}{\frac{1}{2}IH} = \frac{\tan 3\alpha}{\tan \alpha} = \text{常数}$$

但

$$\tan 3\theta = \frac{\sin 3\theta}{\cos 3\theta} = \frac{\sin \theta(3 - 4\sin^2\theta)}{\cos \theta(4\cos^2\theta - 3)} = \tan \theta \cdot \frac{4\cos^2\theta - 1}{4\cos^2\theta - 3}$$

所以

$$\frac{\tan 3\theta}{\tan \theta} = \frac{4\cos^2\theta - 1}{4\cos^2\theta - 3} = \frac{2(\cos 2\theta + 1) - 1}{2(\cos 2\theta + 1) - 3} = \frac{2\cos 2\theta + 1}{2\cos 2\theta - 1}$$

显非常数,今再验以特值如下.

令 $\theta = 15°$,则

$$\frac{\tan 45°}{\tan 15°} = \frac{2\cos 30° + 1}{2\cos 30° - 1} = \frac{\sqrt{3} + 1}{\sqrt{3} - 1} = 2 + \sqrt{3}$$

令 $\theta = 22.5°$

$$\frac{\tan 67.5°}{\tan 22.5°} = \frac{2\cos 45° + 1}{2\cos 45° - 1} = \frac{\sqrt{2} + 1}{\sqrt{2} - 1} = 3 + 2\sqrt{2}$$

391

后者约为前者之 1.56 倍,若精确作图,亦可见其谬.

今更以纯几何方法揭明其误,在此采归谬论证.如图 9,令

$$BH = BI + IH = y' + x' = a', BJ = BK + KJ = y + x = a$$

按角平分线长公式,有

$$b^2 = \frac{4}{(b + c)^2}bcs(s - a) = \frac{4}{(b + c)^2}bc(a + b + c)(-a + b + c)$$

$$b(b + c)^2 = 4c(a + b + c)(-a + b + c) = 4c[(b + c)^2 - a^2]$$

所以

$$a^2 = \frac{1}{4c}(b + c)^2(b - 4c)$$

若 AK, AJ 亦为三等分角线,则

$$a'^2 = \frac{1}{4c'}(b' + c')^2(b' - 4c')$$

按作法 $x : y = x' : y'$;又按角平分线性质

$$x : y = b : c, x' : y' = b' : c'$$

故

$$b : c = b' : c'$$

是以作图时可选 $BD = AB$,即 $c = c'$,则 $b = b'$. 由是 $a^2 = a'^2$,而知 $\triangle BDH \cong$

$\triangle BAJ$,因此 $\angle BDE = \angle BAC$.除所作任意 $\angle BDE$ 适为已知角 $\angle BAC$ 之 $\frac{1}{3}$ 外,

AK 与 AJ 不得为所求之三等分角线.

注 成都何籽钦曾用三角学方法证明宋君之法无效,理与上同,见成都中等数学座谈会刊行中等数学杂志第九期(1949 年 4 月).旋有四川大学先修班同学赵不凡未能了解何君所用归谬论证之性质,有所怀疑,并误由 $x : y = x' : y' = b' : c'$ 断定 AK 为 $\angle BAJ$ 之角分线,而认宋君作法合理.盖未能透彻了解几何定理之过也.

第九节 刘 明

1949 年 1 月 17 日,成都西方日报致函译者,谓成都某高中有同学刘明以其作法投寄该报,托其转请译者校阅.此作虽无法免于谬误,然可见作者之根底,远胜于宋、杨、吴诸人.其法取任意 $\angle A$,在 $\angle A$ 一边上,截取任意长 AB.于 AB 中点 D,作垂线 DC,与 $\angle A$ 另一边交于 C.过 B 求作一直线,交 CD 于 E,交 AC 于 F,而使 $EF = AF$,则 $\angle DAE$ 为 $\angle A$ 之 $\dfrac{1}{3}$,如图 10 所示,盖因

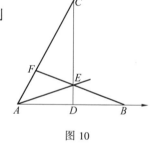

图 10

$$\angle EAD = \angle EBD$$
$$\angle FAE = \angle FEA$$

故 $\angle BAC = \angle FAE + \angle DAE = \angle FEA + \angle DAE = (\angle EAB + \angle EBA) + \angle DAE = \angle EAD + \angle EBD + \angle DAE = 3\angle DAE$

刘君进而以解析几何法求 DE 之长.彼取 AB 及 DC 为坐标轴,命 $DE = z$,而诸已知点坐标为 $A(-c, 0)$,$B(c, 0)$,$C(0, a)$,则由下列二方程式

直线 AC: $\quad\quad\quad ax - cy + ac = 0$

直线 BE: $\quad\quad\quad zx + cy - cz = 0$

之公解,得交点 F 之坐标为 $\left(\dfrac{c(z-a)}{a+z}, \dfrac{2az}{a+z}\right)$.因 $AF = FE$,故

$$\sqrt{\left[\dfrac{c(z-a)}{a+z} + c\right]^2 + \left(\dfrac{2az}{a+z}\right)^2} = \sqrt{\left[\dfrac{c(z-a)}{a+z}\right]^2 + \left(\dfrac{2az}{a+z} - z\right)^2}$$

化简得一三次方程式

$$z^3 - 3az^2 - 3c^2z + c^2a = 0$$

刘君谓解之可得所求之值.

欲明上式不能以平方根求解,可就特例验之,取 $a = 2$,$c = 1$,有

$$z^3 - 6z^2 - 3z + 2 = 0$$

易以综合除法,断定其无有理根.因 ±1, ±2 均不适合.故由本编第三章第二节之理,知为不可作.如用 Eisenstein 定理(见 Birkhoff – Mac – Lane: *A Survey of Modern Algebra* 第 101 至 102 页),可立判其在有理数域内为不可约,因之不能以尺规作图.

至于特别角有可作者,亦可就上之方程式判之,例如 $\angle A = 45°$ 可以三等分,在此易知 $a = 1, c = 1$,得

$$z^3 - 3z^2 - 3z + 1 = (z + 1)(z^2 - 4z + 1) = 0$$

其一无理根 $z = 2 - \sqrt{3} = \tan 15°$,即所求之解也.

刘君更谓三次方程式之解,用及倍立方法(其意殆指开立方),而倍立方为可作,法亦未合.其法作一直角三角形如图 11 所示,使图中 $BD \perp AC$,取 $AB = b$, $CD = ka$ 为已知量,且使 $AD = BC$,则 BC 为 kab 之立根,因命 $AD = BC = x$,则

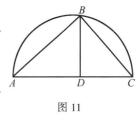

图 11

$$b^2 = x(x + ka), \quad x^2 = ka(ka + x)$$

所以

$$b^2 : x^2 = x : ka$$

而

$$x^3 = kab$$

然此题为:求作一直角三角形,使其一腰长为一已知量,在斜边上射影等于他一腰,而他一腰在斜边上射影长为他二已知量之积.吾人何所据而断其可以尺规作图耶?

393

第十节　尾　声

Merrill 于所著 *Excursion in Mathematics* 一书中,曾剖析此类问题尝试者之心情,颇为透彻,兹录其译文(译者门人范际平教授译,见中等算学月刊第三、四两卷各期),以殿此附录.

"凡属人类,天生有一种崇高的特性,也就是好胜的心理.这种心理,使人探险攀高,赴汤蹈火而不辞.…… 唯其是需要魄力和技巧的艰苦工作,才有诱惑的力量.有些人以为数学家之所以不能化圆为方等等,乃是因工作太难的缘故.存了这个念头,当然想要自己去解决问题,以便打倒一切数学家,出人头地.总之,一切麻烦都因学识不够,竟不知是不可能之事,真是可惜.现在无法证明高峰绝壁不可攀登,探险家仍然继续尝试,将来终有登临之一日.但是想求出圆周率的有理值一切问题,决无成功之可能.这方面探讨的工作,必然是劳而无功".

第五编
奇妙的正方形

原著　科尔杰姆斯基
　　　鲁萨列夫
译者　曾一平

第一章　引　言

几何学上有一条有名的奇妙的定理,它是匈牙利数学家伐尔科沙·鲍利阿伊得到的.这条定理说:如果两个多角形等积(就是面积相等),那么常能把其中任一个分成有限数个小多角形,用它们能组成另一个多角形.

这就是说,如果拿一个正方形来做例子,我们就可以不损失一点面积而把它改变成一个正五角形或正六角形,改变成一个或几个相等的等边三角形等等.

这种把正方形改变成其他图形的方法不止有一种,但是即使要找出其中的一种适当方法来,也需要用很大的机智和灵敏才能成功.

甚至于,假定正方形已经切开成必需的各部分了,现在要想用适当的拼法把它们拼成指定的图形,也还要花不少力气.

但是从这种拼图练习开始正是有益的.因此在第二章里我们给读者提出了一些拼图题,用一个正方形切开的各部分来拼各种各样的图形(这些题目选自《几何构图者》).

我们提供了十二个正方形的切开图,你可以把它们描在纸上,涂上各种不同的颜色,然后把它贴到结实的厚纸板上,照所画的线切开,放在一个小盒子里.空闲的时候,可以用这些纸板来拼拼这些又有趣又有益的拼图题作消遣.

第三章是拼图机智的进一步发展.在这一章里,我们把第二章那些拼图题的切开正方形的几何方法加以研究,论证了改变图形的可能性和留给读者自己去解决的那些问题,但是在剪切各式各样与正方形有关的图形中,仍需要读者自己积极的创造性的工作.

这些问题的诱人地方,是在于它们解法的多样性.读者可以看到,有些问题远在很古的时候就有了解法,但是现在又得到了更好的解法;另外一些直到现在还能引起"运动的"兴趣,常常作为数学竞赛上的题目.

用正方形的切开部分作拼图练习不仅是有益的几何游戏,而且也有实际的意义:它能帮助读者们,现在的和将来的生产革新者们,去合理地剪切材料,去利用所谓"废料"——皮革、布料、木材及其他材料的切边,使它们变成有用的东西.莫斯科"巴黎公社"制鞋厂剪裁工人斯达汉诺夫工作者马特洛索夫这样说过:"如果剪裁工人能够在一双皮鞋的切边上节约 0.8 平方公寸材料的话,那么单只一个制鞋厂的一个车间就能够给国家生产十万双不需要消耗原材料的皮鞋."

大家知道,有许多大量节约的例子,都是斯达汉诺夫工作者千方百计改进了剪切工业材料的方法才得到的成绩.

在第四章里,我们谈了一些关于正方形的奇妙的性质,并介绍了这些性质和其他事物之间的一些意想不到的对比关系,例如,关于分一个矩形成有限数个正方形的问题与电路网中柯西霍夫定律问题之间的关系.

在短短的"尾声"里,我们介绍给读者一种巧妙的几何方法,可以计算出怎样剪裁一张材料最经济.这种方法是前苏联数学家创立的.

在每一章末尾,都有我们给读者提出的问题的解答.

第二章(拼图题)是大家都能读懂的,第三和第四章的内容要求读者有不多的初等几何知识——大概要有中学 7~8 年级①的程度,同时这两章能帮助读者扩展自己的几何概念.读这两章时,手边要有纸和铅笔,以便在读过正文后随时作必要的计算,并解决所提出的问题.每一章都是独立的,完整的,读者可以根据自己的兴趣和程度来选读,可以只读第二章,或者只读第四章.

我们猜想,本编的题目一定会引起中学里数学研究小组的兴趣.

398

---

① 大概相当于我国初中四年级和高中一年级.(译者注)

第二章　改变正方形

正方形本来是大家都很熟悉的、最最普通的图形(图1),但是到了爱好求知的人的灵巧的手里,它就成了一种奇妙的几何图形了.

比如说,他可以把一个正方形用某种方法切开,然后用切成各块一块也不剩的拼成一个其他形状的图形,或者拼成几个其他形状的规则的或不规则的图形.

在本章的习题里,你可以找到 12 个大小一样的正方形.

这些正方形上都画有线条,表示出切开的方法,每个正方形都编有号码,每个号码的正方形都印有两种,一种尺寸较大,另一种(有阴影线的)较小.

图 1

首先把 12 个正方形(大尺寸的)描在不同颜色的颜色纸上,或者有颜色的厚纸板上.

把正方形描到纸上时,要准确的量取图上的各个尺寸.也可以利用复写纸来描.如果没有颜色纸,也可以描在白纸上(例如,把半透明的白纸盖在图上印着描).重要的是正方形上的切开线必须尽量地描准确.

如果正方形是描在白纸上的,在描好后要用颜色铅笔或水彩(均匀的)涂上颜色.要选择 12 种不同的颜色,使各个正方形的颜色都不相同.

把各个颜色的正方形贴在厚纸板上.把厚纸板的反面也涂上和正面一样的颜色(使我们可以两面用),然后把正方形切下来,再按切开线切成各块.

必须切得很精确,不要用剪刀来剪,要用锐利的小刀或者刀片比着直尺来切.

为了避免遗失,还要照图 2 所示的图样给我们制好的图板做一个盒子.

用我们制好的图板拼任一个图形时,除非特别说明是例外情形,都得把同一种颜色的各块一起用上.

每一种颜色的图板,除了用来拼本章所举的拼图题以外,还可以拼出其他

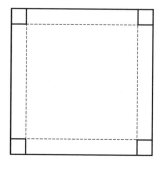

图 2

的新图形来.

　　预先要告诉大家,我们这些由正方形切成的图板有些是很固执的;无论是用它们来拼成新图形,或者反过来,把拼成的图形回复到原来的正方形装进盒子里,都很不容易.

习　题

　　用 1 号正方形的 7 块图板(图 3),拼 1~5 题.

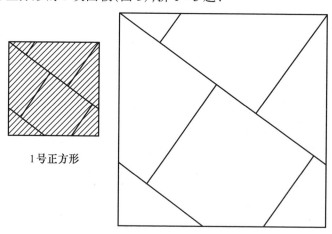

1号正方形

图 3

1.三个相等的正方形(图4).

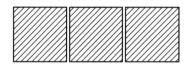

图 4

2.一个平行四边形(阔的)(图5).

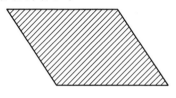

图 5

401

3.一个矩形(图6).

图 6

4.一个平行四边形(狭的)(图7).

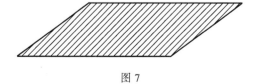

图 7

5.一个梯形(图8).

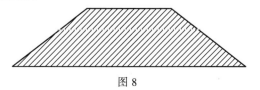

图 8

6.2 号正方形(图 9)里有几块是和 1 号正方形相同的,试用这 8 块图板,拼成一个平行四边形(图 10).

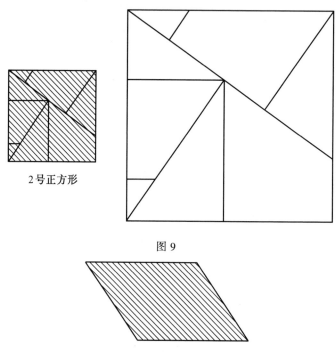

2 号正方形

图 9

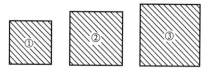

图 10

7.2 号正方形能改拼成三个正方形,它们面积的比为 2:3:4(图 11).

图 11

此外,这三个正方形每一个都很容易改拼成平行四边形.

8.用拼成上面①,②两个正方形的各块拼成一个正方形(图 12).

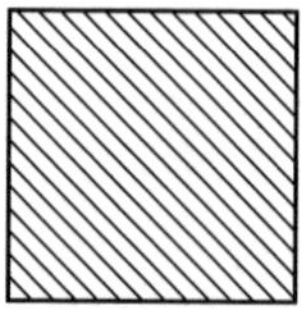

图 12

9.用拼成上面①,②两个正方形的各块拼成一个矩形(图 13).

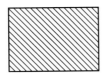

图 13

10.用 3 号正方形(图 14)的各块拼成一个等腰三角形(图 15).

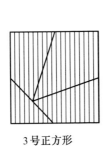

3号正方形

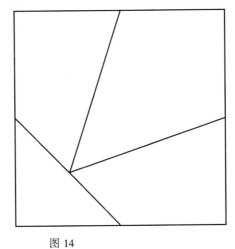

图 14

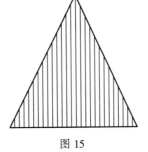

图 15

11.用4号正方形(图16)的4块拼成一个直角三角形(图17).

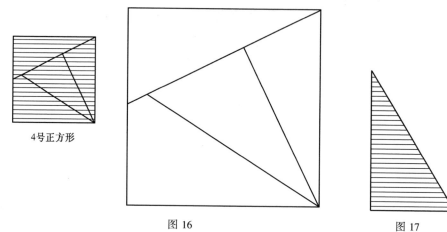

4号正方形

图 16

图 17

12.用5号正方形(图18)的5块拼成一个正六角形(图19).

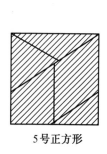

5号正方形

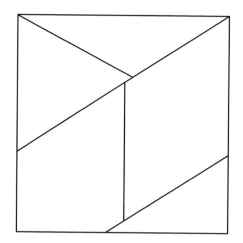

图 18

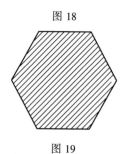

图 19

13. 6 号正方形(图 20)的切法可以拼成一个正五角形(图 21).

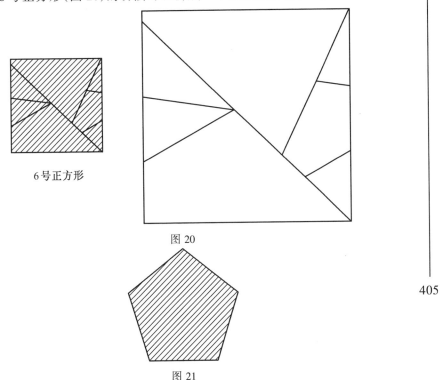

6 号正方形

图 20

图 21

14. 这里有五个同样的梯形和五个同样的直角三角形(图 22),把它们拼成五个同样的正方形是很容易的,但是要拼成一个正方形(即 7 号正方形(图 23))就比较困难了.

这个正方形的尺寸大的一张图在习题解答中,那张图上画有切开线.

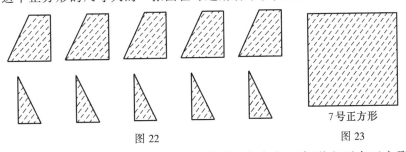

图 22

7 号正方形

图 23

15. 在 8 号正方形(图 24)里你可以看到四个直角三角形和两个正方形,其中一个正方形又切成了好几块. 从这个 8 号正方形里除去三个直角三角形(哪三个,你自己可以考虑一下),剩下一个直角三角形和两个靠在它的两个直角边上的两个正方形.

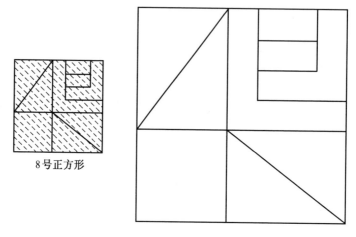

8号正方形

图 24

406 现在如果你用这两个靠在直角三角形直角边上的正方形的各块,来拼成一个较大的正方形,那么这个正方形将能准确的贴合在剩下那个直角三角形的斜边上,也就是说这个正方形的一个边和剩下那个直角三角形的斜边一样长,你检查一下看!

古代的数学家曾经证明:直角三角形二直角边上所作的两个正方形,常能切开成几块,改拼成一个正方形,这个正方形和斜边上所作的正方形相等①.

切开直角边上两个正方形的方法很多,我们在这里举的只是其中的一种.

16.用8号正方形里的四个直角三角形,拼成图25的图形:①菱形;②矩形;③平行四边形;④梯形.

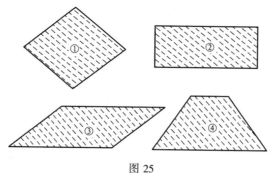

图 25

① 这条定理,在欧洲相传是希腊的几何学家毕达哥拉斯首先发现的,所以称为毕达哥拉斯定理;但是在我国古算书《周髀算经》中,商高就已经知道了"勾方加股方,开方后得弦",所以我们通常把它称为"勾股弦定理".(译者注)

17.把 9 号正方形(图 26)改拼成等边三角形(图 27).

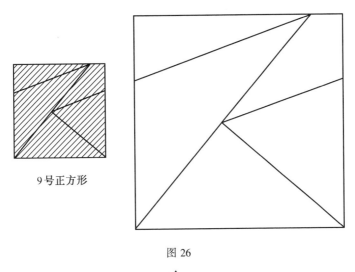

9号正方形

图 26

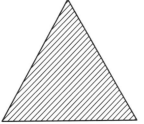

图 27

18.把 9 号正方形改拼成矩形(图 28).

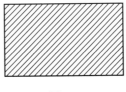

图 28

19.把 10 号正方形(图 29)改拼成两个全等的等边三角形(图 30).

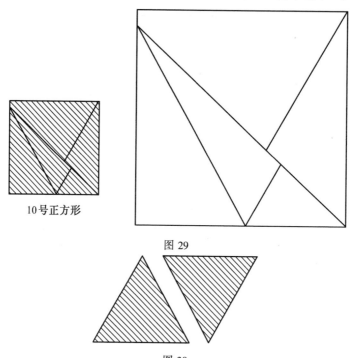

10号正方形

图 29

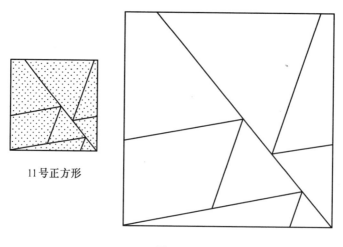

图 30

20.第 11 号正方形(图 31)是又一种切法,用它的各块可以拼成三个全等的等边三角形(图 32).

11号正方形

图 31

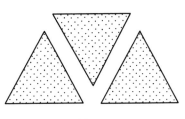

图 32

21. 用边长为 1,4,7,8,9,10,14,15 和 18 的各个正方形(图 33)拼成一个矩形.

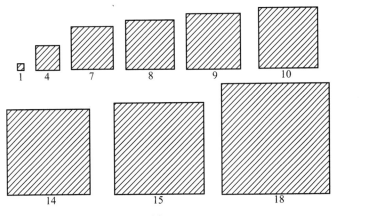

图 33

解这个题和下一个题时,要先从大正方形拼起.

22. 这里是 11 个正方形(图 34),试用它们来拼成一个正方形.

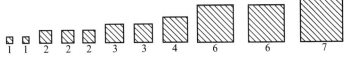

图 34

23. 远在几千年以前,有一位中国学者巧妙地切成了一副正方形图板①(图 35).

想来这种正方形图板最初是用来拼几何图形的.真的,用这种图板,你可以很容易地拼成矩形、平行四边形和梯形等.

经过长时间以后,人们发现用这种图板可以拼许多形象的轮廓,并且拼成每个图形都必须把七块图板全部用上.这样,就成了一种极有趣的作拼图游戏的"七巧板",它流传得很广,尤其在它的祖国——中国,流传得更广.在中国,七巧板游戏就像前苏联的下象棋②一样普遍.甚至于举行拼图比赛,看谁能在

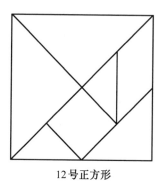

12号正方形

图 35

最短的时间内拼出最多的图形,胜利者就得到奖品.

读者可以用 12 号正方形的图板,先把图 36 所举的 25 个图形逐个拼一下.在作过这些有趣的练习以后,为了启发自己的兴味和创造性,你可以给你自己出题目,用 12 号正方形的全部图板来试拼一些另外的新图像,把拼得最成功的图形描下来,这样你就可以补充起一套别出心裁的七巧图了.

如果你作了好几副七巧板,你可以组织一个拼七巧板的集体游戏.

410

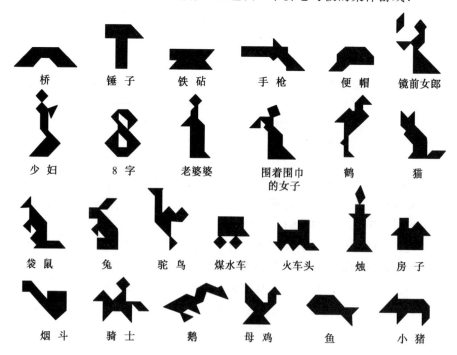

桥	锤 子	铁 砧	手 枪	便 帽	镜前女郎
少 妇	8 字	老婆婆	围着围巾的女子	鹤	猫
袋 鼠	兔	驼 鸟	煤水车	火车头	烛	房 子
烟 斗	骑 士	鹅	母 鸡	鱼	小 猪

图 36

习题解答

1.

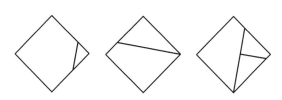

2.

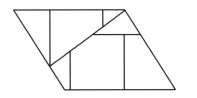

3.

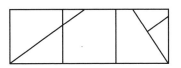

4.

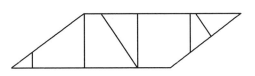

5.

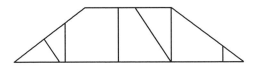

6.

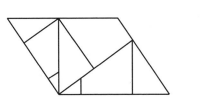

7.

8.

9.

10.

11.

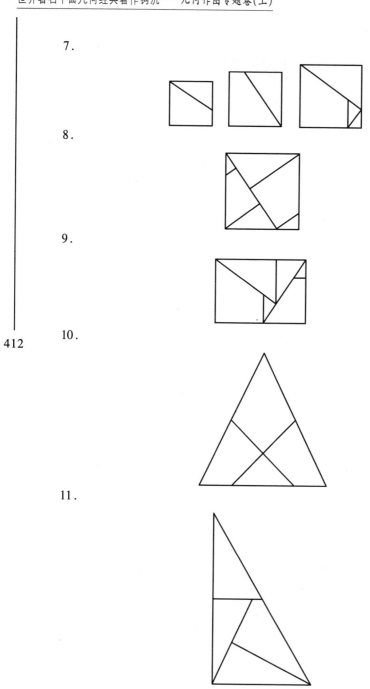

12.

13.

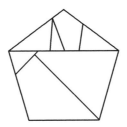

14.

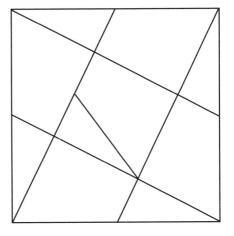

15.

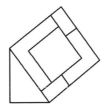

16.

17.

414

18.

19.

20.

21.

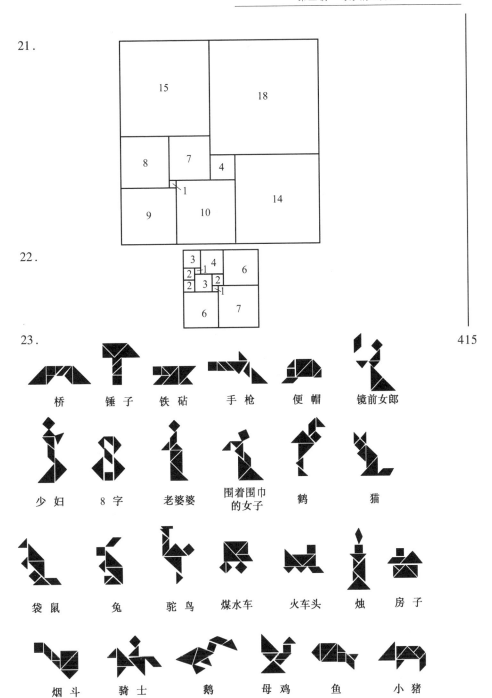

22.

23.

桥　　　锤子　　　铁砧　　　手枪　　　便帽　　　镜前女郎

少妇　　　8字　　　老婆婆　　围着围巾　　　鹤　　　猫
　　　　　　　　　　　　　　的女子

袋鼠　　　兔　　　驼鸟　　　煤水车　　　火车头　　烛　　房子

烟斗　　　骑士　　　鹅　　　母鸡　　　鱼　　　小猪

第三章　改变正方形的几何学

第一节　正方形的分割问题

不是吗？我们在第二章里谈到的"奇妙的正方形"，很像装配好许多零件的机件，可以把它拆开而改装成新的机件.

在把我们所说的正方形图板拆开重拼起来，或者拼成其他预先指定的图形时，并不需要什么计算或作图的手续，只要能坚持、有耐心、头脑机敏就可以成功.

但是，如果读者能有即使是不多的数学知识的话，那么毫无疑问，你就不仅能用我们已有的正方形图板来拼出这些多角形，而且能自己找出切开一个正方形的方法，来拼出各式各样的图形，例如，拼出直角三角形、等边三角形、正五角形或正六角形，三个或五个正方形等.

有几何的语言来说，就是：用几何作图定出切开一个正方形的方法，并证明用切开各块能拼成所要求的图形.

问题这样一提，立刻就把第二章的各个拼图题变成比较有趣而又比较困难的"分割"图形的几何问题了.

这类问题的特征是它们都含有一些不定问题的性质.拿第二章习题中的第1题来说，这个问题可以改变成如下的几何问题：怎样用直线切开一已知正方形，才能用它切开的各块拼成三个相等的正方形.

这里并没有说出怎样切法和切成几块，这就是问题的不定性.

虽然事先不知道该切成几块，也不知道能不能预先计算出来，但是当然切的块数是越少越好.通常这个数目与切开的方法有关系，也就是说与解问题时用的几何作图方法有关系.

在寻找这个最小的数目时，可以采用各种作图方法，所以同一个分割图形的问题可以得到各种不同的解答.这样，就给解决这一类问题开创了广泛地表现技巧和创造性，并发挥几何直觉的机会.

第二节 阿布·韦法用三个相等的正方形拼成一个正方形

还在古时候,已经有人在研究把一个图形切开来拼成另外的图形的问题了.这个问题是由于实际丈量田亩和建筑术中的需要而引起的.也常常会出现一些没有证明根据的实际方法和规律,当然其中有很多是不正确的,错误的.

最有名的阿拉伯数学家之一,10 世纪的阿布·韦法解决了许多改变几何图形的问题.

在他写的《几何作图》一书里——现在只有他学生的不完整的抄本——阿布·韦法写到:"在本书中我们将研究分割图形的问题;这一类问题对许多实际问题都很重要,并且成为这些实际问题的一个特别需要研究的对象.当我们要切开一个正方形以得到几个较小的正方形,或者我们要用几个正方形拼成一个大正方形时,就会发生这一类的问题.有时候工匠们应用的一些没有任何初步根据的分割方法,是不可靠的,非常错误的.这些方法常常产生各种不同的影响.因此,我们在这里要给这一类问题打下一个初步基础."

在一本几何和应用的文集里,阿布·韦法提出这样一个问题:

用三个相等的正方形来拼成一个正方形.

让我们来了解一下阿布·韦法的解法.

他把正方形 Ⅰ,Ⅱ 按对角线切开,把切成的四个三角形拼在正方形 Ⅲ 的周围,如图 1 所示.

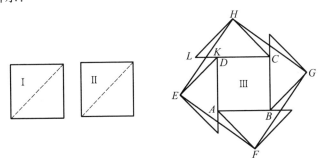

图 1

然后他把直角顶点 E,F,G,H 联结起来,拼成的四边形 $EFGH$ 就是所求的正方形.

图上所形成的小 $\triangle HLK$,$\triangle EKD$ 是全等的($HL = ED$,$\angle HLK = \angle EDK =$

45°，∠HKL = ∠EKD)，由此马上就能证明 EFGH 是所求的正方形.

这样的解法正如阿布·韦法自己说的，是"正确的，同时是切合实际的".

第三节　　改变正方形成三个相等的
正方形的两种方法

现在我们的问题是把一个正方形改变成三个相等的正方形.

这和前面所说的一样，就是这样一个问题：用直线把一已知正方形切成几块，使切开后的各块能拼成三个相等的正方形.

这里同样可以用阿布·韦法的方法，把三个正方形拼成一个正方形.但是用这种方法就需要把已知正方形切成 9 块，如图 1 所示.

但是由第二章习题中的第 1 题可以知道，解这个问题只要把已知正方形切成 7 块就行了.

但是这还不是最小限度，切开的块数还可以少到 6 块.

现在我们来谈谈把一个正方形改变成三个相等的正方形的两种方法.

这两种方法都是由下面这种思想得来的.

如果把我们所要求的三个正方形拼成一个矩形，那么这个矩形一定有一条边是另一条边的 3 倍长.于是就可以用这种方法来解决我们的问题：先把已知正方形改变成一个矩形，使它的一边是另一边的 3 倍长，然后再把这个矩形切开，成三个正方形.

我们先看看第二章习题中的第 1 题是怎样切法的，就把这个方法算做第一种方法.

第一种方法(分作 7 块)

取已知正方形 ABCD（图 2）的边长为单位长.这时候，正方形的面积也将是一个平方单位.我们打算用这个正方形的切开各块拼成的矩形，它的面积也应该和正方形的相等，就是说也应该等于一个平方单位，但是这个矩形的一边应该是另一边的 3 倍长(设一边长是 x，另一边就是 $3x$)，因此它的边长就可由下面的方程式求出

$$3x \cdot x = 1$$

或
$$3x^2 = 1$$

解方程式，我们得到长方形的一边长 x 等于 $\dfrac{1}{\sqrt{3}}$，而另一边长为其 3 倍，就是

$\dfrac{3}{\sqrt 3}$ 或 $\sqrt 3$.

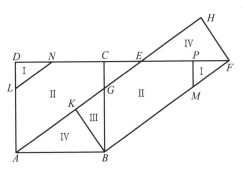

图 2

用下面的方法取线段长等于 $\sqrt 3$：在边 DC 的延长线上截取线段 DE，使它的长等于已知正方形的对角线，所以它的长度为 $\sqrt 2$（按照勾股弦定理：若直角三角形直角边长都是 1，那么斜边就等于 $\sqrt 2$）．用直线联结正方形的顶点 A 和点 E，与正方形的边 BC 相交于点 G．

按照勾股弦定理，由直角 $\triangle ADE$ 可得到

$$AE^2 = AD^2 + DE^2$$

或

$$AE^2 = 1 + 2 = 3$$

即

$$AE = \sqrt 3$$

由正方形顶点 B 引平行线 $BF \parallel AE$，与 DC 的延长线相交于点 F．$ABFE$ 是一个平行四边形（$BF \parallel AE$，$EF \parallel AB$），和正方形 $ABCD$ 等积（就是说平行四边形和正方形的面积相等）．事实上，正方形的面积和平行四边形的面积都可用下式计算

$$S = AB \cdot AD$$

由点 B 和点 F，我们作 BK 和 FH 垂直于 AE．

这样，得出来的矩形 $BFHK$，就和平行四边形 $ABFE$ 等积（$S = BF \cdot BK$）．但我们已经证明平行四边形 $ABFE$ 和正方形 $ABCD$ 等积，所以矩形 $BFHK$ 也和已知正方形等积．

现在我们来说明，正方形 $ABCD$ 和矩形 $BFHK$ 不但等积，而且还是同组成的，也就是说，它们是由相同的部分组成的．

在边 AD 上截取线段 $AL = BG$，在 BF 上截取 $BM = AG$，并作 $LN \parallel AE$ 和 $MP \perp EF$．正方形 $ABCD$ 被 AG，BK，LN 三条线切成了四块，在图 2 上用 Ⅰ，Ⅱ，Ⅲ，Ⅳ 表示．

同样,矩形 $BFHK$ 被 EF, MP 和 BG 也切成了四块.其中 $\triangle BKG$(Ⅲ)是正方形和长方形的公有部分.$\triangle ABK \cong \triangle EFH$(Ⅳ)($AB = EF$,平行四边形的二条对边;$\angle AKB = \angle H$,都是直角;$\angle KAB = \angle HEF$,是同位角.)

L, G 和 M 三点距离直线 DF 是等远的(由作图),因此 $LD = GC = MP$,此外 $\angle DLN = \angle PMF$(两双对应边平行的夹角),因此 $\triangle LDN \cong \triangle MPF$(Ⅰ).这就是说,$LN = MF = GE$.进一步很容易发现,五角形 $ALNCG$(Ⅱ)和五角形 $BGEPM$ 是全等的(所有的对应边和对应角都相等).

因此,用正方形 $ABCD$ 的各部分 Ⅰ,Ⅱ,Ⅲ,Ⅳ,能拼成矩形 $BFHK$.

在这个矩形中,边 BF 为边 BK 的 3 倍.实际上 BF 平行且等于 AE,也就是 $BF = \sqrt{3}$,而矩形 $BFHK$ 面积和正方形 $ABCD$ 相等,所以 $BK \cdot BF = 1$,因此

$$BK = \frac{1}{BF} = \frac{1}{\sqrt{3}} = \frac{\sqrt{3}}{3} = \frac{BF}{3}$$

这样一个矩形,当然很容易用两刀切成三个相等的正方形.

为了观察这个最后步骤方便起见,我们重复绘出了图2,并且把 BF 切成了三段(图3).

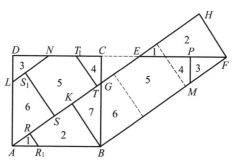

图 3

过各个分点顺着和矩形短边平行的方向切开(图 3 中的虚线),就得到三个相等的正方形.把得到的三个正方形的各组成部分重新编上号,就可以用下面清楚的补充作图在原来的正方形上找到它们的位置:在 AG 直线上截取线段 KR, AS 和 ST 都等于小正方形的边长 BK,由 R, S 和 T 三点各引线 AG 的垂直线 RR_1, SS_1, TT_1.这样就很容易指出,组成正方形 $ABCD$ 的七部分是和矩形 $BFHK$ 的各适当部分相等的.

在图 3 上,正方形和矩形个个相等的部分,都标上了同样号码.

这就是第二章习题中的第 1 题的全部几何"秘密".

第二种方法(分作 6 块)

现在你可以把改变一个正方形成边长为 $3:1$ 的矩形的方法改变一下,使能在切成三个正方形时不用切成 7 块而只切成 6 块.

假如你想出了这种方法,你可以把自己的解法和下面的解法比较一下.

同第一种方法一样,我们仍取已知正方形 $ABCD$ 的一边为单位长,然后由顶点 D 在边 DC 的延长线上取线段 $DE = \sqrt{3}$(图 4).

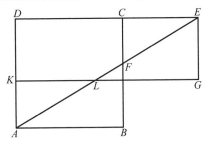

图 4

把正方形顶点 A 和点 E 连起来,此直线和边 BC 相交于点 F[①].

把 DE 作为一边,作矩形 $DEGK$,第二条边 DK 为 DE 的 $\dfrac{1}{3}$,即

$$DK = \frac{DE}{3} = \frac{\sqrt{3}}{3}$$

KG 和 AE 的交点以 L 表示.

现在我们来证明正方形 $ABCD$ 和矩形 $DEGK$ 是同组成的.

要证明这个,只消证明 $\triangle AKL \cong \triangle FCE$ 和 $\triangle ABF \cong \triangle LGE$ 就行了.

我们已知

$$CE = DE - DC = \sqrt{3} - 1 \qquad ①$$

$$AK = AD - DK = 1 - \frac{\sqrt{3}}{3}$$

此外,$\triangle AKL \backsim \triangle ADE$,由相似三角形的关系,有

$$\frac{KL}{DE} = \frac{AK}{AD}$$

421

---

① 顺便指出:这样作图所得到的 $\angle DAE$ 等于 $60°$,因为

$$\tan \angle DAE = \frac{DE}{AD} = \frac{\sqrt{3}}{1} = \sqrt{3}$$

从而

$$\angle DAE = 60°$$

这就是说,$\angle EAB = 30°$,因此,如果再把 $\angle DAE$ 用几何方法平分,就把一个直角三等分(就是分成三个相等的部分)了.

$$KL = \frac{AK \cdot DE}{AD} = \frac{(1 - \frac{\sqrt{3}}{3})\sqrt{3}}{1} = \sqrt{3} - 1 \qquad ②$$

由 ① 和 ② 可知:$CE = KL$,于是,$\triangle AKL \cong \triangle FCE$.

由全等三角形的关系,有

$$FC = AK = 1 - \frac{\sqrt{3}}{3}$$

$$BF = BC - FC = 1 - (1 - \frac{\sqrt{3}}{3}) = \frac{\sqrt{3}}{3}$$

就是

$$BF = GE \qquad ③$$

再有

$$LG = KG - KL = \sqrt{3} - (\sqrt{3} - 1) = 1$$

也就是

$$LG = AB \qquad ④$$

由 ③,④ 可知

$$\triangle ABF \cong \triangle LGE$$

顺便我们注意到,要把正方形改变成所求的矩形,现在只要把它切成 3 块($KDCFL$,AKL 和 ABF)就行了,而用第一种方法时却要切成 4 块.

现在再顺 MN 和 PQ(图 5)处切两下,把矩形 $DEGK$ 切成三个正方形,各部分的编号如图 5 所示.

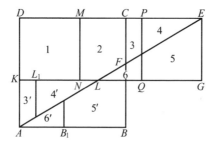

图 5

由图不难在原来的正方形上找到各相应部分.截取 $LL_1 = EP$,由点 L_1 作 KL 的垂直线,把 $\triangle AKL$ 分成 $3'$,$4'$ 两部分,和 3,4 两部分全等.截取 $BB_1 = GQ$,由点 B_1 作 AB 的垂直线,把 $\triangle ABF$ 分成 $5'$,$6'$ 两部分,和 5,6 两部分全等.1,2 两部分是原来正方形和正方形 $DMNK$,$MPQN$ 的公有部分,总共有 6 块.

在一千年以内,这个问题的解答由切成 9 块"进步"到切成 6 块.但直到现在还没有人能证明:把一个正方形改变成三个正方形,使切开的块数少于 6 块是不可能的;因此对于从事数学的朋友们,还不能不允许他们去作证明这个问题的尝试,或去继续寻找使切开的块数少于 6 块的新的解法.

第四节　改变正方形成等边三角形

现在我们再来揭露第二章里一个拼图题的秘密 —— 第二章习题中的第 17 题.

这个问题就是要求把已知正方形用直线切开,使切成各块能拼成一个等边三角形.

可以预先计算出所求三角形的高,用几何作图方法找出它来.

设正方形的边长是 a.那么正方形的面积,也就是所求的和它等积的等边三角形的面积为 a^2.设 x 代表等边三角形的一边,h 代表三角形的高,那么 $\dfrac{x \cdot h}{2} = a^2$.我们知道等边三角形中 $\dfrac{x}{2} = \dfrac{h\sqrt{3}}{3}$,因此我们得到 $\dfrac{h^2\sqrt{3}}{3} = a^2$,由此求出

$$h^2 = \frac{3a^2}{\sqrt{3}} = a^2\sqrt{3}$$

即

$$h = a\sqrt[4]{3}$$

因为 $h^2 = a^2\sqrt{3} = a \cdot a\sqrt{3}$,所以我们可以把 h 当作 a 和 $a\sqrt{3}$ 的比例中项而作出 h.作法就是:延长边 AB(图 6),以点 D 为圆心,以 $DE = 2a$ 长为半径,在 AB 的延长线上截取点 E,这样在直角 $\triangle DAE$ 中就有

$$AE = \sqrt{DE^2 - AD^2} = \sqrt{4a^2 - a^2} = a\sqrt{3}$$

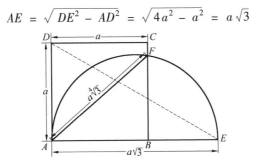

图 6

现在应该求作 $AB = a$ 和 $AE = a\sqrt{3}$ 的比例中项了,作法是以 AE 为直径在上面作半圆,然后把半圆与边 BC 的交点 F 和正方形顶点 A 联结起来.按照几何定理,AF 线段就是线段 AB 和 AE 的比例中项,因此,AF 线段的长就等于所求等边三角形的高 $a\sqrt[4]{3}$.

然后再回到我们的正方形 $ABCD$(图7).我们在边 DC 上找出点 K,使 AK 的长等于所求的等边三角形的高 $a\sqrt[4]{3}$(也就是等于在图 6 上我们所求得的 AF 长).然后由顶点 B 引 $BL \parallel AK$,与边 DC 的延长线交于点 L,再由点 B 作 $BM \perp BL$,与线 AK 交于点 M.联结 ML,以 N 表示 ML 与边 BC 的交点.由点 K 起引 $KP \parallel ML$.这样如果顺着 AK,MN,BM,KP 四条线把正方形 $ABCD$ 切开,就得到五块,用这五块就能拼成一个等边三角形.

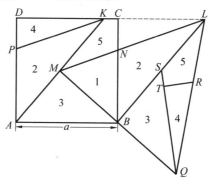

图 7

现在我们来证明它,延长 MB,使 $BQ = MB$,联结 L,Q 二点.因为 $MB = BQ$ 和 $BL \perp MQ$,所以 $\triangle MLQ$ 是等腰三角形,即 $ML = QL$.除此以外,我们还要证明它是个等边三角形,并且和正方形 $ABCD$ 是同组成的.

由作图我们知道 $BL \parallel AK$ 和 $BL = AK = a\sqrt[4]{3}$.从直角 $\triangle MBL$,我们有

$$ML^2 = BL^2 + MB^2 = a^2\sqrt{3} + MB^2 \qquad ①$$

直角 $\triangle AMB$ 和 $\triangle KDA$ 是相似的($\angle DKA = \angle MAB$,因为它们是平行线 DC 和 AB 被截线 AK 所截的内错角).

由相似三角形的关系,我们有

$$\frac{MB}{AB} = \frac{AD}{AK}$$

即

$$\frac{MB}{a} = \frac{a}{a\sqrt[4]{3}}$$

得

$$MB = \frac{a}{\sqrt[4]{3}}$$

把所求出的 MB 的值代入式 ① 中, 得到

$$ML^2 = a^2\sqrt{3} + \frac{a^2}{\sqrt{3}} = \frac{4a^2}{\sqrt{3}}$$

即

$$ML = 2\frac{a}{\sqrt{3}}$$

或

$$ML = 2MB$$

也就是

$$ML = MQ$$

因此, $ML = QL = MQ$, 即 $\triangle MLQ$ 为等边三角形.

$\triangle BMN$ 是正方形和等边三角形公有的, 我们把它记为 1.

$\triangle BNL \cong \triangle APK$ ($BL = AK$, 又两个三角形的对应角都两两相等, 因为两角的对应边都两两平行), 这两个三角形都记为 2.

在 BL 上截取 $BS = MA$, 联结 S 和 Q; 这样作成的 $\triangle SBQ$ 是和 $\triangle AMB$ 全等的 (两直角三角形内组成两个直角的两双对应边相等); 把这两个三角形都记为 3①.

由这些全等三角形的关系, 我们有

$$QS = AB \qquad\qquad ②$$

和

$$\angle BSQ = \angle BAM \qquad\qquad ③$$

但 $\angle BSQ$ 为 $\triangle QSL$ 的外角, 所以

$$\angle SQL = \angle BSQ - \angle SLQ \qquad\qquad ④$$

另一方面

$$\angle BAM = \angle AKD = \angle AKP + \angle PKD$$

由此

$$\angle PKD = \angle BAM - \angle AKP$$

但

$$\angle AKP = \angle MLB = \angle SLQ$$

所以

$$\angle PKD = \angle BAM - \angle SLQ \qquad\qquad ⑤$$

由 ③ 和 ⑤ 有

$$\angle PKD = \angle BSQ - \angle SLQ \qquad\qquad ⑥$$

由 ④ 和 ⑥ 有

$$\angle SQL = \angle PKD \qquad\qquad ⑦$$

在 QS 上截取 $QT = DK$. 这样截取是可能的, 因为 $DK < DC$, 而 $DC = AB = QS$, 这就是说, $QT < QS$.

---

① $\triangle SBQ$ 只有在把它翻转来之后, 才能和 $\triangle AMB$ 重合.

作 $TR \perp QT$,由 ② 和 ⑦ 可知 $\triangle QTR \cong \triangle KDP$,把它们配为 4.

读者可以毫不困难的证明剩下的两块,即记为 5 的两部分也是全等的.这样就证明了正方形 $ABCD$ 和 $\triangle QLM$ 是同组成的.

在我们叙述的这个把正方形改变成等边三角形的方法中,不仅把正方形的切开部分改放了位置,而且有些部分还需要翻转来再放在新的位置上.

当然这个问题还可能有其他各种解法.你可以去寻找另一种方法,比如是连一块也不需要翻转的方法,或切开的块数更少的方法.

第五节　　改变等边三角形成正方形

在解决这个相反的问题 —— 把等边三角形改变为正方形时,可以用和上面问题一样的作图.

设 $\triangle MQL$(图 7) 为已知等边三角形,它的面积为

$$S = \frac{x^2\sqrt{3}}{4}$$

这里 x 为已知三角形一边的长.设 a 代表和已知三角形等积的所求正方形一边的长,那么

$$a^2 = \frac{x^2\sqrt{3}}{4}$$

由此,$a = \frac{x}{2}\sqrt[4]{3}$ 或

$$a = \frac{x}{2}\sqrt{\sqrt{3}} = \sqrt{\frac{x^2}{4}\sqrt{3}} = \sqrt{\frac{x}{4}\sqrt{3x^2}} = \sqrt{\frac{x}{4}\sqrt{3x \cdot x}}$$

因此,线段 a 可由下面的作图法作出:先作出线段 $3x$ 和 x 的比例中项,然后再作出方才求出的线段和 $\frac{x}{4}$ 的比例中项.

作已知三角形的高 LB,过 M 作平行于 LB 的直线,然后以点 B 为心在所作的平行线上截取点 A 使 $BA = a$,联结 BA.过三角形顶点 L 引直线平行于 BA,并由 B,A 二点各引垂直于它的直线 BC 和 AD.这就不难看出来,这样产生的矩形 $ABCD$ 是一个正方形,并且和已知三角形等积.

事实上,直角 $\triangle AMB$ 和 $\triangle KDA$ 相似($\angle MBA = \angle DAK$,两角具有的边两两垂直),因此

$$\frac{BM}{BA} = \frac{AD}{AK}$$

即
$$AD = \frac{BM \cdot AK}{BA}$$

但
$$BM = \frac{x}{2}, BA = a = \frac{x}{2}\sqrt[4]{3}$$

$$AK = LB(\text{平行线间的平行线段})$$

因为
$$LB = \frac{x\sqrt{3}}{2}$$

所以
$$AK = \frac{x\sqrt{3}}{2}$$

$$AD = \frac{\frac{x}{2} \cdot \frac{x\sqrt{3}}{2}}{\frac{x}{2}\sqrt[4]{3}} = \frac{x}{2}\sqrt[4]{3} = BA$$

这就是说，$ABCD$ 是个正方形.

现在引 $QS = BA$，并截取 $LR = MN$，作 $RT \perp QS$ 和 $KP = QR$.

这样一来，$\triangle MQL$ 和正方形 $ABCD$ 的各对应部分的相等关系就不难证明了.

427

第六节　切开平行四边形使切成各块拼成一个正方形

在会做了把等边三角形改变成正方形以后，接着就要想把任意已知多边形改变为正方形了.有没有解这个问题的通法呢？

在本章末了有这个问题的答案，现在我们还是先来解决几个个别问题，好多积聚些经验.

我们回到平行四边形的问题，当然可以用这种方法把它改变成正方形，先把平行四边形改变成矩形（这很容易，只要切一下就成了），然后再想法把所得的矩形改变成正方形，暂时你可以自己想一想这种方法（也可参看本节习题中的第6题）.而这里我们介绍一种直接把任意平行四边形改变成正方形的方法.

设 a 和 b 代表平行四边形 $ABCD$ 的二边（图 8 和 9①）；h 是以 a 为底边时平行四边形的高，并且我们假定 $a \geqslant b$.又因为 $b > h$，所以 $a > h$.

找出线段 $r = \sqrt{ah}$，即线段 a 和 h 的比例中项，然后以 A 为中心，作半径等

---

① 我们同时要研究两种情形，一种情形如图 8 所示，另一种情形如图 9 所示，这两种情形的区别后面是要说到的.

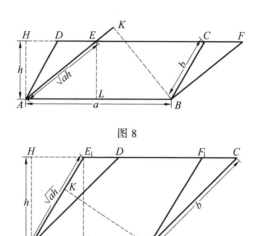

图 8

图 9

于 r 的圆弧. 这个圆弧能不能和边 DC 相交呢? 只要 $r > h$, 就能相交. 事实上这是成立的. 因为在 $a > h$ 的条件下, 就有 $\sqrt{ah} > h$, 或 $r > h$ 的结果, 同样的, 又有 $\sqrt{ah} < a$ 或 $r < a$.

所以, $h < r = \sqrt{ah} < a$.

圆弧和边 CD 的交点可能有以下三种情形:

(1) 落在线段 CD 上, 如图 8 的点 E.

(2) 落在 CD 的延长线 HD 上, 如图 9 的点 E_1.

(3) 正好与顶点 D 重合.

在前两种情形, 已知平行四边形都能改变成另一个平行四边形, 使它和原来的平行四边形有同一个底边 AB 和同样的高 h, 而以线段 AE (或 AE_1) 作为另一边. 在第一种情形只要把 $\triangle ADE$ 剪下放在 $\triangle BCF$ 的位置就行了, 在第二种情形只要把 $\triangle BF_1C$ 剪下放在 $\triangle AE_1D$ 的位置就可以了, 在第三种情形, 不用改变就已合乎我们的要求.

因此我们说, 任何平行四边形都能改变成另一个平行四边形, 它和原来的平行四边形有同一个比较长的底边 a 和高 h, 而另一个新的侧边 $r = \sqrt{ah}$.

这种平行四边形具有这样的性质: 顶点 B 距离侧边的距离 BK 等于侧边的长, 也就是 $BK = \sqrt{ah}$.

要证明这个奇怪的性质, 我们作 $EL \perp AB$ (图 8) 或 $E_1L \perp AB$ (图 9). 这样产生的直角 $\triangle AEL$ 和 $\triangle ABK$ (或 $\triangle AE_1L$ 和 $\triangle ABK$) 是相似的, 因为它们有一个公共角 KAB.

从相似三角形的关系有

$$\frac{AE}{EL} = \frac{AB}{BK}$$

这里

$$AE = \sqrt{AB \cdot EL}$$

由此得到

$$BK = \frac{AB \cdot EL}{AE} = \frac{AB \cdot EL}{\sqrt{AB \cdot EL}} = \sqrt{AB \cdot EL}$$

所以

$$BK = AE$$

(图 9 的情形,用同样的讨论可以证明 $BK = AE_1$).

现在我们设 $ABFE$(图 10 和图 11)就是这样的平行四边形:底 $AB = a$,高 h 不变,侧边 $AE = r = \sqrt{ah}$.为了把它改变成正方形只要由顶点 B 向侧边 AE(图 11)或其延长线(图 10)引垂线 BK 就行了.我们已经证明了,两种情形下垂线的长都等于平行四边形侧边的长 $\sqrt{ah}$.

延长 AE 和 BF,截取

$$KH = BK = \sqrt{ah}$$

和

$$BG = BK = \sqrt{ah}$$

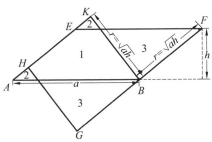

图 10

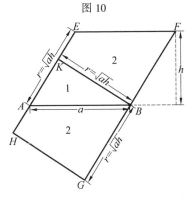

图 11

联结 H 和 G 就得到正方形 $BKHG$,它和平行四边形 $ABFE$ 是同组成的.它们的相等的部分在图上标着同一个数目字,这是不难证明的.

因此,我们说任意平行四边形都能改变成正方形.

第七节　改变正方形的可能性

我们一面解答改变正方形为和它等积的其他图形,或反过来改变任何多角形为正方形的拼图题,一面来确定一下这种改变的可能性.

有趣得很,正方形不损失一点面积改变成其他图形的可能性是扩展得这样远.

能不能把一个正方形改变为和它等积的任何多角形呢?或者反过来说,能不能把任何一个多角形改变为和它等积的正方形呢?

下面的定理可以回答这些问题:

任何多角形都能改变成和它等积的正方形①.

这个定理可以这样来简单地证明:指出一种把多角形改变成正方形的可能顺序,这种顺序是对任何多角形都适用的.

因此证明我们的定理的基本步骤是把它分成以下几个系来证明:

1.任何一个多角形都能够切开成一定数目的三角形.

2.任何一个三角形都和某一些平行四边形同组成.

我们再重复一下同组成的意思,所谓两个多角形是同组成的,就是说,其中一个多角形能够切成几块,用它们能拼成第二个多角形.

---

① 这个定理只研究简单多角形.
简单多角形 —— 如果多角形的周界把平面只分成两个部分,一个外部,一个内部,就叫做简单多角形,如下图所举的多角形.

复杂多角形 —— 如果多角形的周界把平面分成两个以上的部分,例如,两个内部,一个外部,就叫做复杂多角形,如下图所举的一些例子.

在初等几何中只研究简单多角形.在本编里,说到多角形时也只指简单多角形.

这样一来,由多角形切出的每一个三角形,我们都能把它改变成平行四边形.

还有:

3.任何一个平行四边形都能改变成一个正方形.

4.如果两个不同的多角形都能分别的改变成第三个多角形,那么第一个多角形也能够改变成第二个多角形(传递性).

由系 2,3 和 4,可得到 5:

5.任何一个三角形都能改变成和它等积的正方形.

这样,由任意已知多角形切成的所有三角形,都能改变成相应的正方形.

现在发生这样一个问题:怎样把这些正方形合成一个正方形呢?下面的系回答这个问题:

6.任何两个正方形都能改变成一个正方形.

把两个正方形合并成一个,这样不断改变下去,最后就得到一个和原来的多角形同组成的正方形了.

这里就是多角形可以改变成正方形的全部简单证明.

431

每一条系的证明它本身就含有作图性质,也就是说,每一条系的证明就含有指示改变图形的方法.

系 1 任何一个多角形都能切开成一定数目的三角形.

从多角形的任一个顶点和其余各顶点作对角线联结起来(对角线的数目常比多角形的边数 n 少 2),然后顺这些对角线把多角形切开,就切成了 $(n-2)$ 个三角形.

系 2 任何一个三角形都能改变成这样一个平行四边形,它以三角形的一个边为底边,高等于三角形相应高的一半.

要证明这个系,只要在任意 $\triangle ABC$ 中联结两腰的中点 D,E(图 12),并延长它使与自顶点 B 所引的与边 AD 平行的直线 BF_1 相交于 F.

$\triangle CDE$ 和 $\triangle BFE$ 是全等的,因此平行四边形 $ABFD$ 和 $\triangle ABC$ 是同组成的,并且它的高是三角形的高的一半.

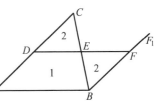

图 12

系 3 任何一个平行四边形都能直接改变成一个正方形.

我们前面谈到过的改变任意平行四边形为正方形的方法,就是它的证明.

系 4　如果两个不同的多角形都能分别的改变成第三个多角形,那么第一个多角形也能改变成第二个多角形.

设多角形 P 和 Q 都能分别改变为同一个多角形 R(在图 13 中只画出了一个多角形 R).这意思就是说多角形 R 和多角形 P 是同组成的.和多角形 Q 也是同组成的.也就是说,多角形 R 和 P 能够切成对应的相同部分,同样,多角形 R 和 Q 也能切成对应的相同部分.第一对多角形的各组成部分可以和第二对多角形的各组成部分不相同,第一对多角形组成部分的数目也可以不等于第二对多角形组成部分的数目.

图 13(a) 是多角形 R 照这样切开,用这些部分可以拼成多角形 P.多角形 P 没有画出来,和多角形 P 的各相应部分,在图上用 P_1,P_2,P_3,P_4 标出.

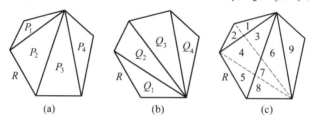

图 13

图 13(b) 也是多角形 R,不过这样切开的各部分,可以拼成多角形 Q.多角形 Q 没有画出来,与多角形 Q 的各相应部分,在图上用 Q_1,Q_2,Q_3,Q_4 标出.

现在我们可以把多角形 R 同时按两种方法切开(图 13(c)).这样得到一些较小的部分,不难看出来,按照某种方法把这些小块来分类,可以拼出组成多角形 P 的各部分 P_1,P_2,P_3,P_4(例如,1,2 两小块拼成 P_1;3,4,5 三小块拼成 P_2 等),这就是说,用这些小块可以拼成整个多角形 P.再用另外一种方法把小块分组,又可以拼出组成多角形 Q 的各部分 Q_1,Q_2,Q_3,Q_4(例如,5,8 两小块拼成 Q_1;2,4,7 三小块拼成 Q_2 等),这就是说,用这些小块也可以拼成整个多角形 Q.

这样就是用多角形 R 的同样一些部分能拼成多角形 P,也能拼成多角形 Q,因此按照同组成的定义,我们说这些多角形都是同组成的,也就是说,多角形 P 可以改变成多角形 Q.

由系 2,3 和 4 得到:

系 5　任何一个三角形都可以改变成和它等积的正方形.

剩下要研究的只有最后一条系了.

系 6　任何两个正方形都能改变成一个正方形.

从初中的几何课本上大家已经知道,在直角三角形斜边上所作的正方形面积和在同一三角形的直角边上所作的两个正方形的面积和相等(勾股弦定理).现在我们来证明斜边上的正方形的面积不仅和直角边上的两个正方形的面积和相等,并且是同组成的.

证明的方法很多,现在我们先研究其中的一种(图 14).

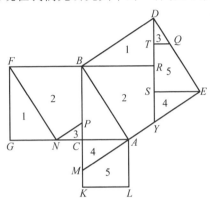

图 14

在图 14 上正方形 $BFGC$ 和 $ACKL$ 是 $\triangle ABC$ 直角边上所作的正方形,正方形 $AEDB$ 是斜边上所作的正方形.为要把正方形 $BFGC$ 和 $ACKL$ 改变成 $AEDB$,要按下面方法来切:① 沿 AE 的延长线 AM 切开;② 沿 $FN \parallel AB$ 切开;③ 沿 $NP \parallel AE$ 切开;④ 沿 $DY \parallel BC$ 切开;⑤ 沿 $ES \perp DY$ 切开;⑥ 沿 FB 的延长线 BR 切开;⑦ 截取 $DQ = NP$,并沿 $QT \perp DY$ 切开.

我们有以下的关系:$FN = AB$,是平行线间的平行线段;但 $AB = BD$,所以 $FN = BD$,此外,$\angle NFG = \angle DBR$(两角的对应边互相垂直).由此

$$\triangle FGN \cong \triangle BRD$$

和

$$FG = BR = FB$$

标着 2 的两部分因为已知有两双边相等,又各双对应角都相等,所以这两部分可以完全互相重合.

由于 $\triangle ABC$ 和 $\triangle EDS$ 全等($AB = DE$,各对应角都相等),所以 $ES = AC$,又因为 $\angle SEY = \angle CAM$,所以 $\triangle ESY \cong \triangle CAM$.

因为 $EY = AM$.

因为 $AY = NP = DQ$ 和 $AE = DE$,所以 $EQ = EY = AM$.

现在来比较标着 5 的两部分,我们又有两双边相等和各角相等的关系($ES = AC = AL$ 和 $EQ = AM$),因此它们可以互相重合.

图 14 上各相等部分都记着同一个数目字.

433

第二章习题中的第 15 题是可以证明这条系的另外一种方法.

现在已经很清楚了,任何两个正方形都能改变成一个正方形.为了这个,须把两个正方形顶点对顶点放好,使一个正方形的边在另一个正方形边的延长线上,然后用直线联结另一双自由顶点,—— 这就是我们刚才解答的问题.顺便要提一提的就是:利用图 14,你还可以制成一种解说勾股弦定理的"实用教材".

总结我们对各条系的研究:

第一,证明了我们前面所说的多角形可以改变为正方形那条定理的正确性(反过来也是正确的),即:任何一个多角形都可以改变成一个和它等积的正方形.

第二,同时得到了这种改变的方法(或者用数学的话来说,就是"算法式").

有两点要注意的是:

1.如果解答每一个改变已知多角形为正方形的问题,我们都要照以上所说的各个改变步骤去作,那么一般说来,就会浪费很多手续.因此解每一个这一类的实际问题,应该去找需要切的次数较少的切开方法.

2.改变多角形为正方形也可以用其他的方法,比如说,如果能证明下面所说的定理,我们就可以再发现一种作这种改变的方法.

任何一个矩形都可以改变成和它等积的另一个矩形,并使这个矩形的一边等于一个已知长.

为了要证明这个定理,我们首先来讨论一下,当这个新矩形的这个已知边,大于已知矩形的短边,而小于它的对角线(图 15)时的情形.

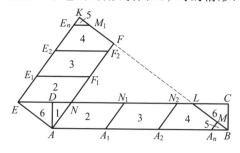

图 15

在边 CD 的延长线上定出点 E,使 AE 的长等于所求矩形的已知边长.由顶点 B 引直线平行于 AE,并由 A,E 两点各向这条平行线作垂线 AF 和 EK.线 CD 与 BK 和 AF 的交点以字母 L 和 N 表示.

从点 A 起,在边 AB 上依次截取等于 EN 长的各线段 n 次,n 是这样一个数目:即 $n \cdot EN \leqslant AB$,但如再在 AB 上截取一次 EN 的长,就有 $(n+1) \cdot EN > AB$①.

从 $A_1, A_2, \cdots, A_{n-1}$ 各分点引直线平行于 AF,和直线 LD 相交于 $N_1, N_2, \cdots$ 各点,最后自 A_n 所引平行于 AF 的直线和 BL 相交于点 M②.

同样的方法,在边 EK 上依次截取线段 AN 的长.并自 $E_1, E_2, \cdots$,各分点引直线平行于 EN,与 AF 相交于 $F_1, F_2, \cdots$ 各点.最后一条平行线与边 KF 相交于点 M_1.由图可以看出:点 $E_1, E_2, \cdots$ 也像点 $A_1, A_2, \cdots$ 一样多,数目正好是 n.

由作图马上可以得到各部分的相等关系,这些相等部分在图 15 上都用同一个数字标出,而 1 却是已知矩形和所求矩形的公有部分,因此矩形 $ABCD$ 和 $AFKE$ 是同组成的.

现在我们研究所求矩形的已知边大于已知矩形的对角线时的情形.

这时我们以 $AFKE$ 为已知矩形(仍然用图 15).延长 KF 至点 B,使 AB 等于所求矩形的已知边长.引 $EC /\!/ AB, AD \perp EC, BC \perp EC$.在边 EK 和 AF 上由点 E, A 起再依次截取等于 AN 长的各线段,联结 $E_1 F_1, E_2 F_2$ 等,用相似的作图法在矩形 $ABCD$ 中找到各对应相等部分.

435

最后,设所求矩形的已知边 AD 小于已知矩形 $AFKE$ 的任一边(仍然用图 15).

只要从顶点 E 引直线 EC,使其与顶点 A 的距离等于 AD.以下的作图法与上面所说的相似.

推论 任何一个矩形都能够改变成正方形.

现在我们能够按这样的步骤来改变多角形成正方形了:把多角形切开成一些三角形,把每一个三角形用方法改变成平行四边形,再把每一个平行四边形改变成矩形.这些矩形,一般说来都不会有等长的底边.用我们证明了的定理把这些矩形再改变成有相同底边的矩形;然后把所得到的这些矩形按照相等的边一个一个地叠置起来,就可以得到一个矩形,如图 16 所示.最后再把这个矩形改变成正方形.

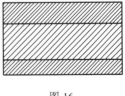

图 16

这样说来,任何一个多角形,连跟它等积的一切多角形在内,都是和具有一定边长 a 的正方形同组成的.这就是说,每一个正方形是

① 这样作法就是测量线段的理论基础,也可以用以下的公理来叙述它:"任何两条不同长短的已知线段 AB 和 CD(设 $AB > CD$),常可以找出一个自然数 n,使合于 $n \cdot CD \leqslant AB < (n+1) \cdot CD$."(阿基米德公理)
② 如果是 $n \cdot CD = AB$,那么点 A_n(和它一起还有点 M)就和点 B 重合.

与它等积的一类多角形的"代表".

至于曲线图形,根本不能用切开后再拼凑的方法把它们改变成正方形.因此,测量直线图形的面积和测量曲线图形的面积,在方法上就有了不同.

第八节　改变正方形成 $2,3,\cdots,n$ 个等边三角形

在本章结尾,我们要来研究一下正方形可以改变成任何一定数目的相等的等边三角形的问题.

我们要预先指出:如果 n 是偶数,那么用 n 个相等的等边三角形可以拼成这样一个平行四边形,它的高等于三角形的高 h,大边等于 $x\cdot\dfrac{n}{2}$,这里 x 是三角形的一边长(图17).当 n 是奇数时,可以拼成一个等腰梯形,它的高也等于三角形的高 h,大边等于 $x\cdot\dfrac{n+1}{2}$(图18),并且如果把最外边的那个三角形沿着底边上的中线切开,就能把它改变成一个平行四边形,它的高等于 h,底边也等于 $x\cdot\dfrac{n}{2}$.

这样一来问题的解决步骤就很明显了,我们知道把平行四边形改变成正方形的方法.应用这种方法我们就可以反过来把正方形改变成适当大小的平行四边形,然后再把所得的平行四边形切成 n 个等边三角形,如图17,18所示.

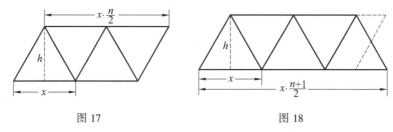

图17　　　　　　　　　　　图18

设已知正方形的一边长是 r,所求三角形的一边长是 x,高是 h.如果所求三角形的数目是 n,那么我们应当把正方形改变成底边 $a = x\cdot\dfrac{n}{2}$、面积 $ah = r^2$ 的平行四边形.因为 $h = x\cdot\dfrac{\sqrt{3}}{2}$,所以

$$x\cdot\frac{n}{2}\cdot x\cdot\frac{\sqrt{3}}{2} = r^2$$

即

$$x^2 = \frac{4r^2}{n\sqrt{3}}$$

436

由此得到
$$x = \frac{2r}{\sqrt{n\sqrt{3}}}$$

和
$$a = \frac{2r}{\sqrt{n\sqrt{3}}} \cdot \frac{n}{2} = r\sqrt{\frac{n}{\sqrt{3}}}$$

为了由已知的 r 和 n 求出线段 a 时作图方便起见,我们把上式改写成下面的形式

$$a = \sqrt{\frac{r^2 n}{\sqrt{3}}} = \sqrt{rn\sqrt{\frac{r^2}{3}}} = \sqrt{rn\sqrt{r \cdot \frac{r}{3}}}$$

由此式可以看出,首先应当作出线段 r 和 $\frac{r}{3}$ 的比例中项,然后再作出所得到的线段和 nr 线段的比例中项.

现在我们以 $n=4$ 和 $n=5$ 为例子来作图,就是来说明怎样把正方形 $ABCD$ 切开来拼成 4 个和 5 个相等的等边三角形(图 19 和图 20).

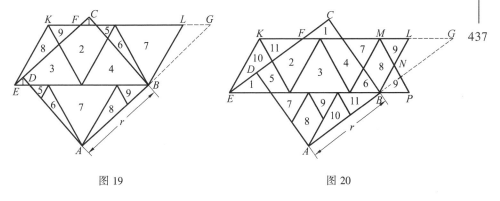

图 19　　　　　　　　　　　图 20

在边 CD 或它的延长线上找出这样一个点 E,使

$$BE = a = r\sqrt{\frac{n}{\sqrt{3}}}$$

在 $a > r$ 的条件下这样作图是可能的. $a > r$,就是说 $\sqrt{\frac{n}{\sqrt{3}}} > 1$,也就是 $n > \sqrt{3}$;这就是说,所求三角形的数目从 2 开始,我们这种作图都是能够实现的.而改变一个正方形成一个等边三角形的情形,在前面我们已经讨论过了.这里图 19 是 $n=4$ 的作图,图 20 是 $n=5$ 的作图.

在 EC 上截取 $EF = BC = r$,以 EF 和 BE 为二邻边作出平行四边形 $EFGB$.

在解改变平行四边形为正方形的问题时,我们曾经证明:平行四边形的侧

边如果等于它的底边和高的比例中项,那么它就和边长等于它的侧边的正方形同组成.

因而,我们这里所得到的平行四边形 $EFGB$ 与正方形 $ABCD$ 等积并且同组成.这就意味着它有要求的高 h,由作图又知道它有要求的底边 $a = x \cdot \dfrac{n}{2}$,但还没有具备应有 60° 斜角的侧边.

引 EK 和 BL,使 $\angle KEB = \angle BLF = 60°$.把 $\triangle BLG$ 移到 $\triangle EKF$ 的位置,就得到所求的平行四边形 $BLKE$.如果 n 是偶数,那么由这个平行四边形马上就能切成 n 个相等的等边三角形(图19);如果 n 是奇数,只能马上得到 $(n-1)$ 个相等的等边三角形,剩下一个平行四边形,要从剩下的平行四边形得到最后一个等边三角形,还要把 $\triangle MNL$ 切下移到 $\triangle BPN$ 的位置(图20).

正方形上的各部分也标着同样的数字,用它们来拼成各个三角形就不是一件难事了.这样由图19上得到9块,用它们可以拼成4个等边三角形;由图20上得到11块,用它们可以拼成5个等边三角形.

现在读者可以很容易地拼出第二章习题中的第20题的图来了,并且你还可以自己想出许多类似的拼图题来,给你的朋友们拼.

习　题

应用前面介绍的改变正方形的几何方法,想出你自己的方法来独立解决下面一些与改变正方形有关系的问题.

1.画一个任意正方形,怎样切开它,才能把切出各块拼成5个相等的正方形?

2.画一个任意的正方形,并把它改变成8个相等的正方形.

3.在伽利略的一篇数学论文"消去"里,他引用了这样一个问题,这个问题是开罗学者阿里向伽利略的同时代人医学家兼数学家杰里·麦迪卡提出的:

"有一块尺寸为 5×2 的矩形板,把它改成一块正方形板,但只许切开成4块."

为什么16世纪的学者,不要求把板只切成3块来拼成正方形呢?这就很难说了,难道他认为这是不可能的吗?如果是这样,那他就错了.尺寸 5×2 的矩形板不但可以切成4块来改成正方形,而且只要切成3块就够了.

试找出这两种解法.

4.在上一个问题里,曾经提到把矩形切成4块甚至于3块来拼成一个正方形. 现在你试把尺寸 9×16 的矩形只切成 2 块来拼成一个正方形.

5. 任何矩形都能用解问题 4 那样的方法来改变成正方形吗?

6. 从问题 3,4,5 的解法我们已经看见,在个别特殊的矩形只要切三刀、两刀,甚至于有时只要切一刀,就能够把它改变成正方形了.

现在需要这样的方法,这种方法只需要稍微加以补充就能用来改变任意矩形为正方形.

你试研究出这样一种把任意矩形改变为正方形的方法,切开的数目可以不加限制.

7. 怎样把一个任意直角三角形改变成正方形?

8. 应用一般改变任意直角三角形为正方形的方法,有些时候得到的切开块数不是最少的,但现在要把一块直角三角形的皮革(图 21) 改变成正方形,而切开块数要求不多于 4 块. 这块皮革的几何特点是长直角边对短直角边的比值小于 2. 试解这个问题.

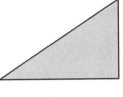

图 21

9. 在实际剪切某种材料时,也可能碰到这样相反的问题:把一个已知正方形改变成这样一个直角三角形,使它的长直角边和短直角边的比小于 2. 要求切开的块数不大于 4,试解这个问题.

10. 在前面我们曾经谈到过把一个等边三角形改变成正方形的问题. 现在你可以试把两个相等的等边三角形(图 22(a)) 改变成一个正方形.

如果把其中一个等边三角形沿着它的高切开成两部分(Ⅰ 和 Ⅱ),并把它们放在第二个等边三角形(Ⅲ) 的两侧(图 22(b)),就得到一个矩形;这个矩形只要切两次就能改变成正方形. 总共是切成 6 块 —— 每个三角形切成 3 块. 你可以把它作出来!

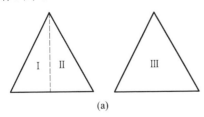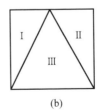

(a)　　　　　　　　　　　　　(b)

图 22

如果不先把已知三角形切开,而直接把它们拼成一个平行四边形(图 23),然后应用前面所说的方法把它改变成正方形,就只切开成 5 块,你相信吗?

这两种方法当然都能用于反过来把一个正方形改变成两个相等的等边三

角形的问题(参看第二章习题中的第 19 题).

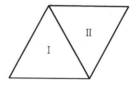

图 23

11.画一个任意正方形,应该怎样切开它,使切开后能用它的各块拼成两个正方形,其中一个的面积是另一个的 2 倍?

12.怎样切开一个正方形,使它的各块能拼成三个正方形,三个正方形面积的比是 2:3:4?

13.第二章习题中的第 12,13 题,你已经解答了吗?这两个题是把正方形切开改拼成一个正六角形,或者正五角形.大概曾经使你伤过脑筋的吧!但是要用几何方法找出这样切开的道理却还要更难.

440

为了便于解答这个问题,最好把问题反过来,就是把一个已知正六角形(或正五角形)改变成一个正方形.

可以先解把正六角形(图 24)改变成正方形的问题,切开的块数限于 5 块.

14.现在把已知正五角形(图 25)改变为正方形,切开的块数限于 7 块.

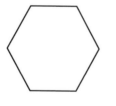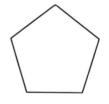

图 24   图 25

15.有一小串链子,是由三个相等的正方形银片制成的,正方形的顶点互相接着,使一个正方形的两个边恰好在另一个正方形两边的延长线上(图 26).现在要求用两双平行线把它切开,使切出各块能拼成一个菱形的胸饰.

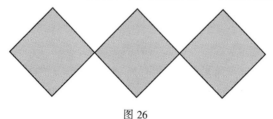

图 26

习题解答

1. 很明显的,要分解一个正方形成 5 个正方形的问题,可以用已经解过的分一个正方形成 3 个正方形的问题的同样方法.我们记得,分解正方形成 3 个正方形的问题时曾经用了两种方法,用第二种方法切成的块数较少.但是奇怪得很,解我们现在这个问题时,情形却完全两样.第二种方法要把正方形切成 10 块(你相信吗?),而第一种方法却只切成 9 块.

用第一种方法时,我们应当在已知正方形 $ABCD$(图 27)的边 DC 的延长线上找出这样一个点,使与顶点 A 的距离是 $\sqrt{5}$(这里以已知正方形的边长为 1).要找这个点,只要截取 $DE = 2DC = 2$,所得的点 E 就是,因为

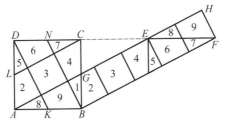

图 27

$$AE = \sqrt{AD^2 + DE^2} = \sqrt{1+4} = \sqrt{5}$$

以下的作图和证明都和第三节所说的相似.由于相应的作图和简单的考虑我们就可以断定:只要沿 AG, CL, DK 和 BN 四条直线切 4 次就可以把正方形 $ABCD$ 改变成 5 个相等的正方形.并且这里 $AG \parallel CL, DK \parallel BN, K, G, L, N$ 四点各为正方形一边的中点.所得到的 9 块是这样的:4 个全等的梯形(2,4,6,9),4 个全等的三角形(1,5,7,8) 和一个等于已知正方形 $\frac{1}{5}$ 的正方形(3).如果把这个正方形 3 也分成那样一个三角形和一个梯形,那么就得到第二章习题中的 14 题:用 5 个全等的梯形和 5 个全等的三角形拼成一个正方形或 5 个小正方形.

2. 这是个很简单的问题.把已知正方形按两个对角线 AC 和 BD 切开(图 28),得到四个全等的直角三角形:$\triangle AOB, \triangle BOC, \triangle COD, \triangle DOA$.用它们可以拼成两个正方形.每一个拼得的正方形也可以毫无困难地切成四个相等的正方形.从图上很容易看出它的全部解答.

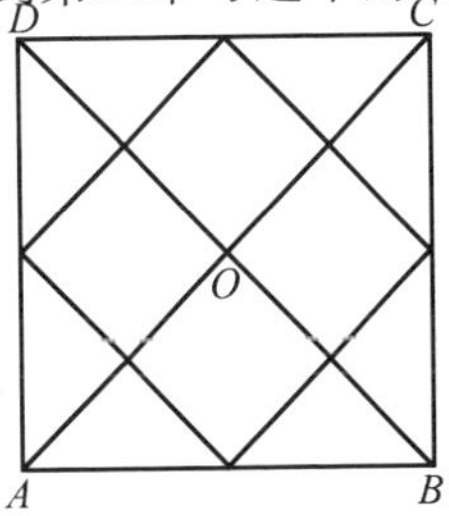

图 28

441

3.这个问题所说的,实际上就是把已知矩形改变成正方形的问题.可以从解这类问题的一般方法着想,掌握了一般方法,再用到特殊问题上来.这就是从一般到特殊.但相反的思想过程也是常常应用的(并且是很重要的):从特殊到一般,从个别观察到一般概括,从解决特殊问题时的假设到可以解一系列同类问题的方法.

图 29 是一种可以把已知矩形改变成正方形的方法,切开块数是 4 块.

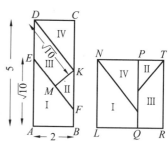

图 29

所求正方形的一边长应等于 $\sqrt{5 \times 2} = \sqrt{10}$. 用几何方法找出长等于 $\sqrt{10}$ 的线段并不困难.它就是以 $1,3$ 为直角边的直角三角形的弦长.在边 AD 上截取 $AE = \sqrt{10}$,并在边 BC 上找出点 K 使 $DK = \sqrt{10}$.然后取 $KF = DE$,并以直线联结点 E,F.这样 $EFKD$ 是平行四边形(DE 和 KF 平行且相等),因此 $EF = DK = \sqrt{10}$,并且 $EF // DK$,$\angle AEF = \angle ADK$,但 $\angle ADK + \angle KDC = 90°$,所以 $\angle AEF + \angle KDC = 90°$.这就是说,如果把梯形 $AEFB$ 和 $\triangle DCK$ 沿着线 EF 和 DK 拼起来的话,就得到一个长方形 $LNPQ$,它的边长 $LN = AE = \sqrt{10}$,$LQ = 2$.

同样地,如果把 $\triangle FMK$ 以边 FK 和梯形 $EMKD$ 的边 ED 拼起来,就得到长方形 $QRTP$,它的一个边 $RT = KD = \sqrt{10}$.

现在我们算出另一边 $QR = MK$ 的长来.直角 $\triangle FMK$ 和 $\triangle KCD$ 相似($\angle MFK = \angle CKD$),由此有 $\dfrac{MK}{KF} = \dfrac{DC}{DK}$.此外 $KF = DE = 5 - \sqrt{10}$,所以

$$MK = \frac{KF \cdot DC}{DK} = \frac{(5 - \sqrt{10})2}{\sqrt{10}} = \frac{(5 - \sqrt{10})\sqrt{10}}{5} = \sqrt{10} - 2$$

所以

$$QR = MK = \sqrt{10} - 2, \quad RT = \sqrt{10}$$

把矩形 $LNPQ$ 和 $QPTR$ 沿边 QP 拼合起来,就得到一个正方形了,因为

$$LR = LQ + QR = 2 + (\sqrt{10} - 2) = \sqrt{10} = RT$$

由图 30 可以明显地看出这个问题的第二种解法.

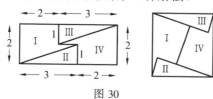

图 30

　　这两种方法都是把矩形切成4块.但实际上必需切开的块数可以减少到3块,并且方法也不只有一种.图31是这个问题的可能解法之一.我相信,读者一定乐于去自己想出另外的解法.

　　这里切开线的作图非常简单.在已知矩形的边 AD 和 BC 上截取 $AE = CF = \sqrt{10}$,引 $EK \parallel AB$,点 K 是 EK 和 DF 的交点,按 DF 和 EK 切开就行了.以下我们有:$DE = FB$ 和 $\angle EDK = \angle DFC$,所以

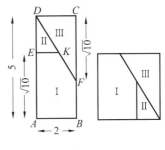

图 31

$\triangle EDK$ 和五角形 $AEKFB$ 可以沿边 DE 和 FB 拼合起来,这样我们得到一个梯形,它恰巧是一个不完整的正方形,所缺的就是直角 $\triangle DCF$.

　　现在你可以想一想,已知矩形的二边要成什么比例,才能用我们所说的这种方法来改变成正方形?并怎样把这种方法推广到任何矩形呢?

　　4.设 $AB = 9$ 单位长,$BD = 16$ 单位长(图32).矩形 $ABDC$ 的面积等于144平方单位.所求正方形的面积当然也是一样的.所以正方形的每边长应该等于12单位,也就是比矩形的短边长3个单位,比它的长边短4个单位.

　　把 AB 分成3等分,BD 分成4等分,并经过这些分点引平行于矩形纵横二边的平行线,这些平行线把已知矩形分成4行小矩形,每个小矩形尺寸为 3×4,每行有3个这样的小矩形.要把它们拼成一个正方形,现在只要把12个小矩形重新分配成3行,每行有4个小矩形就行了.应该想到这只要按照阶梯形的切法就可以达到目的(图33).

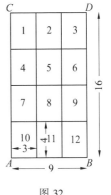

图 32

　　5.已知矩形 $ABCD$(图34),边长 $AB = a$,$BC = b$,这里 a,b 都是整数,并设 $b > a$.

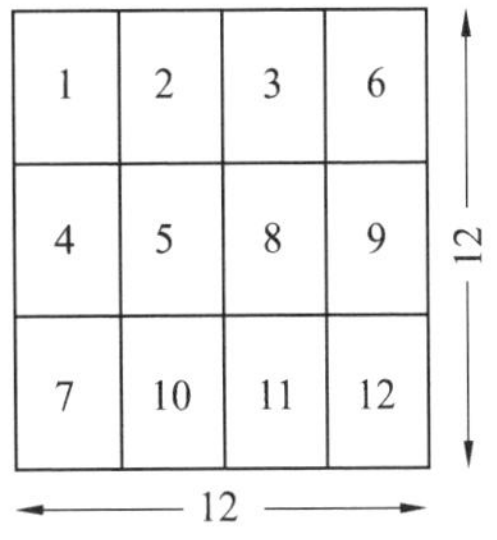

　　要用阶梯形的切法把矩形改变成正方形,需要把矩形的短边分成 n 等份,长边分成 $(n+1)$ 等份,这里 n 是某整数,并把矩形分成 $n(n+1)$ 个大小为 $\dfrac{a}{n} \cdot \dfrac{b}{n+1}$ 的小矩形.按阶梯形切开,并像上题那样拼起来,我们得到一个新的矩形,它的边长为 $a + \dfrac{a}{n}$ 和 $b - \dfrac{b}{n+1}$.如果

$$a + \frac{a}{n} = b - \frac{b}{n+1}$$

这个矩形就成了个正方形.

图 33

从这个方程式我们找出 $\dfrac{b}{a}$ 的比值

$$(an + a)(n + 1) = bn^2$$

$$a(n + 1)^2 = bn^2$$

$$\dfrac{b}{a} = \dfrac{(n + 1)^2}{n^2}$$

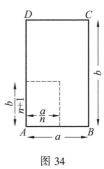

图 34

这样一来就可以知道,用阶梯形切法把矩形切成两块来改变成正方形,只有在这种情形才是可能的:矩形的长边与短边的比等于二相邻整数平方的比,即 $(n + 1)^2$ 和 n^2 的比,这里 $n = 2,3,4,\cdots$

在 $n = 2$ 时这个矩形应有的边的比为

$$\dfrac{b}{a} = \dfrac{9}{4}$$

在 $n = 3$ 时为

$$\dfrac{b}{a} = \dfrac{16}{9}(就是上一问题的情形)$$

在 $n = 4$ 时为

$$\dfrac{b}{a} = \dfrac{25}{16}$$

等.

6.我们采用把矩形 5×2 切成 3 块来改变成正方形所用的方法来解现在的问题.

这种简便方法是这样用于边长为 a, b 的矩形(图 35) 的,我们在矩形的二长边上各截取一个线段,它的长度等于与已知矩形等积的正方形的一边长,就是 $AE = CF = \sqrt{ab}$ (a, b 的比例中项,作图方法大家已知道),引 DF 和 $EK \parallel AB$,用这样生成的三部分很容易拼成一个正方形.显然,这种方法只有在 EK 能和 DF 相交的情形才可能实现,因此,线段 $AE = \sqrt{ab}$ 必须不比 $AD = b$ 边长的一半短.

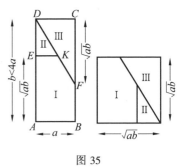

图 35

解不等式

$$\dfrac{b}{2} \leqslant \sqrt{ab}$$

对 b 解 $$\frac{b^2}{4} \leqslant ab$$

由此得出 $$b \leqslant 4a$$

不过,如果 $b = 4a$(图 36),就有

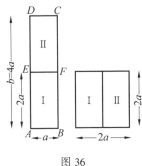

$$AE = CF = \sqrt{ab} = 2a = 2AB$$

并且 EF 平行且等于 AB.这时就不需要沿 DF 线切开了.只要把矩形 $DEFC$ 和矩形 $AEFB$ 拼合起来就可以得到一个正方形.

设 $b > 4a$(图 37(a)),在这种情形,AE 和 CF 都小于 $\frac{b}{2}$.这时 $EK /\!/ AB$ 不能和线段 DF 相交了.现在我们

图 36

这样作:从已知矩形上把所形成的 $ABKE$ 部分切下,并在剩下的矩形 $EKCD$ 的边 ED 上重新截取 $EL = AE = \sqrt{ab}$,在边 CK 上截取 $CF = \sqrt{ab}$,引 $LM /\!/ AB$,使 LM 与 DF 相交于点 M,容易了解:矩形 LEF_1C_1 由 Ⅱ、Ⅲ、Ⅳ 三块拼成(图 37(b)),它的一条边 $LE = \sqrt{ab}$,另一边 $LC_1 = LM + DC = LM + a$.

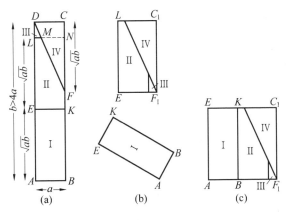

图 37

把这个矩形合并到切下的矩形 $ABKE$ 上,得到 EAF_1C_1(图 37(c)).为了证明 EAF_1C_1 是正方形,我们来计算边 EA 和 EC_1 的长.

由作图知道 $EA = \sqrt{ab}$,而 $EC_1 = EK + KC_1$,或

$$EC_1 = EK + LC_1 = a + LM + a = LM + 2a \qquad ①$$

现在来计算 LM,延长 LM(图 37(a))使与边 BC 相交于N,我们由 $\triangle MNF$ 和 $\triangle MLD$ 的相似关系算出 LM

445

$$\frac{MN}{LM} = \frac{FN}{DL}$$

这里

$$DL = b - 2AE = b - 2\sqrt{ab}$$

但

$$FN = FC - NC = FC - DL = \sqrt{ab} - DL$$

就是说

$$\frac{MN}{LM} = \frac{\sqrt{ab} - DL}{DL}$$

按比例的性质可写为

$$\frac{MN + LM}{LM} = \frac{\sqrt{ab} - DL + DL}{DL}$$

$$\frac{a}{LM} = \frac{\sqrt{ab}}{b - 2\sqrt{ab}}$$

$$LM = \frac{a(b - 2\sqrt{ab})}{\sqrt{ab}}$$

把所得结果代入式 ① 中,得到

$$EC_1 = \frac{a(b - 2\sqrt{ab})}{\sqrt{ab}} + 2a = \frac{a(b - 2\sqrt{ab} + 2\sqrt{ab})}{\sqrt{ab}} = \frac{ab}{\sqrt{ab}} = \sqrt{ab}$$

因此,$EC_1 = EA$,所以 EAF_1C_1 恰好是一个正方形.

假使矩形 $ABCD$ 的长边比短边长得更多,以至在第二次截取 $EL = AE$ 后,$LM \parallel AB$ 还不能与 DF 相交,那么就应当再重复来截取几次,直到边 AD 上剩余的线段小于 $\sqrt{ab}$,也就是小于所求正方形的边长为止,在每一次截取 $\sqrt{ab}$ 长之后,也随时切下相应的矩形.

不难明白,把所有这些切下的矩形与由 Ⅱ,Ⅲ,Ⅳ 三块拼成的最后一个矩形拼合起来,我们就得到一个正方形.这就是把任意矩形改变成正方形的方法之一.

还有一些方法也是大家都知道的,我们后面还要向读者介绍几个,现在我们却建议读者去找一些自己的解法,来同这里的方法相比较.

7.设 $\triangle ABC$ 是任意直角三角形(图38),沿着侧边的中点连线 $ED \parallel CA$ 切开,并把 $\triangle BED$ 移到 $\triangle AFD$ 的位置,就得到一个矩形.

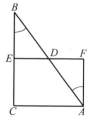

图 38

为证明这个,我们以 AC 和 EC 为边作出矩形 $AFEC$,并证明 $\triangle AFD \cong \triangle BED$.这是成立的,因为由作图知道 $AF = EC = BE$,$\angle FAD = \angle DBE$(平行线 AF,BE 和截线 AB 形成的内错角),$\angle F = \angle DEB$(都是直角).

无论矩形 $AFEC$ 是什么样子的,它都能被改变成正方形,即使有时需要用像 6 题所用的方法,也还是能把它改变成正方形.

8.设 $\triangle ABC$ 是一个直角三角形,它的长直角边与短直角边的比 $\dfrac{BC}{AC} < 2$(图 39),作三角形的中位线 ED,并在上面找出点 F,使与直角顶点 C 所联结的线段 CF 等于与已知三角形等积的所求正方形的边长.

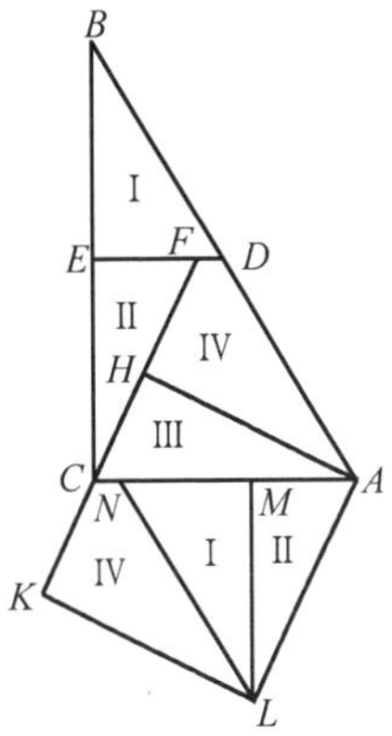

现在我们来证明这样作图是可能的.

假使 CF 等于所求正方形的边长,那么 $CF^2 = \dfrac{AC \cdot BC}{2}$,由直角 $\triangle CEF$ 我们有

$$EF^2 = CF^2 - CE^2 = \frac{AC \cdot BC}{2} - \frac{BC^2}{4}$$

$$EF = \sqrt{\frac{BC}{2}\left(AC - \frac{BC}{2}\right)} \qquad ①$$

为了确定 $EF < ED$,我们引用下面明显的不等式

$$(BC - AC)^2 > 0$$

图 39

447

由此式得到

$$BC^2 + AC^2 - 2AC \cdot BC > 0$$

$$\frac{AC \cdot BC}{2} - \frac{BC^2}{4} < \frac{AC^2}{4} \qquad ②$$

由 ① 和 ② 可得

$$EF^2 < \frac{AC^2}{4}$$

由此可知 $EF < \dfrac{AC}{2}$,又因为 $ED = \dfrac{AC}{2}$,所以 $EF < ED$.

从顶点 A 向 CF 作垂线 AH,并在 AH 上作正方形 $AHKL$.这个正方形和 $\triangle ABC$ 等积.

这是正确的,因为 $\triangle AHC$ 和 $\triangle CEF$ 相似,从而可得比例关系

$$\frac{AH}{AC} = \frac{CE}{CF}$$

又 $CF = \sqrt{\dfrac{AC \cdot BC}{2}}$ 和 $CE = \dfrac{BC}{2}$,所以由上面的比例式可得

$$AH = \frac{AC \cdot CE}{CF} = \frac{\dfrac{AC \cdot BC}{2}}{\sqrt{\dfrac{AC \cdot BC}{2}}} = \sqrt{\frac{AC \cdot BC}{2}}$$

这就证明 $\triangle ABC$ 和正方形 $AHKL$ 等积.

ED, CF 和 AH 三线段把已知 $\triangle ABC$ 分成 4 块,这 4 块不难在正方形 $AHKL$ 上用如下的作图来找到:引 AC 的垂线 LM,并引 $LN \parallel AB$.

相当的部分都标着同一个数目字.各部分的相等关系,读者不难自行证明.

假使在特殊情形 $\dfrac{BC}{AC} = 1$ 时,也就是 $BC = AC$ 时(三角形是直角的又是等腰的),那么由式 ① $EF = \dfrac{AC}{2} = ED$,点 F 和点 D 重合,AH 和 AD 重合,沿线 ED 切开成了多余的,这时 $\triangle ABC$ 只要沿线 CD 切一下,就可以改变成正方形了,这是一看就能看出来,用不着计算的:只要沿着等腰直角三角形的高切开,用切得的两块来拼成正方形是很容易的.

9. 设 $AHKL$(仍用图 39)为已知正方形,要求把它改变成这样的直角三角形:长直角边与短直角边的比是 n,并且
$$1 < n < 2$$
这时由方程式
$$\frac{BC}{AC} = n, \qquad \frac{AC \cdot BC}{2} = AH^2$$

可定出 $AC = AH\sqrt{\dfrac{2}{n}}$,或 $AC = \sqrt{AH \cdot \dfrac{2AH}{n}}$.

最后一个式子使我们可以作出线段 AC,它是线段 AH 和 $\dfrac{2AH}{n}$ 的比例中项.

作出线段 AC,使点 C 落在已知正方形的边 KH 上,引 $LM \perp AC$.以 AC 与 $BC = 2LM$ 为直角边的直角 $\triangle ABC$,就是所求的三角形.

这是正确的,因为 $\triangle AHC$ 和 $\triangle LMA$ 相似,从而可得
$$\frac{LM}{AL} = \frac{AH}{AC}$$

但 $AH = AL$ 和 $LM = \dfrac{BC}{2}$,所以
$$AH^2 = \frac{AC \cdot BC}{2}$$

由此可知 $\triangle ABC$ 和已知正方形等积.

再引 $LN \parallel AB$,这样正方形被分成 Ⅰ,Ⅱ,Ⅲ,Ⅳ 4 块,改变它们的位置就可

以拼出直角 △ABC.

10.矩形 ABCD 是由两个相等的已知等边三角形改变成的(图40),在它的两个长边上分别截取线段 AE 和 CF,使它们等于所求正方形的边长,这个长度可以先由作图作出,即等于矩形底边和高的比例中项(也是已知三角形底边和高的比例中项).联结 DE,并作 FK⊥DC,DE 和 FK 就是切开线.

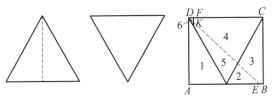

图 40

我们只要把五角形 BCFKE 沿着线 DE 往左上方移,然后把 △DFK 从左上角移到右下角,就成了正方形(图41).

这时每一个已知三角形都被切成了 3 块.

读者可以想想,为什么这里所得到的矩形 ABCD 不能用 4 题所用的那种切法来改变成正方形呢?

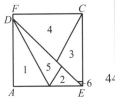

图 41

图 42 表示第二种方法,先用已知三角形拼成平行四边形 ABDC,然后把它改变成另一平行四边形 ABEF,它的边 AF 是边 AB 和平行四边形 ABDC 中与边 AB 相应的高的比例中项.作 BK⊥AF,然后作出所求的正方形 BKLM.

各相等部分在图42上都标着相同的数目字.

11.要把一个正方形改变成两个正方形,使其中一个的面积为另一个的 2 倍是有许多不同方法的.例如,我们可以先把正方形改变成二边的比为 3:1 的矩形,然后从所得的矩形上切下一个边长等于矩形的短边的正方形,这就是所求正方形中的一个.剩下的矩形的面积是切下的正方形的面积的 2 倍,现在我们也能把它整个的改变成正方形.

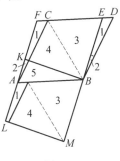

图 42

但用这种解法所得的块数太多了.现在我们介绍另外一种极经济的解法,用这种解法只要把正方形切成 5 块就行了.

我们先进行一些计算,设已知正方形的边长为 a,所求小正方形的边长为 x,大正方形为 y.因为大正方形的面积为小正方形的 2 倍,所以大正方形的边

449

长为小正方形的 $\sqrt{2}$ 倍,就是 $y = \sqrt{2} \cdot x$. 按已知条件作出方程式

$$x^2 + (\sqrt{2} \cdot x)^2 = a^2$$

由此得

$$x = \frac{a\sqrt{3}}{3}$$

$$y = \frac{a\sqrt{6}}{3}$$

或

$$x = \sqrt{a \cdot \frac{a}{3}}$$

$$y = \sqrt{a \cdot \frac{2a}{3}}$$

这就是说,线段 x 是 a 和 $\frac{a}{3}$ 的比例中项,而 y 是 a 和 $\frac{2a}{3}$ 的比例中项.

如果你记起这样一个定理,直角三角形的每个直角边是斜边和这个直角边在斜边上射影的比例中项,你就可以马上作出线段 x 和 y 来了.

如图 43,在已知正方形 $ABCD$ 的边 DC 上,以 DC 为直径在正方形内作半圆,截 $DE = \dfrac{DC}{3} = \dfrac{a}{3}$.

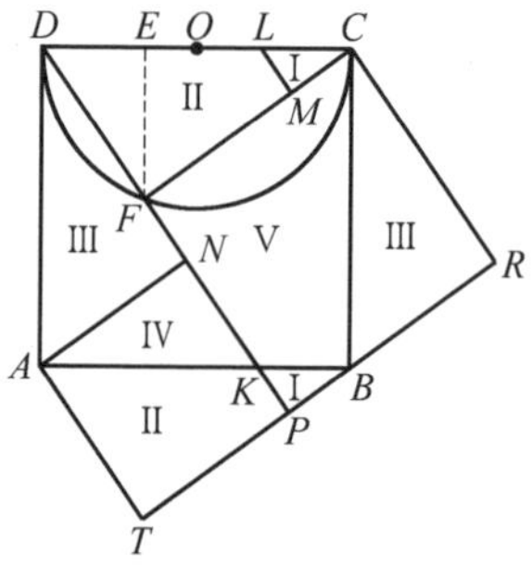

从点 E 作边 DC 的垂线 EF 与半圆相交于点 F,联结 DF 和 CF,根据上述几何定理可知

$$DF = x = \frac{a\sqrt{3}}{3}$$

和

$$CF = y = \frac{a\sqrt{6}}{3}$$

延长 DF 使与 AB 相交于点 K,截取 $CL = BK$,作 $LM \perp CF$,由顶点 A 作 DK 的垂线 AN,因为 $\triangle AND$ 和 $\triangle DFC$ 全等(斜边相等,各角两两相等,因两双对应边互相垂直),所以 AN 和 DF 相等.

沿 DK, AN, CF, LM 四线切开,把正方形切成五块,很容易证明用它们能拼出所求的正方形 $CFPR$ 和 $ATPN$.

12. 设 y 为所求大、中、小三个正方形里中间一个正方形的边长. 于是所求正方形的面积相应的是

$$\frac{2}{3}y^2, \quad y^2, \quad \frac{4}{3}y^2$$

它们的和为

$$3y^2 = a^2$$

这里 a 为已知正方形 $ABCD$ 的边长(图 44).

于是各正方形的边长为

图 43

450

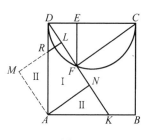

图 44

小正方形　　　$x = \dfrac{a\sqrt{2}}{3}$

中正方形　　　$y = \dfrac{a\sqrt{3}}{3}$

大正方形　　　$z = \dfrac{2a}{3}$

像前一题那样作出线段 y,这就是线段 DF.

由作图知

$$DE = \frac{a}{3}, \quad EC = \frac{2a}{3} = z$$

所以
$$EF = \sqrt{DF^2 - DE^2} = \sqrt{\frac{a^2}{3} - \frac{a^2}{9}} = \frac{a\sqrt{2}}{3} = x$$

延长 DF 使与 AB 相交于点 K,并作 $AN \perp DK$.由全等 $\triangle AND$ 和 $\triangle DFC$ 可得 $AN = DF = y$.以 AN 为边作正方形 $ANLM$.这就是所求正方形之一,它可以由梯形 $ANLR$ 和 $\triangle ANK$ 拼成,因为 $\triangle AMR \cong \triangle ANK$,由这个三角形全等的关系可知 $AK = AR$,这也就是说

$$BK = DR$$

① 451

把 Ⅰ,Ⅱ 两部分从正方形 $ABCD$ 上取去,剩下多角形 $KBCDRLK$,如图 45(a) 所示.

从点 F 作 BC 的垂直线 FT,以 $FT = EC = z$ 为边在上面作正方形 $FTHS$.延长 FK,与 SH 相交于点 P.

因为 $FS = FT$(由作图),$\angle SFP = \angle TFC$(同是 $\angle PFT$ 的余角),$\angle S$ 和 $\angle T$ 都是直角,所以 $\triangle FSP \cong \triangle FTC$,由此

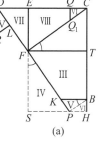
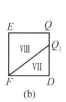

(a)　　　(b)

图 45

$$SP = CT = EF = \frac{a\sqrt{2}}{3}$$

联结 PB,下面我们证明 $\triangle KPB$ 是直角三角形,我们来计算 PH 和 BH 的长

$$PH = SH - SP = \frac{2a}{3} - \frac{a\sqrt{2}}{3} = \frac{a\sqrt{2}}{3}(\sqrt{2} - 1)$$

$$BH = HT + TC - BC = \frac{2a}{3} + \frac{a\sqrt{2}}{3} - a = \frac{a\sqrt{2}}{3} - \frac{a}{3} = \frac{a}{3}(\sqrt{2} - 1)$$

两条线段的比为 $\dfrac{PH}{BH} = \sqrt{2}$,而 $\dfrac{FT}{CT}$ 的比值也等于 $\sqrt{2}$,所以 $\angle BPH = \angle CFT$,因 $PH \parallel FT$,所以 $BP \parallel CF$.由此我们得知 $\angle BPK$ 是直角.

现在来证明直角 $\triangle KPB$ 和直角 $\triangle RLD$ 全等,由式 ① 知 $BK = DR$,此外 $\angle KBP = \angle LDR$(二角的两双对应边互相垂直),所以

$$\triangle KPB \cong \triangle RLD$$

在拼成正方形 $SHTF$ 时还需要 $\triangle BHP$,我们从 $\triangle CEF$ 上来取它,因此我们截取 $CQ = HP$ 并引 $QQ_1 \perp CQ$.

这时已知正方形还剩下 Ⅶ,Ⅷ 两块,很容易证明用这两块可以拼成所求的第三个正方形(图45(b)).

奇怪的是:用正方形这样切成的 8 块,还可以拼成两个正方形,其面积的比为 1:2,你试验一下看!

13. 把已知正六角形沿对角线 CF 切开(图46(a)),并把切成的两个梯形沿 DC 线拼合起来,如图46(b)的样子,就拼成了平行四边形 $FECB$.

现在求作等于所求正方形边长的线段,它应当是平行四边形底边和高的比例中项,因此,在边 BF 上截取 FH 等于平行四边形的高,并作 $HP \perp BF$,使与以 BF 为直径所作的半圆弧相交于点 P,按大家都知道的几何定理,FP 就是所求 452 的线段,以点 F 为圆心,FP 为半径作弧与 EC_1 相交于点 K,联结 FK.

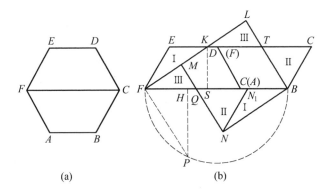

(a)   (b)

图 46

由作图,我们知道 FK 等于所求正方形一边的长,即 $\sqrt{BF \cdot KS}$,这里 KS 是平行四边形的高.

由点 B 向 FK 的延长线作垂线 BL.

由 $\triangle FSK$ 和 $\triangle FLB$ 的相似,有

$$\frac{FK}{KS} = \frac{BF}{BL}$$

则

$$BL = \frac{BF \cdot KS}{FK} = \frac{BF \cdot KS}{\sqrt{BF \cdot KS}} = \sqrt{BF \cdot KS}$$

因而得到
$$BL = FK$$

然后,作正方形 $BLMN$,并证明它是由平行四边形的各部分拼成,也就是由已知正六角形拼成.

为证明这个,我们再引 $NN_1 /\!/ FE$ 到与 BF 相交于点 N_1.

我们有：$\triangle BNN_1 \cong \triangle KFE$(边 BN 和 FK 相等,并且夹此二边的两双对应角相等).由此得 $NN_1 = FE = BC_1$,所以 $\triangle NN_1 Q \cong \triangle BC_1 T$.

因此,在平行四边形两条对边上剩下的线段 FQ 和 KT 也相等,所以
$$\triangle FMQ \cong \triangle KLT$$

到这里为止,我们已经证明了正方形和平行四边形是同组成的,也就是和正六角形是同组成的,对应的相等部分在图 46(b) 上都用同一个数字来表示.

怎样把切开线 FK, MQ, BT 移到已知正六角形上呢?我们要把它留给读者来解决了.

14. 我们发现如果联结已知正五角形 $ABCDE$ 的对角线 CE(图 47),就形成等腰 $\triangle EDC$ 和等腰梯形 $ABCE$.(请证明它!)

在 CE 的延长线上截取 $EF = ED$ $(= DC = EA)$,并联结 AF.这样就形成等腰 $\triangle AEF$,它的两腰和 $\triangle EDC$ 的两腰相等.但 $\angle AEF = \angle EAB$(平行线 AB 和 CF 与截线 AE 形成的内错角),所以 $\angle AEF = \angle EDC$,因此 $\triangle AEF \cong \triangle EDC$.

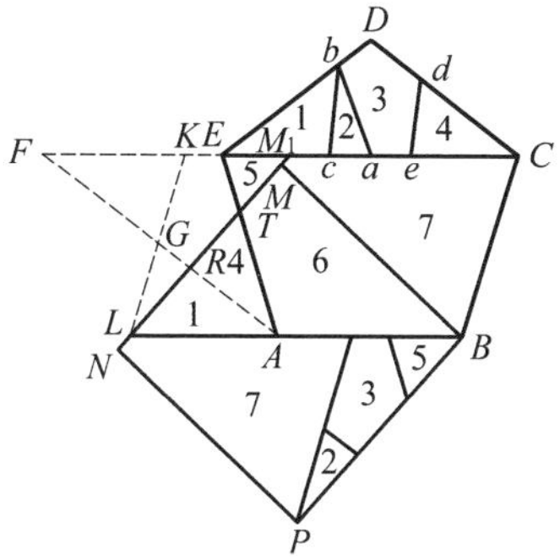

图 47

切下 $\triangle EDC$ 并把它移到 FEA 的位置,就得到与已知正五角形同组成的梯形 $ABCF$.过边 AF 的中点 G 引平行于 BC 的直线,与 CF 相交于点 K 并与 AB 边的延长线交于点 L.

容易明白：$\triangle ALG \cong \triangle FKG$,并且如果把 $\triangle KFG$ 切下改移到 ALG 的位置,就可得到平行四边形 $LBCK$,它与梯形 $ABCF$ 同组成,也就是与已知正五角形同组成.

在 $\triangle EDC$ 上找出与切开线 GK 相应的线,这就是切开线 ab.现在我们用和上题一样的方法把平行四边形 $LBCK$ 改变成所求正方形 $BMNP$.

按照上题的方法求出平行四边形 $LBCK$ 底边和高的比例中项,以这个长度作出 LL_1,在 $\triangle Eab$ 中找出与 LR 相当的切开线 bc,在四边形 $CDba$ 中找出与 RT 相当的切开线 de.这些切开线再加上 TL_1, BM, EC 三条切开线,把已知正五角

形切成 7 块,用它们可以拼成正方形 *BMNP*.

15.我们依图 48 所示的方法联结正方形的顶点.图中所有带阴影线的直角三角形都是全等的,所以能够互相代替.所得到的四边形 *ABCD* 的对角线 *AC* 和 *BD* 不相等,但互相垂直平分,所以,*ABCD* 是个菱形,并且串链的切开线是互相平行的,即 *AD* ∥ *BC*,*AB* ∥ *DC*.

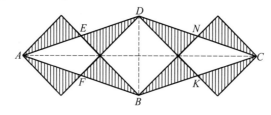

图 48

第四章　　正方形的一些奇妙性质

正方形有许多奇妙的性质,其中有一些在中学的几何课里已经研究过了.

正方形具有直角、等边和对称性,这些性质使它成为一种简单而完善的图形,难怪人们要用它作为测量面积的基本单位了.这些性质也就是正方形的一些其他引人入胜的性质的基础,而这些奇妙的性质在中学课程上是没有讲授过的.要想扩大自己的几何观念的领域的人,一定会对这些奇妙的性质发生兴趣的.

第一节　　正方形比其他的四边形"优越"

当你想制造随便什么物件,对这个物件设计形状时,你不单会想到简单、方便和美观,并且也要想到经济,就是使它的尺寸(面积、周界、表面积、体积及其他)有最大或最小值.

就这一点来说,在许多可能的形状中,一定有一种显得比其他的形状"优越".

现在我们来研究一个例子,我们想用一张每边长为 a cm 的正方形纸(图1(b)),来作一个没有盖的方底小盒子(图1(a)).假使你从正方形边缘的四个角上各切下等于 $\frac{1}{6}a$ cm 的四个小正方形,那么这个小盒子的容积就要比其他任何情形都大,无论切下小正方形的边长大于或小于 $\frac{1}{6}a$ cm 都一样,你检查一下看!①

这个问题已经事先指明了物件的形状,要我们自己选择的只是它的尺寸.

但实际上可能碰到具有这样几何性质的实际问题:要用围墙、篱笆或栏杆围起一块土地来,这块土地的面积是一定的,而围墙的长度要尽可能经济,并且所围的区域要是个矩形,不过二边长度的比可以随意.用数学语言来说,就是:

---

① 这个说法的详细的几何证明,我们建议读者去参看别莱利曼的《趣味几何学》一书.(中译本分上下两册,符其珣译,中国青年出版社出版,这个问题在下册,第十二章,"铁匠的难题"一节).(译者注)

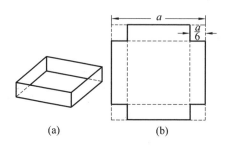

图 1

如果面积一定,什么样的矩形具有最小的周长?

下面的定理可以回答这个问题:

正方形的周长比任何与它等积的矩形都短.

为了证明这个定理,我们来把正方形 $ABCD$ 的周长和与它等积的任意矩形 $BEFG$ 的周长(图 2)比较一下.设正方形的边长为 a,与它等积的矩形的长边为 b,那么很显然的是 b 大于 a,这时候另一边 c 就一定小于 a.把正方形和矩形的公共部分 $ABEK$ 切下,剩下两个互相等积的矩形 $AKFG$ 和 $KECD$,就是

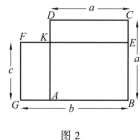

图 2

$$AG \cdot FG = DC \cdot KD$$

但因 $FG < DC$,所以

$$AG > KD$$

即

$$b - a > a - c$$

从而

$$b + c > 2a$$

或

$$2b + 2c > 4a$$

这就是说,与正方形等积的任意矩形的周长都比正方形的周长长,也就是说,在一切等积的矩形中以正方形的周长为最短.

反过来,假使现在我们已知的不是矩形的面积而是周长,那么也可以作出很多具有同样周长但却有不同面积的矩形来,现在要问,这些矩形里面什么样的矩形面积最大呢?

这仍然是正方形.

正方形的面积比任何与它周长相等的矩形都大.

可以像通常证明逆定理那样从反面来证明这个定理,设正方形的周长为 p,面积为 q.如果有这样一个矩形,它的周长也等于 p,而面积 $Q > q$.我们作一个与此矩形等积的新的正方形,也就是面积也等于 Q 的正方形,那么这个新的

正方形的面积必然大于已知正方形.但按照上段所说的定理,新正方形的周长 $p_1 < p$.这就是说,新正方形的面积大于已知正方形而周长小于已知正方形.这是不可能的,因此,周长等于正方形而面积大于同一正方形的矩形,是不可能有的.同时,周长等于正方形而面积等于已知正方形的矩形也是不可能有的,因为在这种情况正方形的周长一定会比矩形的小,而这正跟所设的条件相矛盾.

因此,在一切周长相等的矩形里面,要以正方形的面积为最大.

我们还要指出(不证明了)的是:正方形在这一点上不但比矩形优越,并且比任何四边形都优越,这就是说,正方形的周长小于任何与它等积的四边形的周长,并且正方形的面积大于任何与它等周长的四边形的面积.

在其他情形,也会出现一些与此类似的正方形的性质,下面再举一个例子.

某冶金工艺学校有一个矩形体育场(图3),场的四角种有4棵树,学校校长让同学们把运动场尽其所能地扩大,但要合乎以下两个条件:

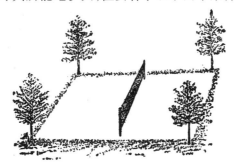

图3

（1）场地仍然保持着矩形,但其各边方向可以随意改变.

（2）四棵树仍然留在场地边缘上(如果不可能在角上,那么在场地边缘的任何位置上都可以).

未来的冶金技师们就开会商量扩建场地的设计,进行计算和制图.

在图纸上围绕着已知矩形画出了许多不同的外接矩形(图4),经过计算知道这些矩形的面积是各不相等的.但它们中间究竟哪一个面积最大呢?

最大的原来又是正方形.但这需要加以证明,学校校长是不会批准没有根据的扩建场地的设计的.

这就作为留给读者的一个问题吧(习题1题)!

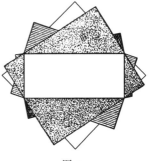

图4

第二节　折叠正方形的折纸作图法

圆规和直尺是通常的几何作图工具,但有一类几何作图问题可以完全不用圆规和直尺(只要不需把所作的线画出来),用折纸的方法就能完成所要求的作图.

例如,平分已知 $\angle ABC$(图 5)的作图题,我们先沿直线 BC 和 AB 把纸折起来(向反面折),然后再把折边 BC 折合在折边 AB 上,这样得到的折痕 BD(图 6)就是 $\angle ABC$ 的平分线.

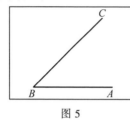

图 5

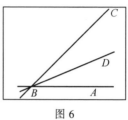

图 6

随便什么形状的纸片都能用折叠的方法改成矩形或正方形.

你把一张纸的随便哪一部分折叠起来,就得到一条直线的折痕,设它为 XX_1(图 7).现在用小刀沿折痕把纸的小部分裁去.然后再这样折一下,使 XX_1 边自己和自己重合.这样所得到的折痕 YY_1 与 XX_1 成垂直(因相邻二角 $\angle YBX$ 和 $\angle YBX_1$ 互相重合,所以两个角都是直角).再沿折痕把纸的小部分裁去.

重复这样的方法就得到边 AD 和 CD,这样一来,这张纸就成了 $ABCD$ 的形状,它是一个矩形.

设 AB 是矩形 $ABCD$ 的短边,现在把矩形 $ABCD$ 斜着折一下,使边 AB 放在边 BC 上(图 8),然后把 $EDCF$ 这一块裁下,剩下的就是图形 $AEFB$,它是一个正方形.

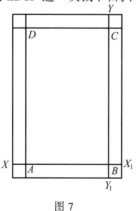

图 7

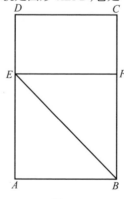

图 8

458

用这样的方法,不难在一张纸上作出垂直的或平行的折痕来.

有些很有趣的作图题,它们都是能用折叠正方形纸的方法来解的,你可以自己想出一些比较复杂的这一类作图题来.

我们留三个问题给读者自己解(习题 2 ~ 4 题),另外两个例题我们现在来研究.

例题 1 用折纸法把已知正方形的边"黄金分割".

我们知道,"黄金分割"或者叫做分成外中比,就是在已知线段 AB 上找出这样的分点 X,使所分成的各线段成如下的比例

$$\frac{AB}{AX} = \frac{AX}{BX}$$

或

$$AX^2 = AB \cdot BX$$

解 把已知正方形 $ABCD$ 对折,找出边 BC 的中点 E(图9).再折出直线 AE.把边 BE 折合在 EA 上,折痕的末端在边 AB 上定出点 F,点 B 在边 AE 上定出点 K,而 $EK = BE$.在边 AB 上定出线段 $AX = AK$(这也可以用折叠法作出,折痕为 AS),这样得到的点 X 就是所求的点.

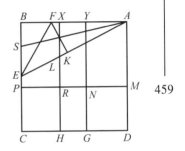

459

图 9

为证明它,我们把 XB 折合在 XA 上(折痕为 XH),折痕 XH 和直线 EA 的交点用 L 表示.显然 LX 和 AB 的交角是直角.再折出折痕 FK(两点已定出).点 K 那里的角是直角,因为按作图知道它等于 $\angle B$(正方形的顶角).直角 $\triangle AXL$ 和 $\triangle AKF$ 全等,因为它们有公共的锐角 A 和一对相等的直角边 $AX = AK$(由作图).

从而 $XL = FK$,又因 $FK = BF$,所以

$$BF = XL \qquad\qquad ①$$

$\triangle ABE \backsim \triangle AXL$,并且 $BE = \dfrac{AB}{2}$(由作图),所以

$$XL = \frac{AX}{2} \qquad\qquad ②$$

由 ① 和 ② 可得

$$BF = \frac{AX}{2} \qquad\qquad ③$$

在 AB 上定出这样的点 Y,使

$$BF = FY \qquad\qquad ④$$

(BF 折合在 FA 上),这时 $AB = AF + FB = AF + FY$. 显然,又有 $AY = AF - FY$.

把所得等式乘起来,就有

$$AB \cdot AY = (AF + FY)(AF - FY) = AF^2 - FY^2$$

由 ④ 和 ① 可知 $FY = FK$,所以

$$AB \cdot AY = AF^2 - FK^2$$

但 $AF^2 - FK^2 = AK^2$(由直角 $\triangle AKF$),又有 $AK = AX$(由作图),所以

$$AB \cdot AY = AF^2 - FK^2 = AK^2 = AX^2$$

或

$$AX^2 = AB \cdot AY \qquad\qquad ⑤$$

但 $AX = 2XL = 2BF = BF + BF = BF + FY = BY$,也就是 $AX = BY$,所以

$$AY = BX \qquad\qquad ⑥$$

由 ⑤ 和 ⑥ 可得

$$AX^2 = AB \cdot BX \qquad\qquad ⑦$$

同样很容易证明

$$BY^2 = AB \cdot AY \qquad\qquad ⑧$$

就是说,点 Y 也分线段 AB 成外中比.

奇怪的是,线段 AX 也被点 Y 分成外中比,线段 BY 也被点 X 分成外中比.

为证明它,我们仍在这个正方形上以线段 AX 和 BY 为边作出正方形 $AXRM$ 和 $BYNP$(作图的折痕图9上没有画出),这样得到折痕 PM.

等式 ⑧ 说明正方形 $BYNP$ 与以 AY 和 AD 为边的矩形等积,或根据 ⑥ 与矩形 $BXHC$ 等积.

由这两个等积图形上各去掉矩形 $BXRP$ 的面积,剩下等积的矩形 $XYNR$ 和正方形 $CPRH$.

由此可得 $XY \cdot XR = PR^2$,因为 $XR = AX$,$PR = BX = AY$,所以 $XY \cdot AX = AY^2$,这就证明了点 Y 把线段 AX 分成外中比.可以用相同的方法来证明点 X 把线段 BY 分成外中比.

例题 2 用折纸法很容易平分一个已知角,并且你也会毫不困难地在正方形或矩形纸上作出 $45°$,$22°30'$,$11°15'$ 等的角来,但怎样用折纸法作出 $36°$,以至 $72°$,$18°$,$9°$ 等角来呢?

如果能把正方形的边"黄金分割"(参看上题),那么作出这些角来就是可能的.

解 用上题所说的方法,找出把已知正方形纸的边 AB 分成外中比的点 Y(图10).作矩形 $AYGD$,并折出它的平分线 EF.把边 YB 绕点 Y 折转使顶点 B 落在 EF 线上,顶点 B 的这个位置以 K 表示,作出折痕 YK,KB 和 KA.

现在来证明 △BAK 为等腰三角形,并且 ∠BKA 和 ∠KAB 各等于 ∠ABK 的 2 倍.

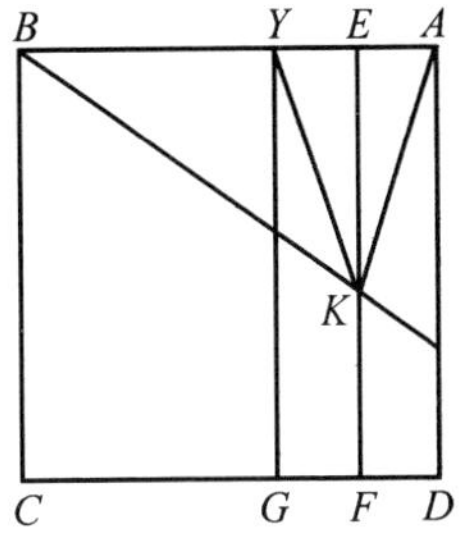

由作图知道 $BY = YK$,和 $EY = AE$.从而 $YK = AK$,$BY = YK = AK$.再有 ∠$BAK = ∠KYA$,∠$KBY = ∠YKB$,又因 ∠$KYA = 2∠KBY$(因 ∠KYA 为 △BYK 的外角),所以

$$∠BAK = 2∠KBA \qquad ①$$

图 10

再往下边有

$$BK^2 = EK^2 + BE^2 = AK^2 - AE^2 + BE^2 = YK^2 + (BE^2 - AE^2) =$$
$$BY^2 + (BE + AE)(BE - AE) =$$
$$BY^2 + AB(BE - YE) = BY^2 + AB \cdot BY$$

但 $BY^2 = AB \cdot AY$,所以

$$BK^2 = AB \cdot YA + AB \cdot BY = AB(YA + BY) = AB \cdot AB = AB^2$$

或
$$BK = AB \qquad ②$$

从而
$$∠BAK = ∠AKB$$

由 ① 和 ② 得到

$$∠BAK = ∠AKB = 2∠KBA$$

这就是所要证明的.

设 ∠$KBA = α$,那么 ∠$BAK = ∠AKB = 2α$,并且

$$α + 2α + 2α = 180°$$

得
$$5α = 180°$$

即
$$α = 36°$$

因而 ∠$KBA = 36°$,也就是 ∠KBA 是所求的角.

第三节　正方形中的正方形

有时有人提出这样的问题来开玩笑:

"2 的平方等于几?"

"4,"对方回答.

"3 的平方呢?"

"9."

"4 的平方呢?"

"16."

461

"而角的平方①呢?"

被问的人当然是莫名其妙,因为他从来用不着把角去乘角.

提问题的人把对方问住了,于是自己回答了这个问题:"90°."

然后他解释道,他所说的方是指正方形图形,而正方形中的角① 都是直角.

事实上是不会有角乘角这样的事的,而且这个问题的提法也不好.如果提这个问题不带开玩笑的口气,那么应该这样说:"正方形的顶角等于多少度?"

本节的标题"正方形中的正方形",当然也不是说的正方形的二次方.这里说的是内接于正方形的正方形的一些特性.

依次用直线联结正方形 $ABCD$ 各边的中点(图 11(a)),就得到一个新正方形 $EFKL$,其面积等于已知正方形的一半.

切下正方形 $ABCD$ 角上的四个直角三角形,其面积之和也等于正方形 $ABCD$ 的一半.如果取正方形 $ABCD$ 的面积为单位面积,那么切下的四个直角三角形面积之和就等于 $\frac{1}{2}$.

在剩下的正方形 $EFKL$ 上也这样作它的内接正方形 $A_1B_1C_1D_1$(图 11(b)),并且也切下四角上的四个三角形.这次切下的四个三角形面积之和为正方形 $EFKL$ 的 $\frac{1}{2}$,也就是正方形 $ABCD$ 的 $\frac{1}{4}$.再重复这种方法(图 11(c)),我们又可得到四个三角形,其面积之和为正方形 $ABCD$ 的 $\frac{1}{8}$.

462

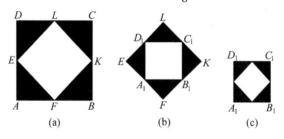

(a)   (b)   (c)

图 11

重复这种方法任意多少次,我们将得到多少四个一组的直角三角形,用它们最后还可以再拼成原来的正方形,各组的四个三角形面积的和构成无限数列: $\frac{1}{2},\frac{1}{4},\frac{1}{8},\frac{1}{16},\cdots$②

---

① "角的平方"和"正方形中的角"在俄文是一样的,都说 Уголвквалрате.
② 公比为 $\frac{1}{2}$ 的几何数列.

因而所取数列的项数越多,这些数目的和越接近于 1,或者说,当 n 无限增大时,数列 $\frac{1}{2} + \frac{1}{4} + \frac{1}{8} + \frac{1}{16} + \cdots + \frac{1}{2^n}$ 的和趋近于 1[①].

再看看图 11(a),现在我们来研究在内接正方形的顶点沿着已知正方形的边转换位置时它的面积的变化.

由顶点 A 开始依次在正方形 $ABCD$(图 12)四边上取任意长的相等线段 AA_1, BB_1, CC_1, DD_1,并以线段 $A_1B_1, B_1C_1, C_1D_1, D_1A_1$ 联结起 A_1, B_1, C_1, D_1 各点.

不难证明 $A_1B_1C_1D_1$ 是正方形,因为 $\triangle A_1AD_1 \cong \triangle B_1BA_1$(由作图知二直角的对应边两两相等),所以 $A_1D_1 = A_1B_1$ 和 $\angle AA_1D_1 = \angle BB_1A_1$,而 $\angle AA_1D_1 + \angle BA_1B_1 = 90°$,由此得 $\angle B_1A_1D_1$ 是直角.

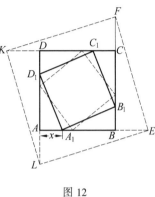

图 12

同样来讨论第二对三角形,并且得到结论 $A_1B_1C_1D_1$ 是正方形.

由于 $AA_1 = x$ 线段长度的改变,正方形 $A_1B_1C_1D_1$ 的面积 S 相应改变了多少呢?

我们设已知正方形的边长为 a,这时 $A_1B = a - x, BB_1 = x$.按勾股弦定理

$$A_1B_1^2 = x^2 + (a - x)^2$$

但 $S = A_1B_1^2$,所以

$$S = x^2 + (a - x)^2$$

把这个等式的右边部分变动一下为

$$x^2 + (a - x)^2 = a^2 - 2ax + 2x^2 = \frac{a^2}{2} + \frac{a^2}{2} - 2ax + 2x^2 =$$

$$\frac{a^2}{2} + 2\left(\frac{a^2}{4} - ax + x^2\right) = \frac{a^2}{2} + 2\left(\frac{a}{2} - x\right)^2$$

因而

$$S = \frac{a^2}{2} + 2\left(\frac{a}{2} - x\right)^2$$

当 $x = 0$ 时,内接正方形与已知正方形 $ABCD$ 重合.随着 x 的值由 0 增大到

---

① 用极限符号可写做 $\lim\limits_{n \to \infty}\left(\frac{1}{2} + \frac{1}{4} + \cdots + \frac{1}{2^n}\right) = 1$.

$\dfrac{a}{2},\dfrac{a}{2}-x$ 的值由 $\dfrac{a}{2}$ 减小到 0,所以内接正方形的面积 S 由 a^2 减小到 $\dfrac{a^2}{2}$. 当 x 由

$\dfrac{a}{2}$ 增大到 a 时,$\left(\dfrac{a}{2}-x\right)^2$ 的值逐渐增大,内接正方形面积也由 $\dfrac{a^2}{2}$ 再增大到 a^2.

在所有内接正方形中,以顶点位于已知正方形中点的内接正方形的面积为最小.

如果继续增加 $x=AA_1$ 的值,使它大于 a(例如在图 12 上取线段 $AE>AB$ 为 x),那么"内接"正方形 $EFKL$ 的顶点将在正方形 $ABCD$ 边的延长线上,这样,正方形的面积将无限地增大.

第四节　正方形和金刚石

称着卖的东西,它的价值通常是跟它的质量成正比的. $300\,g$ 冰淇淋的价值通常是 $100\,g$ 的 3 倍.但是有一些稀有宝石,它们的大小具有特别的价值,这种宝石的价值跟它的质量平方成正比.

有一次,有一块金刚石碎成了两块,两块的总质量当然仍旧和原来一块的一样.

现在要问,这时金刚石的总价值变化了没有,如果价值变小了,那么在什么情况损失的价值最大?

这个问题不是一个几何问题,但是根据我们已经知道的正方形的特性,可以给这个问题作很清楚的解答.

取线段 AB 表示不曾碎的金刚石的质量 p(图 13).设单位金刚石质量的价值等于某种单位货币.

那时候整块金刚石的价值是 p^2,就用正方形 $ABCD$ 的面积来表示它.

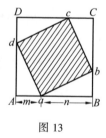

图 13

设金刚石碎成了两块,质量分别是 m 和 n 单位;它们可以用适当的线段 Aa 和 aB 来表示,因 $m+n=p$,所以 $Aa+aB=AB$.

在正方形 $ABCD$ 的边上截取 $Ad=Dc=Cb=Ba$,并作出 $abcd$,我们知道它是个正方形.

两块金刚石的总价值是 (m^2+n^2),可以用以 Aa 和 Ba 为边的两个正方形面积的和来表示,或以 Aa 和 Ad 为边的正方形面积的和来表示,根据勾股弦定理,也就是以正方形 $abcd$ 的面积来表示,而不曾碎时的金刚石的价值已如前面所

说以正方形 $ABCD$ 的面积来表示.

但内接正方形 $abcd$ 的面积小于正方形 $ABCD$ 的面积,并且当点 a 平分 AB 时候的内接正方形面积最小.

这样,就得到了这个问题的解答:金刚石碎成两块后的价值比不碎的一整块的价值小,并且当碎成两块金刚石一样重时损失的价值为最大.

损失的价值等于 $p^2 - m^2 - n^2$ 或 $(m + n)^2 - m^2 - n^2 = 2mn$. 如果金刚石碎成相等的两块 $\left(m = n = \dfrac{p}{2}\right)$,那么损失的价值是原来价值的一半.

第五节　　围绕正方形的正方形

数学里有一些问题,在不久以前才开辟了为大家所知道的解决道路和方法,但新的、奇异的和特殊的解法仍然很需要.

这些问题都是特别有趣的,中学课程里还很少有这样的问题,但在数学竞赛上却时常被提出来.

从实际解决某些各不相同的问题中,时常会引出一些新的数学定理.例如,从解决与赌博有关的问题中发展了几率理论,它的结果正广泛地应用于各种近代科学和技术中.

应用各种灵活的方法来解问题当然需要有相当的技巧,但同时却能够解决一些非常有趣的问题,并且还常常会得到一些奇妙的、出乎意料的结果.

其中有一个问题与正方形有关,这个问题是在第十二届莫斯科数学竞赛上提出来的:

试证明在一个已知正方形的四周不能放 8 个以上和已知正方形同样大小的正方形,放的时候要使这些正方形不彼此重叠.

设 $ABCD$(图 14)为已知正方形,它的一边的长度是单位长,我们来看看,在已知正方形的四周能不互相重叠地放多少个同样大小的正方形,每一个正方形必须与已知正方形接触,即使只碰到一点也行.

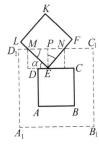

为此,我们作辅助正方形 $A_1B_1C_1D_1$(图中的虚线),它和已知正方形有同一中心,各边与已知正方形各边平行并且长度等于它的 2 倍.就是说正方形 $A_1B_1C_1D_1$ 的周界等于 8.

取正方形 $EFKL$ 等于正方形 $ABCD$,并使它的顶点 E 与边 CD 相接触.

图 14

465

现在我们来证明无论正方形 $EFKL$ 在什么位置,正方形 $A_1B_1C_1D_1$ 的周界落入正方形 $EFKL$ 内的部分总是不小于已知正方形的边长,也就是不小于 1.

在图 14 所示的位置,辅助正方形 $A_1B_1C_1D_1$ 的边 C_1D_1 的 MN 部分在正方形 $EFKL$ 边 EF 和 EL 之间,设 $\angle LED = \alpha$,并作 $EP \perp MN$.在这种情形有

$$MN = MP + PN = EP \cdot \cot \alpha + EP \cdot \tan \alpha = EP(\cot \alpha + \tan \alpha)$$

因为 $EP = \dfrac{1}{2}$,所以

$$MN = \frac{1}{2}\left(\frac{\cos \alpha}{\sin \alpha} + \frac{\sin \alpha}{\cos \alpha}\right) = \frac{1}{2\sin \alpha \cos \alpha} = \frac{1}{\sin 2\alpha}$$

因为 $\sin 2\alpha \leqslant 1$,所以 $\dfrac{1}{\sin 2\alpha} \geqslant 1$,这就是说 $MN \geqslant 1$.

现在设辅助正方形边的 MN 部分在正方形 $EFKL$ 边 EF 和 KL 之间(图 15).我们引 $LQ \parallel MN$.$MNQL$ 是平行四边形,就是说 $MN = LQ$,但 $LQ > LE$,所以 $MN > LE$ 或 $MN > 1$.

假如 $DE < \dfrac{DC}{2}$ 并 $\alpha < 45°$,那么就成图 16(上边) 所示的位置.

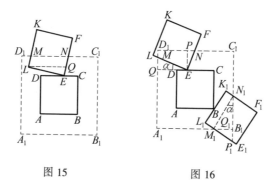

图 15　　　　　　　图 16

这时我们所讨论的周界部分 MN 由三段组成

$$MN = MD_1 + D_1P + PN$$

延长 ED 使与 A_1D_1 相交于点 Q,这时

$$MD_1 = QD_1 - QM = QD_1 - (QD + DE)\tan \alpha =$$

$$\frac{1}{2} - \left(\frac{1}{2} + DE\right)\tan \alpha$$

$$D_1P = QE = \frac{1}{2} + DE$$

$$PN = PE \cdot \tan \alpha = \frac{1}{2}\tan \alpha$$

三个等式相加,得

$$MD_1 + D_1N = \frac{1}{2} - \frac{1}{2}\tan\alpha - DE \cdot \tan\alpha + \frac{1}{2} + DE + \frac{1}{2}\tan\alpha =$$
$$1 + DE(1 - \tan\alpha)$$

因为这种情形只有在 $\alpha < 45°$ 的条件下可能,所以 $1 - \tan\alpha > 0$,因此

$$MD_1 + D_1N > 1$$

在 $DE = 0$ 时

$$MD_1 + D_1N = 1$$

在 $\alpha = 0$ 时

$$MD_1 + D_1N = 1 + DE \geqslant 1$$

现在再使正方形 $EFKL$ 的一边和正方形 $ABCD$ 的顶点接触.在这种情形下,无论正方形 $EFKL$ 在什么位置,正方形 $A_1B_1C_1D_1$ 的周界被正方形 $EFKL$ 所截的部分都不会小于1.

例如,设正方形 $EFKL$ 在 $E_1F_1K_1L_1$ 的位置(图16下边),要求证明

$$M_1B_1 + B_1N_1 > 1$$

引 $N_1Q_1 /\!/ K_1L_1$,延长 N_1B_1 与 E_1L_1 相交于点 P_1,并设 $\angle Q_1N_1B_1 = \alpha$ 和 $B_1N_1 = a$,假如 $a > 1$,要证的不等式立刻就证明了.

设 $a < 1$.由 $\triangle N_1Q_1P_1$

$$N_1P_1 = \frac{N_1Q_1}{\cos\alpha}$$

又因 $N_1Q_1 = 1$,所以 $N_1P_1 = \dfrac{1}{\cos\alpha}$

$$B_1P_1 = N_1P_1 - B_1N_1 = \frac{1}{\cos\alpha} - a$$

因为 $$\angle P_1M_1B_1 = \angle Q_1N_1B_1 = \alpha$$
所以由 $\triangle M_1B_1P_1$ 有

$$M_1B_1 = B_1P_1 \cdot \cot\alpha = \left(\frac{1}{\cos\alpha} - a\right)\cot\alpha = \frac{1 - a\cos\alpha}{\sin\alpha}$$

现在要求证明

$$M_1B_1 + B_1N_1 = \frac{1 - a\cos\alpha}{\sin\alpha} + a > 1$$

或同样的不等式(因 $\sin\alpha > 0$)

$$1 - a\cos\alpha + a\sin\alpha - \sin\alpha > 0$$

组合各项得

$$(1 - \sin \alpha) - a(\cos \alpha - \sin \alpha) > 0$$

由已设条件 $a < 1$ 和明显的不等式 $\cos \alpha - \sin \alpha < 1 - \sin \alpha$,可知不等式中的减数小于被减数,所以差是正的,这就是要证明的.

正方形 $EFKL$ 在其他位置时这个不等式也是正确的.

因此我们说,无论把正方形 $EFKL$ 放在与正方形 $ABCD$ 相接触的任何位置,它截取的正方形 $A_1B_1C_1D_1$ 部分的周长都大于已知正方形的边长.而正方形 $A_1B_1C_1D_1$ 的周长长是8,所以和已知正方形接触放8个以上的正方形是不可能的.可是8个和已知正方形相等的正方形可以如图17那样放在已知正方形的四周,根据我们前面的分析,可以说这是放正方形的最密的可能位置.

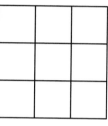

图 17

第六节　完全正方化

468　　我们再转到一个新的有趣的问题,这个问题经过很长一段时间没有得到解决,并且有很多人曾经认为是不可能解决的.

从本编里我们已经知道了用若干正方形拼成一个正方形或矩形的问题,现在讲的也是这样一个问题,不过不需要把这些正方形切成一块块,并且要求的条件更复杂些,就是各个正方形的边长要成不相重复的整数.正方形的数目可以没有限制.

把一个正方形(或矩形)分成有限数个互不重叠的正方形,其中无论哪两个都不相等,这样我们叫做正方形(或矩形)的完全正方化,把用互不相等的正方形组成的正方形(或矩形)叫做完全正方形(或完全矩形).

某些数学家曾经表示意见,说正方形的完全正方化是不可能的.

不过因为正方形不可能完全正方化这情形只是数学家的假定,并没有被证明,所以仍有人继续在寻求解答.十几年以前,外国的一些数学杂志上终于出现了由互不相等的正方形组成的一些正方形.图18所示的正方形是由 26 个不相等的正方形组成的(图中的数字表示各正方形的边长).也可以由 28 个和其他数目的互不相等的正方形来组成一个正方形.

至于 26 是不是可以用来组成完全正方形的最小的可能数字,这个问题现在还没有充分的证明①.

① 此数值已答 24.(编者注)

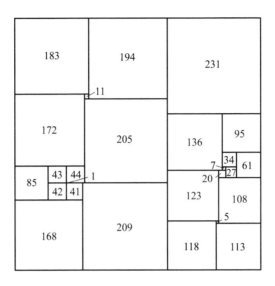

图 18

　　矩形也是可以完全正方化的,只要 9 个正方形,边长分别为:1,4,7,8,9,10, 14,15 和 18 就能组成一个矩形(第二章习题中的第 21 题就是用的这些正方形).

　　现在已经确定:用少于 9 个不相等的正方形来组成完全矩形是不可能的; 至于除了第二章习题中的第 21 题所用的那些正方形以外是否还有其他正方形 也适于组成完全矩形的问题,我们马上就让您知道.

　　总的说来,矩形和正方形完全正方化的问题暂时还没有简单的解法,还不 能简短通俗地加以说明.但却发现了用一定数目的正方形组成矩形(或正方形) 的问题与电路网中恒定电流的若干定律之间的关系.这个关系是非常奇特、简 单和有趣的,为了解这种关系,我们只要知道一个极简单的公式,就是物理学上 有名的"柯西霍夫方程式"或"柯西霍夫定律".

第七节　　电流和正方形

　　即使你还没有学过柯西霍夫定律,要了解它也是很容易的.

　　您可以随便举一个导线构成的电路网(图 19),这个电路网可以分为若干 个闭合回路(如 $abca$,$bcdb$,$abdca$).设在每一道线上按照箭头表示的方向有恒 定电流流过,电流强度通常用带角码的字母 i 表示,角码表示导线的编号(如 i_1,i_2,i_3 等).

　　柯西霍夫的第一个方程式是关于分支点 a,b,c,d 的.在每一分支点上电流是这样分支的,即流入电流的和与流出电流的和相等.如果我们规定流入分支点的电流为正,从分支点流出的为负,那么可以这样说:会合在一个分支点的电流强度的代数和等于零.

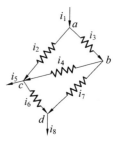

图 19

例如在图 19 上:

对于分支点 a 有

$$i_1 - i_2 - i_3 = 0$$

对于分支点 b 有

$$i_3 - i_4 - i_7 = 0$$

对于分支点 c 有

$$i_2 + i_4 - i_5 - i_6 = 0$$

柯西霍夫的第二个方程式是关于闭合回路的.

永远按一定方向,例如沿顺时针方向,绕这回路时,我们规定把方向和绕行方向相同的电流看做是正的,而把方向和绕行方向相反的电流看做是负的.

柯西霍夫第二个定律说明,各导线的电阻相等并都等于单位电阻的电路网,它的各闭合回路内是没有电动势的.在这种情形下,绕每一闭合回路的电流强度的代数和等于零.

例如,在图 19 上:

对于闭合回路 $abca$ 有

$$i_3 + i_4 - i_2 = 0$$

对于闭合回路 $bdcb$ 有

$$i_7 - i_6 - i_4 = 0$$

对于闭合回路 $abdca$ 有

$$i_3 + i_7 - i_6 - i_2 = 0$$

用柯西霍夫关于分支点及闭合回路的方程式可以计算电路网内的分支电流,也就是可以计算各导线上的电流强度.

正方形与电流之间却有着下面一些奇妙的关系.如果我们用 n 条单位电阻的导线构成任一个有若干个闭合回路的电路网,并算出各条导线上相应的电流强度,那么得到的这些电流强度的数值就是组成矩形所必需的 n 个正方形的边长数值.

换一种说法,就是:组成一个矩形(或正方形)所必需的全套 n 个正方形,相当于由 n 条导线按一定形式构成的电路网中按柯西霍夫定律分配于各导线上的电流.

反过来说:由 n 条导线按一定形式构成的电路网中按柯西霍夫定律分配于各导线上的电流,相当于可以组成某个矩形的全套 n 个正方形.

因为这个定理的证明很复杂,我们不作一般的证明了,但随便举一些例子就可说明它的正确性.

假使我们决定用 9 个任意大小的正方形(未知的)来组成矩形.现在我们应当自己来确定这些正方形的适当边长.

如果把不足取的情形,即 9 个正方形相等的情形除外,很明显的只有特别选择的一些正方形才适合我们的要求.但怎样来选择呢?如果只用试验的方法要想得到解答是很困难的.

现在我们用 9 条导线按下列条件构成一个电路网:有两个分支点作为主要分支点——一个在上端,一个在下端,并且上端的主要分支点只流出电流,下端的主要分支点只流进电流.其他各分支点位于主要分支点之间,其高度各不相等,使电流的方向都是由高分支点流向低分支点.各导线的电阻都以单位电阻计算.作出这样一个已知导线数目的任意电路网是毫不困难的.

例如,我们这样作出如图 20 所示的电路网,这里 a 和 f 是主要分支点.

作出对于各分支点(主要分支点除外)和各闭合回路的柯西霍夫方程式:

对于分支点 b 有

$$i_1 - i_3 - i_4 = 0$$

对于分支点 c 有

$$i_2 - i_5 - i_6 = 0$$

对于分支点 d 有

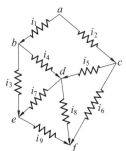

471

图 20

$$i_4 + i_5 - i_7 - i_8 = 0$$

对于分支点 e 有

$$i_3 + i_7 - i_9 = 0$$

对于闭合回路 $acdba$ 有

$$i_2 + i_5 - i_4 - i_1 = 0$$

对于闭合回路 $bdeb$ 有

$$i_4 + i_7 - i_3 = 0$$

对于闭合回路 $cfdc$ 有

$$i_6 - i_8 - i_5 = 0$$

对于闭合回路 *dfed* 有

$$i_8 - i_9 - i_7 = 0$$

得到了有 9 个未知数的 8 个方程式,我们不可能再作出与这 8 个方程不相关的第 9 个方程式,当然你可以随便绕哪一个闭合回路例如绕 *acdeba* 来作出一个方程式,但这样作出的方程式实质上并没有表示出所求电流间的新关系,它只是已有方程式相互合并的结果.

这样的方程式有无穷多个解.但我们可以用一个未知数,例如 i_1,表示出其余未知数 $i_2, i_3, \cdots, i_8$ 的形式.用依次消去未知数的方法,这样解是可能的.由第四和第八个方程式可以消去 i_9;由所得方程式和第三、第七个方程式可以消去 i_8,等等.这样把 i_1 假定为已知数来解,就得到

$$i_2 = \frac{18}{15}i_1, i_3 = \frac{8}{15}i_1, i_4 = \frac{7}{15}i_1, i_5 = \frac{4}{15}i_1$$

$$i_6 = \frac{14}{15}i_1, i_7 = \frac{1}{15}i_1, i_8 = \frac{10}{15}i_1, i_9 = \frac{9}{15}i_1$$

设 $i_1 = 15$,我们方程组的一组整数解就是

$$i_1 = 15, i_2 = 18, i_3 = 8, i_4 = 7$$
$$i_5 = 4, i_6 = 14, i_7 = 1, i_8 = 10, i_9 = 9$$

现在你要注意:我们得到的这 9 个数字,和第二章习题中的第 21 题的九个正方形的边长数字相同.

怎样用边长为这些所求长度的正方来实际拼成矩形呢?电路网上的电流分配(图 21)也给我们了一把解答的钥匙.

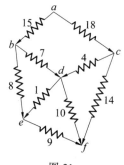

图 21

电路网的每一个分支点相当于这些正方形的上面一条水平方向的边,这些正方形的边长等于从这个分支点流出的电流强度.

例如,$i_1 = 15$ 表示:先放好边长为 15 的正方形,靠着它的下边放边长为 $i_3 = 8, i_4 = 7$ 的两个正方形.和边长 $i_1 = 15$ 的正方形上边对齐,并排放边长为 $i_2 = 18$ 的正方形,而靠着它的下边放边长为 $i_5 = 4$ 和 $i_6 = 14$ 的两个正方形.由分支点 *d* 流出的电流为 $i_7 = 1$ 和 $i_8 = 10$,这表示边长为 1 和 10 的正方形放在边长为 7 和 4 的正方形的下边.再把

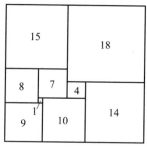

图 22

边长为 9 的正方形放到自己位置上,矩形就成功了(图 22).

就这样,在闭合电路网内决定电流分配的物理定律,不仅能够帮助我们用

472

已知的正方形来拼成矩形,并且还能够帮助我们找出所需的正方形的边长.

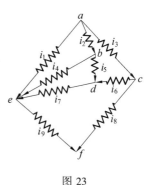

图 23

现在我们来作另外一个由 9 条导线构成的电路网.在合于前述的条件下,这个电路网可如图 23 所示.

作出 8 个方程式组成的方程组,然后解方程组,以 i_1 来表示出各未知数(请自己作计算!).

将得出下列结果

$$i_2 = \frac{16}{25}i_1,\ i_3 = \frac{28}{25}i_1,\ i_4 = \frac{9}{25}i_1,\ i_5 = \frac{7}{25}i_1$$

$$i_6 = -\frac{5}{25}i_1,\ i_7 = \frac{2}{25}i_1,\ i_8 = \frac{33}{25}i_1,\ i_9 = \frac{36}{25}i_1$$

i_6 是负值,表示我们所作的电路网应当稍加修正:电流不应当像我们随意假定的那样由 c 流向 d,而应当由 d 流向 c,与此相应,应当使分支点 c 低于分支点 d.图 24 表示修正后的电路网并指出了各可能的电流值,而与此电路网相当的矩形如图 25 所示.

473

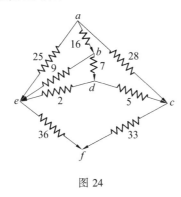

图 24

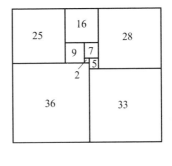

图 25

这样,我们又得出了另一套用以拼成矩形的 9 个不相重复的正方形,并且这就是用 9 个正方形使矩形完全正方化的全部可能情形.

理由是这样的:我们可以把由 9 条导线所构成的、有两个主要分支点的各种可能的电路网都作出来,并且计算出电路网上各导线的相应电流强度,这样你就可以完全根据经验来证明,在所有由 9 条导线构成的电路网中只有两个电路网能得出各导线上不相等的电流值,这就是我们上面所讨论的两种情形.而由于每一套组成矩形的 9 个正方形相当于一个由 9 条导线构成的电路网,所以我们说,组成矩形的 9 个互不相等的正方形,仅只有两套.

我们也可以把一个电路网,例如,图 24 的电路网旋转 90° 来得到一个新的电路网,改取 c 和 e 作为主要分支点,并相应的改变电流方向,很明显的,在这个电路网的这些导线上就会出现彼此相等的电流值了.

以下的结论也同样是正确的:用 4,5,6,7 或 8 条导线来构成有两个主要分支点的电路网,可以证明,在任何情形都只能得到两套正方形(可自行核验).

导线条数越多,能构成的电路网数也越多.如果我们用 9 条导线构成的电路网计算出只有两套不相重复的正方形的话,那么由 10 条导线就可以构成 6 个这样的电路网,由此可以得到 6 套能组成矩形的不相重复的正方形.

最后,我们还要计算一个用 11 条导线构成的电路网,并且很明显的,我们至少会有两个正方形相等,因为分支点 d 只连接了两条导线,所以 $i_6 = i_7$(图 26).

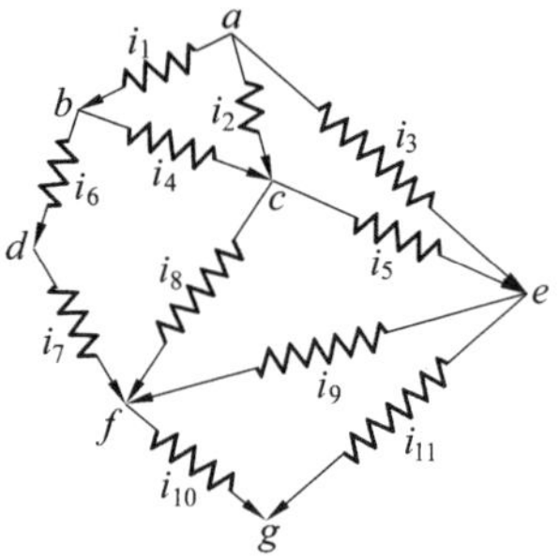

作出相应的柯西霍夫方程式

$(b) i_1 - i_4 - i_6 = 0, (acba) i_2 - i_4 - i_1 = 0$

$(c) i_2 + i_4 - i_5 - i_8 = 0, (aeca) i_3 - i_5 - i_2 = 0$

$(d) i_6 - i_7 = 0, (bcfdb) i_4 + i_8 - i_7 - i_6 = 0$

$(e) i_3 + i_5 - i_9 - i_{11} = 0, (cefc) i_5 + i_9 - i_8 = 0$

$(f) i_7 + i_8 + i_9 - i_{10} = 0, (egfe) i_{11} - i_{10} - i_9 = 0$

图 26

进行计算后,得

$$i_2 = \frac{4}{3} i_1, i_3 = 2 i_1, i_4 = \frac{1}{3} i_1, i_5 = \frac{2}{3} i_1, i_6 = \frac{2}{3} i_1$$

$$i_7 = \frac{2}{3} i_1, i_8 = i_1, i_9 = \frac{1}{3} i_1, i_{10} = 2 i_1, i_{11} = \frac{7}{3} i_1$$

设 $i_1 = 3$,就可得到一套以下列数值为边长的 11 块正方形

$$i_1 = 3, i_4 = 4, i_3 = 6, i_4 = 1, i_5 = 2, i_6 = 2$$

$$i_7 = 2, i_8 = 3, i_9 = 1, i_{10} = 6, i_{11} = 7$$

如果现在把这些正方形按电路网所指示的位置放好,就得到一个正方形(13×13)(图 27),但这不是个完全正方形,因为它含有互相重复的正方形.

顺便提到,这个例子揭破了第二章习题中的第 22 题"诞生秘密",指出了它的解法.

下面提出了一些问题,如果你有兴趣的话,你可以自行练习一下.

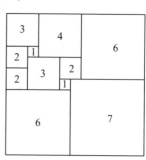

图 27

习　题

1. 试证明在围绕已知矩形的所有外接矩形中,以正方形的面积为最大.

2. 已经知道怎样在纸上折出 36° 的角,现在试把正方形的顶角分成 5 等份.

3. 在画于纸上的任意三角形中作一内接正方形.

在三角形中作内接正方形,就是说:正方形的一个顶点在三角形的一边上,另一顶点在另一边上,其余二顶点在第三边上.

4. 在已知正方形中作一内接等边三角形,使其与正方形公有一个顶点.

在这种条件下三角形的一个顶点应和正方形公有,三角形其他二顶点应在正方形的边上.

5. 用图 28 所示的带两个主要分支点的电路网,试组成一个含有 8 个正方形的矩形.

6. 把图 26 那个由 11 条导线构成的电路网中的 bd 和 df 两条导线用一条导线 bf 来代替,把它改变成由 10 条导线构成的电路网.列出相应的柯西霍夫方程式,并解方程式.然后由所得的 10 个正方形来拼成矩形,这个矩形是不是完全正方化的矩形?

7. 一已知矩形(图 29),由 7 个如图所示边长的正方形所组成.作出与此矩形相应的有两个主要分支点的闭合电路网.分配各导线上的电流值,并证明柯西霍夫定律的正确性.

8. 以下列资料作出一个电路网:$ab = 60$, $ac = 44$, $cb = 16$, $cd = 28$, $bd = 12$, $be = 19$, $de = 7$, $bf = 45$, $ef = 26$, $df = 33$.这里 a, b, c, d, e, f 是分支点,并且 a 和 f 是主要分支点.电流的方向相当于各导线名称的字母顺序,例如,导线 ab 上的电流方向就是由分支点 a 到 b;导线 ac 上的电流方向就是由分支点 a 到 c 等,组成相应的矩形.

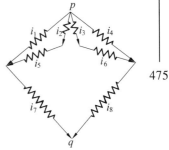

图 28

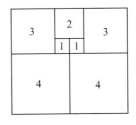

图 29

习题解答

1. 每个外接于已知矩形的矩形(图 30),都使原来矩形的面积增加四个直角三角形的面积.当这些外接矩形的位置变化时,每一个直角顶点都描出一个相应的半圆,即有共同斜边的诸直角三角形顶点的轨迹.这四个三角形每一个的面积都随着顶点位置的变化而变化,而在三角形的高等于半圆的半径时,三角形的面积为最大.这时四个直角三角形都变成了等腰的,并且还两两相等.

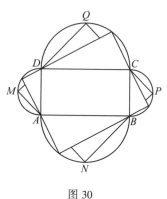

图 30

能作出有这样四个直角三角形的外接矩形吗?回答是肯定的.首先,因为在已知矩形 A,B,C,D 四个顶点那里的角的和都是平角($45° + 90° + 45°$),所以 MAN,NBP,PCQ 和 QDM 都不是折线而是直线.此外,$MN = NP = PQ = QM$,因为它们都是相等线段组成的,所以 $MNPQ$ 是个正方形.

因此,在所有外接于已知矩形的一切矩形中以正方形的面积为最大.

2.为了用折纸法把正方形纸 $ABCD$ 的直角顶角 5 等分(图 31),我们先作出 $\angle NBA = 36°$,并作出折痕 BNQ.然后把 BA 折合到 BQ 上,折痕 BP 就平分了 $\angle ABQ$.折叠正方形的对角线 BD,得出与 P,Q 二点对应的 P',Q' 二点.折出折痕 BP' 和 BQ',就把直角分成 5 等分了,因为由作图可知 $\angle ABP = \angle PBQ = \angle QBQ' = \angle Q'BP' = \angle P'BC = 18° = \dfrac{90°}{5}$.

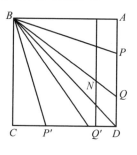

图 31

3.设要在已知 $\triangle ABC$ 中作内接正方形(图 32).把纸先沿 BC 折起来,然后作出与边 BC 垂直的折痕 CD 和 BE.把 BC 折合于 CD,再把 CB 折合于 BE,这样定出点 D 和点 E.折出折痕 ED 以完成正方形 $BCDE$.作出联结 A 和 D,A 和 E 的折痕.以 F 和 G 分别表示 AE,AD 与边 BC 的交点.把 FB 折合于 FC,GC 折合于 GB,得到 $FL \perp BC$ 和 $GK \perp BC$.最后以折痕 LK 联结 L 和 K 二点.$LKGF$ 就是所求的正方形.这只要证明,$LF = KG = FG$ 就行了.

而 $\triangle ALF \backsim \triangle ABE(LF \parallel BE)$,所以

$$\frac{AF}{AE} = \frac{LF}{BE}$$

①

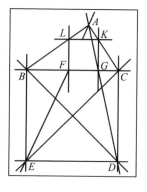

图 32

$\triangle AFG \backsim \triangle AED(FG \parallel ED)$,所以

$$\frac{AF}{AE} = \frac{FG}{ED} \qquad ②$$

由 ① 和 ② 可得

$$\frac{LF}{BE} = \frac{FG}{ED}$$

但 $BE = ED$，所以也有 $LF = FG$．同样可以证明 $KG = FG$，所以 $LF = FG = KG$．

4．设要在已知正方形 $ABCD$（图 33）中作内接等边三角形．

把 BC 折合于 AD，得到折痕 EF，即正方形的中线．绕顶点 A 折叠 AB 使顶点 B 落在 EF 上，以字母 G 表示点 B 的这个位置，AH 表示折痕．以折痕 GH 联结 G 和 H 二点，此折痕与边 DC 相交于点 I，把 AB 折合于 AH，得到折痕 AK，这就是所求三角形的一个边，再折出 KI 和 AI，就是其余两个边．

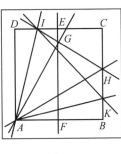

图 33

不难证明 $AK = KI = AI$．设正方形边长为 a．联结 A 和 G 间的线段，这时

$AG = AB = a$（沿直线 AH 折叠的结果）．$AF = \dfrac{a}{2}$，所以

$$\angle AGF = 30°,\angle GAF = 60°,\angle HAB = \angle HAG = \frac{60°}{2} = 30°$$

$$\angle KAB = \angle KAH = \frac{30°}{2} = 15°$$

$$\angle FGH = \angle AGH - \angle AGF = 90° - 30° = 60°$$

$$\angle EGI = \angle FGH = 60°$$

由 $\triangle AFG$，有

$$FG = AG \cdot \cos 30° = \frac{a\sqrt{3}}{2}$$

所以

$$EG = a - \frac{a\sqrt{3}}{2} = a\left(1 - \frac{\sqrt{3}}{2}\right)$$

由 $\triangle IEG$，有

$$IE = EG \cdot \tan 60° = a\left(1 - \frac{\sqrt{3}}{2}\right)\sqrt{3} = a\left(\sqrt{3} - \frac{3}{2}\right)$$

所以

$$DI = DE - IE = \frac{a}{2} - a\left(\sqrt{3} - \frac{3}{2}\right) =$$

$$a\left(\frac{1}{2} - \sqrt{3} + \frac{3}{2}\right) = a(2 - \sqrt{3}) \qquad\qquad ①$$

由 $\triangle AKB$，有

$$KB = a \cdot \tan 15° = a\,\frac{1 - \cos 30°}{\sin 30°} = a\,\frac{1 - \frac{\sqrt{3}}{2}}{\frac{1}{2}} =$$

$$a(2 - \sqrt{3})① \qquad\qquad ②$$

由 ① 和 ② 得到 $DI = KB$．因为在直角 $\triangle ADI$ 和 $\triangle ABK$ 中 $AD = AB$，所以

$$\triangle ADI \cong \triangle ABK$$

由此得 $AI = AK$ 和 $\angle DAI = \angle BAK = 15°$，所以 $\angle KAI = 60°$．

但只要这个等腰三角形的顶角等于 $60°$，那么 $\triangle KAI$ 必定是等边三角形．这就是要证明的．

5.由于电路网的对称性(图 28)，可以马上假定：$i_2 = i_3 = 1$，这时 $i_5 = i_6 = 1$，$i_1 = i_2 + i_5 = 2$ 和 $i_4 = i_3 + i_6 = 2$，并由此 $i_7 = i_8 = 3$．作出相应的矩形如图 34 所示．

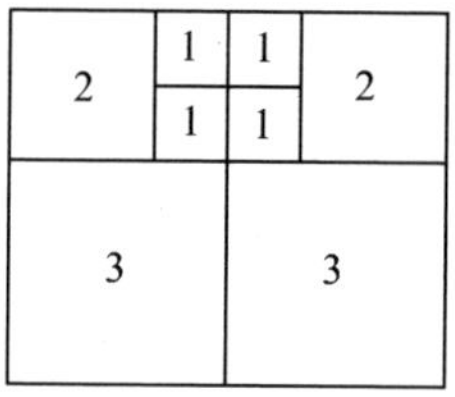

6.与图 26 相对应的各所求正方形的边长为：

$ab = 15, ac = 17, ae = 25, bdf = 13, bc = 2, cf = 11, ce = 8, ef = 3, eg = 30, fg = 27$．

所有正方形的边都不相同，这就是说，矩形是完全正

2	1	1	2
	1	1	
3		3	

图 34

---

① $a \cdot \tan 15°$ 是按三角公式变成 $\tan\frac{\alpha}{2} = \frac{1 - \cos\alpha}{\sin\alpha}$ 的，如果读者还没有学过三角公式，可以按下面的定理来计算 KB：三角形的内角平分线把对边分成二线段，与其余二边成比例．在 $\triangle ABH$ 中，$\angle BAH = 30°$，所以 $AH = 2HB$．设 $HB = x$，那么 $AH = 2x, AB^2 = AH^2 - HB^2$，即 $a^2 = 4x^2 - x^2 = 3x^2$，由此得 $x = \frac{a\sqrt{3}}{3}$，所以

$$HB = x = \frac{a\sqrt{3}}{3}, AH = 2x = \frac{2a\sqrt{3}}{3}$$

由 $\dfrac{HK}{BK} = \dfrac{AH}{AB}$，得

$$\frac{HK + BK}{BK} = \frac{AH + AB}{AB}(引申的比例)$$

即

$$\frac{HB}{BK} = \frac{AH + AB}{AB}$$

$$\frac{\frac{a\sqrt{3}}{3}}{BK} = \frac{\frac{2a\sqrt{3}}{3} + a}{a}$$

即

$$\frac{a\sqrt{3}}{3BK} = \frac{2\sqrt{3} + 3}{3}$$

得

$$BK = \frac{a\sqrt{3}}{2\sqrt{3} + 3} = \frac{a\sqrt{3}(2\sqrt{3} - 3)}{(2\sqrt{3} + 3)(2\sqrt{3} - 3)} = \frac{a(6 - 3\sqrt{3})}{3} = a(2 - \sqrt{3})$$

478

方化的,读者可以自行拼出所求的矩形来.

　7.所求电路网如图 35 所示.

　8.为了作这个电路网,先大概定出与各已知分支点相当的水平线(图 36 中的虚线).

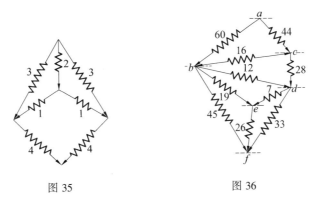

图 35　　　　　　　　　图 36

　分支点 a 可以定在任意点,在点 a 下边距离点 a 任意距离作出点 b 的水平线. 因导线 ac 上的电流小于 ab 上的电流,所以分支点 c 的水平线高于点 b.比较在其余导线上的电流大小,可以确定分支点 d,e,f 水平线的顺序位置.定水平线上的任意点为相应的分支点,并在诸点间分配导线,就得到所求电路网如图 36 所示.

　与此电路网相当的矩形如图 37 所示.

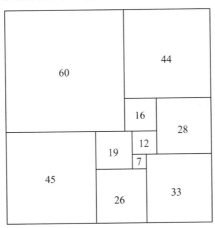

图 37